高等学校食品质量与安全专业适用教材

食品标准与法规

张建新　陈宗道　主　编
沈建福　李书国　易美华　副主编

中国轻工业出版社

图书在版编目（CIP）数据

食品标准与法规/张建新等主编．—北京：中国轻工业出版社，2023.6

全国高等学校食品质量与安全专业适用教材

ISBN 978 - 7 - 5019 - 5066 - 9

Ⅰ．食… Ⅱ．张… Ⅲ．①食品标准 - 高等学校 - 教材 ②食品卫生法 - 高等学校 - 教材 Ⅳ．①TS207.2② D912.1

中国版本图书馆CIP数据核字（2005）第094052号

责任编辑：李亦兵 马 妍 责任终审：劳国强 封面设计：王佳芃
版式设计：马金路 责任校对：李 靖 责任监印：张 可

出版发行：中国轻工业出版社（北京东长安街6号，邮编：100740）
印　　刷：三河市万龙印装有限公司
经　　销：各地新华书店
版　　次：2023年6月第1版第17次印刷
开　　本：787×1092 1/16 印张：21.75
字　　数：496千字
书　　号：ISBN 978-7-5019-5066-9 定价：42.00元
邮购电话：010 - 65241695
发行电话：010 - 85119835 传真：85113293
网　　址：http://www.chlip.com.cn
Email：club@chlip.com.cn

230772J1C117ZBW

食品质量与安全专业教材
编写委员会

《食品标准与法规》编委会

主　　编	西北农林科技大学	张建新
	西南农业大学	陈宗道
副 主 编	浙江大学	沈建福
	河北科技大学	李书国
	海南大学	易美华
参编人员	东北农业大学	孟祥晨
	河北农业大学	陈德倡
	中国海洋大学	江　洁
	陕西省产品质量监督检验所	王慧芳
	大连轻工业学院	农绍庄
	海南大学	付银龙　王志国　段振华

前　言

食品标准水平决定食品质量与安全性的高低，食品质量与安全关系到广大人民群众的身体健康和生命安全，关系到经济健康发展和社会稳定，关系到政府和国家的形象。党中央、国务院历来高度重视食品安全，近几年来一直把打击制售假冒伪劣食品等违法犯罪活动作为整顿和规范市场经济秩序的重点，采取了一系列措施加强食品安全工作，取得了显著成效。以食品标准为准绳和以食品法律法规为支撑是提升现代食品工业的一项战略举措。

为了适应国家对食品质量安全人才的需求，西北农林科技大学 2002 年在全国首先建立了食品质量与安全专业，并招收了食品质量与安全专业本科生，之后部分院校也开始招生，食品质量与安全专业发展速度惊人，规模不断扩大。作为一个新专业，教材建设是一项重中之重的工作，为解决教材急需的问题，中国轻工业出版社联合全国 38 所院校的食品科学院系，组织了全国第一套食品质量与安全专业系列教材。

《食品标准与法规》是本套教材之一，本书共九章，第一章绪论，主要介绍标准与法规在市场经济中的作用和地位及其相互关系；第二章、第三章和第四章分别介绍了我国食品标准与法规和国际食品标准与法规；从第五章开始到第八章，重点介绍与食品生产过程有密切联系的国内外食品标准或法规及其应用；第九章简要介绍了国内外食品标准与法规文献的检索系统和方法。第一章由陈宗道编写，第二章由张建新编写，第三章由孟祥晨编写，第四章由沈建福编写，第五章由易美华、张建新、付银龙、王志国、段振华编写，第六章第一节由农绍庄编写、第二节由江洁编写，第七章由陈德昌编写，第八章由李书国编写，第九章由王慧芳和张建新编写。全书由张建新统稿并审校。

《食品标准与法规》的内容涉及的范围相当广，涉及食品加工的方方面面，为了加深对课程的理解，在每一章开始我们给出了学习重点，引导学生掌握主要内容，以巩固学习效果。本教材在编写过程中广泛吸收了不同方面的专家和教授的观点，参考了有关专家和教授的论著，在“综合、凝练、提高、实用”的基础上，形成本教材的三个明显的特色。一是系统性，注重历史、现实与超前的结合；二是新颖性，所涉及的标准与法规都是现行有效的；三是指南性，对重要的内容注重应用例证，达到学以致用。

在教材编写过程中，得到了中国轻工业出版社和西北农林科技大学教务处的大力支持，对此表示最衷心的感谢！由于编者知识所限，教材涉及到法学、质量管理学和食品科学与工程以及农产品生产过程等有关学科，且内容体系庞大，教材中难免有不尽如人意的地方，热忱期望同仁和读者不吝指教，以便进一步修改、补充和完善。

编　者

前　言

[illegible]

目　　录

第一章　绪　　论 ………………………………………………………… 1
第一节　法规与标准的概论 ……………………………………………… 1
一、法规与标准简述 ……………………………………………………… 1
二、市场经济的法规体系 ………………………………………………… 5
第二节　标准与法规的研究对象和战略地位 …………………………… 7
一、标准与法规的研究对象 ……………………………………………… 7
二、标准化的战略地位 …………………………………………………… 7
第三节　标准法规与市场经济的关系 …………………………………… 12
一、法规与标准的关系 …………………………………………………… 12
二、标准法规与市场经济的关系 ………………………………………… 12
三、标准法规与食品安全体系的关系 …………………………………… 14
第二章　标准化与食品标准制定 ………………………………………… 16
第一节　标准与标准化 …………………………………………………… 16
一、基本概念 ……………………………………………………………… 16
二、标准化方法原理 ……………………………………………………… 18
三、标准化活动的基本原则 ……………………………………………… 21
第二节　食品标准分类与基本内容 ……………………………………… 22
一、食品标准的分类 ……………………………………………………… 22
二、食品标准的基本内容 ………………………………………………… 26
第三节　食品标准的制定 ………………………………………………… 27
一、我国食品标准化工作概况 …………………………………………… 27
二、标准的制定原则、程序和方法步骤 ………………………………… 29
三、GB/T 1.1—2000 版概述 ……………………………………………… 32
四、标准的结构 …………………………………………………………… 36
五、标准编写的具体要求 ………………………………………………… 43
第三章　食品法律法规的基础知识 ……………………………………… 61
第一节　食品法律法规的渊源和体系 …………………………………… 61
一、食品法律法规的渊源 ………………………………………………… 61
二、食品法律法规的分类 ………………………………………………… 62
三、我国食品法律法规体系 ……………………………………………… 64
第二节　食品法律法规的制定和实施 …………………………………… 64
一、食品法律法规制定的概念 …………………………………………… 64
二、食品法律法规制定的基本原则 ……………………………………… 65
三、食品法律法规制定的依据 …………………………………………… 67

四、食品法律法规制定的程序 …… 68
五、食品法律法规的实施 …… 70
第三节 食品行政执法与监督 …… 74
一、食品行政执法概述 …… 74
二、食品行政执法主体 …… 76
三、食品行政执法监督 …… 79
四、食品行政执法与监督行为 …… 80
第四章 国际和发达国家食品法律法规 …… 88
第一节 国际食品法律法规概述 …… 88
一、国际食品法律法规概述 …… 88
二、中国食品法律法规概述 …… 89
第二节 国际食品标准组织 …… 90
一、国际标准化组织（ISO） …… 90
二、国际食品法典委员会（CAC） …… 96
三、国际乳品联合会（IDF/FIL） …… 100
四、国际葡萄与葡萄酒局（IWO/OIV） …… 101
五、世界卫生组织（WHO） …… 102
六、联合国粮农组织（FAO） …… 104
七、国际有机农业运动联合会（IFOAM） …… 106
第三节 部分发达国家食品法律法规 …… 107
一、美国食品卫生与安全法律法规 …… 107
二、欧盟食品卫生与安全法律法规 …… 109
三、日本食品卫生与安全法律法规 …… 111
四、加拿大食品卫生与安全法律法规 …… 113
五、澳大利亚食品卫生与安全法律法规 …… 115
六、德国食品卫生与安全法律法规 …… 115
第五章 中国食品标准 …… 119
第一节 概述 …… 119
一、我国食品标准的现状 …… 119
二、我国食品标准与国外食品标准的对比分析 …… 122
第二节 食品基础标准 …… 124
一、食品企业卫生规范（GMP） …… 124
二、食品添加剂使用卫生标准 …… 138
三、食品中有毒有害物质最高残留限量标准 …… 139
第三节 食品产品质量标准 …… 147
一、食用植物油标准 …… 147
二、无公害食品标准 …… 150
三、绿色食品标准 …… 153
四、有机食品标准 …… 156
五、保健食品标准 …… 160

六、辐照食品标准 …… 164
第四节 食品检验方法标准 …… 166
一、微生物学检验方法标准 …… 167
二、食品理化检验方法标准 …… 171
第五节 食品流通标准 …… 183
一、包装材料与容器标准 …… 183
二、预包装食品标签通则（GB 7718—2004） …… 185
三、运输与贮存标准 …… 192
第六章 国外食品标准与采用国际标准 …… 193
第一节 国外食品标准 …… 193
一、欧洲食品标准概述 …… 193
二、美国食品卫生标准 …… 199
三、日本食品卫生标准 …… 201
第二节 采用国际标准 …… 205
一、采用国际标准的原则与措施 …… 205
二、采用国际标准的程度和编写方法 …… 206
三、技术性差异和编辑性修改的标示方法 …… 210
四、一致性程度的标示方法 …… 211
五、采用国际标准产品认可程序 …… 212
第七章 质量管理体系标准 …… 214
第一节 ISO 9000（GB/T 19000）质量管理体系系列标准介绍 …… 214
一、ISO 9000（GB/T 19000）质量管理体系基础介绍 …… 214
二、ISO 9000（GB/T 19000）质量管理体系术语与定义 …… 227
三、ISO 9000（GB/T 19004）质量管理体系业绩改进指南 …… 232
第二节 ISO 9000（GB/T 19001）质量管理体系文件的要求与编写方法 …… 236
一、ISO 9000（GB/T 19001）标准的文件要求 …… 236
二、ISO 9000（GB/T 19001）质量管理体系文件的要求 …… 238
三、ISO 9000（GB/T 19001）质量管理体系文件的编写方法 …… 239
第三节 质量管理体系文件的构成与示例 …… 242
一、质量管理体系文件的构成 …… 243
二、质量手册的编写示例 …… 248
三、程序文件编写示例 …… 252
第四节 ISO 9000 质量体系认证管理与程序 …… 256
一、国家认证认可的管理 …… 256
二、认证程序与方法 …… 257
三、方圆等认证机构介绍 …… 261
第八章 中国食品法律法规 …… 268
第一节 中国食品法律 …… 268
一、食品卫生法 …… 268
二、产品质量法 …… 270

三、商标法 …… 273
四、计量法 …… 276
五、进出口商品检验法 …… 277
六、进出境动植物检疫法 …… 278
七、境内卫生检疫法 …… 280
第二节 国家相关食品法规 …… 281
一、食品卫生监督管理制度 …… 281
二、产品质量监督抽查制度 …… 282
三、商品计量监督管理规定 …… 282
四、食品生产许可证制度和食品卫生许可制度 …… 283
五、食品市场准入制度 …… 284
六、无公害农产品标志管理办法 …… 285
七、绿色食品标志管理办法 …… 286
八、转基因食品管理办法 …… 288
九、新资源食品管理办法 …… 288
十、辐照食品安全管理办法 …… 289
十一、保健食品注册管理办法 …… 290
十二、有机产品管理办法 …… 296
十三、产品质量仲裁检验管理办法 …… 297
十四、食品质量检测实验室计量认证规定 …… 298
第三节 地方食品法规 …… 298
一、北京地方食品法规 …… 299
二、上海地方食品法规 …… 300
三、台湾地方食品法规 …… 301
四、香港地方食品法规 …… 301
五、辽宁地方食品法规 …… 302
六、四川地方食品法规 …… 303
七、广东地方食品法规 …… 304
八、湖北地方食品法规 …… 306
九、陕西地方食品法规 …… 306
第四节 食品违法处罚与程序 …… 308
一、违反《食品卫生法》的处罚及程序 …… 308
二、违反《产品质量法》的处罚及程序 …… 309
三、违反计量法规的处罚及程序 …… 311
四、违反《标准化法》的处罚及程序 …… 312
五、违反食品包装与标志的处罚及程序 …… 312
第五节 食品违法典型案例分析 …… 313
一、生产销售过期变质食品案例分析 …… 313
二、违反食品包装和标签的案例 …… 314
三、违反食品卫生要求的案例 …… 315
第九章 食品标准与法规文献检索 …… 316

第一节　食品标准与法规检索概述 …… 316
一、文献的类型与作用 …… 316
二、文献检索系统 …… 318
三、食品标准与法规文献概述 …… 319
第二节　食品标准文献检索 …… 320
一、标准文献的类型和内容 …… 320
二、标准文献的特点 …… 322
三、标准文献分类体系与代号 …… 322
四、标准文献的检索 …… 325
五、食品法规文献检索 …… 331
参考文献 …… 334

第一章　绪　　论

本章学习重点：

※　了解市场经济的法律法规体系；

※　掌握法规与标准的区别和食品标准化的战略地位与作用；

※　熟悉食品标准与规范、法治、质量安全的相互关系。

食品标准与法规是从事食品生产、营销和贮存以及食品资源开发与利用必须遵守的行为准则，也是食品工业持续健康快速发展的根本保障。在市场经济的法规体系中食品标准与法规占有十分重要的地位，它是规范市场经济秩序，实施政府对食品质量安全与卫生的管理与监督，确保消费者合法权益，维护社会长治久安和可持续发展的重要依据。无论是国际还是国内都需要对食品质量和安全性做出评价和判定，其主要依据就是有关国际组织和各国政府标准化部门制定的食品标准与法规。在系统学习具体的食品标准与法规之前，我们有必要了解有关法规与标准的基础知识与体系，掌握食品质量安全及卫生法规、标准的地位与作用，熟悉法规、标准与市场经济和食品质量安全的相互关系。这对于全面准确地把握本课程精髓具有重要的意义。

第一节　法规与标准的概论

一、法规与标准简述

法规与标准是保证市场经济正常运转和公平竞争的一个重要的特殊工具。《管子·七法》中有“尺寸也；绳墨也；规矩也；衡石也；斗斛也；角量也；谓之法。”法即规范、准则也。

人类生产活动（包括食品加工）和社会活动之所以需要建立规范并通过规范加以调整，这是由人类活动的基本特征（目的性和社会性）所决定的。马克思曾以蜜蜂和建筑师为例，精辟地论述了动物的本能活动与人的有目的行为的本质区别。人类活动的社会性，决定了任何人的行为都不可能是孤立的，人与人之间、群体与群体之间既存在协同、互动关系，也会由于利益和价值取向方面的差异和对立而产生各种矛盾和纠纷。这就需要建立一定的行为规范和相应的规则，对人们的社会活动和生产活动加以约束，使人们在一种稳定的、明确的社会关系系统与网络中从事各项生产和社会活动，实现既定的目标。否则，就不会有一个良好的社会秩序（一个良好社会秩序要靠规范来建立和维护)。秩序是一种客观的社会现象，是社会成员遵守规范、实施规范的结果。这就是说，并不是某种规范一经建立，相应的秩序便会形成，这中间要经过一段实践过程。只有在建立实施和维护规范的实践中，形成一定的行为准则，并将这种行为准则通过社会成员的行为过程具体而明确地表现出来凝结为一种社会状态时，社会和社会群体才是有序的。也就是说，秩序是规范发生作用的过程或规范的实践结果。正因为如此，只有那些为社会承认被公众接受的规范，才能形成秩序，它必然是某一特定社会或社会群体的共同意志，而不以任何个人意志为转移。社会秩序是社会存在和发展的基础，而社会秩序的建立和维护又有赖于社会对相关规范的认同和实施，也就是说秩序要靠规范来建立和维护。

法的本质是一个重要的法学理论问题。马克思主义创始人认为：

① 法是统治阶级意志的体现；

② 法是以国家意志形式表现出来的统治阶级的意志；

③ 法的内容是由社会物质生活条件所决定的。

在阶级社会中法律是统治阶级的意志的体现。改革开放 20 多年以来，我国社会主义法制建设取得了举世瞩目的成就，与建国初期到改革开放以前相比社会经济结构、分配形式、公民地位等有着很大的不同。现阶段我国社会主义法律制度具有以下本质特征：

① 阶级性与人民性相统一；

② 意志性与规律性相统一；

③ 人与人之间相互平等的法律形式与现实保障相统一；

④ 国家强制性与自觉遵守性相统一。

因此，我国的法律不能简单地理解为统治阶级意志的体现，而是全国各族人民共同意志和根本利益的体现。

法规是法律、法令、条例、规则、章程等的总称，其中法律是由立法机关制定，国家政权保证执行的行为准则。

法制是国家的法律与制度的总称。法治是依照法律的规定行使国家权力，当个人意志与法律发生矛盾冲突时，法律权威高于个人意志。法制是法治的必要条件，法治是法制在现实生活中的实现。美国法学家富勒提出八项法治原则：

① 法律的一般性，即人们有规则可循，法律对任何人都适用，同样情况应同样对待；

② 法律的公开性；

③ 法律适用于后来的行为而不溯及既往；

④ 法律的明确性；

⑤ 法律中不应有矛盾；

⑥ 法律中不应要求不可能实现的事；

⑦ 法律的稳定性；

⑧ 官方行为应和法律相一致。

有些法学家认为还应该增加以下原则：司法独立、司法审查、司法监督、律师咨询等。法治国家必须确立法律在社会生活和国家生活的一切领域居于至高无上的地位，享有崇高的威望，得到普遍的遵守和广泛的认同，法律在调控社会生活方面发挥基础的主导的作用，其他社会规范在法律统帅下发挥作用。法律的权威性要求任何政党、团体、国家机关和个人都必须服从法律，在宪法和法律的范围内活动；要求政府的权力必须以法律为依据，来源于法律，并依法行使；要求建立权力运行秩序，消除任何不受法律限制的权力；要求保证法律的稳定性和连续性，任何政党和机构都不能擅自改变法律，只能由国家立法机构在必要时按照既定的法律程序修改或者废除某些法律。

法的渊源是指一定的国家机关依照法定职权和程序制定或认可的具有不同法律效力和地位的法的不同表现形式。我国法的渊源是以宪法为核心、以制定法为主。制定法又称为成文法，通常是以法律条文形式出现的规范性法律文件。制定法既包括国家立法机关制定的文件，也包括国家中央行政机关和地方国家机关在职权范围内制定和发布的规范性法律文件。有些国家则采用判例法或习惯法为法律渊源。

当代中国法的渊源分为宪法、法律、行政法规、地方性法规、规章、国际条约。宪法是国家的根本法，具有综合性、全面性和根本性。法律（狭义的）指全国人民代表大会及其常务委员会制定的规范性文件，地位和效力仅次于宪法。行政法规是国务院制定的关于国家行政管理的规范性文件，地位和效力仅次于宪法和法律。地方性法规是地方国家权力机关根据本行政区域的具体情况和实际需要依法制定的本行政区域内具有法律效力的规范性文件。民族自治法规是民族自治地方的自治机关根据宪法和法律的规定，依照当地的政治、经济和文化特点制定的自治条例和单行条例。规章是国务院的组成部门及其直属机构在它们的职权范围内制定的规范性文件，省、自治区、直辖市人民政府也有权依照法定程序制定规章。国际条约是我国作为国际法主体同外国缔结的双边、多边协议和其他条约、协定性质的文件。

标准是一种特殊规范，“规范”一词也是用得很普遍的，它最早的中文原意为“模范”。在古希腊文中，“nomos”有标准、典型、模范等意思。在拉丁文中“norma”指工匠用于调整准线和角度的曲尺。法学意义上的规范是指某一种行为的准则、规则。在技术领域泛指标准、规程等。由于人类活动的目的性和社会性，决定了每一个社会都需要对人们的行为进行必要的社会调整，确定个人和集体的行为，为其指明发挥作用的方向，这是建立社会秩序、维持社会正常运转所必不可缺的。

社会调整的最初方式是个别调整，它的高级形式是规范性调整。规范性调整是针对某一类主体、某一类情况而使用一般行为规则进行的重复性的调整。一般情况下，规范可分为两大类：一是社会规范，即调整人们在社会生活中相互关系的规范，如法律、法规、规章、制度、政策、纪律、道德、教规、习俗等；二是技术规范，它是针对人们如何利用自然力、生产工具、交通工具等应遵循的规则，重点调整人与自然规律的关系，是自然规则作用于人类的形式。

标准从本质上属于技术规范范畴。标准具有规范的一般属性：

① 标准同其他规范一样，是社会和社会群体共同意识，即社会意识的表现，它不仅要被社会所认同（协商一致），而且须经过公认的权威机构批准。因此，它同社会规范一样是人们在社会活动（包括生活活动）中的行为规则。

② 标准同其他规范一样，是具有一般性的行为规则，它不是针对具体人，而是针对某类人，在某种状况下的行为规范。

③ 标准同其他规范一样，是社会实践的产物，它产生于人们的社会实践，并服从和服务于人们的社会实践。它虽然是社会和社会群体共同意志的体现，但它却不是主观自生的，而是实践活动和实践发展在特定阶段的产物。

④ 标准同其他规范一样，受社会经济制度的制约，是一定经济要求的体现，同时作为社会文化现象，也有其继承性，可为不同的社会关系内容服务。

⑤ 标准同其他规范一样是进行社会调整、建立和维护社会正常秩序的工具。

标准又具有同一般社会规范不同的特点：

① 标准同其他规范一样都是调整社会秩序的规范，但标准调整的重点是人与自然规律的关系，它规范人们的行为，使之尽量符合客观的自然规律和技术法则，其目的是要建立起有利于社会发展的技术秩序。社会规范调整的重点则是人们之间的社会关系，如权利义务关系、财产关系、婚姻关系等，其目的是建立和发展一定的社会关系，形成社会生产和社会生活的正常进行所需要的社会秩序。

② 标准虽然也同其他规范一样是社会和社会群体意志的体现，是被社会所认同的规范，但这种认同是通过利益相关方之间的平等协商达到的，标准是协调的产物，不存在一方强加于另一方的问题。社会规范，尤其是法律规范，它总是一定社会关系的体现，在阶级社会里，是统治阶级意志的体现。法虽然是讲正义和公正的，而这种正义和公正不是任意的，正如马克思所说“只要与生产方式相矛盾就是非正义的”。

③ 标准虽是一种规范，它本身并不具有强制力，即使所谓的强制标准，其强制性质也是法律授予的，如果没有法律支持，它是无法强制执行的。因为标准中不规定行为主体的权利和义务，也不规定不行使义务应承担的法律责任。社会规范中的法律、法规、规章、制度等通常是与国家的权力有不可分割的联系，法律通常是通过规定社会关系参加者的权利和义务来确认、保护和发展一定的社会关系，并且依靠国家机器的强制力，对不行使其义务者，对违反这种规范的行为予以制裁，否则就不是法律规范。

④ 标准有特定的产生（制定）程序、编写原则和体例格式。它不仅与立法程序完

全不同，而且也与其他社会规范的生成过程不同。

就世界范围来说，多数国家的标准是经国家授权的民间机构制定的，即使由政府机构颁发的标准，它也不是像法律、法规那样由象征国家的权力机构审议批准，而是由各方利益的代表审议，政府行政主管部门批准。因此，标准不具有像法律、法规那样代表国家意志的属性，它更多的是以科学合理的规定，为人们提供一种最佳选择。

二、市场经济的法规体系

法和经济基础的相互关系表现为：第一，法是建立在一定的经济基础之上的上层建筑的重要组成部分，其性质由产生它的经济基础的性质决定，但不能由此简单地认为法不受其他社会因素的影响和制约。第二，法反作用于产生它的经济基础。法的这种反作用有两种情况：一是促进生产力的发展，对社会起进步作用；二是阻碍生产力的发展，对社会起反作用。法律究竟起什么作用，这主要取决于它所确认和维护的生产关系的性质。

市场经济就是法治经济，它是商品经济发展到一定程度的必然产物。正如恩格斯所说："在社会发展的某个很早的阶段，产生了这样一种需要。把每天重复着的生产、分配和交换产品的行为用一个共同的规则概括起来，设法使个人服从生产和交换的一般条件。这个规则首先表现为习惯，而后便成为法律。"这就深刻地揭示了法律和法治的产生以及它们的作用和本质都是要从当时的社会生产和交换的关系中去理解。市场经济条件下出现的法律是适应商品经济的需要而产生的，同样市场经济的发展也需要通过法律来加以规范和保障。所谓法治就是依法治理，法治是人类文明的结晶，是社会发展的产物和社会进步的标志。

法律对市场经济的规范作用主要表现在规范市场经济运行过程中政府和市场主体的行为，明确什么是合法的，或者法定应该无条件执行的；什么是非法的，或者是必须明令禁止的。在我国市场经济和企业行为还不够完善和规范的情况下，运用国家政权的力量，制定规范市场经济运行的法规，对不合理的经济行为实行必要的干预，是很重要的一个措施。就食品生产加工而言，这对于保证食品质量与安全是至关重要的。只有依靠法律的手段和权威，维护公平竞争的市场秩序，制止各种欺诈行为和干扰市场经济正常秩序的现象，才能确保市场的正常运行，并引导市场的健康和可持续发展。

建立市场经济的法规体系是一个十分庞大的系统工程，其结构如图 1-1 所示。

宪法是建设市场经济法规体系的依据和基础。例如，一个国家的市场经济法规体系的建立，必须遵循宪法的规定。就中国特色的社会主义市场经济法规体系而言，就必须遵守宪法的规定，这是因为宪法规定我国的经济制度、政治制度、调整经济关系的基本原则，还规定了各项立法应该遵循的基本原则，所以，只有以宪法作为基础，才能保证法制的统一。宪法中有关"开展群众性卫生活动，保护人民健康"、"增强人民体质"、

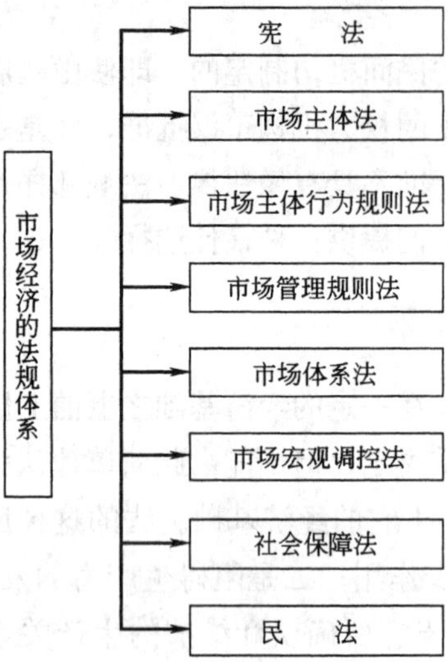

图 1-1 市场经济的法规体系结构图

"保护和改善生活环境和生态环境，防治环境污染和其他污染"等规定是食品法规的法源。

市场主体法是市场主体组织形式和地位的法律规范。市场主体就是以企业为主的法人，以及事业性质的法人。主要法律包括公司法、合资企业法、国有企业法、集体企业法、个人企业法、破产法等。

市场主体行为规则法是关于市场主体交易行为的法律规范，包括物权法、债权法、票据法、证券交易法、保险法、海商法、专利法、著作权法、商标法、广告法等。

市场管理规则法是规定市场平等竞争条件，维护公平竞争秩序的具有普遍性的法律规范。包括反不正当竞争法、反垄断法、消费者权益保护法、产品质量法、食品卫生法、计量法、标准化法、进出口商品检验法、经济合同法、技术合同法、仲裁法、国家赔偿法、行政诉讼法、行政处罚法等。

市场体系法是确认不同市场、规定个别市场法则的法律规范。主要包括期货交易法、信贷法、技术贸易法、信息法、招投标法等。

市场宏观调控法是政府对市场实施宏观调控的法律规范，无论是社会主义国家，还是资本主义国家，政府都不同程度地采用宏观调控措施来确保本国的利益。主要包括预算法、银行法、产业政策法、计划法等。

社会保障法是在市场经济条件下对劳动者提供社会保障的法律规范。包括劳动法、社会保险法、未成年人保护法、妇女权益保护法、社会救济法等。

民法是调整平等主体之间的财产关系和人身关系的法律规范的总称。在市场经济的法规体系中属于基本法的地位。民法主要担负着维系社会公平正义、协调各种利益冲突和保障人身权、人格权的重要作用。

在这个法规体系中除了国内的法律法规外，还会涉及许多国家和国际上的法律法规、条约、协定等。如 WTO 的一系列规则和我国与其他国家签订的双边或多边协议。

从以上我们可以清楚看到：与食品加工有关的法律主要涵盖于市场管理规则法之中，可见学习食品标准与法规在市场经济中具有重大意义。

此外，标准不等于法律，但标准与法律有着密切的内在的联系。要保持市场经济良好的秩序，还必须要有完善的标准体系来支撑法规体系的实施，否则，再好的法规也难以实施到位。只有法规与标准相互配套，各自发挥特有的功能，才能确保市场经济的正常健康运行，全面促进社会经济的进步。

第二节　标准与法规的研究对象和战略地位

一、标准与法规的研究对象

法学是以法律为其研究对象的一门独立学科。法规属于法学的一个重要组成部分，那么不难想象法规的研究对象就是法律和法规。具体来讲就是法规的产生、规定要求、实施以及变化的规律等。食品法规就是专门研究与食品有关的法律法规和管理制度。如食品卫生法、标准化法、产品质量法、各类食品生产加工技术规范等。

食品标准研究的对象是一个比较复杂的体系，它与食品标准化研究对象的层次、加工门类和加工过程要素三维空间（见图 1-2）有着十分重要的必然的联系。

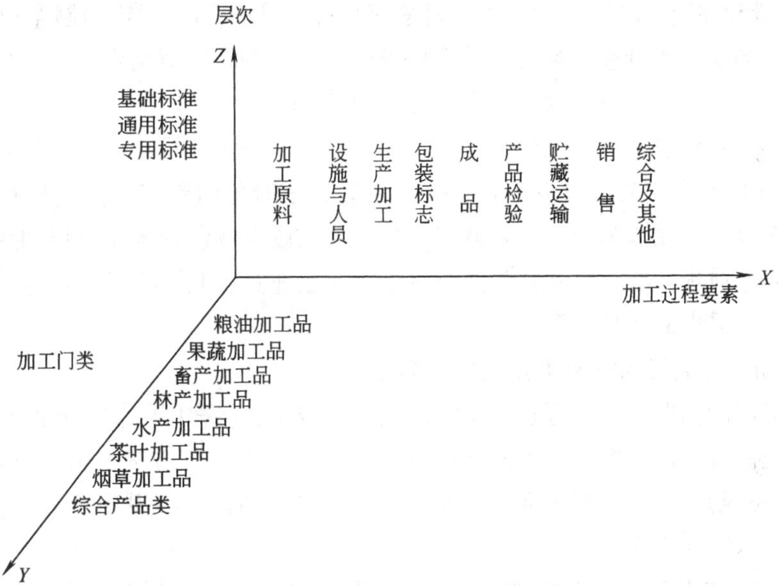

图 1-2　食品加工标准化研究对象三维空间

对上述三维空间的分析不难得出：食品加工产品门类＋食品加工过程要素＋标准层次＝食品加工标准体系。

食品标准与法规的研究对象是法学中有关食品质量与安全、食品卫生的法规与食品标准化对象相互交叉的部分，属于一门新兴的技术管理学科。

二、标准化的战略地位

食品安全关系到广大人民群众的身体健康和生命安全，关系到经济健康地发展和社会稳定，关系到政府和国家的形象。食品标准是判断食品质量安全的准则。2002 年 1

月在北京召开的全国科技工作会议，科技部针对我国加入WTO新形势，提出了实施“人才、专利和技术标准”三大战略。首次把技术标准提到了战略高度。2005年1月国家质量监督检验检疫总局局长李长江在视察中国标准化研究院时指出：“一个好的标准胜过十万精兵”。足见技术标准在全球经济一体化中占有非常重要的地位，发挥着不可替代的作用。如果说一个专利影响的只是一个企业，而一个技术标准影响的则是整个行业。制定技术标准的实质是制定竞争规则，目的是把握对市场的控制权。依据原国家质量技术监督局政策法规宣传教育司金光司长和著名的标准化专家李春田教授的独到见解，从以下四个方面论述标准化的战略地位。

（一）标准化与市场经济

1. 市场经济运行的主体是以企业为主的法人

我国标准化管理改革，最重要的有两项：

① 衡量和评定产品质量的依据，过去都由政府主管部门制定强制企业执行的统一标准，产品的所有质量性能都必须符合标准的规定。现在改革为由企业根据供需双方和市场以及消费者需求，自主决定采用什么标准组织生产，产品性能除必须符合有关法律、法规的规定和强制性标准和要求外，由企业自主决定衡量和评定产品质量的依据。

② 企业生产的产品质量标准，过去都由有关政府部门制定，企业没有制定产品质量标准的权利。现在改为允许企业制定，并且要鼓励企业制定满足市场和用户需求、水平先进的产品质量标准。也就是说法律法规规定企业具有制定标准的权力和自主确定满足市场与用户需求的产品质量标准。

2. 市场经济运行的机制主要依靠标准化

企业采用的标准是判定假冒伪劣商品依据；技术经济合同、契约和纠纷仲裁的技术依据是标准。市场运行机制是由多方面构成的，包括生产、市场、销售与管理等方面，从市场竞争机制、供求机制方面，标准化在健全机制和运行中发挥着举足轻重的作用，主要表现在以下四个方面：

① 标准化有利于建立公平的市场竞争机制：通过制定、采用、实施标准，建立衡量产品质量的依据，依据企业采用的标准判定产品是否合格，依据国家强制性标准判定产品质量是否影响人身、财产安全，是否影响人体健康。通过法规规定要求企业在商品的标签或说明书中标明采用的标准。这样，既有利于企业保护自身利益，又便于政府和消费者的监督。

② 标准化有利于企业适应市场竞争的灵活性、时效性的需要：市场竞争不仅有产品品种、质量安全方面的竞争，还有交货期限、产品价格、服务信誉等方面的竞争。因此，需要政府为企业尽快提供先进的标准，企业也需要尽快采用国家统一的标准，采用现代化的手段，尽快获得更多信息，缩短货物运送时间，快速销售产品。如正在全球推动的电子数据交换（EDI），就是将商品交换过程中的数据、信息、单证格式标准化、

规范化，并通过计算机网络进行联通处理。EDI已经成为全球市场竞争中的重要手段之一。

③ 标准化是市场经济活动的合同、契约和纠纷仲裁的技术依据：市场经济主体之间进行的各种商品交换和经济贸易往来，往往是通过契约的形式来实现的。在这些合同、契约中，标准化往往是不可少的重要内容。我国的《合同法》，明确规定合同的内容中要包括质量技术与安全的要求。而标准就是衡量产品质量与安全合格与否的主要依据。因此，合同中应明确规定产品质量达到什么标准，产品的安全性适用什么标准，并以此作为供需双方检验产品质量的依据。这样，就能使供需双方在产品质量问题上受到法律的保护和制约。

④ 标准化是市场经济活动国际性的技术纽带：市场经济是开放性的经济，社会分工的细化和市场的扩展，已经打破了闭关锁国的封建割据，扩大了不同国家和地区之间的经济联系，从而使社会分工和国内市场突破了国家界限。为了保证国际经济贸易活动的正常有序开展，国际上已经和正在形成一系列比较统一通行的国际经贸条约、规则和惯例。作为WTO的成员国，其产品或服务要进入国际市场，参与国际竞争，就必须了解和参与这些条约和规则。在这当中，标准化是一项重要的内容，是国际通行条约、惯例和做法的一个组成部分，是国际贸易中需要遵守的技术准则。比如，有137个成员国参加的世界贸易组织，其总的目的就是要促进各个国家之间对货物进行自由交换，消除各种人为障碍、关税壁垒和非关税壁垒。为了适应我国参与国际市场竞争，作为世界贸易组织的成员，我国标准化工作应适应WTO的需要，要积极采用国际标准，积极参与国际标准化活动，加快产品质量和企业质量保证体系的认证工作，以符合世界贸易组织的要求。

3. 市场经济需要进行宏观调控

实践证明，无论在资本主义国家或者社会主义国家，政府在实行宏观调控中，标准化发挥着重要作用，标准化是其中可以运用的一种有效手段。标准化是国家制定产业技术政策的重要内容。所谓产业政策，就是为促进产业发展所采取的各种政策。主要包括有关产业资源分配的政策和有关各个产业组织的政策，以及产业的技术政策。由于标准化对产业的技术发展具有重要的指导作用。因此，在制定和实施产业技术政策中，制定和实施什么样的标准，提倡采用什么标准，应当是其中的重要内容。如农产品质量安全标准对不同农药的使用范围和允许的最大残留限量都有着不同的要求，从而指导着我国农业产业结构调整目标和农产品质量安全水平。

国家制定法律规范，保障市场经济正常运行，保护消费者利益，同样需要标准化来支撑。纵观西方国家市场经济的历史，我们可以看出，法律法规是国家进行宏观调控的重要手段，是市场经济形成和发展所必需的基础条件，且标准已经成为相关法律、法规的重要内容。我国《标准化法》、《食品卫生法》、《产品质量法》、《计量法》、《环境保护法》、《合同法》等法律法规中，也都对采用标准做出了明确规定。政府实施经济监督需要标准化。所谓经济监督，是指政府及其管理机构，依据法令、计划、指令、政策及制度中规定的各项标准和定额，对社会再生产过程的各个环节进行的全面监察和督导。在经济监督中，包含质量、计量方面的监督。所谓质量监督，是指国家授权的质量监督检察机关和企业质量监督机构及其人员，依据管理的有关法规，依据有关质量标准，对产品质量、工程质量和服务质量所实行的监督。计量监督主要是依据计量法规，依照计量器日具对商品的数量实行监督。因此，标准已经成为判断质量好坏、依法处理质量问题，政府进行产品质量监督的重要依据。而政府实施产品质量监督抽查和统一检验，市场导向效果显著，对于提高产品质量以及安全性等方面也发挥着重要作用。

（二）标准化与市场竞争

“标准化是赢得市场竞争的金钥匙”，人们常说市场竞争的实质是产品质量和人才竞争。那么为什么有的企业产品质量检验合格，却不能占领市场，这是值得思考的核心问题之一。产品质量符合标准要求，那么标准是不是符合市场需求呢？是不是符合顾客要求呢？解决这一难题的方法可能有多种，但解决问题的秘诀应该是制定符合市场与顾客（不同人群）需求的标准包括包装标志标准等。如果就市场竞争而论，标准化的作用简单地说，就是能够“赢得市场竞争”。当然并不是企业一开展标准化就能立即赢得市场竞争，标准化不是灵丹妙药，但是如果把标准化工作做好了，确实能赢得市场竞争。没有标准化也就没有竞争力这是毋庸置疑的。

一个企业产品要在市场竞争中立于不败之地，标准化工作就应该走好“三部曲”，也就是要攀登三个台阶。

第一步，制定或修订好确切反映市场需求，令顾客满意的产品标准。保证产品获得市场欢迎和较高的满意度，解决占领市场的问题。

第二步，建立起以产品标准为核心的有效运转的企业标准体系。保证产品质量的稳定和劳动生产率的提高，使企业能够站稳市场，不至于刚刚占领市场，因质量不稳而退出市场。

第三步，把标准化向纵深推进，运用多种标准化形式支持产品开发。使企业具有适应市场变化的能力即对市场的应变能力。市场不是固定的，不是开发出一种产品，制定了一个标准，就几十年可以不变。市场是多变的，企业必须具备应变能力，这就是使企业不仅能够占领市场、站稳市场，还能够适应市场、扩大市场。

上述三个台阶是互相连贯的三个阶段，半途而废和停步不前，都终将被淘汰，只有攀上制高点，才能真正领悟企业标准化的真谛。

（三）标准化与WTO

1. 合格评定

《WTO/TBT贸易技术壁垒协定》中对合格评定程序的定义是指直接或间接用来确

定是否达到技术法规或标准的相关要求的任何程序。

注释：合格评定程序特别包括取样、测试和检查程序；评估、验证和合格保证程序；注册、认可和批准以及它们的综合的程序。

ISO 9000 质量管理体系认证、ISO 14000 环境质量标准认证、HACCP 体系认证以及 GMP 认证等都属于合格评定内容，并与标准有着密切的联系，离开了标准合格评定是难以进行的。

2. 贸易技术壁垒

由于 WTO 有一定的局限性，或者我们说存在一定的缺陷。因此，往往一些发达国家就利用这些缺陷大做文章，各种类型的技术贸易壁垒措施就不断产生，使一些发展中国家和不发达国家防不胜防。常见的技术壁垒形式有检验程序和检验手续 、绿色技术壁垒、计量单位、卫生防疫与植物检疫措施、包装与标志等，给国际贸易产生巨大的障碍，这种障碍的受益者常常是发达国家受益，相反，发展中国家的经济利益受到了巨大的损失。

（四）标准化与市场准入

从 2003 年 8 月 1 日起，凡在我国境内从事米、面、油、酱油、醋生产加工的企业，未按规定程序获得食品生产许可证而生产加工这五类食品、未经检验合格并加贴（印）食品市场准入标志（QS 质量安全）就出厂销售的，将受到各级质量技术监督局的依法查处。2003 年 7 月 4 日国家质量监督检验检疫总局决定自 2003 年下半年起，对肉制品、乳制品、饮料、调味品（糖、味精）、方便面、饼干、罐头、冷冻饮品、速冻米面食品、膨化食品等十类食品实施质量安全市场准入制度。国家质量监督检验检疫总局发布了《食品质量安全市场准入审查通则》，对原辅料、食品包装与标签等提出具体的要求：

① 原辅料应符合相应的国家标准、行业标准及有关规定，用水符合国家标准 GB 5749—1985《生活饮用水卫生标准》的规定。

② 产品质量应符合相应标准规定的要求。

③ 包装材料符合国家有关法律法规。

④ 食品标签应符合国家有关法律法规和 GB 7718—2004 以及其他特殊食品标签标准的要求。

食品质量安全市场准入制度的科学性就在于从生产必备条件抓起，与发达国家是一致的，也是狠抓源头从根本上保证质量的举措。市场准入制度主要包括三项内容：一是实施食品生产许可证制度，凡不具备保证产品质量必备条件的企业不得从事食品生产加工；二是对出厂产品实施强制检验，不合格的食品不得出厂销售；三是对检验合格的食品加贴市场准入标志，即 QS 标志，向社会做出“质量安全”承诺。“产品能否进入市场的重要依据是标准”。可见，标准化在食品市场准入制度的实施中具有显著的战略地位。

第三节 标准法规与市场经济的关系

一、法规与标准的关系

社会规范是人们处理社会生活中相互关系应遵循的具有普遍约束力的行为规则，而技术规范是人们在处理同客观事物打交道时必须遵循的行为规则。在科学技术和社会生产力高度发展的现代社会，越来越多的立法把遵守技术规范确定为法律义务，从而把社会规范和技术规范紧密结合在一起，这也是一种必然，因为，人们处理社会生活关系时，也离不开客观事物。

（一）法规和标准的相同之处

① 法规和标准都是现代社会和经济活动必不可少的统一规定，具有一般性，对任何人都适用，同样情况下应同样对待。

② 公开性，在制定和实施过程中都公开透明。

③ 明确性和严肃性，法规和标准都由权威机关按照法定的职权和程序制定、修改或废止，都用严谨的文字进行表述。

④ 权威性，法规和标准都在调控社会方面发挥主导作用，享有威望，得到广泛的认同和普遍的遵守。

⑤ 约束性和强制性，要求社会各组织和个人服从法规和标准的规定，作为行为的准则。

⑥ 稳定性，法规和标准都具有稳定性和连续性，不允许擅自改变和轻易修改。

（二）法规和标准的不同之处

① 法规在一切领域处于至高无上的地位，具有基础性和本源性的特点。标准必需有“法律依据”，必须严格遵守有关的法律、法规，在内容上绝不能与法律、法规相抵触和冲突。

② 法律、法规涉及国家生活和社会生活的方方面面，调整一切政治、经济、社会、民事、刑事等法律关系，而标准主要涉及技术层面。

③ 法规一般较为宏观和原则，标准则较为微观和具体。

④ 法规较为稳定，标准则经常随着科学技术和生产力的发展而补充修改。

⑤ 标准比较注意民主性，强调多方参与、协商一致，尽可能照顾多方利益。

⑥ 标准的强制力也源自法规的赋予，标准分为强制性和推荐性两种，对推荐性标准企业有选择执行或不执行的权利。

⑦ 标准和法规都是规范性的文件，但标准在形式上有文字的，也有实物的。

二、标准法规与市场经济的关系

（一）法规与市场经济的关系

市场经济在一定意义上是法治经济，即市场经济的秩序必须通过法治来形成和维持。因此，法治是市场经济的必备条件和基本特征。

① 市场经济是自主性经济，因此，要求法律确认市场主体资格，平等保护市场主体的财产权。

② 市场经济是契约经济，因此，要求法律确认契约是处理经济关系的法律形式，并保护契约在市场经济中的作用。

③ 市场经济是竞争经济，因此，要求法律维护和保障正当竞争，限制和惩处不正当竞争。

④ 市场经济是主体地位平等的经济，因此，要求法律确认所有人的平等地位，至少在形式上平等地享有权利和履行义务。

⑤ 市场经济是开放的经济，因此，要求法律不断进行调整，与现代国际法治规则接轨，营造统一开放的国内市场和全球化的国际市场。

法律对市场经济的保障作用表现在两个方面：

① 利益保障：市场经济关系的各种行为，大多为了实现一定的物质利益，法律通过及时制止侵犯他人、集体和国家利益的违法犯罪行为，来保障市场经济。

② 秩序保障：法律引导和促进市场行为在一定的秩序中正常进行，从而保障市场经济的发展。

改革开放特别是十四大确定社会主义市场经济体制改革目标以来，我国加强了市场经济法制建设，取得了十分显著的成就，为社会主义市场经济的建立和发展，提供了重要的法律依据和法律保障。

（二）标准与市场经济的关系

标准是市场经济运行的必备条件，与市场经济的关系可概括为：

① 市场经济是自主性经济，市场主体为了生存和发展，必需执行或制定先进的产品质量标准，满足市场和用户的需求。

② 市场经济是契约经济，在契约合同中设定的产品质量标准是双方检验产品质量的依据，是发生经济纠纷时仲裁的技术基础。

③ 市场经济是竞争经济，市场主体运用标准化加快新产品开发，可以提高产品的竞争力；市场主体执行先进的产品质量标准，可以提高产品质量和竞争力。

④ 市场经济是开放的经济，标准是国内国际市场贸易中必须遵守的技术准则，是国际条约和基本规则的技术层面的组成内容。

⑤ 市场经济是受调控和监督的经济，国家授权的监督机关以及消费者，依据各种标准，依法对产品质量、工程质量和服务质量实施监督。

随着改革开放和经济发展，特别是加入 WTO 以后，我国越来越重视标准化工作，积极参与国际标准化活动，积极采用国际标准，取得了显著的成绩。

三、标准法规与食品安全体系的关系

（一）食品安全问题是全球性的严重问题

食品安全性是指食品中不应含有有毒有害物质或因素，从而损害或威胁人体健康，包括直接的急性或慢性毒害和感染疾病，以及对后代健康的潜在影响。WHO 在 1996 年发表的《加强国家级食品安全性指南》指出，食品安全性是对食品按其原定用途进行制作或食用时不会使消费者受到损害的一种担保。

食品安全问题正严重地威胁着每个国家，主要表现为食源性疾病不断上升和恶性食品污染事件不断发生两个方面。

食源性疾病是指通过摄食而进入人体的病原体和有害物质，使人体患感染性或中毒性疾病，其原因是食物受到细菌、病毒、寄生虫或化学物质污染所致。在美国每年有 4 万人次患食源性疾病，有 32 万人因此住院，5000 人因此死亡。在我国食源性疾病的发病率也呈上升趋势，每年卫生部接报的集体食物中毒事件近千件，中毒人数近万人。

20 世纪 90 年代以来，全球的食品生产与安全发生了一系列重大事件，先是 1995 年比利时发生二噁英污染鸡事件，随后是 1996 年英国疯牛病事件，1997 年中国香港发生 H5N1 禽流感事件，1997 年中国台湾发生猪口蹄疫事件，1999 年法国和比利时发生可口可乐污染事件，1999 年法、荷、德揭露腐烂物作畜禽饲料丑闻，2000 年法国发生单核细胞增生李斯特菌污染熟肉制品事件，2001 年欧洲发生口蹄疫事件，2003 年日本大阪界市小学病原性大肠杆菌 O157 集体食物中毒事件，2003 年美国发生疯牛病事件，2004 年发生遍及全球的禽流感事件。

食品安全事件造成十分巨大的经济损失。如美国每年因食源性疾病造成约 350 亿美元的损失。英国自 1996 年公布发生疯牛病以来，宰杀病牛损失 300 亿美元，影响贸易损失每年 52 亿美元。比利时二噁英事件造成经济损失 13 亿欧元。食品安全事件不仅严重影响种养业和食品贸易，还会波及旅游业和餐饮业，甚至影响到公众对政府的信任，危及社会的稳定和国家安全。

另外，食品高新技术、新资源的应用也给食品安全带来新的挑战，特别是转基因食品的安全问题受到政府、学术界和公众的普遍关注。

食品安全问题还因犯罪活动和恐怖活动而变得更加复杂。国内外都有犯罪分子和恐怖分子利用食品进行犯罪的案例，引起食品安全监督部门的极大关注。

（二）食品安全体系建设是一项复杂的系统工程

世界各国和国际组织近年来加强了食品安全工作，2000 年第 53 届世界卫生大会通过了加强食品安全的决议，将食品安全列为 WHO 的工作重点和公共卫生的优先领域。

食品安全体系包括食品管理体系和食品保证体系两部分。管理体系包括管理机构、法规标准体系、认证认可体系、市场准入制度、追溯制度、包装标志制度、突发事件应急制度等。保证体系包括食品安全质量保证体系和监测检验体系。

食品安全管理机构，在国际上有世贸组织 WTO、FAO/WHO 的分支机构食品法典委员会（CAC）、国际标准化组织（ISO）等；世界各国有食品药品管理局［如美国的 FDA，德国的消费者保护、食品和农业部（BMVEL）］。法规标准体系，在国际上有 WTO 的贸易基本原则、SPS 协定、TBT 协议、CAC 标准、各种双边协议；世界各国有各自的国内标准，中国的 GB、美国的 CFR、欧洲的 EN 等。食品安全质量认证认可体系在国际上有 ISO 9000 质量管理体系认证，世界各国有生态食品、绿色食品、无公害食品、保健食品等的认证，以及食品检验实验室的认可。市场准入制度，我国有 QS 认证、生产许可证制管理、卫生注册制度、市场准入认证等；世界各国也有各自的市场准入制度，如美国的进口程序、FDA 注册、预通报制度等。追溯制度是覆盖食品从初级产品到最终消费品的可追踪的信息追踪系统，一旦发现疯牛病等食品安全问题时可追踪历史信息，追究责任，堵塞漏洞。包装标志制度，我国有检验检疫标志、进出口食品标签等；世界各国有各自的规定，如美国的营养标签声明，特殊功效食品标签说明、食品保健声明等。突发事件应急制度，在国际上有 SPS 规定，进口国可针对禽流感、疯牛病和口蹄疫等紧急情况，采取应急叫停进口措施，无须预先通报出口国。世界各国也有各自的措施，如宣布疫区、屠宰疑似牲畜、禁止流通等。

质量保证是管理学的概念，是指实体实施有计划和有系统的活动以表明自身具备满足质量要求的能力。质量保证对内取信于本组织的管理层，对外取信于外部需要。安全质量保证体系包括良好操作规范（GAP 和 GMP）、危害分析和关键控制点（HACCP）等。食品安全监测检验体系包括政府、中性外部机构和企业自我的监测检验体系。

由此可见，食品安全体系建设是一个复杂的系统工程，必须有政府、行业组织、企业、消费者共同努力，必须有各国政府和国际组织的协调和努力。在食品安全体系中食品安全法规标准居于核心的基础的地位，有崇高的权威，是政府管理监督的依据，是食品生产者、经营者的行为准绳，是消费者保护自身合法利益的武器，是国际贸易的共同语言和通行桥梁。因此，没有食品安全法规标准，就没有食品行业的可持续发展。

思　考　题

1. 简述市场经济的法律法规体系？食品法律法规在市场经济法律法规体系中的地位是什么？
2. 标准与法规的主要区别是什么？
3. 简述食品标准与法规的相互关系？
4. 食品标准的战略地位与作用是什么？
5. 标准与法规的研究对象是什么？

第二章　标准化与食品标准制定

本章学习重点：

※　了解标准与标准化的基本概念及其方法原理；

※　熟悉食品标准的分类和制定标准的原则与程序；

※　掌握 GB/T 1.1—2000 的结构、层次、格式与食品标准的编制。

第一节　标准与标准化

食品安全质量标准是企业组织食品生产的主要依据，食品安全水平的高低取决于食品安全质量标准水平。要确保食品质量与安全就必须实行从农田到餐桌的全程标准化管理。标准化是以科学、技术与实践经验的综合成果为依据。标准化在人民日常生活和社会经济发展中具有非常重要的地位和作用，引起全社会的普遍关注。因此，国际标准化组织（ISO）1969 年决定把每年的 10 月 14 日定为世界标准化日。

质量问题是我国经济发展中的一个战略问题。质量水平的高低是一个国家经济、科技、教育和管理水平的综合反映，已成为影响国民经济和对外贸易的主要因素之一。在 2002 年全国科技工作会议上针对我国加入 WTO 的新形势提出，要实施“三大战略”即人才、专利和技术标准战略。首次把技术标准提到了战略高度，我国要通过实施技术标准战略来适应未来的国际激烈竞争。科技部部长徐冠华说：现在是三流的企业卖产品，二流的企业卖技术，一流的企业卖专利，超一流的企业卖标准。如果说一项专利影响的是一个企业，那么一个技术标准影响的则是整个行业或产业。技术标准的实质是制定竞争规则，把握对市场的控制权。企业家说得好：“生产产品卖的分分钱，生产技术卖的毛毛钱，生产专利卖的块块钱，而生产技术标准卖的串串钱”，这也从营销上反映了技术标准在市场经济中的战略地位。

全球社会经济一体化是 21 世纪不可逆转的大趋势，国际竞争必然更加激烈，采用谁的标准作为国际标准，对各国产业的国际竞争力影响重大。在高新技术领域谁的技术标准领先，谁就控制了未来市场。世界上主要发达国家在 10 年前就高度重视标准化的作用，已经把技术标准作为战略性竞争手段。因而，掌握标准化知识，了解国内外的动态和发展趋势，对应对食品质量安全的国际化竞争有十分重要的意义。

一、基本概念

关于标准化的有关概念问题，不同时期都有其规定的定义，这里我们依据国家最新标准 GB/T 20000.1—2002《标准化工作指南　第一部分　标准化和相关活动的通用词汇》，给出有关常用的标准化基本概念。

1. 标准（standard）

为了在一定的范围内获得最佳的秩序，经协商一致制定并由公认的机构批准，共同使用的和重复使用的一种规范性文件。

注：标准宜以科学、技术和经验的综合成果为基础，以促进最佳的共同效益为目的。

2. 标准化（standardization）

为了在一定的范围内获得最佳的秩序，对实际的或潜在的问题制定共同使用和重复使用的条款的活动。

注 1：上述活动主要包括编制、发布和实施标准的过程。

注 2：标准化的主要作用在于为了预期目的改进产品、过程或服务的适用性、防止贸易壁垒，并促进技术合作。

3. 国际标准化（international standardization）

所有国家的有关机构均可参与的标准化。

4. 区域标准化（regional standardization）

仅世界某个地理、政治或经济区域内的国家的有关机构可参与的标准化。

5. 国家标准化（national standardization）

在国家层次上进行的标准化。

6. 地方标准化（provincial standardization）

在国家的某个地区层次上进行的标准化。

7. 安全（safety）

免除了不可接受的损害风险的状态。

注：标准化考虑产品、过程或服务的安全问题，通常着眼于实现包括诸如人类行为等非技术因素在内的若干因素的最佳平衡，把损害人员和物品的可避免的风险降低到可接受的程度。

8. 国际标准（international standard）

由国际标准化组织或国际标准组织通过并公开发布的标准。

9. 区域标准（regional standard）

由区域标准化组织或区域标准组织通过并发布的标准。

10. 国家标准（national standard）

由国家标准机构通过并发布的标准。

11. 地方标准（provincial standard）

在国家的某个地区通过并发布的标准。

12. 产品标准（product standard）

规定产品应满足的要求以确保其适用性的标准。

注1：产品标准除了包括适用性的要求外，还可直接地或通过引用间接地包括诸如术语、抽样、测试、包装和标签等方面的要求，有时还包括工艺要求。

注2：产品标准根据其规定的全部的还是部分的必要要求，可区分为完整的标准和非完整的标准。同理，产品标准又可区分为其他不同类型的标准，例如：尺寸大小类标准、材料类标准和交货技术通则类标准。

13. 过程标准（process standard）

规定过程应满足的要求以确保其适用性的标准。

14. 合格（conformity）

产品、过程或服务达到了规定的要求。

15. 要求（requirement）

表达应遵守的准则的条款。

16. 合格评定（conformity assessment）

有关直接或间接地确定是否达到相应的要求的活动。

注：合格评定活动的典型示例有：抽样、测试和检验；评价和合格保证（供方声明、认证）；注册、认可和批准以及它们的组合。

17. 技术规范（technical specification）

规定产品、过程或服务应满足的技术要求的文件。

注1：适宜时，技术规范宜指明可以判定其要求是否得到满足的程序。

注2：技术规范可以是标准、标准的一部分或与标准无关的文件。

18. 规程（code of practice）

为设备、构件或产品的设计、制造、安装、维护或使用而推荐惯例或程序的文件。

19. 法规（regulation）

由权力机构通过的有约束力的法律文件。

20. 技术法规（technical regulation）

规定技术要求的法规，它或者直接规定技术要求，或者通过引用标准、技术法规或规程来规定技术要求，或者将标准、技术法规或规程的内容纳入法规中。

注：技术法规可附带技术指导，列出为了符合法规要求可采取的某些途径，即权宜性条款。

二、标准化方法原理

GB 13745《学科分类与代码》将标准化科学技术——标准化学定位在工程与技术科学基础学科中的二级学科（代码为410.50）。标准化作为一门学科，毫无疑问应该有它自己的方法原理和发展规律。标准化的方法原理的形成是长期的标准化工作和实践的经验的高度概括，反过来它又用来指导人类社会的标准化活动。国际标准化组织（ISO）1972年出版了桑德斯（T. R. B Sanders）著的《标准化的目的与原理》，提出了标准化7条原理，这7条原理主要围绕着标准化的目的和作用以及标准的制修订工作来阐述。日本政法大学松浦四郎教授在《工业标准化原理》一书中，对简化的理论和方法进行了深入研究，提出了19项原理。1974年我国标准化工作者在总结机械工业标准化实践经验的基础上，提出了“相似设计原理”和“组合化原理”等。经过国内外标准化工作者的不断探索和实践，形成了目前比较公认的标准化最基本的方法原理。

1. 简化原理（predigesting principles）

简化就是在一定范围内减缩标准化对象（事物）的类型数目，使在一定的时间内满足一般需要的标准化形式和方法要求。简化一般是在事后进行的，也就是事物的多样化已经发展到一定的规模以后，才对事物的类型数目加以缩减。标准化的简化原理可以概括为，具有同种功能的标准化对象，当多样性的发展规模超出了必要的范围时，即消除其中多余的、可替换的、低功能的环节，保证其构成的精炼、合理，并使整体功能最佳。

（1）简化的客观需要　在生产领域，由于科学、技术、竞争和需求的发展，使产品的种类急剧增加。这种产品（商品）越来越多样化的趋势是社会生产力发展的表现，一般来说是符合人们愿望的。但是，在商品经济社会里，在市场经济竞争的环境下，这种多样化的趋势，不可避免地存在着盲目性，是对社会资源和生产力的一种浪费。如果不加以控制，就会出现多余的、无用的和低功能的产品品种、规格的膨胀。通过简化这种自我调节、自我控制的标准化方式来抑制产品的过度膨胀是客观的需要。

（2）简化的一般原则　简化的实质是对客观事物的构成加以调整，并使之最优化的一种有目的的标准化活动。因此，必须遵循标准化原理和一般的要求。

① 对客观事物进行简化时，既要对不必要的多样性加以压缩，又要防止过分压缩。

② 对简化方案的论证应以确定的时间、空间范围为前提。

③ 简化的结果必须保证在既定的时间内满足一般需要，不能因简化而损害用户和消费者的利益。

④ 对产品的简化要形成系列，其参数组合应尽量符合标准数值分级规定。

简化的应用领域十分广阔，就产品的生产过程而言，从构成产品的系列品种、规格、工艺等均可作为简化的对象。在管理活动中如语言（包括计算机语言）、文字、符号、图形、编码、程序、方法等都可以通过简化防止不必要的重复，以提高工作效率。

2. 统一原理（unifying principles）

统一是标准化的基本形式，人类的标准化活动是从统一开始的。统一原理是指在一定范围、一定时期和一定条件下，对标准化对象的形式、功能或其他技术特性所确定的一致性，应与被取代的事物功能等效。统一的目的是确立一致性，是标准化活动的本质和核心。统一性的一般原理是：

（1）等效是统一的前提条件　只有统一后的标准与被统一的对象具有功能上的等效性，才能替代。

(2) 统一要先进、科学、合理，也就是说要有度 统一是有一定范围或层次的，因此，确定标准宜制定成国家标准、行业标准或地方标准，决定着标准水平和先进性，也就是标准技术水平的高低。

(3) 统一要适时进行 过早统一，有可能将尚不完善、不稳定、不成熟的类型以标准的形式固定下来，这不利于科学技术的发展和更优秀的类型出现；过迟统一，当低效能类型大量出现并形成定局时，要统一就比较困难，而且要付出一定的经济代价。

(4) 统一又分为绝对统一和相对统一 绝对统一不允许有灵活性，如编码、代号、标志、名称、单位等。相对统一是出发点和总趋势统一，这种统一具有灵活性，可以根据情况区别对待。如产品质量标准虽对产品质量指标作了统一规定，但标准技术指标却允许有一定的灵活性，如分等分级规定、技术指标上下限值、公差范围等。

3. 协调原理 (harmony principles)

在一定的时间和空间内，使标准化对象内外相关因素达到平衡和相对稳定的原理。在标准系统中，协调标准内部各要素的相互关系，协调一个标准系统中各相关标准间的相互关系，以标准为接口协调各部门、各专业、各个环节之间的相关技术的相互关系，从而解决各有关链接和配合的科学性和合理性。协调性的一般原理是：

(1) 标准内部系统之间的协调 如在工程设计中对有关基本参数、几何图形、外部因素都要建立合理的关系，形成一组最佳参数，使设计的产品在满足使用要求的前提下，达到整体功能最佳。

(2) 相关标准之间的协调 如农产品质量安全标准涉及到农产品的种子、栽培技术措施、病虫害防治以及生产环境等方面。应从最终产品质量要求出发，对各个环节或要素规定必要的要求，从而保证所有相关标准的标准系统之间的整体功能最佳。

(3) 标准之间的协调 如集装箱运输标准化就涉及公路、铁路运输系统和海运以及空运系统的标准化问题，集装箱的外形大小和质量等参数受不同运输系统的制约，只有相互协调统一，才能发挥集装箱的整体运输优势，产生巨大的经济效益和社会效益。

4. 优化原理 (optimizing principles)

优化原理是指按照特定的目标，在一定的限制条件下，对标准系统的构成因素及其相互关系进行选择、设计或调整，使之达到最理想的效果。优化原理包括以下具体内容：

① 标准化对象应在能获得效益的问题（或项目）中确定，没有标准化效益问题（或项目），就没有必要实行标准化。

② 在能获得标准化效益的问题中，首先应考虑能获得最大效益的问题。

③ 在考虑标准化效益时，不只是考虑对象的局部标准化效益，而应该考虑对象所在依存主体系统即全局的最佳效益，包括经济效益、社会效益和生态效益。

一般常用的优化方法有：加权系数法、费用效果分析法、成本价格分析法。

标准化的原理不是孤立存在的、独立地起作用的，他们相互之间不仅有着密切的联系，而且在实际应用中又是相互渗透、相互依存的，形成一个有机整体，综合反映了标准化活动的规律。

三、标准化活动的基本原则

1. 超前预防的原则

标准化的对象不仅要在依存主体的实际问题中选取，而且更应从潜在问题中选取，以避免该对象非标准化造成的损失。

标准的制定是依据科学技术与实践经验的成果为基础的，对于复杂问题如安全、卫生和环境方面在制定标准时必须进行综合考虑，以避免不必要的人身财产安全问题和经济损失。

2. 协商一致的原则

标准化的成果应建立在相关各方协商一致的基础上。

标准的定义告诉我们，标准在实施过程中有“自愿性”，坚持标准民主性，经过标准使用各方进行充分的协商讨论，最终形成一致的标准，这个标准才能在实际生产和工作中得到顺利的贯彻实施。如许多国际标准对农产品质量的要求尽管很严，但有的国际标准与我国的农业生产实际情况不相符合，因此，许多国际标准并没有被我国采用。

3. 统一有度的原则

在一定范围、一定时期和一定条件下，对标准化对象的特性和特征应做出统一规定，以实现标准化的目的。

这一原则是标准化的技术核心，技术指标反映标准水平，要根据科学技术的发展水平和产品、管理等方面实际情况来确定技术指标，必须坚持统一有度的原则。如农产品中有毒有害元素的最高限量，农药残留的最高限量，食品营养成分的最低限量的确定等。

4. 动变有序的原则

标准应依据其所处环境的变化，按规定的程序适时修订，才能保证标准的先进性和适用性。

一个标准制定完成之后，绝不是一成不变的，随着科学技术的不断进步和城乡人民生活水平的提高，要适时的对标准进行修订。国家标准一般每五年修订一次，企业标准一般每三年修订一次。标准的制定是一个严肃的工作，在制定的过程中必须谨慎从事，充分论证，并大量的实践和实验验证，不允许朝令夕改。

5. 互相兼容的原则

标准应尽可能使不同的产品、过程或服务实现互换和兼容，以扩大标准化经济效益和社会效益。

在制定标准时，必须坚持互相兼容的原则，在标准中要统一计量单位、统一制图符号，对一个活动或同一类的产品在核心技术上应制定统一的技术要求，达到资源共享的目的。如集装箱的外形尺寸应一致，以方便使用。农产品安全质量要求和产地环境条件以及农药残留最大限量等都应有统一的规定，以达到互相兼容的要求。

6. 系列优化的原则

标准化的对象应优先考虑其所依存主体系统能获得最佳的经济效益。

在标准制定中尤其是系列标准的制定中，如通用检测方法标准、不同等级的产品质量标准和管理标准、工作标准等一定应坚持系列优化的原则，减少重复，避免人力、物力、财力和资源的浪费，提高经济效益和社会效益。农产品中农药残留量的测定方法就是一个比较通用的方法，不同种类的食品都可以引用该方法，也便于测定结果的相互比较，保证农产品质量。《食品卫生微生物学检验方法》（GB/T 4789.1～35—2003）和《食品理化分析检验方法》（GB/T 5009.1～203—2003）就是不断完善、系列优化的标准，在食品质量检验工作中具有重要的地位和作用。

7. 阶梯发展的原则

标准化活动过程是一个阶梯状的上升发展过程。

标准的发展是一个阶梯发展的过程。随着科学技术的发展和进步以及人们认识水平的提高，对标准化的发展有明显的促进作用，也使得标准的修订不断满足社会生活的要求，标准水平就会像人们攀登阶梯一样不断发展。如我国 GB/T 1.1 标准即制定标准的标准已经过了三次大的修订，其发展过程就是最好的例证。

8. 滞阻即废的原则

当标准制约或阻碍依存主体的发展时，应及时进行更正、修订或废止。

任何标准都有二重性。当科学技术和科学管理水平提高到一定阶段后，现行的标准由于制定时的科技水平和人们认识水平的限制，该标准已经成为阻碍生产力发展和社会进步的因素，就要立即更正、修订或废止，重新制定新标准，以适应社会经济发展的需要。我国现行的标准，绝大部分是在计划经济时期制定的，食品卫生和质量标准的标龄过长，有的已达10年以上，不适应加入世界贸易组织（WTO）的需要。为了保持标准的先进性，国家标准化行政主管部门和企业标准的批准和发布者，要定期对使用的标准进行审订或修订，发挥技术标准应有的作用。

第二节　食品标准分类与基本内容

一、食品标准的分类

（一）中国食品标准的分类

1. 按级别分类

标准的种类按《中华人民共和国标准化法》第六条规定的级别来分类有国家标准、行业标准、地方标准和企业标准四大类。从标准的法律级别上来讲，国家标准高于行业标准，行业标准高于地方标准，地方标准高于企业标准。但从标准的内容上来讲却不一定与级别一致，一般来讲企业标准的某些技术指标应严于地方标准、行业标准和国家标准。

在食品行业，基础性的卫生标准和安全标准一般均为国家标准，而产品标准多为行业标准和企业标准。但无论哪种标准，其中食品卫生和安全指标必须符合国家标准和国际标准要求，或者严于国家标准和国际标准的要求。

2. 按性质分类

根据《标准化法》第七条的规定，国家标准和行业标准按性质可分为强制性标准和推荐性标准两类。但实际上目前许多地方标准也分为强制性标准和推荐性标准。保障人体健康、人身财产安全的标准和法律法规是强制性标准，地方标准在本地区内是强制性标准。如食品卫生的基础标准，关系到人体健康和安全，属于强制性标准，其他食品产品标准是推荐性标准。

国家强制性标准的代号是“GB”，字母 GB 是国标两字汉语拼音首字母的大写；国家推荐性标准的代号是“GB/T”，字母“T”表示“推荐”的意思；推荐性地方标准的代号如陕西省地方标准的代号为“DB61/T”。

我国强制性标准属于技术法规的范畴，其范围与 WTO 规定的五个方面，即“国家安全”、“防止欺诈”、“保护人身健康和安全”、“保护动植物生命和健康”、“保护环境”基本上完全一致。强制性标准必须执行，而占国家标准、行业标准总数 85%以上的推荐性标准则与国际上的自愿性标准是一致的。

虽然，推荐性标准本身并不要求有关各方遵守该标准，但在一定的条件下，推荐性标准可以转化成强制性标准，具有强制性标准的作用。如以下几种情况：

（1）被行政法规、规章所引用；

（2）被合同、协议所引用；

（3）被使用者声明其产品符合某项标准。

3. 按内容分类

食品标准从内容上来分，主要有食品产品标准、食品卫生标准、食品添加剂标准、食品检验方法标准、食品包装材料与容器包装、食品工业基础标准及相关标准等。而食品生产厂卫生规范以国家标准的形式列入食品标准中，但它不同于产品的卫生标准，它是食品企业生产活动和过程的行为规范。主要是围绕预防、控制和消除食品微生物和化学污染，确保产品卫生安全质量，对食品企业的工厂设计、选址和布局、厂房与设施、废水与处理、设备和器具的卫生、工作人员卫生和健康状况、原料卫生、产品的质量检验以及工厂卫生管理等方面提出的具体要求。我国的食品卫生规范主要依据良好操作规范（GMP）和危害分析与关键控制点（HACCP）的原则制定的，属于技术法规的范畴。

4. 按形式来分类

按标准的形式可分为两类：

① 用文字表达的标准，就称之为标准文件；

② 实物标准，包括各类计量标准器具、标准物质、标准样品如农产品、面粉质量等级的实物标准等。

5. 按标准的作用范围来分类

按标准的层次和作用范围可以分成三大类：

（1）技术标准（technical standard） 对标准化领域中需要协调统一的技术事项所制定的标准称之为技术标准。技术标准是企业标准体系的主体，是企业组织生产的、技术和经营、管理的技术依据。

技术标准是一个大类，可以分成基础技术标准、产品标准、工艺标准、检验测试标准、设备标准、原料标准、半成品标准、安全卫生标准、环境保护标准等。技术标准均应在标准化法律法规、各种相关法规等的指导下形成。

（2）管理标准（administrative standard） 对标准化领域或者企业标准化领域中需要协调统一的管理事项所制定的标准称之为管理标准。管理标准主要是对管理目标、管理项目、管理程序和管理组织所作的规定。

管理标准也是一个大类，可以分成管理基础标准、技术管理标准、经济管理标准、行政管理标准、生产经营管理标准。对于企业来讲，管理事项主要包括企业管理活动中所涉及的经营管理、设计开发管理与创新管理、质量管理、设备与基础设施管理、人力资源管理、安全管理、职业健康管理、环境管理、信息管理等与技术标准相关的重复性事物和概念。

（3）工作标准（duty standard） 对标准化领域或者企业标准化领域中需要协调统一的工作事项所制定的标准称之为工作标准。工作标准是对工作责任、权力、范围、质量要求、程序、效果、检查方法、考核办法等所制定的标准。

工作标准也是一个大类，可以分成决策层工作标准、管理层工作标准和操作人员工作标准。在决策层工作标准中又可以分成最高决策层者工作标准和决策层人员工作标准两类。在管理层工作标准中又可以分成中层管理人员工作标准和一般管理人员工作标准两类。在操作人员工作标准中又可以分成特殊过程操作人员工作标准和一般人员（岗位）工作标准两类。

（二）国际食品标准分类

国际食品标准主要有国际标准、国际食品法典、欧盟食品标准和发达国家食品标准以及有关国际组织协会所制定的标准，这里重点介绍国际标准和国际食品法典。

1. 国际标准（ISO）

国际标准是由国际标准化组织（International Organization for Standardization，ISO）制定的标准。ISO是一个全球性的非政府组织，是国际标准化领域中一个十分重要的组织。ISO的任务是促进全球范围内的标准化及其有关活动，以利于国际间产品与服务的交流，以及在知识、科学、技术和经济活动中发展国际间的相互合作。它显示了强大的生命力，吸引了越来越多的国家参与其活动。ISO的工作语言是英语、法语和俄语，总部设在瑞士日内瓦。ISO现有成员146个。ISO现有技术委员会（TC）188个和分技术委员会（SC）550个。截至2002年12月底，ISO已制定了13736个国际标准。1978年9月1日，我国以中国标准化协会（CAS）的名义参加ISO。1988年起改为以国家技术监督局的名义参加ISO的工作。现以中国国家标准化管理委员会（SAC）的名义参加ISO的工作。

ISO的工作是通过2300个技术团体来开展的，每年大约有来自世界各地的2万名专家参加技术工作。国际标准的制定工作由ISO的技术委员会（technical committee，缩写为TC）、分支委员会（sub-committee，缩写为SC）和工作组（working group，缩写为WG）来进行的，平均每个工作日有近10个技术委员会在工作，每年约有1万件以上的业务资料在会员之间进行研究讨论。ISO与农产品和食品有关的国际标准技术委员会主要是TC34（农产品食品）、TC54（香精油）、TC122（包装）和TC166（接触食品的陶瓷器皿和玻璃器皿）。

2. 国际食品法典

食品法典委员会（CAC）由联合国粮食与农业组织（FAO）和世界卫生组织（WHO）于1962年建立，至今已有包括中国在内的168个成员国参加，覆盖全球98%的人口。食品法典委员会的基本任务是为消费者健康保护和公平食品贸易方法制定国际标准和规范。

由于CAC确立了国际食品安全和贸易标准，因此CAC对发达国家和发展中国家同样重要。然而，许多发展中国家由于参加会议和人员的费用短缺并没有充分参与到CAC中去。食品法典委员会已经成为国际上最重要的食品标准制定组织。

CAC国际食品法典主要内容包括：产品（包括食品）标准、各种（良好）操作规范、技术法规和准则、各种限量标准、食品的抽样和分析方法以及各种咨询与程序。截至目前，CAC共制定了42个食品法典、237个食品标准、185种农药、1005个食品添加剂和54个兽药及25个食品污染物的评价准则；另外，还建立了3274个农药最高残留限量（MRL）标准。国际食品法典各卷的名录见表2-1，从表2-1能够全面了解食品法典的主要内容。但从其内容上也能够反映出标准的分类情况。

表 2-1 国际食品法典各卷名录

卷	标　　题
第 1A 卷	一般要求(General Requirements)
第 1B 卷	一般要求(食品卫生)[General Requirements(Food Hygiene)]
第 2A 卷	食品中农药残留(Pesticides Residues in Food)
第 2B 卷	食品中农药残留-最大残留限量(Pesticides Residues in Food-Maximum Residue Limits)
第 3 卷	食品中兽药残留及最大残留限量(Veterinary Drugs Residues in Food and Maximum Residue Limits)
第 4 卷	特殊膳食食品(包括婴幼儿及儿童食品)[Foods for Special Dietary Uses (Including Foods for Infants and Children)]
第 5A 卷	加工和速冻水果与蔬菜(Processed and Quick Frozen Fruits and Vegetables)
第 5B 卷	新鲜水果和蔬菜(Fresh Fruits and Vegetables)
第 6 卷	果汁及有关产品(Fruit Juices and Related Products)
第 7 卷	谷类、豆类及其制品、植物蛋白(Cereals, Pulses, Legumes and Derived Products, Vegetable Proteins)
第 8 卷	油脂及其有关产品(Fats, Oils and Related Products)
第 9 卷	鱼和鱼制品(Fish and Fishery Products)
第 10 卷	肉和肉制品(Meat and Meat Products)
第 11 卷	糖、可可制品、巧克力及其他(Sugars, Cocoa Products and Chocolate and Miscellaneous)
第 12 卷	乳与乳制品(Milk and Milk Products)
第 13 卷	采样与分析方法(Methods of Analysis and Sampling)

二、食品标准的基本内容

食品标准的主要内容为食品安全卫生要求和营养质量要求。但从了解食品标准的全部内容来看还是不够的，由于人们在选择食品时，卫生和营养质量往往难以用肉眼来辨别，所以了解食品标志、标签和有关食品市场准入、质量认证的标志也是很重要的。因此，食品标准在内容上对食品标志和标签也有明确的规定。无论国际标准，还是国家标准、行业标准、地方标准以及企业标准，就食品产品标准的内容来看，主要包含以下几个方面。

(一) 卫生与安全

食品安全卫生标准是食品质量标准必须规定的内容。我国食品卫生标准是国务院授权国家卫生部统一制定的，属于强制性标准。食品卫生标准的内容一般有食品中重金属元素限量指标，食品中农药残留量最大限量指标，食品中有毒有害物质如黄曲霉毒素和硝酸盐、亚硝酸盐等限量指标，放射性物质的剂量指标，食品微生物如菌落总数、大肠杆菌和致病菌三项指标以及重金属含量测定方法标准、有毒有害物质测定方法标准、农药残留量测定方法标准、微生物测定方法标准等，必须确保食品卫生与安全的需要。

（二）食品营养

食品营养指标是食品标准必须规定的技术指标，营养水平的高低是食品质量优劣的重要标志，反映产品的实际状况，并对原料选择，加工工艺提出明确的规定。

（三）食品标志、包装、运输与贮藏

食品产品标准除应符合国家规定的产品标准的规定要求外，还必须明确规定产品包装、标志、运输和贮存等条件，确保人们食用的安全，这对食品贸易是十分重要的。

（四）规范性引用文件

一个标准不可能孤立地存在，必然要引用有关技术标准，执行国家有关食品法规。在标准的引用中，有关食品卫生安全、国家法律法规和强制性标准必须贯彻执行有关规定，绝不能根据自己企业的需要而定。

第三节　食品标准的制定

一、我国食品标准化工作概况

为了适应国家经济体制改革的发展需要，我国标准化工作进行了两项重大改革。一是衡量和评定产品质量的依据，过去都是由政府主管部门制定强制企业执行的统一标准，所有企业生产的产品质量性能都必须符合该标准的规定。现在改革为由企业根据市场的需求和供需双方的需要，自主决定采用什么样的标准组织生产，产品性能除必须符合有关法律法规的规定和强制执行的标准与要求外，由企业自主决定衡量和评定产品质量的依据。二是企业生产的产品质量标准，过去全部由有关政府部门统一来制定，企业没有制定产品质量标准的权力。现在改为允许企业自己制定产品质量标准，并且鼓励企业根据市场的需要制定严于国家标准和行业标准的企业标准来满足市场的需要。标准化工作的改革对企业制定标准的自主性也从法律上给予肯定，这就提高了企业标准化的地位和作用。

1958 年 12 月，国家标准局发布《编写国家标准草案暂行办法》，内容简单、只作一些粗略的规定。1981 年，国家标准总局发布 GB 1.1—1981《标准化工作导则　编写标准的一般规定》。GB 1.1—1981 对标准技术内容的规定非常笼统，而且基本上是对产品标准技术内容的规定，因而具有局限性。1987 年以来，为适应标准化工作发展的需要，国家标准局陆续发布了一系列“标准编写规定”的国家标准。如：GB 1.1—1987《标准化工作导则　标准编写的基本规定》、GB 1.2—1988《标准化工作导则　标准出版印刷的规定》、GB 1.3—1987《标准化工作导则　产品标准编写规定》、GB 1.4—1988《标准化工作导则　化学分析方法标准编写规定》、GB 1.5—1988《标准化工作导

则　符号、代号标准编写规定》、GB 1.6—1988《标准化工作导则　术语标准编写规定》、GB 1.7—1988《标准化工作导则　产品包装标准编写规定》、GB 1.8—1989《标准化工作导则　职业安全卫生标准编写规定》、GB 7026—1986《标准化工作导则　信息分类编码标准编写规定》、GB/T 13494—1992《食品标准编写规定》。

1992年起，国家技术监督局开始组织修订GB/T 1号标准，先后发布了如GB/T 1.1—1993《标准化工作导则　第1单元：标准的起草与表述规则　第1部分：标准编写的基本规定》、GB/T 1.1—1993《标准化工作导则　第1单元：标准的起草与表述规则　第2部分：标准出版印刷的规定》、GB/T 1.3—1997《标准化工作导则　第1单元：标准的起草与表述规则　第3部分：产品标准编写规定》、GB/T 1.6—1997《标准化工作导则　第1单元：标准的起草与表述规则　第6部分：术语标准编写规定》、GB/T 1.22—1993《标准化工作导则　第2单元：标准内容的确定方法　第22部分：引用标准的规定》。这期间，其他如GB/1.4、GB/T 1.5、GB/T 1.7、GB/T 1.8、GB/T 7026等也准备陆续修订。GB/T 1.1—1993虽然力求全面采用ISO/IEC导则第3部分的内容，但在某些方面仍用计划经济的思维模式去理解和解释标准，所以ISO/IEC导则第3部分的精神并没有得到全面正确的采用。

2000年12月20日，国家质量技术监督局批准发布为GB/T 1.1—2000《标准化工作导则　第1部分：标准的结构和编写规则》。该标准的实施日期为2001年6月1日。

学习、理解GB/T 1.1—2000要掌握的基本思想：在GB/T 1.1—2000中，突出强调要区分“规范性（normative）”和“资料性（informative）”的不同。

规范性：就是如要声称符合标准就必须遵守；

资料性：就是提供的一些辅助的信息。

为此，整个标准都围绕着必须遵守还是仅提供一些信息这样一个基本思想。在开始讲这一章内容之前，了解GB/T 1.1—1993版和GB/T 1.1—2000版的主要区别对正确理解实施GB/T 1.1—2000版是非常重要的，其主要差异表现在以下15个方面：

（1）引用文件的规则由注明日期引用修订为视情况采用注明日期或不注明日期、引用文件。

（2）旧标准规定标准可以设篇，新标准不再允许设篇。

（3）对标准要素的划分进行了调整，分为“规范性要素”和“资料性要素”，对其他相关措辞进行相应变动。

（4）旧标准规定“标准的附录”应编排在“提示的附录”之前。新标准修改为，按在正文中提及的次序编排。

（5）旧标准规定“参考文献”为提示的附录，修订后参考文献不作为附录。

（6）旧标准规定条文中的注可在全文中连续编号，修订后只允许在有关章条中顺序编号。

（7）增加了有关示例的规则。

（8）旧标准规定图和表注可以包含要求，修订后图和表注不可以包含要求。

（9）旧标准未提及图和表的脚注，但规定脚注不可以包含要求，修订后对图和表的脚注有明确的规定，并且明确了图和表的脚注可以包含要求。

（10）对有关数学公式的内容进行了修改。

（11）对有关术语和定义的起草和表述的附录C进行了修改。

（12）增加了有关标准中使用的量和单位的资料性附录E。

（13）增加了第7章“编排格式”。简化了首页格式并对标准其他内容的格式进行了调整。

（14）增加了第8章“幅面”。

（15）增加了附录“标准格式”及附录Ⅰ“标准中的字号和字体”。

二、标准的制定原则、程序和方法步骤

（一）标准的制定必须遵循的原则

（1）必须遵循《中华人民共和国标准化法》第六条的规定，这是标准制定工作总的指导原则。

（2）必须遵循《标准化工作导则》（GB/T 1.1—2000、GB/T 1.2—2002等）和相关标准对标准制定的规定。

（3）必须遵循国家《计量法》、《食品卫生法》等法律法规对标准编修规定要求。

（4）必须遵循经济上合理、技术上先进的原则。

（二）国家标准、行业标准和地方标准的制定程序

制定标准是标准化工作三大任务之一。要使标准制定工作落到实处，那么制定标准就应有计划、有组织地按一定的程序进行。食品产品标准的制定程序一般分为准备阶段、起草阶段、审查阶段、报批阶段和复审阶段。

1. 准备阶段

在准备阶段必须查阅大量的相关技术资料，其中包括国际标准、国家标准和有关企业标准，然后进行样品的收集，进行分析测定，确定控制产品质量的主要指标项目，在技术指标中哪些是关键的指标项目，哪些指标项目是非关键指标项目，都是前期准备工作中需要确定的内容，在准备阶段，大量的实验工作是必须进行的，否则，标准的制定就会因缺乏技术含量而失去科学性。

2. 起草阶段

标准起草阶段的主要工作内容有：编制标准草案（征求意见稿）及其编制说明和有关附件，广泛征求意见。在整理汇总意见基础上进一步编制标准草案（预审稿）及其编制说明和有关附件。

3. 审查阶段

产品标准的审查分为预审和终审两个过程。预审由各专业技术委员会组织有关专家进行，对标准的文本、各项技术指标进行严格的审查；同时也审查标准草案是否符合《标准化法》和标准化工作导则的要求，技术内容是否符合实际和科学技术的发展方向，技术要求是否先进、合理、安全、可靠等。预审通过后按审定意见进行修改，整理出送审稿，报有关标准化工作委员会进行最终审定。

4. 报批阶段

终审通过的标准可以报批，行业标准报行业标准化行政主管部门，国家标准报国家质量技术监督局，批准后进行编号发布、实施。

5. 标准复审

根据标准化法第十三条规定：标准实施后，制定标准的部门应当根据科学技术的发展和经济建设的需要适时进行复审，以确认现行标准继续有效或者予以修订、废止。在我国标准化实际工作中，国家标准、行业标准和地方标准的复审周期一般不超过五年。标准的确认有效、修改和废止由原标准发布机关审批发布。

产品标准的制定是一项十分严肃的工作，由起草到审批、发布、实施中间需经过几稿的讨论和修改，各项技术指标的确定都是在大量试验的基础上确定的，因此符合标准的食品应该是安全的，质量是可靠的，食品标准是食品质量和安全的保证。

（三）企业标准的制定范围和原则以及程序

1. 企业标准的制定范围

——企业生产的产品，没有国家标准、行业标准和地方标准应制定企业产品标准。

——为提高产品质量和促进技术进步，制定严于国家标准、行业标准和地方标准的企业产品标准。

——对国家标准、行业标准的选择或补充的标准。

——设计、采购、工艺、工装、半成品等方面的技术标准。

——生产、经营活动中的管理标准和工作标准。

2. 制定企业标准的原则

——贯彻国家和地方有关的方针、政策、法律、法规、严格执行国家强制性标准。

——保证安全、卫生，充分考虑市场需求，保护消费者利益，保护环境。

——有利于企业技术进步，保证和提高产品质量，改善经营管理，提高经济效益和社会效益。

——积极采用国际标准和国外先进标准。

——鼓励采用推荐性国家标准和行业标准。

——有利于合理利用国家资源、能源、推广科学技术成果，有利于产品的通用互换，技术先进、经济合理。

——有利于对外经济合作和对外贸易。

——本企业内部的标准应协调一致。

3. 制定企业标准的一般程序

(1) 调查研究，收集资料　起草单位应针对以下方面进行调查研究和收集资料。

——标准化对象的国内外以及本企业的现状和发展方向；

——有关的最新科技成果；

——生产和工作实践中积累的技术数据，统计资料；

——国际标准、国外先进标准、技术法规和国内相关标准。

(2) 起草标准草案（征求意见稿）　对搜集到的资料进行整理、分析、对比、选优，必要时应进行试验验证，然后起草草案（征求意见稿）和编制说明。

(3) 征求意见，形成标准送审稿　将标准草案（征求意见稿）分发企业内有关部门（必要时分发企业外有关单位，特别是用户，征求意见），对收到的意见逐一分析研究，决定取舍后形成标准送审稿。

(4) 审查标准，形成标准报批稿　根据标准的复杂程度、涉及面大小，可分别采取会议审查或者函审的方式审定。审查、审定通过后，起草单位应根据其具体的建议和意见，编写标准报批稿和在进行报批时需呈交的其他材料。

(5) 标准的批准、发布与实施　企业标准由企业法人代表或授权的主管领导批准，由企业标准化管理部门编号、发布和实施。

(6) 标准的备案　企业产品标准应按各省、自治区、直辖市人民政府的规定备案。

(7) 企业标准的复审　标准应定期进行复审，复审周期一般不超过三年。复审工作由企业标准化机构负责组织，复审结果按下列情况分别处理。

——标准内容不做修改，仍然适应当前需要，符合当前科学技术水平的，给予确认。确认的标准，不改变标准的顺序号和年代号，只在标准封面上写明××××年确认字样。

——为完善和充实标准内容，对标准条文、图表作少量修改、补充时，按标准有关修改的规定执行。

——标准的主要规定需要做大的改动才能适应当前生产、使用的需要和科学技术水平的，应作为修订项目。修订标准的工作程序按制定标准的程序进行。修订后的标准不改变顺序号，但要写明修改的年号。

——标准内容已不适应当前的需要，或为新标准所替代的标准应予以废止。

复审后的企业产品标准必须按有关规定需重新进行备案。

4. 企业标准的备案

企业标准的备案不同省、市、自治区有不同的规定。如在陕西省内企业应按照《陕西省企业产品执行标准登记备案管理办法》（陕西省人民政府令第34号）的规定进行备案，陕西省企业产品标准的备案，需要提供的基本材料和要求是：

(1) 企业产品标准（用 A4 纸印刷） 5～10 份。

(2) 编制说明 5～10 份。企业标准编制说明内容一般要求：

——工作简要过程的说明，包括任务来源、工作计划的进展和执行情况等。

——编制的原则和确定标准的主要技术内容如技术指标参数、性能要求、试验方法等的依据，修订标准时应增加新旧标准水平的对比情况。

——主要试验验证的分析，综合报告，技术经济论证和预期经济效益和社会效益等。

——与国际标准、国外先进标准或国家标准、行业标准、地方标准技术指标和水平的对比情况。

——贯彻标准的要求和措施建议，其他重要内容的解释和应予说明的问题。

——主要参考资料及文献。

(3) 试验验证报告 3 份。一般要求验证报告必须是产品质量监督检验机构的检验报告，在特殊情况下如产品质量监督检验机构无条件检验测定时，大专院校科研单位（必须通过省级以上计量认证）的分析测试报告也可以利用。

(4) 审定纪要及专家签名单 3 份。

(5) 备案登记表 3 份。

三、GB/T 1.1—2000 版概述

（一）GB/T 1.1 的基本概念

1. 规范性要素

要声明符合标准而应遵守的条款的要素，分为一般要素和技术要素。

2. 资料性要素

标识（示）标准、介绍标准，提供标准的附加信息的要素，分为概述要素和补充要素。

(1) 概述要素 标识（示）标准、介绍其内容、背景、制定情况以及该标准与其他标准的关系的要素，即标准的封面、目次、前言和引言等。

(2) 补充要素 提供附加信息，以帮助理解或使用标准的要素，即标准的资料性附录、参考文献和索引等。

3. 必备要素

在标准中必须存在的要素。

4. 可选要素

在标准中不是必须存在的要素，其存在与否视标准条款的阶梯需求而定。

5. 条款

规范性文件内容的表达方式，一般采取陈述、指示、推荐或要求等形式。

注：条款的这些形式以其所用的措辞加以区分，例如：指示用祈使句表达，推荐用助动词“宜”，要求用助动词“应”。

（1）陈述　表示信息的条款。

（2）指示　表达应执行的行动的条款。

（3）推荐　表达建议或指导的条款。

（4）要求　表达应遵守的准则的条款。

6. 最新技术水平

在一定时期内，产品、过程和服务等技术能力的发展程度，根据相关科学、技术和经验的综合成果进行判定。

（二）编写标准的基本规则

标准编写人员，在起草标准之前，必须清楚了解制定标准必须遵循的基本原则及有关法规要求。只有这样才能使制定出的标准真正起到应有的作用。

1. 要求

标准所规定的条款应明确而无歧义，并应满足以下五个要求。

（1）在标准的范围一章所规定的界限内按需要力求完整　标准的范围一章划清了标准所适用的界限，在标准所划定的界限内，必须对所需要的内容规定力求尽量完整。不能只规定部分内容，其他需要规定的内容却没有规定进去。这样的标准，不利于标准的实施和监督，也可以说是标准制定工作的一大失误。如产品标准不能与管理标准混为一谈。

（2）清楚、准确、相互协调　标准的条文应用词准确、逻辑严谨，表达要清楚。标准的条文要做到逻辑性强，用词禁忌模棱两可，防止不同的人从不同的角度对标准内容产生不同的理解。起草标准时不仅要考虑标准本身的清楚、准确，还要考虑到与有关标准或一项标准的不同部分之间的相互协调。另外，还要考虑与国家有关法律法规或文件相协调。

（3）充分考虑最新技术水平　在制定标准时，必须考虑科学技术发展的最新水平之后来规定标准的各种内容。这里的充分考虑并不是要求标准中所有规定的各种指标或要求都是最新的、最高的。但是，应在对最新技术发展水平进行充分考虑、研究之后确定。如在20世纪60年代的情况下，六六六、DDT农药在控制农作物病虫害方面发挥了重要作用，提高了农作物产量。但随着科学技术的发展和进步，科学研究发现六六六、DDT的残留量对人体危害性很大，国家1983年已经禁止在农产品上使用六六六、DDT等农药，因此，在农产品质量标准中应考虑其残留量的问题，确保农产品的安全，保护消费者的身心健康。

（4）为未来技术发展提供框架　起草标准时，不但要考虑当今的“最新技术水平”，还要为将来的技术发展提供框架和发展余地。只有这样才不会阻碍相应技术的发展，并能为标准化提供充分的发展空间。如在食品工业加工设备生产中要重点发展单元操作技术，避免大规模的专用技术，这对未来的食品工业的发展有利。

（5）能被未参加标准编制的人员所理解　标准化工作人员，参与标准编制的人员，经过对标准草案的讨论，非常熟悉标准的内容所规定的技术要求与内容，往往容易忽视标准中具体条文的措辞。但是，标准起草者认为表述得很清楚的内容，对未参加标准编制的人员，即使是相关专业人员也未必能准确理解，如果表述不清楚，就会造成误解。

虽然对标准编制提出了上述五个方面的严格要求，但在标准编制的实际工作中还应在满足标准技术要求的情况下，尽量做到表达清楚、语言通俗易懂，避免用深奥的词语和方言，不能用口语化的措辞。尤其是在国际标准的翻译中更应该注意这一问题。

2. 统一性

统一性是标准编写及表达方式的最基本的要求。

统一性是指在每项标准或每个系列标准内，标准的结构、文体和术语应保持一致。统一性强调的是内部的统一，即一项标准内部或一系列相关标准内部的统一。

如果一项标准中的各个部分或系列标准中的几个标准一同起草，或者所起草的标准是一项标准的某个部分或系列标准中的一个标准，这时，应注意以下几个问题的统一性。

（1）标准结构的统一性　标准的结构要尽量相同。例如，GB/T 16902.1 和 GB/T 16903.1 都属于《图形符号表示规则》系列标准中的标准，它们的结构设置应统一。标准的章、条的编号应尽量一致。一个企业的产品标准也应有自己的特色的统一性。

在企业工作标准、管理标准中，也要遵循标准结构的统一性原则。

（2）文体的统一性　类似的条文由类似措辞来表达；相同条文应由相同的措辞来表达。

（3）术语的统一性　在每项标准或系列标准内，某一给定概念应使用相同的术语。对于已定义的概念应避免使用同义词。每个选用的术语应尽量只有唯一的含义。如在 GB/T 1.1—2000 版中，凡是指“规范性文件内容的表达方式”时，我们均使用“条款”这一术语；同样我们使用“陈述”这一术语，而不使用“叙述”、“阐述”等术语来表达同一概念。

对于相关标准，虽然不是系列标准也应该考虑统一性问题。

统一性有利于人们对标准的理解、执行，更有利于标准文本的计算机自动化处理，甚至计算机辅助翻译更加方便和准确。

3. 标准间的协调性

协调性是针对标准之间的，它的目的是“为了达到所有的整体协调”。由于标准是一种成体系的技术文件，各有关标准之间存在着广泛的内在联系。各种标准之间只有相互协调、相辅相成，才能充分发挥标准系统的功能，获得良好的系统效应。要达到标准整体协调必须注意以下两个方面的问题。

(1) 每项标准应遵循现有基础标准的有关条款，尤其涉及下列有关内容

——标准化术语；

——术语的原则和方法；

——量、单位及其符号；

——缩略语；

——参考文献；

——技术制图；

——图形符号。

(2) 对于特定技术领域，还应考虑涉及如下内容的标准中的有关条款

——极限和配合；

——尺寸公差和测量不确定度；

——优先数；

——统计方法；

——环境条件和有关试验；

——安全；

——化学。

4. 不同语种版本的等效性

我国加入了 WTO，为了便于国际交往和对外技术交流，积极参与国际标准化活动，出版我国标准的英文版已是必然的趋势。在将我国标准作为国际标准提案时，还应该按照 ISO/IEC 导则规定的起草规则编写标准的英文版本。

另外，随着社会经济的快速发展，还可能出版我国少数民族语种的版本。所以说，不同语种版本除包括标准的外文版之外，还包括少数民族版本。

提供汉语以外的任何其他语种的标准版本时，在标准的结构和技术上不同版本应是一致的。如果要起草两种以上版本的标准，为了使标准的表述清楚明了，应同时采用其各自的语种来直接起草，这对于实现标准的等效性有重要作用。

5. 适应性

标准的适应性强调两方面的内容。

(1) 标准内容应便于实施　组织实施标准是标准化三大任务之一。在标准的起草过程中，应时刻考虑到标准的实施问题。所制定的标准每个条款都应考虑到可操作性，要便于标准的实施。

如果标准中有些内容要用于认证，则应将它们编制成单独的章、条或编制成单独的部分。这样也有利于标准的实施和监督。

(2) 标准内容应易于被其他文件所引用 标准内容不但要便于实施，还要考虑到易于被其他标准、法律法规和规章所引用。例如在起草无标志的列项时，应考虑到，这些列项是否会被其他标准所引用。如果可能就应该改为有标志的列项。同样对标准中段，如果会被其他标准所引用，则应考虑改为条。

6. 计划性

为保证一项标准或一系列标准的及时发布，在制定标准时，应严格遵守标准制定的程序。制定标准时，必须遵守国家有关文件。如国家标准管理办法、行业标准管理办法、企业标准管理办法等。

在标准的起草编制过程中，应严格遵守 GB/T 1.1—2000 和 GB/T 1 的有关规定。

7. 采用国际标准

当采用国际标准编制我国国家标准时，必须按照 GB/T 1.1—2000 的规定编制，执行 GB/T 20000.2 的有关规定。

对于等同采用国际标准的标准文本，其结构应与国际标准的结构一致。

四、标准的结构

（一）标准内容的划分

不同标准之间在内容上有很大的差异，因此，任何一个标准内容划分的规则都不可能适合各种标准。要想确立一个适合各种标准的、能被普遍接受的标准内容划分的规则是十分困难的。但是，就一般标准的内容划分还必须遵守通常使用的规则。

1. 单独标准

在一般情况下，针对每个标准化对象应编制一项单独的标准，并作为整体出版。

按要素的规范性和资料性的性质以及它们在标准中的位置来划分，可以分为：

——资料性概述要素（封面、目次、前言、引言）；

——规范性一般要素和技术要素（一般要素：名称、范围、规范性引用文件；技术要素：术语和定义、符号和缩略语、要求……规范性附录）；

——资料性补充要素（资料性附录、参考文献、索引）。

图 2-1 表明了按这种方法划分之后，各要素之间的关系，以及所包含的具体要素。

按要素的必备和可选的状态来划分，可以分为：

——必备要素（封面、前言、名称、范围）；

——可选要素（目次、引言、资料性附录、参考文献、索引）。

2. 系列标准

在下列特殊情况下，可在相同的标准顺序号下将一项标准分成若干个单独的部分：

——标准篇幅过长；

——后续部分的内容相互关联；

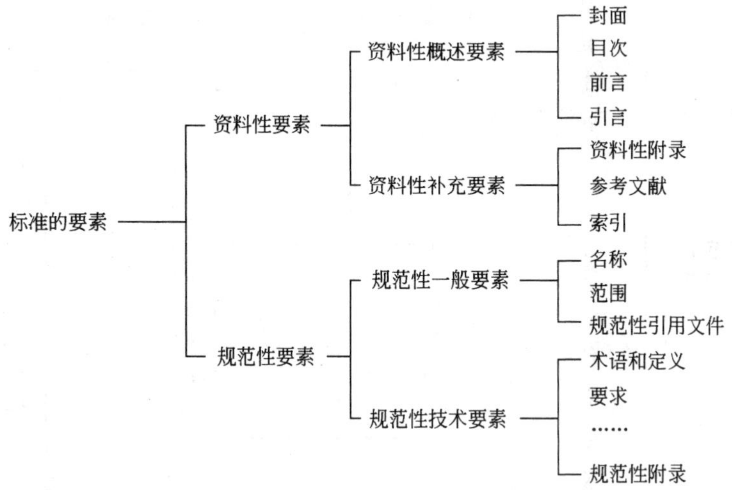

图 2-1　标准各要素之间的关系与内容

——标准的某些部分可能被法规引用；

——标准的某些部分拟用于认证。

如果产品的不同方面会分别引起各方（如生产者、认证机构、立法机关等）的关注，则这些不同方面可被编制成一项标准的若干部分或若干项单独的标准。例如，这些不同方面有：

——健康和安全要求；

——性能要求；

——维修和服务要求；

——安装规则；

——质量评定。

在 GB/T 1.1—2000 中，层次编号的示例见图 2-2。

在系列标准中部分的划分按 GB/T 1.1—2000 的要求有两种方式：

(1) 每个部分涉及对象的一个特定方面，并且能够单独使用　例如：

第 1 部分：术语和定义

第 2 部分：要求

第 3 部分：试验方法

第 4 部分：……

(2) 对象具有通用和特殊两个方面　通用方面应作为第 1 部分。特殊方面（可修改或补充通用方面，因此不能单独使用）应作为其他各部分。例如：

第 1 部分：一般要求

第 21 部分：电熨斗的特殊要求

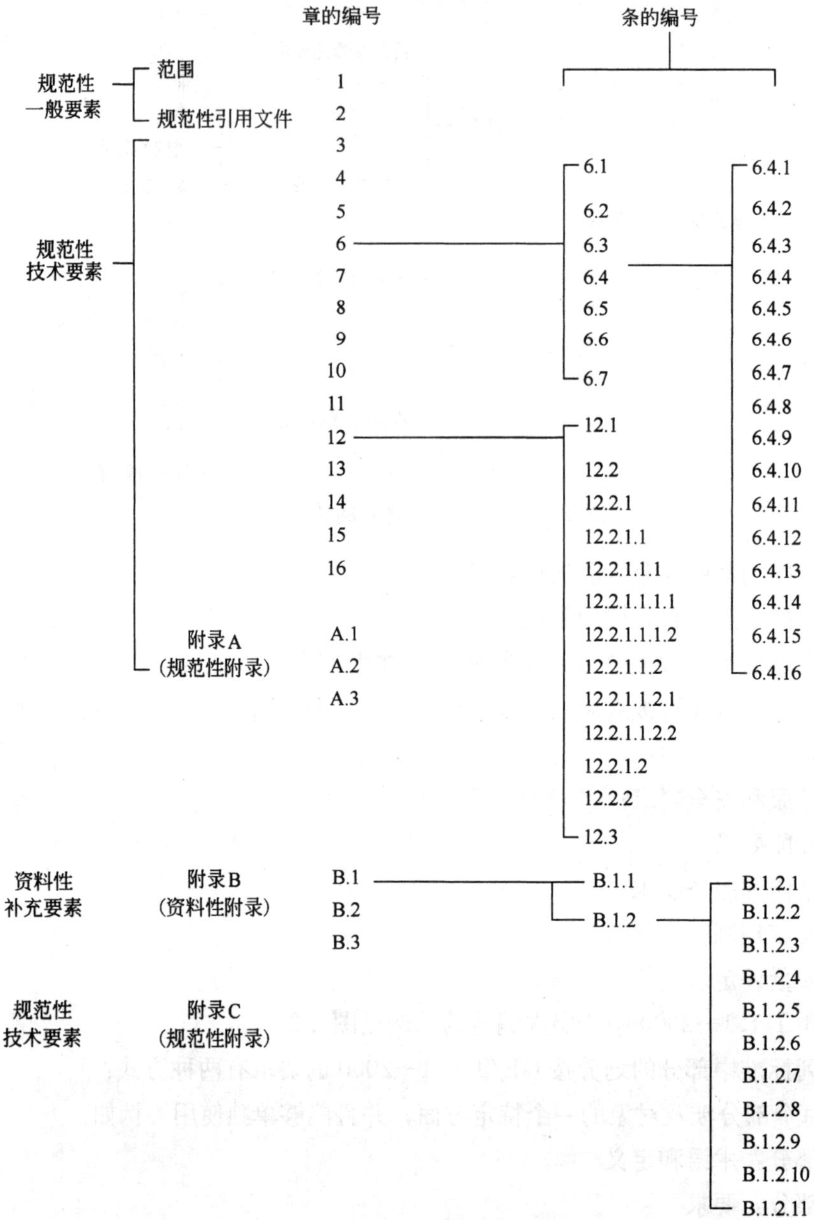

图 2-2 标准的层次结构编号示例图

第 22 部分：洗碗机的特殊要求

第 23 部分：旋转脱水机的特殊要求

3. GB/T 1.1—2000 对层次的规定要求

层次及其名称和排列情况如表 2-2 所示。

表 2-2　层次及其名称排列

名　称	编号示例	名　称	编号示例
部分	1.1	条	3.1.1
章	3	段	[无编号]
条	3.1	附录	A

(1) 部分　部分是一项标准被分别起草、批准发布的系列文件之一。一项标准的不同部分具有同一个标准顺序号，它们共同构成一项标准。但我国在 GB/T 1.1—2000 发布之前，部分被一直作为独立的标准对待，认为部分是系列标准的基本组成部分，或称为分标准、子标准。

按 GB/T 1.1—2000 的规则，部分不是独立的标准，也不是系列标准的组成部分，它是一项标准内的组成“部分”。目前，系列标准的概念是：标准顺序号不同的族标准，这些标准是相互关联的。如食品理化检验方法标准 GB/T 5009 系列标准有 203 个部分。食品微生物检验方法标准 GB/T 4789 有 35 个部分。

① 部分的编号应位于标准顺序号之后，使用阿拉伯数字从 1 开始编号。部分的编号与标准顺序号之间用下脚点相隔。如 9999.1，9999.2 等。部分的编号与章条的编号一样，是一项标准的内部编号，只不过是将部分编号放在标准编号之中而已。

② 部分的名称和后面我们要讲的标准名称的组成是相同的，表达形式采用分段式。同一标准的引导要素和主体要素是相同的，各部分的补充要素不同。在每个部分的名称中，补充要素前均应标明“第×部分”，×表示阿拉伯数字。

(2) 章　章是标准内容划分的基本单元，是标准或部分中划分出的第一层次，因而构成了标准结构的基本框架。

在每项标准或每个部分中，章的编号应从“范围”一章开始。编号应使用阿拉伯数字从 1 开始编号，这种编号一直连续到附录之前。

每一章都应有标题。标题位于编号之后，并与其后的条文分行。

(3) 条　条是对章的细分。凡是章以下有编号的层次均称为“条”。条的设置是多层次的，第一层次的条可分成第二层次的条，第二层次的条可分成第三层次的条，但最多可分成第五层次。

条的编号与 1993 版是一致的。如 4.1、4.2、4.3 等。

条可以有标题，也可以没有标题，但在标准中的一个章中应是一致的。有都有，没有都没有。

对于无标题的条，如果需要强调某些关键的术语和短语，则可用黑体突出显示条文开始的关键语或短语，以便引起对相关主题的注意。

条的设立应考虑以下两条：

——有被引用的可能时；

——同一层次中有两个以上（含两个）的条。

(4) 段　段是对章或条的细分。段没有编号，这是段与条的最明显的区别标志。也可以说段是章或条中不编号的层次。

在标准中凡是可能被引用的段避免出现“悬置段”。但在术语和定义一章，往往给出术语前，要有一段引导语，这些引导语是不会被引用的，所以可以处于“悬置段”。

(5) 列项　在标准条文中，常常使用列项的方法阐述标准的内容。列项是一种非常有用的方式，在标准中，对于某些内容使用列项进行叙述，往往十分方便。

列项可以有两种形式引出：

——使用一个句子；如下列各类仪器如何等。

——使用一个句子的前半部分，该句子由列项中的各项来完成。如标准使用的量和单位等。

(6) 附录　附录是标准中层次的表现形式之一。由于下述原因常常需要使用附录形式：

——为了合理地安排标准的整体结构，突出标准的主要技术内容；

——为了方便标准使用者对标准中部分技术内容的进一步理解；

——采用国际标准时，为了给出与国际标准的详细差异。

附录可分为规范性附录和资料性附录两类，而规范性附录是构成本标准的条文，资料性附录是对标准的理解性的。

附录的编排是根据在标准正文中出现的先后顺序进行编排的，并用A、B、C、D、E、F、G、H、I、J、K、L、M、N、O、P等英文字母的顺序。在1993版中附录不能用I、O，而2000版没有这一规定。

附录中图表的编号规定是：图A.1、表A.1……这与1993版图A1、表A1……是不同的。

(二) 标准中要素典型编排

标准中要素的典型编排示例见表2-3。

表2-3　标准中要素的典型编排示例

要素类型	要素①的编排	要素所允许的内容②
资料性概述要素	*封面*	**名称**
		标识标准的其他内容
	目次	*内容自动生成*
	前言	**条文**
		注
		脚注

续表

要　素　类　型	要素①的编排	要素所允许的内容②
资料性概述要素	*引言*	*条文*
		图
		表
		注
		脚注
规范性一般要素	**名称**	**名称的文字**
	范围	**条文**
		图
		表
		注
		脚注
	规范性引用文件	引导语
		引用文件
		脚注
规范性技术要素	术语和定义 符号和缩略语 要求 …… 规范性附录	条文
		图
		表
		注
		脚注
资料性补充要素	资料性附录②	*条文*
		图
		表
		注
		脚注
规范性技术要素	规范性附录	条文
		图
		表
		注
		脚注
资料性补充要素	*参考文献*	*引用文件*
		脚注
	索引	*内容自动生成*

注：① 黑体表示“必备要素”，正体表示“规范性要素”，斜体表示“资料性要素”。

② 资料性附录不可包含规范性要素，除非规范性要素构成了可选的条款。例如：可将规范性要素中的一个可选的使用方法写进资料性附录中。这时该可选的试验方法可包含条款。

资料性附录中不可有规范性要素，也就是说，不应有“要声明符合标准而应遵守的条款”。但是如果规范性要素构成了可选的条款，例如，规范性要素中的一个可选的试验方法可以写进资料性附录中，在一般情况下，要声明符合标准不必遵守该试验方法，所以它是资料性附录。但在特定情况下，需要使用该可选的试验方法时，则按照所规定的条款进行试验。所以该可选的试验方法放在“资料性附录中”，却又由“条款”组成。

在起草一项标准时，标准中不一定包含附图中所列的所有规范性技术要素。如一项标准可能没有术语和定义、符号和缩略语……规范性附录等要素中某一个要素，也可能这些要素都没有。一项标准可能包含附图中以外的其他规范性技术要素，例如在一项标准的规范性技术要素中包含：设计程序、几何形状、尺寸、颜色、应用等要素。所以说，规范性技术要素的内容及其顺序由所制定的具体标准而定。

另外，一项标准还可包含图注、表注、图的脚注和表的脚注。GB/T 1.1—2000 也有具体要求。

术语标准在内容的划分上也有不同的要求。一般按照概念的层级进行分类编排，有两种形式：一是把一项标准分为若干条目来表达；二是将一项标准划分为几个部分来表达。

如：

---

1 范围

2 规范性引用文件

3 术语和定义

3.1 基本术语和定义

……

3.2 发射分系统术语和定义

……

3.3 接收分系统术语和定义

……

汉语索引

英文对应词索引

参考文献

（以上是典型的术语标准内容编排）

——×××词汇 第 1 部分：基本术语和定义

——×××词汇 第 2 部分：发射分系统术语和定义

——×××词汇 第 3 部分：接收分系统术语和定义

五、标准编写的具体要求

（一）资料性概述要素的编写

1. 封面的编写

每项标准都必须有封面，这是最基本的要求。封面是标准的必备要素，标准封面的主要内容有：

标准的类型，标准的标志，标准的编号，代替标准编号，国际标准分类号（ICS号），中国标准文献分类号，备案号，标准的中文名称，中文名称对应的英文名称，与国际标准一致性程度的标示，标准的发布及实施日期，标准的发布部门或单位。

（1）标准的类型　《标准化法》规定，我国标准分为：国家标准、行业标准、地方标准和企业标准。在封面上部居中位置为标准类型的说明。

（2）标准的编号　在标准封面中标准类型的右下方是标准的编号。标准编号由标准代号、顺序号和年号三部分组成。例如：

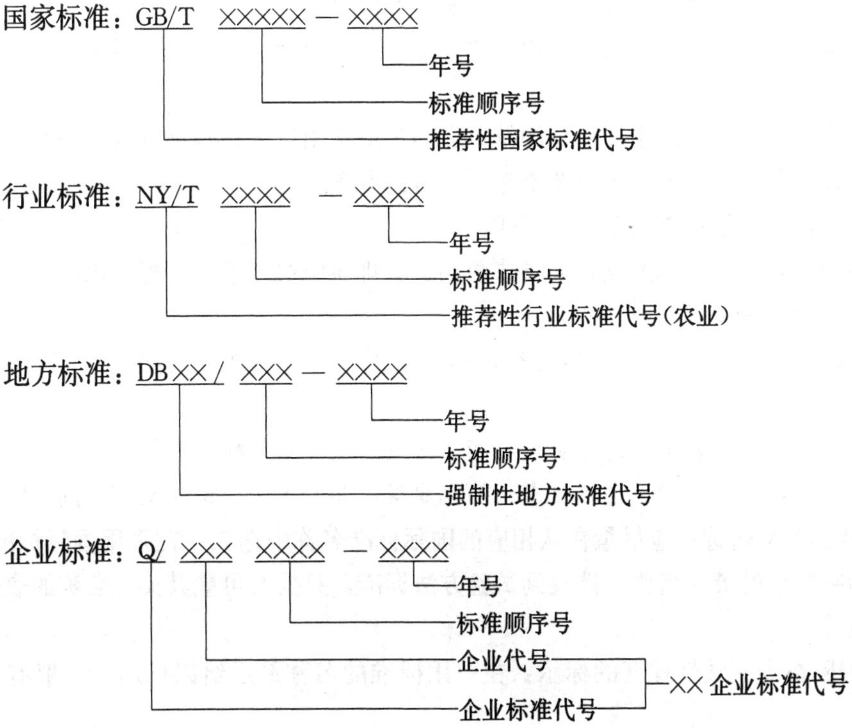

如果国家标准、行业标准为强制性标准，则将上述标准代号中的“/T”删去即可。

行业标准中具体行业的代号按国家质量技术监督局的有关规定执行。如农业NY、水产SC、水利SL、林业LY、化工HG、纺织FZ、医药YY、民政MZ、环境保护HJ、建材JC等。

国际标准分类号和中国标准文献分类号可以查有关资料获得。

备案号的组成：顺序编号—年号。

（3）标准的名称　标准的名称是构成标准要素的重要组成部分之一，它包括标准的中文名称和英文名称，在标准的封面上位于最重要的位置。标准的名称是对标准的主题最集中、最简明的概括。标准名称可直接反映标准化对象的范围和特征，也直接关系到标准化信息的传播效果。标准名称还是读者使用、收集和检索标准的主要判断依据。

① 标准名称起草的基本要求：标准名称应仔细斟酌所用名称的措辞。所起草的名称要尽可能简练，并应表明标准的主题，使该标准与其他标准的主题能够容易区分。

标准名称的一般构成要素是引导要素、主体要素和补充要素。这三个要素在名称中的顺序排列是引导要素＋主体要素＋补充要素。

——引导要素：表示标准所属的领域。如果标准有归口的标准化技术委员会，则可用技术委员会的名称作为依据来起草标准的名称的引导要素。引导要素是一个可选要素，可根据实际情况来确定标准名称中是否有引导要素。

——主体要素：表示在上述领域内所要论述的主要对象。主体要素是标准名称的一个必备要素。

——补充要素：表示该主要对象的特定方面，或给出区分该标准（或部分）与其他标准（或其他部分）的细节。补充要素是一个可选要素。

标准名称的具体结构有以下三种形式：

——一段式：只有主体要素，如果味酸奶、咖啡研磨机、速冻野葱、山楂饮料、食品中蛋白质的测定等。

——二段式：引导要素＋主体要素，如“食品卫生微生物学检验　沙门氏菌检验”等。

主体要素＋补充要素，如“食用酒精　密度测定”等。

——三段式：引导要素＋主体要素＋补充要素，如“叉车　钩式叉臂　词汇”等。

② 标准的英文名称：应尽量在从相应的国际标准名称中选取；在采用国际标准时，宜采用原国际标准的英文名称；涉及到试验方法标准，只要有可能其英文名称的表述按规定方式表述。

③ 与国际标准一致性程度的标示：在引用标准的名称最后给以标示，一般有三种情况：

等同：代号 IDT；

修改：代号 MOD；

非等效：代号 NEQ。

2. 目次的编写

目次是可选的资料性概述要素。一个标准是否要设目次，可根据标准的具体情况来决定。一般来说，由于标准内容很多、结构复杂时，可设目次。

目次的功能是不言而喻的。反映标准的层次结构、引导阅读和检索。

具体所列的内容是：前言，引言，章的编号、标题，条的编号、标题，附录编号、附录的性质、标题，附录章的编号、标题，参考文献，索引，图的编号、图题，表的编号、表题。

注：术语和定义中的具体术语不在目次中出现。与1993版目次相比2000版比较细化，而前者仅到章，不显示条等。

3. 前言的编写

前言是标准的资料性概述要素，但同时又是一个必备要素。前言是资料性概述要素的重要组成部分，在前言中可提供大量有用的信息，由于前言是资料性概述要素，因此不应包含要求。前言中也不能有图和表。

标准中的前言由特定部分和基本部分组成。而特定部分在一些标准中是可以省略的，但基本部分在任何情况下都不能少。

(1) 特定部分的主要内容

——说明标准的结构（对系列标准很重要）；

——说明采用国际标准的有关情况；

——说明标准代替或废除的全部或部分其他文件；

——说明与标准前一版的重大技术变化；

——说明标准与其他标准或文件的关系；

——说明标准附录的性质（规范性附录和资料性附录）。

(2) 基本部分的内容

——标准的提出；

——标准的批准；

——标准的归口；

——标准的起草单位；

——标准主要起草人；

——标准所代替的标准的历次版本发布情况。

按照GB/T 1.1—2000的规定，基本部分的具体编排是依次给出以下信息：

本标准由××××提出；

本标准由××××批准；

本标准由××××归口；

本标准起草单位（需要时，可指明负责起草单位和参加起草单位）；

本标准主要起草人；

本标准所代替标准的历次版本发布情况。

在前言编写过程中，应注意以下几个问题不能写进前言之中：

——阐述标准的重要意义以及产品在国民经济的地位和作用；

——介绍标准的立项情况或编制过程等；

——在前言中无意识的给出了技术要求。

4. 引言的编写

引言是可选的资料性概述要素，不包含要求。与前言一样，在 1993 版以前我国标准一般不设引言。如果需要，可在引言中给出编制标准的原因，以及有关标准技术内容的特殊信息或说明。

引言一般不编号。当需要对引言的内容分条时，条的编号为 0.1、0.2 等。如果引言中有图、表、公式或脚注，则应从引言开始使用阿拉伯数字从 1 开始编号。

引言位于前言之后。引用国际标准时，国际标准的引言应和正文一样对待，即将国际标准的引言转化为国家标准的引言。这与 1993 版相比有明显的变化，且更加简明。

（二）规范性一般要素的编写

规范性一般要素包括标准名称、范围和规范性引用文件。标准名称在封面中已经进行介绍，这里重点讲解范围和规范性引用文件的编写。

1. 范围

范围是规范性一般要素，同时范围又是一个必备要素。每一个标准都必须有范围，并应位于标准的正文之首。

范围是一个十分重要的要素，这是因为标准中一切技术内容的规定，都在范围所界定的界限内起作用，超出了范围，这些规定就不适用。所以在标准的编写过程中绝不能忽视范围的编写的重要性。

范围在其内容上应明确表明标准的对象和所涉及的各个方面，指明标准或其特定的部分的适用界限。范围首先应明确“标准的对象”，也就是说对“什么”制定标准。

范围的编写应做到：完整（提供的信息要全面，不能缺项）、规范（用语要准确规范）、简捷（高度提炼所要表达的所有内容）。

范围要用陈述的形式来表达。陈述应使用下列表述形式：

“本标准规定了……的尺寸。”

“本标准规定了……的方法。”

“本标准规定了……的特征。”

“本标准规定了……的系统。”

“本标准规定了……的一般原则。”

“本标准规定了……的指南。”

“本标准规定了……的术语。”

给出了上述标准的陈述之后，还应给出标准适用性的陈述。如有必要还要给出标准不适用的范围。在这种情况下，标准的适用性陈述应由下述引导语引出：

“本标准适应于……”

“本标准适应于……也适用于……”

“本标准适应于……也可参照（参考）使用。”

“本标准适应于……不适用于……”

对限制使用的范围也可另起一段陈述，如：

“本标准不适用于……”

有时，因标准名称中较长的、标准中需要重复使用的术语可以给出简称，以便以后叙述方便。如：

“本标准规定了标志用公共信息图形符号（以下简称图形符号）。”

2. 规范性引用文件

规范性引用文件是一个可选要素，如果标准中有规范性引用文件，则给出一个所引用文件一览表。虽然，规范性引用文件是一个可选要素，但在实际标准化工作中，规范性引用文件是不可少的内容，因为我们不可能孤立地去制定一个标准。我们认为 GB/1.1—2000 把这一要素划分为可选要素，对这一点处理划分是有缺陷的。

（1）标题　这次修订与 1993 版相比差异是最大的。章的标题由“引用标准”改为“规范性引用文件”，这种变化不仅仅是标题文字的简单变化，它在意义上有两大变化：

——所列文件在标准中被引用的方式是规范性的引用；

所谓“规范性引用”是指标准引用了这些文件的条款后，这些条款即构成了标准整体不可分割的组成部分，也就是说，引用的条款与标准文本中规范性要素具有同等的效力。

标准中还可能提及一些文件，这些文件被提及的方式可能不是规范性的，而是资料性的，也就是说，这些文件中的内容并不构成为标准的内容。使用标准时，并不需要遵守这些文件的内容，而是作为一些参考的信息或资料。这些提及的文件，应列在参考资料中。

在标准条款中提及规范性引用文件时，其用语应表述为“……应符合……的规定。”“……应按照……的要求。”而不能用“……参见……的规定。”

——不仅仅引用“标准”，还可以引用其他“文件”。

规范性引用文件中除引用标准之外，可以引用的国内文件如：强制性标准、推荐性标准、标准化指导性文件、法规、技术法规、规程等；标准中可引用的国际文件如：标准、技术规范、规程、法规、技术法规、指南、技术报告等。

(2) 引用文件的方式　GB/T 1.1—2000 在引用文件的方式上有变化：明确区分出“注日期引用”和“不注日期引用”，其意义是不相同的。由于任何标准或文件都会被修订，因此，标注日期与否意味着引用中使用的是哪个版本。

——注日期引用文件

凡注日期引用文件，意味着只使用所注日期的版本，其以后被修订的新版本，甚至修改单中的内容均不适用。

对于注日期的引用文件，在规范性引用文件一章所列的一览表中应给出文件的年号及完整的文件名称。

——不注日期引用文件

不注日期引用文件意味着所引用的文件无论如何更新，其最新版本都适用于引用它的标准。

对不注日期的引用文件在规范性引用文件一章所列的一览表中不应给出文件的年号。

标准中一般不使用不注日期引用文件的方式，只有在满足下列条件之一，并且为了标准本身的目的，才可以有意不注日期引用文件。

A. 不引用文件中的具体条款，并且可接受引用文件将来的所有改变。

B. 属于资料性的引用文件。

(3) 引用一项标准的所有部分　近年来，与国际标准发展相一致，我国标准中出现了大量分部分出版的标准。但如何引用这些分部分出版的标准，以前一直没有明确的说法，GB/T 1.1—2000 对这一点有了明确的规定。

——不注日期引用一项标准的所有部分

不注日期引用一项标准的所有部分时，应在标准顺序号后标明“所有部分”及其通用名称，即引导要素和主体要素。

如果是注日期引用一项标准的所有部分，在这些部分是同一年发布的情况下，可列出标准顺序号、起始部分的编号、年号以及标准的通用名称，即引用要素和主体要素。

如果是注日期引用一项标准的所有部分，而这些部分不是在同一年发布，则需要分别列出这些文件。

例如：GB 12706.1—12706.3—1991　额定电压 35kV 及以下铜芯、铝芯塑料绝缘电力电缆。

GB 1094.1—1996　电力变压器　第 1 部分：总则

GB 1094.2—1996　电力变压器　第 2 部分：升温

GB 1094.3—1985　电力变压器　第 3 部分：绝缘水平和绝缘试验

根据我们的工作实践经验：在注日期引用的标准中，主要标准应是通用的试验方

法；在不注日期的标准引用中，标准主要是有关安全卫生、环境保护方面等强制性标准。

（4）引用标准草案　在我国标准中，不允许引用我国正在起草的标准各阶段的草案。

在一系列标准或标准的不同部分同时由一个工作组起草的情况下，可考虑相互引用标准草案。但要保证这些标准草案能同时报批，等到这些标准正式批准发布时，所引用的标准应都有标准编号，也即成为正式的标准。

（5）引导语　在规范性引用文件一章中，当列出所有引用的文件之前，要有一段引导语。对于系列标准和单独标准引导语有所不同，由于我们企业标准常常属于单独标准，这里引导语是：

“下列文件中的条款通过本标准的引用而成为本标准的条款。凡是注日期的引用文件，其随后所有的修改单（不包括勘误的内容）或修订版均不适用于本标准，然而鼓励根据本标准达成协议的各方研究是否可使用这些文件的最新版本。凡是不注日期的引用文件，其最新版本适用于本标准。”

引导语有以下含义：

——所列不仅仅是标准，还包含有文件；

——通过本标准的引用，所列文件中的条款成为本标准的条款；

——对于注日期引用的文件，只是指定的版本适用于引用它的标准；

——只要可能，鼓励使用注日期引用文件的最新版本；

——对于不注日期的引用文件，其最新版本适用于引用它的标准。

（6）引用文件应注意的几个问题

——规范性引用文件是一项十分严肃工作，必须高度重视。引用文件的正确与否直接影响标准起草的水平。应注意标准的最新版本，并认真研究引用文件的具体内容，决定是否适合自己制定的标准。反对照猫画虎的不良做法。

——规范性引用文件应满足的条件是在标准条款中被引用，并且被规范性引用。应注意不要将标准起草过程中参考过的标准、文件列入规范性引用文件之中，也不要把资料性引用文件列入规范性引用文件中，但可以列入参考资料中。

——如果等同采用国际标准制定或修订我国标准，则可使用 GB/T 1.1—1993 的引导语：“下列标准所包含的条文，通过在本标准中引用而构成为本标准的条文。本标准出版时，所示版本均为有效。所有标准都会被修订，使用本标准的各方应探讨使用下列标准最新版本的可能性。”当等效或修改采用国际标准，以及非等效采用国际标准时，不能使用 GB/T 1.1—1993 的引导语。

——在采用国际标准时，应注意与国家标准的关系，主要是如果国际标准在我国已经制定成相应的国家标准，应采用相应的国家标准。

（三）规范性技术要素的编写

规范性技术要素是标准的主体要素。由于标准化对象的不同，所以各个标准的构成以及所包含的内容也有所差异，这种差异在一个标准中就具体的表现在规范性技术要素上。上面我们已经讲过的资料性概述要素、资料性补充要素和规范性一般要素展现的内容是反映各个标准起草时应遵循的共同要求；而规范性技术要素是标准的核心，其内容是反映各个标准的特性要求。标准的特性要求主要通过规范性技术要素中的组成要素体现并与其标准化对象相适应。

产品标准的规范性技术要素的内容构成如表 2-4 所示。

表 2-4 产品标准规范性技术要素的内容组成

要素名称	具体组成要素的名称	要素名称	具体组成要素的名称
规范性技术要素	术语和定义 符号和缩略语 要求 抽样	规范性技术要素	试验方法 分类和标记 标志、标签和包装 规范性附录

每一项标准的规范性技术要素不一定包括上表的全部内容，可以根据标准化对象的特征和制定标准的目的来合理地调整编排顺序。

规范性技术要素中的要求、抽样和试验方法是产品标准中相互关联的要素，必须考虑其综合协调性。

1. 术语和定义

术语和定义是一个可选要素，术语和定义是概念标准化的结果。实现术语和定义的标准化的基础是同一事物或客体应形成一致的概念，一个概念一般情况下只对应一个术语，对概念用言简意明的文字（包括图、公式等辅助说明内容）进行描述即为定义。

需要在标准中编制术语和定义一章时，应根据具体情况选择下述合适的引导语：

——下列术语和定义适用于本标准。

——……确立的以及下列术语和定义适用于本标准。

——下列术语和定义适用于 GB/T ××××—××××的本部分。

——……确立的以及下列术语和定义适用于 GB/T ××××—××××的本部分。

一般在制定行业标准级别以上的标准才制定术语和定义，在企业标准的编制过程中一般很少使用。

这里要特别提出在编排格式上与其他章是不同的，应引起大家注意。

例如：

3　术语和定义

下列术语和定义适用于本标准。

3.1

规范性要素

要声明符合标准而应遵守的条款的要素，分为一般要素和技术要素。

3.2

资料性要素

标识（示）标准、介绍标准，提供标准的附加信息的要素，分为概述要素和补充要素。

……

---

2. 符号和缩略语

符号和缩略语是可选要素，它给出为理解标准所必须的符号和缩略语一览表。在符号和缩略语具体内容少的情况下可以与术语和定义合并成一章。

符号标准的起草与编写应符合 GB 1.5—1988《标准化工作导则 符号、代号标准编写规定》，但这一标准将重新编号为 GB/T 20001.2，应注意追踪最新的版本。

3. 要求

要求要素是规范性技术要素中核心内容之一。要求是指标准中表达应遵守的规定的条款，按实施标准的约束力可分为必达要求和任选要求。标准的种类不同，标准的对象不同，其具体包含的内容也有较大的差异。在产品质量标准中，要求一般作为一章列出，根据产品的实际情况再分为条；而在其他标准中可以分为一章或若干章，然后再分别列出具体的特性内容。该要素的内容决定了该标准的标准化对象应达到的质量水平以及实施后的经济效益和社会效益。

(1) 要求要素的内容　一是直接或以引用的方式给出标准涉及的产品、过程或服务等方面的所有特性；二是可量化特性所要求的极限值；三是对每个要求可引用测定或检验特性值的试验方法和测量方法，或者直接规定试验方法和测量方法。

(2) 选择技术内容的原则　在选择产品标准各项技术内容时，应遵循目的性原则、性能特性原则和可证实性原则。

——目的性原则

任何产品都有许多特性，但只有其中的一些特性可以作为标准化对象。特性的选择取决于编制标准的目的，最重要的目的是要保持有关产品的适用性。在产品标准中规定的技术内容，应根据制定标准的目的有针对性地进行选择。制定产品标准的目的可概括为保证产品的适用性，促进相互理解；保证健康、安全和环境保护与资源的合理利用；保证接口和互换性，实现产品品种简单化等。

在多种用途或在多种条件（例如不同的气候条件）下使用的产品，或供不同用户使用的产品，可以对某些特性提出不同的特性值，并且每个特性值均按具体的用途或条件对应某些类型或等级。这些特性值可以纳入一项标准或几项标准，但最重要的是明确指明特性值与用途之间的对应关系。在规定极限水平时应尽可能降低风险因素。

——性能特性原则

选择产品的技术要求时，应根据产品的性能特性参数而不是根据图样或可描述的特征来规定要求，给技术的发展以最大自由度。标准中首先应包括各使用者均能接受的特性。如性能特性应包括那些适合于世界范围公认的特性。由于气候、环境、法规、经济、社会条件、贸易形式的差异，若有必要，应给出几种可供选择的方案。如果采用性能特性这种表达方式，要注意保持性能要求中不疏漏重要的特征。

产品标准通常不包括对产品生产过程的具体要求，常常作为终产品检验的依据。但是，随着现代科学技术的发展，对食品生产采取全程质量控制的要求越来越重视，在一些产品生产中对工艺参数也需要检查等。

——可证实性原则（可检验性原则）

不论产品标准的目的如何，只应列入那些能被证实或可检验的技术要求。标准中的要求，应使用明确的数值（带有公差，或者指出最大值或最小值）来表示。规范性要求的数值应与只供参考的数值明确区分。不应使用诸如“膨松”、“足够坚硬”和“容易破碎”、“应有足够的强度”等之类的语句表述。可证实性原则的另一个结论是，如果没有一种试验方法或测量方法在较短的时间内检验产品的稳定性、可靠性合格与否，则不应规定这些要求。企业做出的保证虽然是用得上的，但不能代替上述的要求。在产品标准中企业的保证条件不应列入产品标准的范围之内，因为保证条件是一个商业合同性的概念，而不是产品技术要求的概念。

（3）技术要求的具体内容　技术要求的内容应反映产品达到的质量水平，也是企业组织产品生产和供用户选择产品的主要依据，所以应着重规定产品的性能，包括产品的功能、可靠性、安全卫生等技术指标要求。应充分考虑产品的使用要求和基本性能以及健康、安全、环境保护等因素。需要分等分级而又能分等分级的质量要求，应根据适用性及不同需要做出科学合理的分等分级规定。产品的技术要求也可划分不同层次给予陈述。对企业产品标准而言一般鼓励所列技术指标要求高于现行的同类产品国家标准、行业标准规定的技术指标要求，但是在特定的条件下或根据产品的使用范围要求，也可以制定低于有关标准的企业标准。

——环境适应性

应根据产品在运输、贮存和使用中可能遇到的实际环境条件规定产品的适应性，如温度、湿度、贮藏运输条件等。

——使用性能

应根据产品具体情况，选择直接反映产品适用性能的技术指标或者间接反映使用性能的可靠代用指标。

——理化指标

理化指标对于食品是非常重要的，许多食品的质量好坏都必须用理化指标来加以保证，一般常用的有化学营养成分、纯度、杂质、微生物、有害有毒物质、黏度、色度、水分含量等产品质量指标。微生物指标和有害有毒成分必须执行国家强制性标准，并按产品特性规定其相应极限值。

——原材料要求

对原材料的要求一般不列入产品标准中，为了保证产品质量和安全要求必须指定原材料时，且原材料有现行的标准，应该引用标准，规定使用性能不低于有关标准规定的原材料。如果没有现行标准则可以在规范性附录中对原材料的性能特性做出具体规定。

——工艺要求

工艺要求一般不列入产品标准中，为了保证产品质量和安全要求必须规定工艺要求时，则应规定该产品的生产工艺。

——其他要求

根据需要，可以规定必须列入产品标准的其他要求。分类的某些要求需要检验时，应作为“技术要求”的内容明确规定。

(4) 技术指标量值的选择　定量表示的技术要求，应在标准中规定其标称值（或额定值）。必要时，可同时给出其允许偏差或极限值。

极限值反映产品应达到的实际质量水平，应根据产品预定功能和用户的要求以及国家有关标准或法律法规的规定要求，以取得最佳的经济和社会效益。极限值根据产品的需要可以通过给定下限值和（或）上限值，或者用给出标称值（或额定值）及其偏差等方式来表达。极限值的有效位数应全部给出，书写的位数表示的精确度应能保证产品的应有性能和质量水平，从而它也规定了为实际产品检验而得到的测量值或者计算值应该具有的相应的精确度。

“要求”这一章的条款编排顺序，要求尽可能的与试验方法或者检验规则一章中检验项目的先后顺序协调一致，以便于引用和对照。当与要求对应的试验方法内容较为简单时，允许将“试验方法”要素并入“要求”要素中。章的标题为“要求与试验方法”。

4. 抽样

为了保证样本与总体的一致性，最大限度降低产生产品质量误判的风险，在标准抽样要素中，应考虑以下内容：

——根据需要应规定抽样的条件，如时效条件、干燥条件、过筛条件等；

——根据需要应规定抽样方法，如四分法、随机数法等；

——对易挥发或易变质的样品，还应规定样品贮存容器、保管条件或保存期限等。

抽样要素在一项标准中可以独立成章，也可与试验方法要素合并成一章，在这种条件下，抽样应位于试验方法一章的起始位置。抽样要素所涉及的内容，仅作为测试标准中某一项的特性值是否符合标准的要求而抽取样品，并对样品按照规定的试验方法或测量方法进行测试，依据测试结果作出合格与否的判定，而不涉及产品整批质量合格与否的判定。

在我国制定的产品标准中，行业标准有用“抽样”章取代“质量评定程序”或“检验规则”章，并作为判定产品整批质量合格与否的依据。这种做法不符合“抽样”要素的本意，仅凭这些内容无法对产品整批质量合格与否作出正确的判定。

5. 试验方法

试验方法是标准中的可选要素。对产品技术要求进行试验、测定、检查的方法统称为试验方法。根据特定的程序，测定产品、过程或服务的一个或多个特性的技术操作就是我们所说的试验。试验方法是测定产品特性值是否符合规定要求的方法，并对测试条件、设备、方法、步骤以及抽样和对测试结果进行数据统计处理等作出统一规定。

(1) 试验方法的基本内容

——方法原理概要；

——试剂材料的要求；

——试验仪器设备及其具体要求；

——试验装置；

——试样及其制备方法；

——试验程序；

——试验结果的计算和评定；

——测量不确定度或允许误差等。

编写试验方法应与技术要求的条文相互对应。一般情况下，一项技术要求，只规定一种试验方法。如果规定两种试验方法时，应同时规定其换算公式。

对于有害有毒物质的试样和可能有某种危险的试验方法应加以说明，并提出严格的预防措施和规定。对已有国家标准或行业标准的试验方法的，地方标准或企业标准应优先采用。

(2) 试验方法在标准中的类型　根据具体标准的情况，试验方法要素的标准类型有以下几种：

——作为一项标准的独立一章；

——作为一项标准的规范性附录或推荐性附录（适用于推荐性试验方法）；

——作为一项标准的单独部分；

——作为一项单独的标准（试验方法有可能被若干其他标准所引用）；

——在试验方法内容比较简单的情况下，并入要求要素一章之中。

(3) 检验规则　检验规则一般在产品质量标准中以独立一章来编写，但对于检验规则比较简单的而言，可并入试验方法一章，这时章的名称可以称为“试验方法与检验规则”。检验规则是对产品试样和正式生产中的成品进行各种试验的规则。它是考核和测定产品是否符合标准而采取的一种方法和手段，也是生产企业和用户判定产品是否合格所共同遵守的基本准则。检验规则的内容一般包括检验分类。每类检验所包含的试验项目，产品组批，抽样和取样方法，检验结果的复验规则，以及判定规则等。

——检验分类

产品检验分成出厂检验（或交货检验）和型式检验（或例行检验）两类。

出厂检验：产品交货前必须进行的各项试验统称为出厂检验。产品经出厂检验合格后，才能作为合格品交货出厂。标准中应明确写出出厂检验的项目清单，破坏性、耐久性试验项目一般不列入在内。

——型式检验

型式检验要求对产品质量进行全面考核，即对标准中规定的技术要求全部项目进行检验，特殊情况下，可以增加检验项目。型式检验一般要求在下列情况下进行：

新产品或老产品转厂生产的试制定型鉴定；

正式生产后，如原材料、工艺有较大改变，可能影响产品性能时；

产品生产中定期、定量的周期性考核；

产品长期停产后，恢复生产时；

出厂检验结果与上一次型式检验有较大差异时；

国家质量技术监督部门提出型式检验的要求时。

——判定规则

对每一类检验均应判定产品合格、不合格需复检、报废的原则，以及由于检验工作或试样本身原因需进行重检的规则等。

在标准中还可规定对检验结果提出异议和进行仲裁检验的规则。

在编写“试验方法”一章时，应特别注意下列问题：

一是在试验方法的引用中，一般首先考虑已发布的有关国家标准试验方法，如果没有国家标准再引用行业标准的试验方法，在特殊条件下，可以根据有关要求制定新的测定方法。如果内容太长可以将该方法用规范性附录的形式给出。

二是技术要求中的每一项要求，均应有相应的试验方法，且二者的编排顺序也应尽量相同。

三是在规定试验用仪器、设备时，一般情况下不应规定制造厂或其商标名称，只需要规定仪器、设备名称及其精度和性能要求，标准中规定的计量器具应具有可溯源性，也就是说仪器设备应在国家规定的有效检定周期之内。

6. 分类和标记

分类和标记是标准中的可选要素。为了便于消费者、用户正确识别并选择适用的产品、过程和服务，在一定范围内对其建立统一的分类和标记很重要。在产品标准中，分类和标记可称为分类和命名。

产品分类可作为产品标准的一部分，也可以制定单独的标准。产品根据不同特性要求可按品种、型式、规格等进行分类。

产品分类时，应做到：

——优先采用国际上通行的品种、型式和规格；

——应根据使用与生产的需要，合理规定必要的产品品种、型式和规格；

——系列产品注意正确选型，并尽可能采用优先数系或模数制确定系列范围与疏密程度等；

——分类部分的某些要求属于需要检验的技术要求时，可在技术要求部分中重作规定。

产品标记指在一定范围内（如国际、区域、国家）适用的“标准化项目”的标记，这种标记方法提供了一种标准化的标记模式。标准化项目指具体项目（如材料或制成品）或者抽象概念（如过程或体系，试验方法）。

7. 标志、包装、运输与贮存

标志、标签和包装是标准中可选要素。产品标准技术内容中一般将这一章名称称为“标志、包装、运输与贮存”，编写这一部分的主要目的是为了在贮存和运输过程中，保证产品质量不受危害和损失以及发生混淆。

（1）产品标志　产品标志包括的基本内容：

——产品名称与商标；

——产品型号或标记；

——执行的产品标准编号；

——生产日期或批号；

——产品主要参数或成分及含量；

——质量等级标志；

——使用说明；

——商品条码；

——产品产地、生产企业名称、详细地址、邮政编码及电话号码；

——其他需要标志的事项如质量体系认证合格标志、无公害食品标志、绿色食品标志、有机食品标志等。

对于食品来说，必须执行 GB 7718—2004《预包装食品标签通则》的规定。

（2）包装　为了防止产品受到损失，防止危害人类与环境安全，一切需要包装的产品均应在标准中对包装做出具体的规定或引用有关的包装标准。

产品包装应实用、方便、成本低、有利于环境保护，其基本内容包括以下几个方面：

——包装技术和方法，说明产品采用何种包装（盒装、箱装、罐装、瓶装等）以及防晒、防潮等；

——包装材料和要求，说明采用何种包装材料的性能；

——对内装物的要求，说明规定内装物的摆放位置和方法等；

——包装试验方法，必要时应指明与包装或包装材料有关的试验方法；

——包装检验规则，指明对包装进行各项检验的规则。必要时，包装部分可规定产品随带文件如产品质量合格证、产品使用说明书等其他技术资料。

（3）运输　在运输方面有特殊要求的产品，标准中应规定运输要求。运输要求一般包括以下内容：

——运输方式，应指明采用何种运输方式及其状况；

——运输条件，主要规定运输时的要求如遮盖、冷藏、密封等。

——运输过程注意事项，主要是对装、卸、运方面的特殊要求等。

（4）贮存　对食品等产品在贮存方面应做出规定如贮存条件、场所、堆放方式、保质期等。

8. 规范性附录

规范性附录是标准可选要素，要根据标准的具体条款来确定是否设置这类附录。在规范性附录中所给出的是“附加条款”，在使用标准时，这些条款应被同时使用。因此，规范性附录是构成标准整体的不可分割的组成部分。在规范性附录中对标准中的条款可进一步的细化和补充。这样做可使标准的结构更加合理，层次更加清楚，主题更加突出。

附录的性质首先由提出附录的条文来确定。标准中规定“附录应在条文中提及”，如果条文中没有提及的附录就没有存在的必要。

在前言的特定部分的最后应给出附录性质的陈述。

在目次中应列出附录编号，在圆括号中标明附录的性质。

在附录正文编号下，在圆括号中明确标明附录的性质。

（四）资料性补充要素和其他要素的编写

1. 资料性附录

资料性附录是标准的可选要素，要根据标准的具体条款来确定是否设置这类附录。在资料性附录中给出对理解、使用标准起辅助作用的附加信息。资料性附录中所给出的是附加信息，不应包含要声明符合标准而应遵守的条款。因此，资料性附录中仅限于提供一些参考资料，通常只提供以下情况或信息。

——标准中重要规定的依据和对专门技术问题的介绍；

——标准中某些条文的参考资料；

——正确使用标准的说明等。

在具体标准中应从下面四个方面对附录的性质加以明确：

——条文中提及时的措辞方式；

——前言中陈述；

——目次中标明；

——附录正文编号下标明。

2. 参考文献

参考资料为标准的可选要素。如果有参考文献，则应置于最后一个附录之后。参考文献的起草应遵照 GB/T 7714—1987 的有关规定。

参　考　文　献

[1] GB/T 4026—1992 ×××××××

[2] GB/T 13000.1—1993 ×××××××

…………

3. 索引

索引为标准的可选要素。如果有索引，则应作为标准最后一个要素。

4. 条文注

标准条文中的注应只给出对理解或使用标准起辅助作用的附加信息，不应包含要声明符合标准而应遵守的条款，即不应包含陈述、指示、推荐和要求的条款。需要规定含陈述、指示、推荐和要求的条款的内容时，此内容应写成条文。

(1) 条文的注　条文的注一般是对标准中某一章、某一条或某一段做注释。注最好置于涉及的章、条或段的下面。

章、条或段中只有一个注时，应在注的第一行文字前标明“注:”。同一章或条中有几个注时，应标明“注 1:”、“注 2:”“注 3:”、“注 4:”等。

(2) 条文的脚注　条文的脚注用来提供附加信息。应尽量少用脚注。脚注不应包含要求。

条文的脚注与注的区别是：

——脚注一般是对条文中某个词、符号的注释；

——脚注不应包含“要求”，而注不应包含“条款”。

脚注位于相关页面的下边，并由一条位于页面左侧四分之一版面宽度的细线将其与条文分开。

在标准中，应使用后带半圆括号的阿拉伯数字从 1 开始对脚注编号。全文中的脚注应连续编号，即：1)、2)、3) 等。在需要注释的词和句子之后应以相同的上标数字1)、2)、3) 等标明脚注。在某些情况下，为了避免和上标数字混淆，可用一个或多个星号，即：* 、** 、*** 等代替数字和半圆括号。

5. 图

图是表达标准技术内容的重要手段之一。在适当的条件下，用图表达标准的技术内容可以达到简明直观的效果。在标准中，通常用图来反映标准化对象的结构型式、形状、工艺流程、工作程序和组织机构等。

(1) 图的用法和编号　在标准的条款中应明确提及，仅对图进行层次的细分。例如，图 1 可分成 a)、b)、c) 等。

在标准中用阿拉伯数字从 1 开始对图进行连续编号，在附录之前图的编号应一直连续，并且与章、条、段和表的编号无关。只有一个附图时，也必须标为“图 1”。

附录中图的编号应在阿拉伯数字之前加上标识该附录的字母，字母后跟下脚点，例如：图 A. 1。

(2) 图的编排和图注　图题就是图的名称。每幅图应有图题，并置于图的编号之后。在一项标准中图题必须统一。图的编号和图题应置于图下方的居中位置。

图注应区别于条文的注。图注应位于图题之上及图的脚注之前。图中只有一个注时，应注的第一行文字前标明“注:”。同一幅图中有多个注时，应标明“注 1:”、“注 2:”、“注 3:” 等。每幅图的图注应单独编号。图注不能包含有要求。

(3) 图的脚注　图的脚注应区别于条文的脚注。它位于图题之上，并紧跟图注。图的脚注应从“a” 开始的小写拉丁字母上标来区分，即a 、b 、c 等。图的脚注可以包含要求。

6. 表

表是表达技术标准内容的重要手段之一。在适当的情况下，用表来表达标准的技术内容可以达到简明、容易对比的效果。在标准中应用十分广泛。在标准中，通常用来表达标准化对象的技术指标、参数、统计分析、分类对比等。

(1) 表的用法和编号　如果用表提供信息更有利于标准的理解，则适宜使用表。每个表在条文中均应明确提及。但不允许表中有表，也不允许将表再分为次级表。

表的编号应使用阿拉伯数字从 1 开始对表连续编号，在附录之前表的编号应一直连续，并且与章、条和图的编号无关。只有一个表时，也应编号为“表 1”。附录中表的编号应在阿拉伯数字编号之前加上该附录的字母，字母后跟下脚点，例如，表 A. 1。

(2) 表的编排和表注　表题即表的名称。每个表应有表题，并置于表的编号之后。标准中有无表题应在该标准统一，表的编号和表题应位于表上方的居中位置。

某栏中使用的单位一般应标在该栏表头中物理量名称之下。

表的接排，如果某个表需要转页接排，在随后的各页上应重复表的编号。编号后跟表题（可省略）和“续”。

表注应区别于条文中的注。表注位于有关表格中及表的脚注之前。表中只有一个注时，应在注的第一行文字前标明“注”。同一个表中有多个注时，应标明“注 1”、“注 2”等。每一个表中的注应单独编号。

（3）表的脚注 表的脚注应区别于条文的脚注。它们应位于有关表格中，并紧跟表注。

表的脚注应从“a”开始的小写拉丁字母上标来区分，即[a]、[b]、[c]等。在表中应以相同的小写字母上标在需注释的位置标明脚注。表的脚注可以包含要求。

思 考 题

1. 什么是标准和标准化？标准与标准化的主要区别是什么？
2. 简述标准化的方法原理？
3. 食品标准通常可以分成哪几类？其制定程序和原则是什么？
4. 强制性和推荐性标准的异同点是什么？在什么条件下推荐性标准可以转化成强制性标准？
5. 《标准化法》规定的标准化的主要任务是什么？
6. GB/T 1.1—2000 规定我国产品标准制定的基本结构是什么？
7. 什么是规范性要素和资料性要素？在标准中两者的主要区别是什么？
8. 制定产品标准的技术要求时，应遵循的基本原则是什么？
9. 标准化活动的基本原则是什么？

第三章　食品法律法规的基础知识

本章学习重点：

※　了解食品法律法规的渊源与分类；

※　掌握我国食品卫生法规体系及其制定原则与依据；

※　熟悉食品标准法规的实施与监督管理。

第一节　食品法律法规的渊源和体系

一、食品法律法规的渊源

（一）食品法律法规渊源的概念

食品法的渊源又称食品法的法源，是指食品法的各种具体表现形式。其中，主要由不同国家机关制定或认可的、因而具有不同法律效力或法律地位的各种类别的规范性食品法律文件的总称。

（二）食品法律法规的渊源

1. 宪法

宪法是我国的根本大法，是国家最高权力机关通过法定程序制定的具有最高法律效力的规范性法律文件。它规定和调整国家的社会制度和国家制度、公民的基本权利和义务等最根本的全局性的问题。它不仅是食品法的重要渊源，也是其他法律的重要渊源，是制定食品法律、法规的来源和基本依据。

2. 食品法律

食品法律是指由全国人大及其常委会经过特定的立法程序制定的规范性法律文件。它的地位和效力仅次于宪法。它又分为两种：一是由全国人大制定的食品法律，称为基本法；二是由全国人大常委会制定的食品基本法律以外的食品法律。

3. 食品行政法规

食品行政法规是由国务院根据宪法和法律，在其职权范围内制定的有关国家食品行政管理活动的规范性法律文件，其地位和效力仅次于宪法和法律。党中央和国务院联合发布的决议或指示，既是党中央的决议和指示，又是国务院的行政法规或其他规范性文件，具有法的效力。国务院各部委所发布的具有规范性的命令、指示和规章，也具有法的效力，但其法律地位低于行政法规。

4. 地方性食品法规

地方性食品法规是指省、自治区、直辖市以及省级人民政府所在地的市和经国务院批准的较大的市的人民代表大会及其常委会制定的适用于本地方的规范性文件。除地方性法规外，地方各级权力机关及其常设机关、执行机关所制定的决定、命令、决议，凡属规范性者，在其辖区范围内，也都属于法的渊源。地方性法规和地方其他规范性文件不得与宪法、食品法律和食品行政法规相抵触，否则无效。

5. 食品自治条例与单行条例

食品自治条例和单行条例是由民族自治地方的人民代表大会依照当地民族的政治、经济和文化的特点制定的食品规范性文件。自治区的自治条例和单行条例，报全国人大常委会批准后生效；州、县的自治条例和单行条例报上一级人大常委会批准后生效。

6. 食品规章

食品规章分为两种类型：一是指由国务院行政部门依法在其职权范围内制定的食品行政管理规章，在全国范围内具有法律效力；二是指由各省、自治区、直辖市以及省、自治区人民政府所在地和经国务院批准的较大的市的人民政府，根据食品法律在其职权范围内制定和发布的有关地区食品管理方面的规范性文件。

7. 食品标准

由于食品法的内容具有技术控制和法律控制的双重性质，因此食品标准、食品技术规范和操作规程就成为食品法渊源的一个重要组成部分。这些标准、规范和规程可分为国家和地方两级。值得注意的是，这些标准、规范和规程的法律效力虽然不及法律、法规，但在具体的执法过程中，它们的地位又是相当重要的。因为食品法律、法规只对一些问题作了原则性规定，而对某种行为的具体控制，则需要依靠标准、规范和规程。所以从一定意义上说，只要食品法律、法规对某种行为作了规范，那么食品标准、规范和规程对这种行为的控制就有了极高的法律效力。

8. 国际条约

国际条约是指我国与外国缔结的或者我国加入并生效的国际法规范性文件。它可由国务院按职权范围同外国缔结相应的条约和协定。这种与食品有关的国际条约虽然不属于我国国内法的范畴，但其一旦生效，除我国声明保留的条款外，也与我国国内法一样对我国国家机关和公民具有约束力。

二、食品法律法规的分类

（一）法的分类

从不同的角度，按照不同的标准可以对法进行不同的分类。就现代各国的法律分类而言，有属于各国比较普遍共有的分类，如国内法与国际法、成文法与不成文法、实体法与程序法、一般法与特别法等；有仅适于部分国家的法律分类，如实行成文宪法制的国家有根本法和普通法之分，普通法系的国家有普通法与衡平法、判例法与制定法之分。本部分仅介绍与我国法制建设直接相关的一些法的基本分类。

1. 成文法与不成文法

这是按照法的创制方式和表达形式的不同，对法进行的分类。

成文法是指国家机关制定和公布的、以比较系统的法律条文形式出现的法，又称作制定法。

不成文法是指由国家认可的、不具有规范的条文形式的法。它大体上可以分为习惯法、判例法、法理三种。

2. 实体法与程序法

这是根据法的内容对法进行的分类。

实体法是直接规定人们权利和义务的实际关系，即确定权利和义务的产生、变更、消灭的法。

程序法是规定保证权利和义务得以实现的程序的法律。

3. 根本法与普通法

这是根据法的地位、内容和制定程序的不同，对法进行的分类。这种分类仅适用于成文宪法制国家。

根本法即宪法，在有的国家又称基本法，是规定国家各项基本制度、基本原则和公民的基本权利等国家根本问题的法。在成文宪法制国家，它通常具有最高的法律地位和法律效力。

这里所说的普通法是指宪法以外的、确认和规定社会关系各个领域的问题的法。其法律地位和效力低于根本法。

4. 一般法与特别法

这是按照法的效力范围的不同，对法进行的分类。一般法是针对一般人或一般事项，在全国适用的法；特别法是针对特定的人群或特别事项，在特定区域有效的法。

一般法与特别法的划分是相对的。有时，一部法律相对某一部法律是特别法，而相对于另一部法律，则是一般法。但是这种划分并不是没有意义，因为，特别法的效力优于一般法，即特别法发布之后，一般法的相应规定在特殊地区、特定时间、对特定人群将终止或暂时终止失效。

（二）食品法律法规的分类

我国的食品法律法规，根据其调整的范围可以分为以下几类。

1. 综合性法律法规

如《中华人民共和国食品卫生法》，是我国食品卫生最基本的法规，不仅规定了我国食品卫生法的目的、任务和食品卫生工作的基本法律制度，而且全面规定了食品卫生工作的要求和措施、管理办法和标准的制定，以及食品卫生管理、食品卫生监督、法律责任等。

2. 各种单项法律法规

针对食品的某一方面所制定的法规，如《进出口食品卫生管理暂行办法》等。

3. 食品标准和管理办法

我国已制定了很多食品卫生标准，如《粮食卫生标准》、《食用植物油卫生标准》，以及各种调味品、肉、乳、蛋、水产品、豆制品等卫生标准。为了保证食品卫生标准的执行，我国还对各类食品和包装容器、食品添加剂等制定了卫生管理办法。

三、我国食品法律法规体系

食品法律法规体系是指以法律或政令形式颁布的，对全社会有约束力的权威性规定。它既包括法律规范，也包含以技术规范为基础所形成的各种法规。具体的食品法规，往往偏重于技术规范。各种技术规范也随着时代的发展而不断地发展和完善。我国现阶段食品卫生法规体系的构成见图 3-1。

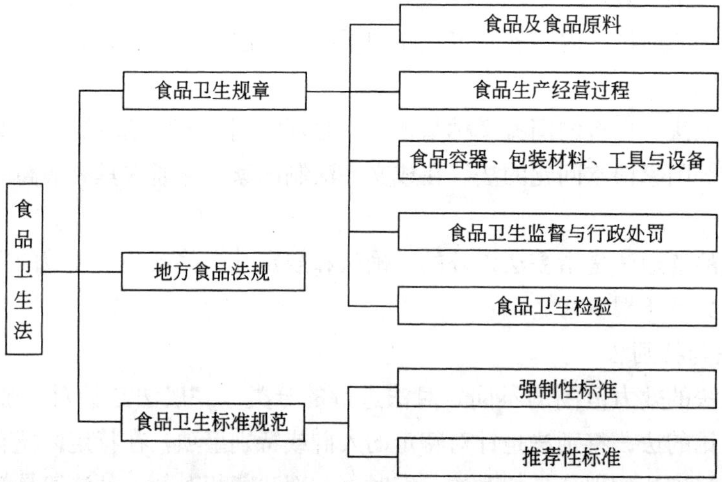

图 3-1 食品卫生法规体系图

第二节 食品法律法规的制定和实施

一、食品法律法规制定的概念

食品法的制定是指有权的国家机关依照法定的权限和程序，制定、认可、修改、补充或废止规范性食品相关法律文件的活动，又称为食品立法活动。

食品法的制定有广义和狭义之分。狭义的食品法制定，专指全国人大及其常委会制定食品法律的活动。广义的食品法制定，不仅包括狭义的食品法的制定，还包括国务院制定食品行政法规、国务院有关部门制定食品部门规章、地方人大及其常委会制定地方性食品法规、地方人民政府制定地方政府食品规章、民族自治地方的自治机关制定食品自治条例和单行条例、特别行政区的立法机关制定食品法律文件等活动。

食品法的制定具有如下特点：①权威性：食品立法是国家的一项专门活动，只能由享有食品立法权的国家机关进行，其他任何国家机关、社会组织和公民个人均不得进行食品立法活动。②职权性：享有食品立法权的国家机关只能在其特定的权限范围内进行与其职权相适应的食品立法活动。③程序性：食品立法活动必须依照法定程序进行。④综合性：食品立法活动不仅包括制定新的规范性食品法律文件的活动，还包括认可、修改、补充或废止等一系列食品立法活动。

二、食品法律法规制定的基本原则

食品法律法规制定的基本原则是指食品立法主体进行食品立法活动所必须遵循的基本行为准则，是立法指导思想在立法实践中的重要体现。根据立法法的规定，食品立法活动必须遵循以下基本原则。

（一）遵循宪法的基本原则

遵循宪法的基本原则，即以经济建设为中心，坚持社会主义道路、坚持人民民主专政、坚持中国共产党的领导、坚持马克思列宁主义毛泽东思想邓小平理论，坚持改革开放。“一个中心、两个基本点”是党在社会主义初级阶段的基本路线的核心内容，是实现国家长治久安的根本保证，是我们的立国之本，是人民群众根本利益和长远利益的集中反映，理所当然地成为我国所有立法的最根本的指导思想，当然也是食品立法所必须遵循的基本原则。

（二）依照法定的权限和程序的原则

国家机关应当在宪法和法律规定的范围内行使职权，立法活动也不例外。这是社会主义法治的一项重要原则。依法进行立法，即立法应当遵循法定权限和法定程序进行，不得随意立法。

（三）从国家整体利益出发，维护社会主义法制的统一和尊严的原则

我国是统一的多民族国家。食品立法活动应站在国家和全局利益的高度，从国家的整体利益出发，从人民长远的、根本的利益出发，防止出现部门利益、地方保护主义的倾向，维护国家的整体利益，维护社会主义法制的统一和尊严。这是依法治国，建设社会主义法治国家的必然要求。

（四）坚持民主立法的原则

食品法律的制定要坚持群众路线，采取各种行之有效的措施，广泛听取人民群众的

意见，集思广益，在高度民主的基础上高度集中。这样也有利于加强食品立法的民主性、科学性。广泛吸收广大人民群众参与食品立法工作，调动他们的积极性和主动性，不仅使食品立法更具民主性，而且有利于食品法律在现实生活中得到真正的遵守。

（五）从实际出发的原则

食品法律法规的制定，最根本的就是从我国的国情出发，深入实际，调查研究，正确认识我国国情，充分考虑到我国社会经济基础、生产力水平、各地的生活条件、饮食习惯、人员素质等状况，科学、合理地规定公民、法人和其他组织的权利与义务、国家机关的权力与责任。坚持从实际出发，也应当注意在充分考虑我国的基本国情，体现中国特色的前提下，适当借鉴、吸收外国及本国历史上食品立法的有益经验，注意与国际接轨。

（六）对人民健康高度负责的原则

健康是一项基本人权，保证食品质量与安全，防止食品污染和有害因素对人体健康的影响是判定和执行各项食品标准、管理办法的出发点。只有这样，才能充分体现出宪法的基本精神。

食品的安全性是实现人的健康权利的保证，也是食品质量安全制度的重要基础。虽然在不同的经济发展阶段，食品安全的内容和水平有所差别，但食品安全所体现的精神实质始终是一致的。概括地说，食品安全有两方面的内容：第一，人人有获得食品安全性保护的权利。任何人不分民族、种族、性别、职业、社会出身、宗教信仰、受教育程度、财产状况等都有权获得食品安全性保护，同时他们依法所取得的食品安全性保护权益都受同等的法律保护。第二，人人有获得优质食品安全性保护的权利。这一权利要求食品安全性保护的质量水平应达到一定的专业标准。食品安全性保护的质量是每一个人关心的问题，但一般来说，消费者本人并不能全部判断食品安全性保护质量的高低、优劣，这就需要政府加以监督。

（七）预防为主的原则

食品污染和有害因素对人体所造成的危害，有些是急性的，如食物中毒等；也有些是慢性的，甚至是潜在的危害，如肿瘤、致畸形、致突变等。急性的疾病，可以通过急救和治疗后使患者痊愈。而慢性的则很难治愈，甚至可以延及子孙后代，其后果不堪设想。所以，必须防患于未然，把食品的立法，放到以预防为主的方针上。实践证明，预防为主不仅是费用低、效果好的措施，而且能更好地体现党和政府对人民群众的关心和爱护。

预防为主原则有以下几个基本含义：①任何食品工作者都必须严格按照相应的规范标准实施生产，采取严格的生产程序，使生产出的食品达到质量和卫生都安全的标准；②强调预防并不是轻视监督，它们之间并不是矛盾的，也不是分散的、互不通联的、彼此独立的两个系统，而是一个相辅相成的有机整体；③预防和监督都是保护健康的方法和手段。

（八）发挥中央和地方两方面积极性的原则

我国是一个地域辽阔、民族众多的国家。各地区、各民族的饮食习惯有很大的不同，并且食品生产、经营范围广，涉及面宽。因此，既不能强求一致性的规定，又要对直接危害人民健康的因素坚决制止；既要有中央的统一法制管理，又要各地区、各民族由省、直辖市制定具体办法，针对本地区的特点和各民族的风俗习惯，加强管理。总之，要充分发挥中央和地方两方面的积极性。

三、食品法律法规制定的依据

（一）宪法是食品立法的法律依据

宪法是国家的根本大法，具有最高法律效力，是其他法律、法规的立法依据。宪法有关保护人民健康的规定是食品法律法规制定的来源和法律依据。

（二）保护人体健康是食品立法的思想依据

健康是人类生存与发展的基本条件，人民健康状况是衡量一个国家或地区的发展水平和文明程度的重要标志。国家的富强和民族的进步，包含着健康素质的提高。增进人民健康，提高全民族的健康素质，是社会经济发展和精神文明建设的重要目标，是人民生活达到小康水平的重要标志，也是促进经济发展和社会可持续发展的重要保障。

食品是指各种供人食用或者饮用的成品和原料以及按照传统既是食品又是药品的物品，但是不包括以治疗为目的的物品。食品是人类生存和发展最重要的物质基础，食品的安全、卫生和必要的营养是食品的基本要求。防止食品污染和有害因素对人体的危害，搞好食品安全是预防疾病，保障人民生命安全与健康的重要措施。以食品生产经营和食品安全监督管理活动中产生的各种社会关系为调整对象的食品法律法规必然要把保护和增进人体健康作为其立法的思想依据、立法工作的出发点和落脚点。

法律赋予公民的权利是极其广泛的。其中生命健康权是公民最根本的权益，是行使其他权利的前提和基础。失去了生命和健康，一切权利都成空谈。以保障人体健康为中心内容的食品法律法规，无论其以什么形式表现出来，也无论其调整的是哪一特定方面的社会关系，都必须坚持保护和增进人体健康这一思想依据。

（三）食品科学是食品立法的自然科学依据

食品行业是以生物学、化学、工程学、农学、畜牧学等为核心的科技密集型行业，现代食品行业是在现代自然科学及其应用工程技术高度发展的基础上展开的。因此食品立法工作在遵循法律科学的基础上，必须遵循食品工作的客观规律，也就是必须把化学、生物学、食品工程和食品技术知识等自然科学的基本规律作为食品法律法规制定的科学依据，使法学和食品科学紧密联系在一起，科学地立法，促进食品科技进步。只有这样才能达到有效保护人体健康的立法目的。

（四）社会经济条件是食品立法的物质依据

法反映统治阶级的意志并最终由统治阶级的物质生活条件所决定。社会经济条件是食品法律法规制定的重要物质基础。改革开放以来，我国社会主义建设取得了巨大成就，生产力有了很大发展，综合国力不断增强，社会经济水平有了很大提高，为新时期的食品立法工作提供了牢固的物质依据。不过我们也要看到，我国是发展中国家，与世界发达国家相比，我国的综合国力、生产力和人民生活水平都不高，地区间发展又严重不平衡。这些都是食品立法工作的制约因素。因此食品法律法规的制定必须着眼于我国的实际，正确处理好食品立法与现实条件、经济发展之间的关系，以适应社会主义市场经济的需要，达到满足人民群众不断增长的多层次的需求、保护人体健康、保障经济和社会可持续发展的目的。

（五）食品政策是食品立法的政策依据

食品政策是党领导国家食品工作的基本方法和手段。它以科学的世界观、方法论为理论基础，正确反映了食品科学的客观规律和社会经济与食品发展的客观要求，是对人民共同意志的高度概括和集中体现。食品立法以食品政策为指导，有助于使食品法律法规反映客观规律和社会发展要求，充分体现人民意志，使食品法律法规能够在现实生活中得到普遍遵守和贯彻，最终形成良好的食品法律秩序。因此，党的食品政策是食品法律法规的灵魂和依据，食品立法要体现党的政策的精神和内容。

此外，在食品立法过程中，我们应当体现和履行我国已参加的国际食品条约、惯例的有关规定。同时对外国食品法律、立法经验及立法技术加以研究、分析，对有益的地方进行借鉴，以使食品法律法规适应我国与国际交往的需要。

四、食品法律法规制定的程序

食品法律法规的制定程序是指有立法权的国家机关制定食品法律法规所必须遵循的方式、步骤、顺序等的总和。程序是立法质量的重要保证，是民主立法的保障。食品法律法规的制定必须依照法定程序进行。

（一）食品法律的制定程序

全国人大常委会制定食品法律的程序如下：

（1）食品立法的准备　主要包括编制食品立法规划、作出食品立法决策、起草食品法律草案等。

（2）食品法律案的提出和审议　主要包括食品法律草案的提出和列入议程、听取食品法律草案说明、常委会会议审议或全国人大教科文卫委员会、法律委员会审议等。列入常委会会议议程的食品法律案，全国人大教科文卫委员会、法律委员会和常委会工作机构应当听取各方面的意见。对于重要的食品法律草案，经委员长会议决定，可以将食品法律草案公布，向社会征求意见。

(3) 食品法律草案的表决、通过与公布　食品法律草案提请全国人大常委会审议后，由常委会全体会议投票表决，以全体组成人员的过半数通过，由国家主席以主席令的形式公布食品法律。

(二) 食品行政法规的制定程序

(1) 立项　国务院的食品药品监督、卫生、检验检疫、进出口等行政管理部门根据社会发展状况，认为需要制定食品行政法规的，应当向国务院报请立项，由国务院法制局编制立法计划，报请国务院批准。

(2) 起草　起草工作由国务院组织，一般由业务主管部门具体承担起草任务。在起草过程中，应当广泛听取有关机关、组织和公民的意见。

(3) 审查　业务主管部门有权向国务院提出食品行政法规草案，送国务院法制局进行审查。

(4) 通过　国务院法制局对食品行政法规草案审查完毕后，向国务院提出审查报告和草案修改稿，提请国务院审议，由国务院常务会议或全体会议讨论通过或者总理批准。

(5) 公布　食品行政法规由国务院总理签署国务院令公布。

(6) 备案　食品行政法规公布后30日内报全国人大常委会备案。

(三) 地方性食品法规、食品自治条例和单行条例的制定程序

(1) 地方性食品立法规划和计划的编制。

(2) 地方性食品法规草案的起草　享有地方立法权的地方人大常委会、教科文卫委员会或业务主管厅(局)负责起草地方性食品法规草案。

(3) 地方性食品法规草案的提出　享有地方立法权的地方人大召开时，地方人大主席团、常委会、教科文卫委员会、本级人民政府以及10人以上代表联名，可以向本级人大提出地方性食品法规草案。人大闭会期间，常委会主任会议、教科文卫委员会、本级人民政府以及常委会组成人员5人以上联名，可以向本级人大常委会提出地方性食品法规草案。

(4) 地方性卫生法规草案的审议　向地方人大提出的地方性食品法规草案由人大会议审议，或者先交教科文卫委员会审议后提请人大会议审议；向地方人大常委会提出的地方性食品法规草案由常委会会议审议，或者先交教科文卫委员会审议后提请常委会会议审议。

(5) 地方性食品法规草案的表决、通过、批准、公布与备案　地方性食品法规案经地方人大、常委会表决，以全体代表、常委会全体组成人员的过半数通过，由有关机关依法公布，并在30日内报有关机关备案。

(四) 食品规章的制定程序

(1) 食品部门规章的制定程序　①立项。②起草：食品部门规章案的起草工作以国务院食品管理部门的职能司为主、法制与监督司或政策法规司参与配合。起草时可以请食品专家、法律专家参加论证。③审查：食品部门规章案一般由食品管理部门下属的业务主管司（局）在其职责范围内提出，送法制与监督司或政策法规司审核。④决定：食品部门规章草案审核后，提交部（局）务会议讨论，决定通过。⑤公布：食品部门规章由部门首长签署命令予以公布。⑥备案：食品部门规章公布后30日内报国务院备案。

（2）地方政府食品规章的制定程序　①起草：地方政府食品规章案由享有政府食品卫生规章制定权的地方食品行政部门负责起草。②审查：地方政府食品规章案由地方食品行政部门在其职责范围内提出，送地方人民政府法制局审核。③决定：地方政府食品规章草案经法制局审核后，提交政府常务会议或者全体会议讨论，决定通过。④公布：地方政府食品规章由省长、自治区主席或者直辖市长签署命令予以公布，并在30日内报国务院备案。

五、食品法律法规的实施

（一）食品法律法规实施的概念

食品法律法规的实施是指通过一定的方式使食品法律规范在社会生活中得到贯彻和实现的活动。食品法律法规的实施过程，是把食品法的规定转化为主体行为的过程，是食品法律法规作用于社会关系的特殊形式。食品法律法规的实施主要有食品法律法规的遵守和食品法律法规的适用两种方式。

（二）食品法律法规的适用

食品法律法规的适用有广义和狭义之分。广义的食品法律法规的适用，是指国家机关和法律、法规授权的社会组织依照法定的职权和程序，行使国家权力，将食品法律法规创造性地运用到具体人或组织，用来解决具体问题的一种专门活动。它包括食品行政管理部门以及法律、法规授权的组织依法进行的食品质量安全执法活动和司法机关依法处理有关食品违法和犯罪案件的司法活动。狭义的食品法律法规的适用仅指司法活动。这里指的是广义的食品法律法规的适用。

食品法律法规的适用是一种国家活动，不同于一般公民、法人和其他组织实现食品法律法规的活动。它具有以下特点。

（1）权威性　食品法律法规的适用是享有法定职权的国家机关以及法律、法规授权的组织，在其法定的或授予的权限范围内，依法实施食品法律法规的专门活动，其他任何国家机关、社会组织和公民个人都不得从事此项活动。

（2）目的的特定性　食品法律法规适用的根本目的是保护公民的生命健康权。这是食品法律法规保护人体健康的宗旨所决定的。

（3）合法性　有关机关及授权组织对食品管理事务或案件的处理，应当有相应的法律依据。否则无效，甚至还须承担相应的法律责任。

（4）程序性 食品法律法规的适用是有关机关及授权组织依照法定程序所进行的活动。

（5）国家强制性 食品法律法规的适用是以国家强制力为后盾实施食品法律法规的活动，对有关机关及授权组织依法作出的决定，任何当事人都必须执行，不得违抗。

（6）要式性 食品法律法规的适用必须有表明适用结果的法律文书，如食品卫生许可证、罚款决定书、判决书等。

（三）食品法律法规的效力范围

1. 食品法律法规效力范围的概念

食品法律法规的效力范围是指食品法律法规的生效范围或适用范围，即食品法律法规在什么时间、什么地方和对什么人适用，包括食品法律法规的时间效力、空间效力和对人的效力三个方面。

（1）食品法律法规的时间效力 是指食品法律法规何时生效、何时失效，以及对食品法律法规生效前所发生的行为和事件是否具有溯及力的问题。

食品法律法规的生效时间通常有下列情况：在食品法律法规文件中明确规定从法律法规文件颁布之日起施行；在食品法律法规文件中明确规定由其颁布后的某一具体时间生效；食品法律法规公布后先予以试行或者暂行，而后由立法机关加以补充修改，再通过为正式法律法规，公布施行，在试行期间也具有法律效力；在食品法律、法规中没有规定其生效时间，但实践中均以该法公布的时间为其生效的时间。

食品法律法规的失效时间通常有下列情况：从新法颁布施行之日起，相应的旧法即自行废止；新法代替了内容基本相同的旧法，在新法中明文宣布旧法废止。如全国人大常委会1995年10月30日颁布的《中华人民共和国食品卫生法》规定：本法自公布之日起施行，《中华人民共和国食品卫生法（试行）》同时废止。由于形势发展变化，原来的某项法律法规已因调整的社会关系不复存在或完成了历史任务而已失去了存在的条件自行失效。有的法律规定了生效期限，期满该法即终止效力；有关国家机关发布专门的决议、命令，宣布废止其制定的某些法，而导致该法失效。

食品法律法规的溯及力，也称食品法律法规溯及既往的效力，是指新法颁布施行后，对它生效以前所发生的事件和行为是否适用的问题。如果适用，该食品法律法规就有溯及力，如果不适用，该食品法律法规就不具有溯及力。我国食品法律法规一般不溯及既往，但为了更好地保护公民、法人和其他组织的权利和利益而作的特别规定除外。

（2）食品法律法规的空间效力 是指食品法律法规生效的地域范围，即食品法律法规在哪些地方具有约束力。食品法律法规的空间效力有以下几种情况：全国人大及其常委会制定的食品法律，国务院及其各部门发布的食品行政法规、规章等规范性文件，在全国范围内有效；地方人大及其常委会、民族自治机关颁布的地方性食品法规、自治条例、单行条例，以及地方人民政府制定的政府食品规章，只在其行政管辖区域范围内有效；中央国家机关制定的食品法律、法规，明确规定了特定的适用范围的，即在其规定的范围内有效；某些食品法律、法规还有域外效力。

（3）食品法律法规对人的效力　是指食品法律法规对哪些人具有约束力。食品法律法规对人的效力有以下几种情况：我国公民在我国领域内，一律适用我国食品法律法规；外国人、无国籍人在我国领域内，也都适用我国食品法律法规，一律不享有食品特权或豁免权；我国公民在我国领域以外，原则上适用我国食品法律法规；法律有特别规定的按法律规定；外国人、无国籍人在我国领域外，如果侵害了我国国家或公民、法人的权益、或者与我国公民、法人发生食品法律关系，也可以适用我国食品法律。

2. 食品法律法规的适用规则

食品法律法规的适用规则是指食品法律法规之间发生冲突时如何选择适用食品法律法规的问题。食品法律法规的适用规则主要有以下五方面：

（1）上位法优于下位法　法的位阶是指法的效力等级。效力等级高的是上位法，效力等级低的就是下位法。不同位阶的食品法律法规发生冲突时，应当选择适用位阶高的食品法律法规。

（2）同位阶的食品法律法规具有同等法律效力，在各自权限范围内适用　食品部门规章之间、食品部门规章与地方政府食品规章之间具有同等效力，在各自的权限范围内施行。

（3）特别规定优于一般规定　即“特别法优于一般法”。同一机关制定的食品法律、食品行政法规、地方性食品法规、食品自治条例和单行条例、食品规章，特别规定与一般规定不一致的适用特别规定。

（4）新的规定优于旧的规定　即“新法优于旧法”。同一机关制定的食品法律、食品行政法规、地方性食品法规、食品自治条例和单行条例、食品规章，新的规定与旧的规定不一致的，适用新的规定。适用这条规则的前提是新旧规定都是现行有效的，该适用哪个规定，采取从新原则。这与法的溯及力的从旧原则是有区别的。法的溯及力解决的是新法对其生效以前发生的事件和行为是否适用的问题。

（5）不溯及既往原则　任何食品法律法规都没有溯及既往的效力，但为了更好地保护公民、法人和其他组织的权利和利益而作的特别规定除外。

3. 食品法律法规效力冲突的裁决制度

（1）食品法律之间对同一事项新的一般规定与旧的特别规定不一致，不能确定如何适用时由全国人大常委会裁决。

（2）食品行政法规之间对同一事项新的一般规定与旧的特别规定不一致，不能确定如何适用时由国务院裁决。

（3）地方性食品法规、食品规章之间不一致时，由有关机关依照下列规定的权限进行裁决：同一机关制定的新的一般规定与旧的特别规定不一致时，由制定机关裁决；地方性食品法规与食品部门规章之间对同一事项的规定不一致，不能确定如何适用时由国务院提出意见，国务院认为应当适用地方性食品法规的，应当决定在该地方适用地方性食品法规的规定，认为应当适用食品部门规章的，应当提请全国人大常委会裁决；食品部门规章之间、食品部门规章与地方政府食品规章之间对同一事项的规定不一致时由国务院裁决；根据授权制定的食品法规与食品法律规定不一致，不能确定如何适用时由全国人大常委会裁决。

（四）食品法律法规的解释

食品法律法规的解释是指有关国家机关、组织或个人，为适用或遵守食品法规，根据立法原意对食品法律法规的含义、内容、概念、术语以及适用的条件等所作的分析、说明和解答。食品法律法规的解释是完备食品立法和正确实施食品法所必需的。按照解释的主体和解释的法律效力的不同，食品法律法规的解释可以分为正式解释和非正式解释。

1. 正式解释

正式解释又称有权解释、法定解释、官方解释，是指有解释权的国家机关按照宪法和法律所赋予的权限对食品法律法规所作的具有法的效力的解释。正式解释是一种创造性的活动，是立法活动的继续，是对立法意图的进一步说明，具有填补法的漏洞的作用，通常分为立法解释、司法解释和行政解释。

（1）立法解释　是指有食品立法权的国家机关对有关食品法律文件所作的解释。包括全国人大常委会对宪法和食品法律的解释；国务院对其制定的食品行政法规的解释；地方人大及其常委会对地方性食品法规的解释；国家授权其他国家机关的解释。

（2）司法解释　是指最高人民法院和最高人民检察院在审判和检察工作中对具体应用食品法律的问题所进行的解释。包括最高人民法院作出的审判解释，最高人民检察院做出的检察解释，以及最高人民法院和最高人民检察院联合作出的解释。

（3）行政解释　是指有解释权的行政机关在依法处理食品行政管理事务时，对食品法律、法规的适用问题所作的解释。包括国务院及其所属各部门、地方人民政府行使职权时，对如何具体应用食品法律的问题所作的解释。

2. 非正式解释

非正式解释又称作非法定解释、无权解释。分为学理解释和任意解释。学理解释一般是指宣传机构、文化教育机关、科研单位、社会组织、学者、专业工作者和报刊等对食品法律法规所进行的理论性、知识性和常识性解释。任意解释是指一般公民、当事人、辩护人对食品法律法规所作的理解和说明。非正式解释虽不具有法律效力，但对法律适用有参考价值，对食品法律法规的遵守有指导意义。

（五）食品法律法规的遵守

食品法律法规的遵守，又称食品守法，是指一切国家机关和武装力量、各政党和各社会团体、各企业事业组织和全体公民都必须恪守食品法律法规的规定，严格依法办事。食品法律法规的遵守是食品法律法规实施的一种重要形式，也是法治的基本内容和要求。

1. 食品法律法规遵守的主体

食品守法的主体，既包括一切国家机关、社会组织和全体中国公民，也包括在中国领域内活动的国际组织、外国组织、外国公民和无国籍人。

2. 食品法律法规的遵守范围

食品守法的范围极其广泛。主要包括宪法、食品法律、食品行政法规、地方性食品法规、食品自治条例和单行条例、食品规章、食品标准、特别行政区的食品法、我国参加的世界食品组织的章程、我国参与缔结或加入的国际食品条约、协定等。对于食品法律法规适用过程中有关国家机关依法作出的、具有法律效力的决定书，如人民法院的判决书、调解书、食品行政部门的食品卫生许可证、食品行政处罚决定书等非规范性文件也是食品法律法规的遵守范围。

3. 食品法律法规的遵守内容

食品法律法规的遵守不是消极、被动的，它既要求国家机关、社会组织和公民依法承担和履行食品质量安全义务（职责），更包含国家机关、社会组织和公民依法享有权利、行使权利，其内容包括依法行使权利和履行义务两个方面。

第三节　食品行政执法与监督

一、食品行政执法概述

（一）食品行政执法的概念

食品行政执法是指国家食品行政机关、法律法规授权的组织依法执行适用法律，实现国家食品管理的活动。食品行政执法是食品行政机关进行食品管理、适用食品法律法规的最主要的手段和途径。

国家行政机关行使职权、实施行政管理时依法所作出的直接或间接产生行政法律后果的行为，称为行政行为。行政行为可以分为抽象行政行为和具体行政行为。抽象行政行为是指行政机关针对不特定的行政相对人制定或发布的具有普遍约束力的规范性文件的行政行为。如卫生部根据法律、法规的规定，在本部门的权限内，发布命令、指示和规章的行为。具体行政行为是指行政机关对特定的、具体的公民、法人或者其他组织，就特定的具体事项，作出有关该公民、法人或者组织权利义务的单方行为。食品行政执法即指具体食品行政行为。

（二）食品行政执法的特征

1. 执法的主体是特定的

食品行政执法的主体只能是食品行政管理机关，以及法律、法规授权的组织。不是食品行政主体或者没有依法取得执法权的组织不得从事食品行政执法。

2. 执法是一种职务性行为

食品行政执法是执法主体代表国家进行食品管理的活动，是行使职权的活动。即行政主体在行政管理过程中，处理行政事务的职责权力。因此，执法主体只能在法律规定的职权范围内履行其责任，不得越权或者滥用职权。

3. 执法的对象是特定的

食品行政执法行为针对的对象是特定的、具体的公民、法人或其他组织。特定的、具体的公民、法人或其他组织称为食品行政相对人。

4. 执法行为的依据是法定的

食品行政机关作出具体行政行为的过程，实际上也是适用食品法律法规的过程。食品行政执法的依据只能是国家现行有效的食品法律、法规、规章以及上级食品行政机关的措施、发布的决定、命令、指示等。

5. 执法行为是单方法律行为

在食品行政执法过程中，执法主体与相对人之间所形成的行政法律关系，是领导与被领导、管理与被管理的行政隶属关系。食品行政执法主体仅依自己一方的意思表示，无需征得相对人的同意就可以作出一定法律后果的行为。行为成立的唯一条件是其合法性。

6. 执法行为必然产生一定的法律后果

食品行政执法行为是确定特定人某种权利或义务，剥夺、限制其某种权利，拒绝或拖延其要求，行政执法主体履行某种法定职责等。因此必然会直接或者间接地产生相关的权利义务关系，产生相应的、现实的法律后果。

（三）食品行政执法的依据

食品行政执法活动，是食品行政机关依法对食品进行管理，贯彻落实法律、法规等规范性文件的具体方法和手段。因此，食品行政执法的依据主要是现行有效的有关食品方面的规范性文件。我国行政诉讼法规定，人民法院审理行政案件，以法律和行政法规、地方性法规为依据，地方性法规适用于本行政区域内发生的行政案件；人民法院审理民族自治地方的行政案件，并以该民族自治地方的自治条例和单行条例为依据；人民法院审理行政案件，参照国务院部、委根据法律和国务院的行政法规、决定、命令制定、发布的规章以及省、自治区、直辖市和省、自治区的人民政府所在地的市和经国务院批准的较大的市的人民政府根据法律和国务院的行政法规制定、发布的规章；人民法院认为地方人民政府制定、发布的规章与国务院部、委制定、发布的规章不一致的，以及国务院部、委制定、发布的规章之间不一致的，由最高人民法院送国务院作出解释或者裁决。按照法院审理行政案件所依据的法律和参照的法规等规定，上述法律、法规、规章等，就应当是行政执法的依据。此外凡是我国承认或者参加的国际食品方面的条例、公约或者签署的双边或多边协议等，也是我国食品行政执法的依据。

（四）食品行政执法的有效条件

食品行政执法的有效条件，即食品行政执法行为产生法律效力的必要条件。只有符合有效条件的食品行政执法行为才能产生法律效力。一般情况下，食品行政执法行为产生法律效力需要同时具备四个要件。

1. 资格要件

资格要件是指作出食品行政执法行为的主体符合法定的条件。实施食品执法行为的主体必须是具有该项食品行政执法权力的行政机关，或者法律、法规授权的机关，其他任何个人或者组织不得行使食品行政执法权力。

2. 职权要件

职权要件是指享有实施食品行政执法行为资格的主体，必须在自己的权限范围内从事行政执法行为才具有法律效力。超出权限范围，实质上也就失去了执法主体的资格。

3. 内容要件

内容要件是指食品行政执法行为的内容必须合法与合理，才能产生预期的法律效果。合法即严格依据食品法律、法规或者规章而作出的食品行政执法行为；合理即食品行政机关在自由裁量权的范围内公正、适当地实施食品行政执法行为。

4. 程序要件

程序要件是指实施食品行政执法行为的方式、步骤、顺序、期限等，必须符合法律规定。违反法定程序，即使内容合法、正确，同样构成食品行政执法行为无效。

二、食品行政执法主体

（一）食品行政执法主体的概念

食品行政执法主体是指依法享有国家食品行政执法权力，以自己的名义实施食品行政执法活动并独立承担由此引起的法律责任的组织。

食品行政执法的主体是组织而非个人。尽管具体的执法行为是由行政机关的工作人员来行使，但是工作人员不是行政执法主体。在有些情况下，食品行政机关依法委托其他单位或组织行使执法权力，但受委托的单位或组织并不以自己的名义进行执法，执法后果也仍然由食品行政机关承担，因此，受委托的单位或组织也不是食品行政执法主体。

（二）食品行政执法主体的分类

根据执法主体资格取得的法律依据不同，食品行政执法主体可以分为职权性执法主体和授权性执法主体两种。

职权性执法主体是指根据宪法和行政组织法的规定，在机关依法成立时就拥有相应行政职权并同时获得行政主体资格的行政组织。也就是说，职权性执法主体资格的获得，是依据宪法和有关的组织法，是国家设立的专门履行行政职能的国家行政组织，是以完成一定的国家行政职能为设立要素的，因此宪法和有关组织法对其行政职权与职责的规定有一定的原则性和概括性。职权性执法主体只能是国家行政机关，包括各级人民政府及其职能部门以及县级以上地方政府的派出机关。

授权性执法主体是指根据宪法和行政组织法以外的单行法律、法规的授权规定而获得行政执法资格的组织。也就是说，授权性执法资格的获得，是依据宪法和行政组织法以外的单行法律、法规，其职权的内容、范围和方式是专项的、单一的、具体的，必须按照授权规范所规定的职权标准去行使。

具体地讲，我国食品行政执法主体主要有以下单位和机构。

1. 食品监督管理机关

食品监督管理机关是最新设立的履行综合监督食品、保健品、化妆品安全管理的国家行政组织，是最主要的食品行政执法主体。食品监督管理行政机关包括国务院食品监督管理行政主管部门，即中国国家食品药品监督管理局（SFDA），省、自治区、直辖市食品药品监督管理局，地（市）食品药品监督管理局，县（县级市、区、旗）食品药品监督管理局，统称为各级食品监督管理行政机关。

其主要执法职责是：①组织有关部门起草食品、保健品、化妆品安全管理方面的法律、行政法规；组织有关部门制定食品、保健品、化妆品安全管理的综合监督政策、工作规划并监督实施；②依法行使食品、保健品、化妆品安全管理的综合监督职责，组织协调有关部门承担的食品、保健品、化妆品安全监督工作；③依法组织开展对食品、保健品、化妆品重大安全事故的查处；根据国务院授权，组织协调开展全国食品、保健品、化妆品安全的专项执法监督活动；组织协调和配合有关部门开展食品、保健品、化妆品安全重大事故应急救援工作；④综合协调食品、保健品、化妆品安全的检测和评价工作；会同有关部门制定食品、保健品、化妆品安全监管信息发布办法并监督实施，综合有关部门的食品、保健品、化妆品安全信息并定期向社会发布。

2. 食品卫生行政机关

卫生行政机关是依据宪法和行政组织法规定而设立的履行卫生行政职能的国家行政组织，是最主要的食品卫生行政执法主体。卫生行政机关包括国务院卫生行政主管部门，即卫生部，省、自治区、直辖市卫生厅（局），地（市）卫生局，县（县级市、区、旗）卫生局，统称为各级卫生行政机关。

其主要执法职责是：①在法定的职能范围内制定相关的规范性文件、政策、标准、规范；②依法对辖区范围内的社会公共卫生、与健康相关的产品及其生产经营活动、医疗机构及人员进行监督检查；③依法对与健康相关的产品、与健康相关的社会活动进行审查、审批，颁发有关卫生许可证；依法对医疗事故，药品、食品中毒事故、职业中毒事故、其他与卫生和健康有关的事件进行调查处理；④依法对卫生先进单位和个人给予奖励，对各类卫生违法行为实施行政处罚等。

3. 食品质量技术监督检验机关

国家质量技术监督局与国家出入境检验检疫局合并，组建中华人民共和国国家质量监督检验检疫总局（正部级，简称国家质检总局），它是我国食品行政执法主体之一。主管全国质量、计量、出入境商品检验、出入境卫生检疫、出入境动植物检疫和认证认可、标准化等工作，并行使行政执法职能的直属机构。

在食品质量安全市场准入方面的职责有：①制定并颁布食品质量安全监督管理工作有关规章和规范性文件及《食品质量安全监督管理重点产品目录》、各类生产许可证实施细则；②制定《食品生产许可证》证书、食品市场准入标志的式样及使用方法，统一印制《食品生产许可证》；③负责受理并审查有特殊规定的食品生产加工企业提出的《食品生产许可证》申请；④审核批准并向符合规定条件的企业颁发《食品生产许可证》；⑤负责统一制定审查人员、检验人员资格管理制度并组织实施；⑥负责制定承担食品检验任务的检验机构的基本条件和取得资格的程序及管理规定，并审定省级以上（含省级）承担食品检验任务的检验机构；⑦统一公告承担检验任务的机构名单、取得《食品生产许可证》企业名单和撤销《食品生产许可证》企业名单等有关信息；⑧负责对《食品生产许可证》审查、发证工作的监督检查，组织对无证生产销售违法行为的查处，受理食品生产许可证工作的有关投诉，处理食品生产许可证争议事宜；⑨统一编制管理软件，建立食品市场准入制度信息管理系统。

在进出口食品安全管理方面的职责有：研究拟定进出口食品和化妆品安全、质量监督和检验检疫的规章、制度及进出口食品、化妆品检验检疫目录。组织实施进出口食品、化妆品的检验检疫和监督管理。收集国内外有关食品安全、卫生质量信息，组织实施相关食品卫生风险分析评估和紧急预防措施。管理重大进出口食品卫生质量事故查处和食源性污染源处理工作。

4. 工商行政主管机关

国家工商行政管理总局是国务院主管市场监督管理和有关行政执法工作的直属机构，也是食品行政执法主体之一。

其主要职责是：①研究拟定工商行政管理的方针、政策，组织起草有关法律、法规草案，制定并发布工商行政管理规章；②依法组织监督市场竞争行为，查处垄断、不正当竞争、走私贩私、传销和变相传销等经济违法行为；③依法组织监督市场交易行为，组织监督流通领域商品质量，组织查处假冒伪劣等违法行为，保护经营者、消费者合法权益；④依法对各类市场经营秩序实施规范管理和监督；⑤负责商标注册和商标管理工作，保护商标专用权，组织查处商标侵权行为，加强驰名商标的认证和保护。

5. 法律、法规授权的其他组织

现实生活中，法律、法规授权的食品执法组织，主要是各级食品监督管理、卫生防疫机构、质量技术监督、工商管理等。例如，根据法律、法规的授权，县级以上卫生防疫机构承担重要的食品卫生执法活动，依法享有独立的监督检查权、处罚权等，各级卫生防疫机构可以对食品生产经营场所实施卫生监督检查并处罚。

6. 联合执法主体

根据有关单行法律、法规规定，由食品监督管理部门会同其他部门如质量技术监督机关、公安机关、工商管理机关等共同进行食品行政执法时，这些部门、机关就成为联合执法主体，或者称为共同执法主体。

三、食品行政执法监督

（一）食品行政执法监督的概念

食品行政执法监督是指有权机关、社会团体和公民个人等，依法对食品行政机关及其执法人员的行政执法活动是否合法、合理进行监督的法律制度。

我国宪法明确规定，国家的一切权力属于人民。人民并不直接进行国家事务的管理，而是通过人民代表大会等形式和途径，授权国家机关或组织行使管理国家事务和社会事务的权力。因此，国家机关及其工作人员的行政活动必须依法而行，并且受到有关机关和广大人民群众的监督。食品行政执法是否公正、合理、合法，关系到食品法律法规的贯彻执行，关系到整个食品行业能否健康发展。对食品行政执法活动进行监督，是提高执法主体工作效率，克服官僚主义、防止腐败的有力武器，同时也是保护公民、法人和其他组织的合法权益，实行人民当家作主权利的重要保证。

（二）食品行政执法监督的特征

1. 监督主体的广泛性

广义上的执法监督是指全社会的监督。包括特定的国家权力机关、行政机关、司法机关等直接产生法律效力的监督，也包括社会团体和公民个人等不直接产生法律效力的民主监督。因此，享有监督权的监督主体相当广泛。

2. 监督的对象是确定的

食品行政执法监督的对象是食品行政执法机关和执法人员。

3. 监督的内容完整、法定

监督主体对食品执法主体及执法人员行使职权、履行职责的一切执法活动都实行监督；对执法行为的合法性、合理性、公正性等也都进行监督。

（三）食品行政执法监督的种类

1. 权力机关的监督

国家权力机关的监督也称为代表机构的监督或立法监督。我国宪法规定国家的一切权力属于人民，人民行使国家权力的机关是全国人民代表大会和地方各级人民代表大会。国家行政机关由人民代表大会产生，对它负责，受它监督。

权力机关对食品行政机关的监督，属于全面性的监督，不仅监督食品行政行为是否合法，而且监督其工作是否有成效。监督的方式有：听取和审议工作报告；审查和批准财政预决算；质询和询问；视察和检查；调查、受理申诉、控告和检举；罢免和撤职等。

2. 司法机关的监督

司法机关的监督是指人民检察院和人民法院依法对食品行政行为实施的监督。检察机关的监督主要是对食品行政机关的工作人员职务违法犯罪行为进行监督。人民法院的监督主要是通过对行政诉讼案件的审判，对食品行政机关的执法活动进行监督。

3. 食品行政机关的监督

食品行政机关的监督是指食品行政机关内部、上级行政机关对下级行政机关的监督。食品行政机关内部的监督是经常、直接的监督。监督的方式包括：工作报告；调查和检查；审查和审批；考核；批评和处置等。

4. 非国家监督

上述三种情况下的监督一般称为国家监督。非国家监督包括执政党的监督、社会团体和组织监督、社会舆论监督、公民个人的监督等。

（四）食品行政执法监督的内容

食品行政执法监督的内容主要有以下两个方面：①对实施宪法、法律和行政法规等情况进行监督。监督主体对各级食品行政执法机关的执法活动是否合法、适当进行监督。②对执法人员的执法活动等情况进行监督。监督主体对食品行政执法人员在执法过程中，是否行政失职、行政越权和滥用职权等进行监督。

四、食品行政执法与监督行为

（一）食品行政执法与监督行为的分类

从不同的角度，可以对食品行政执法行为进行不同的分类。根据行为方式的不同，行政执法可分为：行政监督、行政处理、行政处罚和行政强制执行四类。从执法行为的直接法律功能出发，食品执法行为可以分为行政赋权行为、行政限权行为、行政确认行为、行政裁决行为和行政救济行为。

行政赋权行为，就是创制权利，赋予行政相对人一定的权利和利益。主要有行政许可、行政认可、行政奖励、行政救助等。

行政限权行为，就是剥夺与限制权利，即赋予行政相对人一定的义务，限制或者剥夺其一定的权利和利益。包括行政处罚、行政即时控制、行政强制执行、行政命令等。

行政确认行为，就是证明事实和法律关系，从性质上说它是一种中性行为，可能对行政相对人有利，也可能不利。主要有行政证明、行政鉴定等。

行政裁决行为，就是行政主体以中间人的身份裁定一定范围内的行政纠纷和民事纠纷，从性质上说是一种准司法行为，对相对人来说也是一种中性行为。

行政救济行为，就是行政主体对已经作出的行政行为本身以及行政行为的后果进行补救，在性质上是中性行为。主要有撤销行政行为、变更行政行为、行政赔偿和行政补偿等。

食品行政执法中，主要常用的执法行为有多种类型，这里重点介绍以上几种。

（二）食品卫生行政许可

1. 食品卫生行政许可的概念和特征

食品卫生行政许可是指卫生行政部门根据食品生产经营者的申请，依法准许其从事食品生产经营活动的行政行为，通过授予卫生许可证来赋予其生产经营该食品的权利或者确认其具有该种食品生产经营的资格。食品生产经营企业和食品摊贩，必须先取得卫生行政部门发放的卫生许可证方可向工商行政管理部门申请登记，未取得许可证的，不得从事食品生产经营活动。

食品卫生行政许可具有以下法律特征：

（1）食品卫生行政许可是一种行政赋权行为　是行政主体赋予行为相对人一定的权利和权益，免除其一定义务的行政行为。

（2）食品卫生行政许可以“禁止义务”的存在为前提　某些行为有对国家、社会或公民产生危害的潜在可能性，禁止一般人随意行为，也就是实行普遍禁止。对于符合特定条件者解除禁止就是许可。

（3）食品卫生行政许可的内容是直接赋予相对人从事某种活动的权利和资格　例如，许可某企业可以生产某种食品，就是直接赋予该企业有从事某种食品生产的权利和资格。

（4）食品卫生行政许可是依据相对人的申请而作出的行为　申请是食品卫生许可的必要条件。符合一定条件的相对人申请后，经过食品卫生行政机关审查考核，符合条件的给予许可。

（5）食品卫生行政许可通常是要式法律行为　许可是一种赋权行为，是行为人获得某种权利和权益的根据，因此，多数的行政许可，法律要求采用书面形式，即采用许可证，食品卫生许可证就是其中的一种。取得许可证就意味着得到了国家法律上的承认，取得了法律的保障，任何人都不得侵犯许可证持有人的合法权益。

2. 食品卫生行政许可的程序

申请人向卫生行政机关申请食品卫生行政许可后，相应的卫生行政机关应当按照法律规定的步骤、程序、时间、方式等，审查申请人的特定条件，向申请人颁发许可证，或者告知不予颁发的决定及理由。

（1）行政许可的申请　申请人必须向有权颁发申请事项许可证的卫生行政机关提出

申请，这是行政许可的前提。申请要求以书面形式提出，要求明确具体。

（2）对申请的审核　卫生行政机关在接到申请人的申请后，依法对申请许可的事项是否符合法定程序、法定形式、法定条件等进行审查。

（3）许可证的颁发　卫生行政主体审核后，认为符合法定条件的，必须在法定的期限内依法颁发许可证。对不符合法定条件的，也应当在法定的期限内予以答复，拒绝颁发许可证并说明理由。

图 3-2 是食品卫生许可证发放流程图。

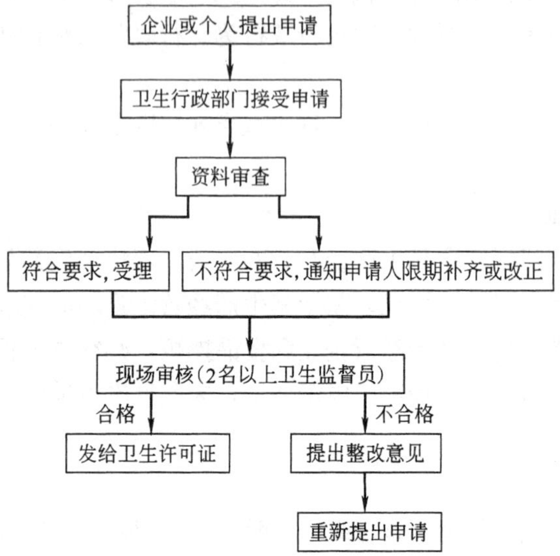

图 3-2　食品卫生许可证发放流程图

（三）食品卫生行政监督检查

1. 食品卫生行政监督检查概念

食品卫生法规定，国家实行食品卫生行政监督检查制度。食品卫生行政监督检查作为国家对食品实行的一种法律监督，具有权威性和强制性。

食品卫生行政监督检查是指卫生行政部门为实现行政管理职能，对食品生产经营者是否遵守食品卫生法及相关法律法规所进行的监督检查。这种监督检查一般并不直接影响食品生产经营者的实体权利和义务，而只能监督检查食品生产经营者是否正确行使法律、法规规定的权利义务。如果发现食品生产经营者不正当行使权利或不依法履行义务，卫生行政部门将另行作出相应的制裁性的行政处理决定或采取某种强制执行措施，其目的在于实现国家的卫生行政管理职能，卫生行政部门依法行使监督检查权。

2. 食品卫生行政监督检查管理机构及其职责

（1）国务院卫生行政部门的监督职责　食品卫生法规定，国务院卫生行政部门主管全国食品卫生监督管理工作。国务院有关部门在各自职责范围内负责食品卫生管理工作。

国务院卫生行政部门的监督职责是：制定食品卫生监督管理的规章；制定卫生标准技术规范；审批保健食品；监督检验进口食品、食品用工具、设备和审批卫生标准；审批发放卫生许可证；审批新资源食品及食品用具等新产品；对食品生产经营企业实施预防性卫生监督；实施食品卫生监督；对造成食物中毒事故和食品污染进行调查和实施控制；对违反食品卫生法的单位和个人进行行政处罚。

（2）县级以上地方人民政府卫生行政部门的监督职责　食品卫生法规定，县级以上地方人民政府卫生行政部门在管辖范围内行使食品卫生监督职责。铁道、交通行政主管部门设立的食品卫生监督机构在国务院卫生行政部门会同国务院有关部门规定的职责范围内行使食品卫生监督职责。

县级以上地方人民政府卫生行政部门的监督职责是：食品卫生监测、检验和技术指导；协助培训食品生产经营人员，监督食品生产经营人员的健康检查；宣传食品卫生、营养知识，进行食品卫生评价，公布食品卫生情况；对食品生产经营企业的新建、扩建、改建工程的选址和设计进行卫生审查，并参加工程验收；对食物中毒和食品污染事故进行调查，并采取控制措施；对违反食品卫生法的行为进行巡回监督检查；对违反食品卫生法的行为追查责任，依法进行行政处罚；负责其他食品卫生监督事项。

（3）食品卫生监督员 县级以上人民政府卫生行政部门可以设立食品卫生监督员。食品卫生监督员由合格的专业人员担任，由同级卫生行政部门发给证书。铁道、交通部门的食品卫生监督员，由其上级主管部门发给证书。由于食品卫生监督工作本身专业性强，食品卫生监督员必须经过专业教育。食品卫生监督员的职责是：执行卫生行政部门交付的任务；秉公执法，忠于职守，不得利用职权牟取私利；在执行任务时，可以向食品生产经营者了解情况，索取必要的资料，进入生产经营场所检查，按照规定无偿采样，生产经营者不得拒绝或者隐瞒；对生产经营者提供的技术资料负有保密的义务。

（四）食品卫生行政处罚

食品卫生法规定，县级以上地方人民政府卫生行政部门或依法行使食品卫生监督权的其他机关（铁道、交通行政主管部门设立的食品卫生监督机构）在规定的职责范围内，可以行使食品卫生法规定的行政处罚权。

食品卫生法规定的行政处罚除治安管理处罚外，主要有七种：①警告并限期改进；②责令停止生产经营或者使用；③责令追回并销毁违法食品；④责令停业改进；⑤没收违法所得；⑥罚款；⑦吊销卫生许可证。各项行政处罚可以单独或者合并适用。

（五）食品卫生行政强制措施

1．食品卫生行政强制措施的概念和特征

食品卫生行政强制措施是许多食品卫生法律、法规授予食品卫生行政执法主体的特别职权，主要是指卫生行政机关采用强制手段保障食品卫生行政管理秩序、维护公共利益、迫使行政相对人履行义务的行政执法行为。

食品卫生行政强制措施的主要特征是：

（1）具体性 食品卫生行政强制措施是食品卫生行政主体为实现特定目的，针对特定的行政相对人或者特定的物，就特定的事项作出的具体行政行为。

（2）强制性 为了预防或者制止正在发生的或者可能发生的违法行为，保护社会秩序和公民的安全健康，卫生行政机关对于符合条件的违法者可以采取强制性行为，不需要相对人主动申请或者自觉接受。

（3）临时性　一旦采取强制措施的法定事由已经排除，食品卫生行政强制措施就得解除。

（4）非制裁性　强制措施不是以制裁违法为直接目的，而只是以实现某一行政目标为目的的一种手段，不是终结性的结果而是过程中的措施。

2. 食品卫生行政强制措施的种类与实施条件

食品卫生行政强制措施按照不同的对象，可以分为限制人身自由行政强制措施和对财产予以查封、扣押、冻结等行政强制措施。按照不同的性质，可以分为行政处置和行政强制执行。行政处置是在紧急情况下采取的强制措施，如强制隔离；行政强制执行是在行政相对人拒不履行义务时采取的强制措施，如强行查封。

由于行政强制措施要临时地对人身自由或者财产予以强制限制，而且运用时多在紧急情况下，适用不当会给相对人带来不必要的损害，因此，实施行政强制措施时，一定要严格按照法律规定适度地进行。具体的条件是：

（1）实施主体必须是具有法定强制权的卫生行政机关或授权组织。

（2）被强制对象必须符合法定条件。卫生行政机关只有在有足够的证据证实对象符合法定条件时，才可以按照规定的程序采取强制措施，并且一定要适度，尽量减少对相对人权益的限制以及财物的损害，采用强制措施以达到特定的目的为限，不能超过一定的限度。

（3）必须办理必要的手续，符合规定的期限。

（4）必须按照法定的种类运用强制措施，不可随意滥用。

（六）食品质量安全市场准入

1. 食品质量安全市场准入制度概念

所谓市场准入，一般是指货物、劳务与资本进入市场的程度的许可。对于产品的市场准入，一般的理解是，市场的主体（产品的生产者与销售者）和客体（产品）进入市场的程度的许可。那么，食品质量安全市场准入制度就是，为保证食品的质量安全，具备规定条件的生产者才允许进行生产经营活动，具备规定条件的食品才允许生产销售的监管制度。因此，实行食品质量安全市场准入制度是一种政府行为，是一项行政许可制度。

食品质量安全市场准入制度包括三项具体制度。

（1）对食品生产企业实施生产许可证制度　对于具备基本生产条件、能够保证食品质量安全的企业，发放《食品生产许可证》，准予生产获证范围内的产品；未取得《食品生产许可证》的企业不准生产食品。这就从生产条件上保证了企业能生产出符合质量安全要求的产品。

（2）对企业生产的食品实施强制检验制度　未经检验或经检验不合格的产品不准出厂销售。对于不具备自检条件的生产企业强令实行委托检验。这项规定适合我国企业现有的生产条件和管理水平，能有效地把住产品出厂安全质量关。

(3) 对实施食品生产许可证的产品实行市场准入标志制度　对于检验合格的食品要加印（贴）市场准入标志——QS标志，没有加贴QS标志的食品不准进入市场销售。这样做，便于广大消费者识别和监督，便于有关行政执法部门监督检查，同时，也有利于促进生产企业提高对食品质量安全的责任感。

2. 实行食品质量安全市场准入制度的法律依据

食品质量安全市场准入制度，是国家质检总局按照国务院批准的“三定”方案确定的职能，依据《中华人民共和国产品质量法》、《中华人民共和国标准化法》、《工业产品生产许可证试行条例》等法律法规以及《国务院关于进一步加强产品质量工作若干问题的决定》的有关规定，制定的对食品及其生产加工企业的监管制度。

(1)《中华人民共和国产品质量法》第十二条规定：“产品质量应当检验合格，不得以不合格产品冒充合格产品。”第十三条规定：“可能危及人体健康和人身财产安全的工业产品，必须符合保障人体健康和人身、财产安全的要求。禁止生产、销售不符合保障人体健康和人身、财产安全的标准和要求的工业产品。”

(2)《中华人民共和国标准化法》第十四条规定：“强制性标准必须执行。不符合强制性标准的产品，禁止生产、销售和进口。”

(3)《工业产品生产许可证试行条例》第二条规定：“凡实施工业产品生产许可证的产品，企业必须取得生产许可证才具有生产该产品的资格。”“没有取得生产许可证的企业不得生产该产品。”根据国务院批准的国家质检总局的“三定”方案，国家质检总局负责管理全国工业产品生产许可证工作。发布实施生产许可证管理的产品目录。

(4)《工业产品质量责任条例》第七条规定：“所有生产、经销企业必须严格执行下列规定：不合格的产品不准出厂和销售；不合格的原材料、零部件不准投料、组装；国家已明令淘汰的产品不准生产和销售；没有产品质量标准，未经质量检验机构检验的产品不准生产和销售；不准弄虚作假、以次充好、伪造商标、假冒名牌。”

(5)《国务院关于进一步加强产品质量工作若干问题的决定》第十一条明确要求：“对涉及人体健康和人身财产安全的产品，质量技术监督部门要通过严格生产许可证、产品质量安全认证制度和试行开业审查，加强监督管理。凡不具备基本生产条件、不能保证生产出合格产品的企业，一律不准开工生产。”

(6) 国务院批准的国家质检总局“三定”方案中明确规定：“国家质量监督检验检疫总局负责对国内生产企业实施产品质量监控和强制检验”。国务院曾经专门研究有关职能部门对食品质量安全监管职能的问题，明确要求质检总局要全面负责食品生产加工领域食品质量安全的监督管理，从源头确保食品质量安全。

（七）产品质量监督

1. 产品质量监督体制的概念

所谓产品质量监督体制，是指执行产品质量监督的主体，以监督权限划分作基础，所设置的监督机构和监督制度，以及监督方式和方法体系的总称。产品质量监督体制是我国经济监督体制的主要组成部分，其主要内容包括多级监督主体权限划分，为实现科学、公正的监督而建立的各项制度，采取的方式、方法。

2. 产品质量监督的体制

1993年实施的2000年修订的《产品质量法》第八条规定："国务院产品质量监督部门主管全国产品质量监督工作。国务院有关部门在各自的职责范围内负责产品质量监督工作。""县级以上地方产品质量监督部门主管本行政区域内的产品质量监督工作。县级以上地方人民政府有关部门在各自的职责范围内负责产品质量监督工作。""法律对产品质量的监督部门另有规定的，依照有关法律的规定执行。"

（八）计量监督

1. 计量监督的概念

计量监督是指为保证计量法的有效实施进行的计量法制管理，也可以说是为保障某项活动的顺利进行所提供的计量保证。它是计量管理的一种特殊形式。计量工作依法所进行的管理，都属于计量监督的范畴。所谓计量法制监督，就是依照计量法的有关规定所进行的强制性管理，或称作计量法制管理。

2. 计量监督的体制

计量监督体制是指计量监督工作的具体组织形式，它体现国家与地方各级政府计量行政部门之间、各企事业单位之间在计量监督中的关系。

我国的计量监督管理实行按行政区域统一领导、分级负责的体制。全国的计量工作由国务院计量行政部门负责实施统一监督管理。各行政区域内的计量工作由当地人民政府计量行政部门监督管理。县级以上政府计量行政部门是同级人民政府的计量监督管理机构。中国人民解放军和国防科技工业系统的计量工作，另行制定监督管理条例。各有关部门设置的计量行政机构，负责监督计量法律、法规在本部门的贯彻实施。企事业单位根据生产、科研和经营管理的需要设置的计量机构，负责监督计量法律、法规在本单位的贯彻实施。

政府计量行政部门所进行的计量监督，是纵向和横向的行政执法监督；部门计量行政机构对所属单位的监督和企事业单位的计量机构对本单位的监督，则属于行政管理性监督，一般只对纵向发生效力。从全国来讲，国家、部门、企事业单位三者的计量监督是相辅相成的，各有侧重，相互渗透，互为补充，构成一个有序的计量监督网络。从法律实施的角度讲，部门和企事业单位的计量机构、不是专门的行政执法机构。因此，对计量违法行为的处理，部门和企事业单位或者上级主管部门只能给予行政处分，而政府计量行政部门对计量违法行为，则可依法给予行政处罚。因为行政处罚是由特定的具有执行监督职能的政府计量行政部门行使的。

思　考　题

1. 我国食品卫生法律的渊源是什么？
2. 食品法律法规制定的基本依据和程序是什么？
3. 食品法律法规的效力范围是什么？
4. 地方性食品法规、食品自治条例和单行条例的制定程序是什么？
5. 食品法律法规制定应遵循哪几条基本原则？
6. 我国食品卫生法规体系是什么？

第四章　国际和发达国家食品法律法规

本章学习重点：

※　了解国际与发达国家食品法规的基本内容与要求；

※　熟悉国际食品标准化组织的业务内容及其作用；

※　掌握发达国家的食品法律法规体系与有关贸易技术壁垒的主要措施。

第一节　国际食品法律法规概述

一、国际食品法律法规概述

食品一方面提供人体生命活动和社会活动所需要的各种营养物质；另一方面随食物可能提供对人体健康有不同程度影响的有毒有害物质。这就是食品卫生与安全的问题。

随着医学科学和公共卫生学的发展，食品卫生与安全的重要性越来越引起了人们的关注。公元 943 年，法国发生麦角中毒，4 万人死于非命。20 世纪 40～50 年代，由于农田、海洋受到工业废弃物严重污染，日本发生了震惊世界的“痛痛病”和“水俣病”惨案。在当今世界上，食品卫生问题仍然是一个世界性的公共卫生问题。据报道，全世界每 10min 就有一名儿童死于腹泻病。我国每年传染病发病中，肠道传染病占 80%。其中，食品不卫生或不安全是主要原因之一。

加强对食品安全卫生与安全的管理，是保障消费者身体健康的必不可少的重要措施。首先要通过立法保证食品卫生与安全，立法包括国际立法、本国立法；第二，是政府管理；第三，是强化企业自身管理；第四，不断提高消费者的自我保护意识。

强化企业自身管理，保证食品的卫生与安全，是食品生产经营企业责无旁贷的义务。美国、英国、新西兰、新加坡和日本等国已将食品良好操作规范（GMP）和危害分析关键控制点（HACCP）体系列人强制性规定，要求企业实施。我国也制定了类似于 GMP 的《食品企业通用卫生规范》等 20 个食品生产厂卫生规范。《中华人民共和国食品卫生法》第十八条规定：食品生产经营企业应当健全本单位的食品卫生管理制度，配备专职或者兼职食品卫生管理人员，加强对所生产经营食品的检验工作。

随着国际食品贸易的发展，食品卫生安全问题不再是各个国家自己的事，而成为国际社会共同关心的事物。为维护国际食品贸易的公平性，保证食品贸易安全，在 1962 年，联合国粮农组织（FAO）与世界卫生组织（WHO）联合成立食品法典委员会

(CAC)，CAC 的宗旨是保护消费者健康和促进国际食品贸易。目前 CAC 共有 165 个成员国，代表着全球 98%的人口。世界贸易组织（WTO）把 CAC 作为唯一的国际政府间协调和制定国际食品标准的组织。

欧盟委员会 2000 年 11 月 8 日正式宣布，欧盟委员会为在“更高水平上”保护人类健康，保证欧盟内部市场的“良好”运转，避免因英国的疯牛病、比利时的二噁英污染鸡等食品问题造成市场混乱。将成立“欧洲食品署”，以保证欧盟有关食品卫生与安全的政策和措施得到贯彻，重建消费者对欧洲食品安全的信心。表 4-1 为发达国家的食品卫生和安全立法和管理机构及法律法规。

表 4-1　发达国家的食品卫生与安全立法和管理机构及法律法规

国　家	法　规	管理机构
美国	食品、药品、化妆品法令，营养标签与教育法令，有关良好生产规范的各项法令，FDA 制定的食品标准 畜、禽肉、蛋制品监测法令	卫生福利与公众服务部属下的食品药品管理局(FDA) 农业部属下的食品安全检测中心(FSIS)
加拿大	健康保护与食品法，食品与药品法令，卫生部制定的食品标准	卫生部，农业部，渔业与海洋部，工业部
澳大利亚与新西兰	食品标准法典	卫生部
日本	食品卫生法	卫生福利部
英国	食品安全法令，公众健康法令	食品标准局，卫生部

二、中国食品法律法规概述

中国是世界古代文明发源地之一，也是最早用法律手段管理医药卫生的国家之一。《唐律疏议卷》对腐败变质的肉不准出售并且要求焚毁，违者杖九十，明知有毒出售致人疾者徒一年，故意致人死亡处以绞刑。中华人民共和国成立后，1979 年国务院颁布《中华人民共和国食品卫生管理条例》，1982 年颁布《中华人民共和国食品卫生法（试行）》，《中华人民共和国食品卫生法（试行）》的实施是我国公共卫生执法发展史上的一个重要转折，标志着我国公共卫生管理从传统的卫生行政管理开始转向法制管理。在试行十二年后，1995 年我国颁布了《中华人民共和国食品卫生法》。根据法律体系，卫生部颁布了相应行政规章 8 个（1995～2001 年），使食品卫生的法规体系建设得以完善和发展。

我国是世界上最大的发展中国家，也是重要的农产食品的出口国。多年来我国政府一直十分重视和关注食品卫生与安全问题。认识到：农产食品的卫生与安全问题不仅关系到本国人民的生命安全和身体健康，而且关系到全人类的生命安全和身心健康；不仅对本国的自身的发展而且对稳定整个世界都具有十分重大的意义。只有保证了食品的卫生与安全，才能在国际市场上找到销路，才能占领市场，扩大和发展我们的外贸事业。在提高农产食品的质量和确保食品的安全方面做了大量的工作，并取得了明显的成果。但伴随世界范围内的农产食品的安全卫生质量而发生的贸易纠纷中，我国的某些产品屡屡在世界贸易中由于安全的问题而遭受挫折。据有关材料统计，从 1999 年 8 月至 2000 年 1 月，我国共有 634 批出口食品，因不符美国的技术法规遭到美国食品与药物管理局（FDA）的扣压。尤为严重的是从 2003 年初开始，我国的动物源性食品和水产品由于含有有害人体健康的抗生素和超标的农残而被欧盟全面禁止进口。传统出口拳头商品如冻禽肉，水产品和蜂蜜等均出现不符合标准问题，在重重的绿色壁垒面前纷纷被掀下马，另外茶叶、蔬菜、花生等食品也由于农残超标和达不到标准而在多国受阻。

以上的问题一方面反映出在食品生产和加工等环节上存在着亟待解决的问题。例如，如何从生产的源头狠抓对禁用兽药和农药的使用问题。另外，也可以发现：虽然我们国家在立法方面做了许多的努力，并制定了大量的相关的法律法规，但发生诸多的问题表明：在中国的食品卫生与安全体系的若干链节上依然存在薄弱环节，如农产品质量安全仍无法可依。

研究和借鉴国际和国外先进国家对食品卫生与安全的规定和做法，应明确食品卫生与安全问题是当今世界各国普遍高度重视和优先考虑和解决的大问题。无论是从本国公众的性命和健康考虑，还是对全人类的健康负责，在回顾过去世界上发生的诸多的食品不安全的恶性事件和丑闻中，应认识到汲取这些深刻教训和借鉴世界上的先进的法律法规的重要性和迫切性。

第二节　国际食品标准组织

一、国际标准化组织（ISO）

（一）国际标准化组织概况

国际标准化组织（ISO）是世界上最大、最具权威的标准化机构，成立于 1946 年 10 月 14 日，现有 146 个成员国。根据该组织章程，每一个国家只能有一个最有代表性的标准化团体作为其成员。ISO 的宗旨是在全世界范围内促进标准化工作的开展，以便利国际物资交流和相互服务，并在知识、科学技术和经济领域开展合作。它的工作领域很宽，涉及所有学科，其活动主要围绕制定和出版 ISO 国际标准进行。我国于 1978 年申请恢复加入国际标准化组织（ISO），同年 8 月被 ISO 接纳为成员国。

制定国际标准的工作通常由 ISO 的技术委员会完成，各成员团体若对某技术委员会已确定的标准项目感兴趣，均有权参加该委员会的工作。技术委员会正式通过的国际标准草案提交给各成员团体表决，国际标准需取得至少 75％参加表决的成员团体同意才能正式通过。

国际标准化组织制定国际标准的工作步骤和顺序，一般可分为七个阶段：①提出项目；②形成建议草案；③转国际标准草案处登记；④ISO 成员团体投票通过；⑤提交 ISO 理事会批准；⑥形成国际标准；⑦公布出版。

（二）国际标准化组织的组织机构

ISO 的组织机构分为非常设机构和常设机构。ISO 的最高权力机构是 ISO 全体大会（General Assembly），是 ISO 的非常设机构。根据新章程，ISO 全体大会每年 9 月召开一次。大会的主要议程包括年度报告中涉及的有关项目的行动情况、ISO 的战略计划以及财政情况等。ISO 中央秘书处承担全体大会、四个政策制定委员会、理事会、技术管理局和通用标准化原理委员会的秘书处工作。

ISO 理事会（Council）是 ISO 的管理机构。其主要任务有：任命 ISO 司库、技术管理局成员和 ISO 的政策制定委员会主席，审查并决定 ISO 中央秘书处的财务预决算。

ISO 的四个政策制定委员会分别是合格评定委员会（CASCO）、消费者政策委员会（COPOLCO）、发展中国家事务委员会（DEVCO）、信息系统和服务委员会（INFCO）。

ISO 的技术管理局（Technical Management Board，TMB）是负责技术管理和协调的最高管理机构，其主要任务是就 ISO 全部技术工作的组织、协调、战略计划分配和管理问题向理事会提供咨询；审查 ISO 的新工作领域的建议，对成立和解散技术委员会（TC）作出决议；代表 ISO 复审 ISO/IEC 技术工作导则，检查和协调所有修改意见，并批准有关的修订文本，在已有政策的技术工作领域内就有关事项采取行动。TMB 的日常工作由 ISO 中央秘书处承担。国际标准化组织的组织机构见图 4-1。

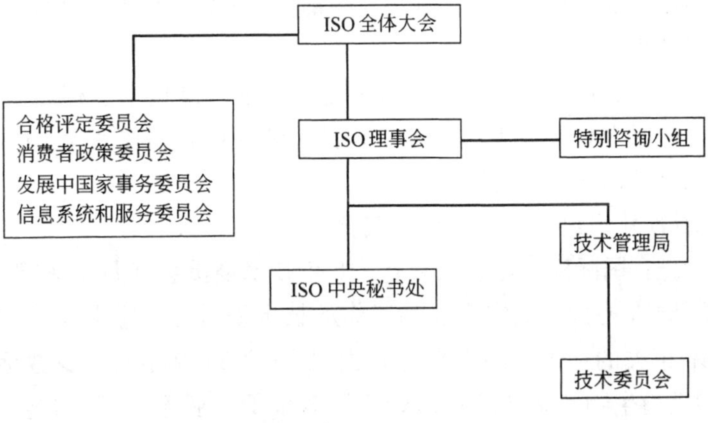

图 4-1　国际标准化组织的组织机构

（三）世界贸易组织（WTO）与国际标准化组织

世界贸易组织的贸易技术壁垒协定（TBT）也称《标准守则》，是世界贸易组织关贸总协定中防止关税壁垒协定中最重要的一个协定，是针对各缔约方的技术法规、标准和合格评定程序而制定的一系列准则，其目的是为了确保各缔约方制定的技术法规、标准和合格评定程序不给国际贸易造成不必要的障碍。世界贸易组织（WTO）委托国际标准化组织负责贸易技术壁垒协定（TBT）中有关标准通报工作。

世界贸易组织（WTO）等一些国际组织参加国际标准化组织的合格评定委员会(Committee Conformity Assessment，CASCO）的工作。CASCO 的主要任务是：根据适当的标准或其他技术法规，研究对产品、过程、服务和质量体系进行合格评定的方法；制定有关产品、过程、服务的测试、检验机构、认证机构认可机构及其活动和接收的国际指南、国际标准；促进国家间、地区间合格评定体系的相互承认和认可，促进测试、检验和认证等方面的国际标准的应用。

（四）国际标准化组织负责的食品标准化工作内容

国际标准化组织在食品标准化领域的活动，包括术语、分析方法和取样方法、产品质量和分级、操作、运输和贮存要求等方面。

（1）术语　术语和定义协议可视为国际标准化活动的首要要求，它确保所有相关组织都讲一致的语言。目前，许多国家采用了 ISO 标准词汇，而且译成了其他语言，它有助于在全球范围内促进一致性，也更便于理解。

（2）分析方法和取样方法　物品和服务国际交换的先决条件就是要有检验质量的认可分析方法和取样方法。因此，要求国际标准具有：质量测定——确定即将出售的产品质量；质量保证——验证交易的产品质量符合合同的有关协议条款；质量控制或管理——有关显著的变化、精馏或调整、调配等，以保证或改善质量，符合市场需要。

（3）产品质量和分级　每类产品都应有一个标准充分和明确地判定或描述产品质量，以使国际贸易更加便利。进口国和出口国都对应用已承认的国际标准代替特定的协议的效果和价值感兴趣。

（4）操作、运输和贮存要求　由 ISO 制定的产品标准包括了相关物品的操作、运输和贮存规定，同时 ISO 还有专门的技术委员会涉及包装和物品操作的标准化，以及地面、空中和水上运输和集装箱化。

（五）国际标准化组织 TC34 及其 SC 简介

截至目前为止，国际标准化组织共有 218 个技术委员会（TC）和若干个分技术委员会（SC）。TC34 是专门负责农产食品工作的技术委员会，它下设 14 个分技术委员会。与食品技术相关的标准，绝大部分是由 ISO/TC34 制定的，少数标准是由 ISO/TC93 淀粉（包括衍生物和副产品）、TC47 化学和 TC5 铁管、钢管和金属配件技术委员会制定的。

TC34 农产食品技术委员会下设的 14 个分技术委员会是：

TC34/SC2 油料种子和果实；

TC34/SC3 水果和蔬菜制品；

TC34/SC4 谷物和豆类；

TC34/SC5 乳和乳制品；

TC34/SC6 肉和肉制品；

TC34/SC7 香料和调味品；

TC34/SC8 茶；

TC34/SC9 微生物；

TC34/SC10 动物饲料；

TC34/SC11 动物和植物油脂；

TC34/SC12 感官分析；

TC34/SC13 脱水和干制水果和蔬菜；

TC34/SC14 新鲜水果和蔬菜；

TC34/SC15 咖啡。

（六）国际标准分类法

国际标准分类法（International Classification for Standards，简称 ICS）是由国际标准化组织编制的。它主要用于国际标准、区域性标准和国家标准以及其他标准文献的分类。国际标准分类法的应用，有利于标准文献分类的协调统一，促进国际、区域和国家间标准文献的交换和传播。

世界贸易组织（WTO）委托国际标准化组织负责贸易技术壁垒协定（TBT）中有关标准通报工作，规定标准化机构在通报工作计划时，要使用国际标准分类法。

国际标准分类法采用三级分类：第一级由 41 个大类组成，第二级为 387 个二级类目，第三级为 789 个类目（小类）。国际标准分类法采用数字编号。第一级采用两位阿拉伯数字，第二级采用三位阿拉伯数字，第三级采用两位阿拉伯数字表示，各级类目之间以下脚点相隔。

国际标准分类法在食品领域的分类如下：

67 食品技术

67.020 食品工业加工过程

67.040 农产食品综合

67.050 食品试验和分析通用方法

67.060 谷类、豆类及其衍生物

67.080 水果、蔬菜，包括罐装、干制和速冻的水果和蔬菜

水果、蔬菜汁和露见 67.160.20

67.080.01 水果、蔬菜和衍生物综合

67.080.10 水果及其衍生制品（包括坚果）

67.080.20 蔬菜及其衍生制品

67.100 乳和乳制品

67.100.01 乳和乳制品综合
67.100.10 乳和加工乳制品
67.100.20 奶油
67.100.30 干酪（包括酪农干酪、乳清干酪）
67.100.40 冰淇淋和冰淇淋糖果（包括果酒冰水）
67.100.99 其他乳制品
67.120 肉、肉制品和其他畜产品
67.120.01 畜产品综合
67.120.10 肉和肉制品
67.120.30 鱼和水产品（包括水产软体动物和其他海产品）
67.120.99 其他畜产品
67.140 茶、咖啡、可可
67.140.10 茶
67.140.20 咖啡和咖啡代用品
67.140.30 可可
67.160 饮料
67.160.01 饮料综合
67.160.10 含醇饮料
67.160.20 无醇饮料（包括果汁，露，矿泉水，柠檬水，以黄樟油、冬青油为香料的无醇饮料，可乐饮料等）
67.180 糖、糖制品、淀粉
67.180.10 糖和糖制品（包括糖蜜、甜味剂、糖果、蜂蜜等）
67.180.20 淀粉及其衍生制品（包括葡萄糖浆）
67.190 巧克力
67.200 食用油脂，油籽
67.200.10 动植物油和脂肪
67.200.20 油籽
67.220 香辛料和调味品，食品添加剂
67.220.10 香辛料和调味品
67.220.20 食品添加剂（包括盐、醋、食品防腐剂等）
67.230 预包装食品和方便食品（包括婴儿食品）
67.240 感官分析
67.250 与食物接触的材料和制品（包括盛放食物的容器，与饮用水接触的材料和制品）

67.260 食品工厂和设备

07.100 微生物

07.100.01 微生物综合

07.100.30 食品微生物（包括动物饲料微生物）

71.100.60 精油

（七）国际标准化组织 TC34 与其他国际组织的合作

国际标准化组织 TC34 和其分技术委员会对其他国际组织和有广泛基础的区域性组织非常感兴趣。其中的一些组织直接参与了 ISO 标准的制定工作。另一些组织，特别是政府之间的组织在实施 ISO 标准中作出了积极贡献，如利用这些标准作为政府之间协议的框架。

对 ISO/TC34 和其分技术委员会工作感兴趣的有以下国际组织：

CAC—Codex Alimentarius Commission，食品法典委员会

CCE—Commission of the European Communities，欧洲共同体委员会

ICC—International Association for Cereal Science and Technology，国际谷物科学技术协会

IDF—International Dairy Federation，国际乳品联合会

IUMS—International Union Microbiological Science，国际微生物科学研究会

IUPAC—International Union of Pure and Applied Chemistry，国际理论与应用化学协会

OECD—Organization for Economic Cooperation and Development，经济合作与发展组织

UN-ECE—United Nations Economic Commission for Europe，联合国欧洲经济委员会

WHO—World Health Organization，世界卫生组织

ISO/TC34 的分技术委员会与食品法典委员会（CAC）分支机构在以下领域存在密切合作：分析方法和取样方法，果汁、加工水果和蔬菜，谷物、豆类，植物蛋白，乳和乳制品，肉和肉制品，食品卫生（特别是微生物学），动植物油脂。ISO 与 CAC 的合作局限在“ISO 农产食品政策”范围之内。这项政策已被 CAC 认可，并作为与 ISO 合作的基础。依据这项政策，两个组织间的重复工作就可以避免了。设在罗马的 CAC 秘书处与设在日内瓦的 ISO 秘书处之间存在着密切的联系。ISO 秘书处承担着 CAC 的分析方法和取样方法技术委员会中一个咨询组的工作，在制定、确认和验收有国际水平的食品分析方法和取样方法的国际活动中起着积极的作用。

除了 ISO/TC34 以外，还有以下 ISO 技术委员会与 CAC 和其分委员会有关。如 ISO/TC93 淀粉（包括衍生物及其制品）委员会，制定淀粉水解产品的分析和取样方

法，CAC的糖法典委员会对此很感兴趣。

ISO/TC147水质技术委员会制定化学和微生物的分析方法和取样程序，CAC的天然矿泉水法典委员会对这些方法特别感兴趣。

ISO/TC47化学技术委员会的部分活动CAC也有兴趣，如食用盐分析标准方法的制定，食品工业用加工助剂产品规格的制定等。

ISO/TC54精油技术委员会制定的调味品产品规格和分析方法标准，可供CAC的食品添加剂及污染物法典委员会使用。

二、国际食品法典委员会（CAC）

（一）食品法典的涵义

“Codex Alimentarius”一词来源于拉丁语，意即食品法典（或译“食品法规”）。它是一套食品安全和质量的国际标准、食品加工规范和准则，旨在保护消费者的健康并消除国际贸易中不平等的行为。

1962年，联合国粮农组织（FAO）和世界卫生组织（WHO）召开全球性会议，讨论建立一套国际食品标准，指导日趋发展的世界食品工业，保护公众健康，促进公平的国际食品贸易发展。为实施FAO/WHO联合食品标准规划，两组织决定成立国际食品法典委员会（Codex Alimentarius Commission，下称CAC），通过制定推荐的食品标准及食品加工规范，协调各国的食品标准立法并指导其建立食品安全体系。

（二）食品法典的范围

食品法典以统一的形式提出并汇集了国际已采用的全部食品标准，包括所有向消费者销售的加工、半加工食品或食品原料的标准。有关食品卫生、食品添加剂、农药残留、污染物、标签及说明、采样与分析方法等方面的通用条款及准则也列在其中。另外，食品法典还包括了食品加工的卫生规范（Codes of Practice）和其他推荐性措施等指导性条款。

（三）法典标准的性质

法典标准对食品的各种要求是为了保证消费者获得完好、卫生、不掺假和正确标示的食品。所有食品法典标准都是根据标准格式制定并在适当条款中列出各项指标。一个国家可根据其领土管辖范围内销售食品的现行法令和管理程序，以“全部采纳”、“部分采纳”和“自由销售”等几种方式采纳法典标准。

食品法典汇集了各项法典标准，各成员国或国际组织的采纳意见以及其他各项通知等。但食品法典绝不能代替国家法规，各国应采用互相比较的方式总结法典标准与国内有关法规之间的实质性差异，积极地采纳法典标准。

（四）食品法典的内容及作用

食品法典委员会自1962年成立以来已制定了许多标准、导则和规范。目前（1997

年）食品法典共包括 245 个通用标准和食品品种标准，41 种食品加工卫生规范。食品法典委员会还评价了 700 多种食品添加剂和污染物的安全性并制定了 3000 余个农残最大限量标准。

毫无疑问，目前食品法典对世界食品供给的质量和安全产生了巨大的影响。世界贸易组织在其两项协定（SPS 协定，即卫生与植物检疫协定；TBT 协定，即贸易技术壁垒协定）中都明确了食品法典标准的准绳作用。在工业化国家看来，食品法典是最终的参考依据。“法典中如何规定的?”是食品专家、制造商、政府官员和消费者在考虑食品有关事宜时经常提出的问题。对于发展中国家，食品法典被认为是现成的一套要求。无论法典标准是被全国采纳或只是作为参考，它都为消费者提供了保障，各国生产厂家和进口商都清楚，如果不能达到法典的要求，他们就会面临麻烦。

（五）运行机制

1995 年 CAC 的成员国已达 163 个。CAC 大会每两年召开一次，轮流在意大利罗马和瑞士日内瓦举行。委员会秘书处设在罗马 FAO 食品政策与营养部食品质量标准处。WHO 的联络点是日内瓦 WHO 健康促进部食品安全处。

CAC 下设的执行委员会提出基本工作方针，它是法典委员会的执行机构，就需经下届大会通过的议题向委员会提出决策意见。执委会成员在地区分布上是均等的，同一国家不得有两名成员。主席和三个副主席的任期不得超过四年。

地区性法典协调委员会负责与本地区利益相关的事宜，解决本地区存在的特殊问题。目前已有欧洲、亚洲、非洲、北美及西南太平洋、拉丁美洲和加勒比地区共五个地区性法典委员会。

法典委员会还成立了 28 个通用标准和食品标准的分委会，他们负责起草标准并向 CAC 提出具体意见和建议。委员会本身确定哪些标准的制定是必要的，由相关分委员会安排起草工作。食品法典委员会机构见图 4-2。

所有法典标准，包括农残最大限量、食品加工规范和导则等都需通过八步程序，其中包括经委员会审核两次，经各国政府及相关机构（包括食品生产经营者和消费者）审核两次方可采纳。

某个标准一经颁布，法典委员会秘书处就定期提供已认可了该标准的国家的清单。这样出口商们就可以了解其符合法典要求的商品将运往哪些国家。

在法典委员会的 28 个专业分委会中，有 8 个被称作一般问题的委员会影响最大。这 8 个委员会与科研机构紧密配合，共同制定各类通用标准和推荐值，它们是食品卫生（美国）、食品标签（加拿大）、食品添加剂和污染物（荷兰）、兽药残留（美国）、分析方法和采样（匈牙利）以及进出口食品检验和认证体系（澳大利亚）委员会。括号中的为相应委员会的主持国。

主持国资助该委员会的工作，FAO 和 WHO 负责法典规划的总支出，其中 80% 的

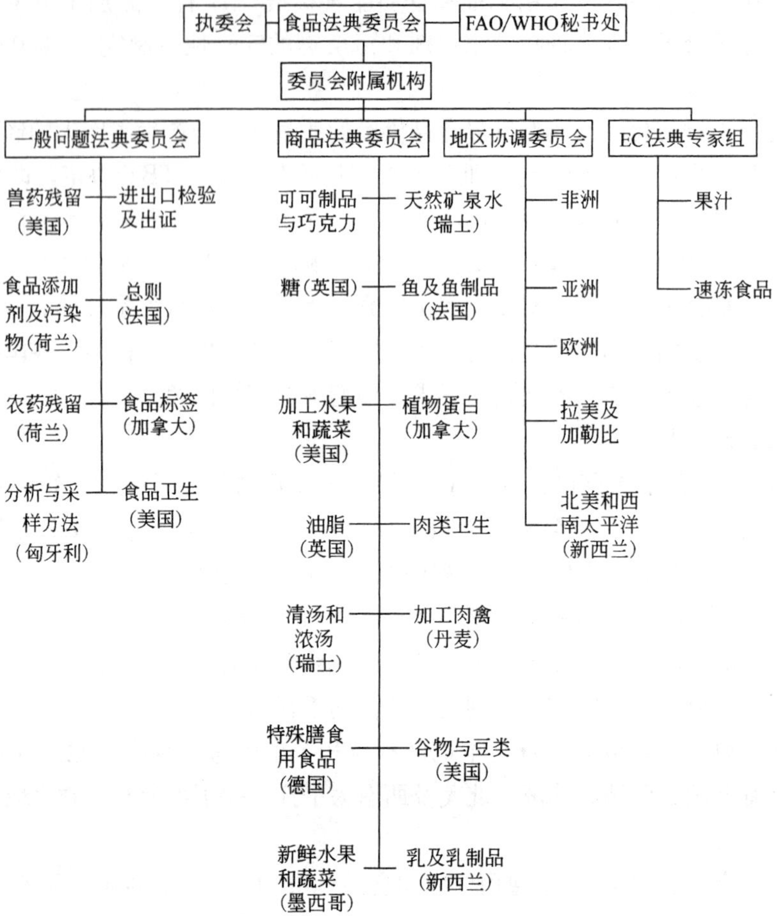

图 4-2　国际食品法典委员会组织机构

资金由 FAO 提供。

在法典工作中同样活跃的是食品工业协会、消费者组织以及国际科学和食品技术组的代表。

（六）食品法典与食品贸易

今天的世界处处可品尝异国风味，越来越多的食品走出国门，食品贸易在一个国家的经济发展中起着日趋显著的作用。然而非关税的贸易壁垒和无法协调或采纳的食品标准给食品进出口国都带来巨大损失。如果出口商重视进口国的要求或依照共同认可的法典程序和标准，那么可能大部分问题就可以解决了。

因此，有必要协调食品标准，“协调”（Harmonization）一词在国际食品贸易中使用由来已久，它是使世界各国认可食品法规的简捷途径。协调的目的是在食品要求、检验监督程序以及实验数据认可等方面达成一致意见。

由于各国都有众多的本国因素使其坚持某一标准，并且科学家、团体可能由于不同原因而得出不同的结论，完全协调食品标准可能有一定困难，以致非关税壁垒对世界贸易的阻碍日趋显著。

为了更好地协调标准，食品法典委员会将提供由世界各国食品与贸易专家达成共识的、以科学和技术为基础的食品标准。国际贸易谈判人员将越来越多地采取这些标准解决争端。

（七）世界贸易组织的两项协定（SPS 协定及 TBT 协定）与食品法典委员会

SPS 协定是世贸组织成员国间签署的不利用卫生和植物检疫规定作为人为或不公正的食品贸易障碍的协定。卫生（人与动物的卫生）与植物检疫（植物卫生）（SPS）规定在保护食品安全，防止动植物病害传入本国方面是必要的。SPS 协定确定了各国有权利制定或采用这些规定以保护本国的消费者、野生动物以及植物的健康。SPS 协定采用食品法典委员会的标准作为食品安全决策上的依据。为什么 SPS 可成为限制贸易的手段呢？因为 SPS 的建立可以是人为的，非科学的，并不反映消费者的利益而是为了保护本国生产者和生产企业的利益的。SPS 协定很清楚地表明，SPS 规定在保护消费者健康安全上是完全合理和必要的，但它决不能人为地或不公正地对各国商品存在不平等待遇，或超过保护消费者要求的更严格的标准，造成潜在的贸易限制。各国政府有义务向此协定的其他签署国公开本国的 SPS 规定，增加它的透明度。另外，各国的 SPS 规定必须符合国际标准，它可以充分保护消费者健康，促进食品贸易的发展。

除 SPS 协定外，另有一项贸易技术壁垒协定（TBT 协定），它涉及的是间接对消费者及健康产生影响的标准及规定（比如食品标签规定等），TBT 协定同样建议成员国使用法典标准。食品法典标准经定期审核以确保上述两项协定依据最新的科学资料。

（八）我国食品法典工作状况

我国于 1986 年正式加入食品法典委员会（下称 CAC），并于同年经国务院批准成立中国食品法典国内协调小组，负责组织协调国内法典工作事宜。卫生部为协调小组组长单位，负责小组协调工作；农业部为副组长单位，负责对外组织联系工作。协调小组秘书处设在卫生部食检所，负责日常事宜，各部门工作均有明确分工。近十年来，我国在食品安全领域加强了与联合国粮农组织和世界卫生组织的合作，加强了与其他成员国在食品贸易、卫生安全立法等方面的联系，为提高食品质量，保障我国权益起了积极的作用。

我国食品法典工作主要分为信息交流，组织研究 CAC 提出的有关问题和建议，参与国际及地区标准的制修订以及参加法典委员会及其专业委员会会议等。在信息交流方面，协调小组秘书处组织编译各类 CAC 标准、标准工作进展情况等文章，供国内食品生产管理人员参考，并回复 CAC 对我国制标工作的问卷调查，反馈我们的意见和建议。此外 CAC 国内协调小组还定期举行工作会议，商讨有关法典工作具体问题。近些年来，在国际和地区标准的制修订工作方面，我们从被动接受到主动参与，其中国际“竹笋标准”、“腌菜标准”、“干鱼片标准”等都是由我国参与制定的，充分反映了我国进出口的贸易利益，保障了消费者健康。从20世纪80年代初我国派专家以观察员身份参加各种类型的法典工作会议以来，共向会议提出议案近百项，得到大会的积极响应，在国际法典委员会工作中的地位也越发显著。1994年5月我国还成功地举办了第九届亚洲地区法典协调委员会会议，为推动本地区及国际食品标准化工作作出了积极贡献。

随着我国食品工作的迅猛发展，食品标准与法规在食品监督管理和食品贸易方面所发挥的作用日益突出，食品法典委员会作为政府间食品标准协调的唯一国际机构，其法规标准及决议等也有着越发重要的地位。经国内协调小组各成员单位商讨决定向国务院请示成立中国食品法典协调委员会，进一步明确其任务、职能，从人员及经费上得到落实，从而加强国内标准与法典标准的协调工作，推进我国与国际标准的接轨进程，为我国食品贸易发展及建立完善的食品标准体系，保障人类健康作出贡献。

三、国际乳品联合会（IDF/FIL）

国际乳品联合会（International Dairy Federation，简称IDF）成立于1903年，是一个独立的、非政治性的、非盈利性的民间国际组织，也是乳品行业唯一的世界性组织。它代表世界乳品工业参与国际活动。IDF由比利时组织发起，因此，总部设在比利时首都布鲁塞尔。其宗旨是：通过国际合作和磋商，促进国际乳品领域中科学、技术和经济的进步。

目前，IDF有38个成员国，其中多数为欧洲国家，另外，美国、加拿大、澳大利亚、新西兰、日本、印度等国也是其重要成员。1984～1995年，中国一直以观察员的身份参加IDF活动。

1995年，中国正式加入IDF，成为第38个成员国。

IDF的最高权力机构是理事会。其下设机构为管理委员会、学术委员会和秘书处。学术委员会又设有六个专业委员会，每个专业委员会负责一个特定领域的工作，它们是：

A委员会　乳品生产、卫生和质量

B委员会　乳品工艺和工程

C委员会　乳品行业经济、销售和管理

D委员会　乳品行业法规、成分标准、分类和术语

E委员会　乳与乳制品的实验室技术和分析标准

F委员会　乳品行业科学、营养和教育

理事会由成员国代表组成，负责制定和修改联合会章程；选举联合会主席和副主席；选举管理委员会和学术委员会主席；批准年度经费预算和新会员国入会等。理事会

每年至少举行一次会议。

管理委员会即常务理事会，由选举产生的 5～6 名委员组成，负责主持联合会的日常工作。

学术委员会负责协调和组织下设的 6 个专业技术委员会的工作，具体考虑乳品领域科学、技术和经济方面的问题，并要体现理事会制定的政策。各专业技术委员会通过组织专家组，解决各自领域内的具体问题。

秘书处负责处理联合会的日常事务工作。

各成员国均设有国家委员会，负责与 IDF 联络和沟通。IDF 中国国家委员会设在中国乳制品工业协会，秘书处设在黑龙江省乳品工业技术开发中心。

IDF 每四年召开一次国际乳品代表大会，每年召开一次年会。大会期间，通过举办各种专题研讨会、报告会和书面报告的形式，为世界乳品行业提供技术交流、信息沟通的场所和机会。年会期间 6 个专业技术委员会分别开会，由专家组报告工作情况，并作出相应的决议。

除大会和年会外，各专业技术委员会经常举办一些研讨会、技术报告会和专题报告会，就乳品行业普遍关心的技术、经济、政策等方面的问题，进行交流和探讨。

协调各国乳品行业之间和乳品行业与其他国际组织之间的关系也是 IDF 的主要工作之一。IDF 通过 D、E 委员会制定自己的分析方法、产品和其他方面的标准，并直接参与 ISO、CAC 国际标准的制定工作，IDF 的标准是 ISO、CAC 制定有关乳品标准的重要依据。

IDF 每年都要发行其出版物，主要包括：公报、专题报告集、研讨会论文集、简报、书籍和标准。到目前为止，IDF 共发行标准 180 个，其中分析方法标准 166 个，产品标准 8 个，乳品设备及综合性标准 6 个。有 125 个标准是与 ISO 共同发布的。

IDF 的经费来源主要是成员国缴纳的会费、大会及年会的报名费、销售出版物收入及有关方面的捐赠。

四、国际葡萄与葡萄酒局（IWO/OIV）

国际葡萄与葡萄酒局（法文 Office Internationale de la Vigne et du Vin，OIV；英文 International Vine and Wine Office，IWO）是根据 1924 年 11 月 29 日的国际协议成立的一个各政府之间的组织，是由各成员国自己选出的代表所组成的政府机构，现在已有 46 个成员国，总部设在法国巴黎。

该组织的主要职责是收集、研究有关葡萄种植，以及葡萄酒、葡萄汁、食用葡萄和葡萄干的生产、保存、销售及消费的全部科学、技术和经济问题，并出版相关书刊。它向成员国提供一些恰当的方法来保护葡萄种植者的利益，并着手改善国际葡萄酒市场的条件，以获取所有必需的已有成果的信息。它确保现行葡萄酒分析方法的统一性，并从事对不同地区所用分析方法的比较性研究。

目前，国际葡萄与葡萄酒局已公布并出版的出版物有：《国际葡萄酿酒法规》、《国际葡萄酒和葡萄汁分析方法汇编》、《国际葡萄酿酒药典》，它们构成了整套丛书，具有很强的科学、法律和实用价值。

本书所收有关国际葡萄和葡萄酒的标准信息，是依据《国际葡萄酿酒法规》而编写的，在每个定义、加工方法之后的括号内，斜线前的数字表示 OIV 的决议编号，斜线后的数字为采用的年份（如：5/1988，为 1988 年采用的 5 号决议）。

五、世界卫生组织（WHO）

（一）世界卫生组织简介

世界卫生组织（简称“世卫组织”，World Health Organization，WHO）是联合国下属的一个专门机构，其前身可以追溯到 1907 年成立于巴黎的国际公共卫生局和 1920 年成立于日内瓦的国际联盟卫生组织。战后，经联合国经社理事会决定，64 个国家的代表于 1946 年 7 月在纽约举行了一次国际卫生会议，签署了《世界卫生组织组织法》。1948 年 4 月 7 日，该法得到 26 个联合国会员国批准后生效，世界卫生组织宣告成立。每年的 4 月 7 日也就成为全球性的世界卫生日。同年 6 月 24 日，世界卫生组织在日内瓦召开的第一届世界卫生大会上正式成立，总部设在瑞士日内瓦。

世卫组织的宗旨是使全世界人民获得尽可能高水平的健康。该组织给健康下的定义为“身体、精神及社会生活中的完美状态”。世卫组织的主要职能包括：促进流行病和地方病的防治；提供和改进公共卫生、疾病医疗和有关事项的教学与训练；推动确定生物制品的国际标准。截止到 2003 年 5 月，世卫组织共有 192 个成员国。

（二）世界卫生组织的机构

世界卫生大会是世卫组织的最高权力机构，一般每年的 5 月 5 日在日内瓦城举行。来自所有成员国的代表们将出席。卫生大会是至高的决策者，它的主要任务是通过两年一次的程序预算，并且决定主要的政策问题。执行委员会是世界卫生大会的执行机构，负责执行大会的决议、政策和委托的任务，它由 32 个卫生领域的学术带头人组成，每个成员由各成员国选派，然后由世界卫生大会选举产生，任期三年，每年改选三分之一。根据世界卫生组织的君子协定，联合国安理会 5 个常任理事国是必然的执委会成员国，但席位第三年后轮空一年。常设机构秘书处下设非洲、美洲、欧洲、东地中海、东南亚、西太平洋 6 个地区办事处。现任总干事李钟郁（韩国人）于 2003 年 7 月就职，任期 5 年。

执行委员会每年至少举行两次会议，正常情况下主会议在一月份举行，第二次较短的会议在 5 月份卫生大会结束后即举行。执行委员会主要职能是行使卫生大会作出的决议和政策，建议并促进其工作。

秘书处由 3800 个卫生以及其他领域的专家，既有专业人员又有一般的服务人员组成，他们分别工作在总部及六个国家地区办公室。

秘书处由秘书长领导，秘书处秘书长由执行委员会提名，通过世界卫生大会任命。

世界卫生组织的专业组织有顾问和临时顾问、专家委员会（咨询团有 47 个，成员有 2600 多人，其中中国有 96 人）、全球和地区医学研究顾问委员会和合作中心。

（三）世界卫生组织的目标和职能

世界卫生组织宪章将其定义为国际卫生工作的指导和权威。它的目标是："使全世界人民获得可能的最高水平的健康。"以下是它的职责：

根据需求，帮助政府加强卫生服务；

根据需求，建立和保持诸如管理和技术服务，包括流行病学的和统计学的服务；

在卫生领域中提供信息、劝告和帮助；促进传染病、地方病及其他疾病的消除工作；

促进营养、住房、卫生设施、劳动条件及其他环境卫生学方面的改进；

促进致力于增进健康的科学和专业团体之间的合作；

提出卫生事务国际公约、规划和协定；促进和引导卫生领域的研究工作；

开发食品、生物制品、药品国际标准；

协助在人群中发展卫生事务的宣传教育工作。

（四）世界卫生组织成员国

所有接受世界卫生组织宪章的联合国成员国都可以成为该组织的成员。其他国家在其申请经世界卫生大会简单的投票表决，多数通过后，就可以成为世界卫生组织的成员国。在国际关系事务中不能承担责任的地区，根据世界卫生组织成员国或其他能够对该地区的国际关系承担责任的权威基于该地区自身利益制定的申请，该地区可以作为预备成员进入世界卫生组织。世界卫生组织成员国按照区域分布。

包括：非洲地区办公室（ARFO）；
美洲地区办公室（PAHO）；
东南亚地区办公室（SEARO）；
欧洲地区办公室（EURO）；
东地中海地区办公室（EMRO）；
西太平洋地区办公室（WPRO）；

（五）世界卫生组织的出版物

主要出版物有：《世界卫生组织月报》，每年 6 期，英、法、阿、俄文；《疫情周报》，英、法文；《世界卫生统计》，季刊，英、法、中、阿、俄、西文；《世界卫生》，月刊，英、法、俄、西、德、葡、阿文。

中国是该组织的创始国之一。1972 年第 25 届世界卫生大会恢复了中国在该组织的合法席位。其后，中国出席该组织历届大会和地区委员会会议，被选为执委会委员。1978 年 10 月，中国卫生部长和该组织总干事在北京签署了“卫生技术合作谅解备忘录”，协调双方的技术合作。这是双方友好合作史上的里程碑。

迄今，我国与该组织召开过 18 次技术合作协调规划会议，该组织向我提供的各种援助约 9600 万美元。1981 年该组织在北京设立驻华代表处。

中国的世界卫生组织（WHO）合作中心目前已达 69 个，其数目之多位居世界卫生组织西太平洋地区国家之首。现有的合作中心分布于我国 14 个省市自治区，覆盖了医学 12 个学科 30 余个专业。世界卫生组织合作中心作为我国与世界卫生组织开展卫生技术合作的窗口，在促进国际、国内卫生技术交流、人员培训等方面发挥了积极的辐射和示范作用，现已成为促进我国医学科学现代化，早日实现人人享有卫生保健目标的一支重要力量。

六、联合国粮农组织（FAO）

（一）联合国粮农组织简介

联合国粮农组织（Food and Agriculture Organization of the United Nations，FAO）成立于 1945 年，在加拿大魁北克召开粮农组织大会第一届会议，确定粮农组织为联合国的一个专门机构，总部设在意大利。

联合国粮农组织的宗旨：提高成员国国家人民的营养水平和生活标准，改善所有食品和农业产品的生产和分配，改进农村人口生活条件，由此对世界经济的增长和保证人类免于饥饿作出贡献。

（二）联合国粮农组织机构

FAO 是联合国成立的第一个专门机构，主要由大会、理事会和秘书处组成。大会是最高权力机构，其职责是确定政策，通过预算和工作计划，向成员国或其他国际组织提供有关粮食问题的建议，审查本组织所属机构的决议和接纳新会员和主席，任命秘书处总干事。理事会隶属于大会，在大会休会期间执行大会所赋予的权力。理事会有一名独立主席和 49 个理事国组成。

来自所有成员国的代表每两年在粮农组织大会上相聚一次，回顾所开展的工作和批准新的预算。大会选举由 49 个成员国组成的较小团体，即理事会，管理本组织的活动。理事会成员任期为三年，到期轮换。大会还选举一名总干事，现任总干事为塞内加尔的雅克·迪乌夫博士。

粮农组织聘用 1450 多名专业人员和 2000 多名一般服务人员。其中略多于一半的人员在罗马的总部工作，其余人员分布在世界各地 100 余个驻国家办事处开展粮农组织的活动。粮农组织的正常计划预算由其成员通过缴纳粮农组织大会确定的会费提供资金。2004～2005 年的预算为 7.491 亿美元，用于核心技术工作、包括技术合作计划在内的合作及伙伴关系、信息和总的政策、指导及行政管理。

FAO 出版物有《FAO 统计公报》月刊、《FAO 农业与发展评论》双月刊、《FAO 植保公报》季刊等。

（三）联合国粮农组织主要活动

(1) 使人们能够获得信息　粮农组织发挥了智囊团的作用，利用其工作人员——农艺学家、林业工作者、渔业和畜牧业专家、营养学家、社会科学家、经济学家、统计员和其他专业人员的专业知识，收集和分析有助于发展的资料。每个月有 100 万人次访问粮农组织的因特网站，查询技术文件或了解 FAO 与农民开展的工作。FAO 还出版数以百计的新闻通讯、报告和书籍，发行少量杂志，制作许多只读光盘和主持几十个电子论坛。

(2) 分享政策专业知识　粮农组织向各成员国提供在设计农业政策和规划、拟订有效法律及制定实现乡村发展和脱贫目标的国家战略方面多年积累的经验。

(3) 为各国提供一个会议场所　任何一天都有来自全球的几十位决策者和专家在总部或 FAO 的实地办事处召开会议，就重大的粮食和农业问题达成一致意见。作为一个中立的论坛，粮农组织提供了富国和穷国能够为达成共识而走到一起的氛围。

(4) 将知识送到实地　FAO 渊博的知识在世界各地数以千计的项目中受到检验。粮农组织为确保这些项目达到目标而从工业化国家、开发银行和其他来源筹集并管理数以百万美元计的资金。粮农组织提供技术诀窍，在少数情形下也成为有限资金的来源。

在出现危机的情况下，FAO 同世界粮食计划署以及其他人道主义机构并肩工作，保护农村人民的生计并帮助他们重建家园。

（四）粮农组织的职能

世界粮农组织的职能是提高营养水平，提高农业生产率，改善乡村人口的生活和促进世界经济发展。

世界粮农组织提供帮助人们和国家自助的那种幕后援助。如果一个社区想提高作物单产但又缺乏技能，FAO 就介绍简便而可持续的手段和方法。当一个国家从土地国家所有制向土地私人所有制转变时，FAO 就提供铺平道路的法律咨询。当旱灾产生将已经易受害的群体推向饥饿边缘的风险时，FAO 就动员采取行动。在各种需要相互竞争的复杂世界中，FAO 提供达成共识所需的一个中立的会议场所和背景知识。

（五）中国与 FAO

中国是 FAO 创始国之一。1971 年 11 月，FAO 理事国第 57 届会议通过决议，接纳我国作为正式会员参加该组织。1973 年 9 月，我国向该组织派出常驻代表，并建立了中国驻粮农组织代表处。1983 年 1 月，粮农组织在北京设立代表处。

FAO 在华联系单位为农业部。每年我国有一定数量的科研人员获得 FAO 资助，参加有关国际会议或培训班。

七、国际有机农业运动联合会（IFOAM）

国际有机农业运动联合会（简称 IFOAM）是推动世界性有机农业和有机食品发展的专门组织，现在已经有 115 个国家和地区的 600 多个团体加入了该组织。国家环境保护总局有机食品发展中心（英文缩写 OFDC）是我国最早加入该组织的会员，目前我国已有 22 个 IFOAM 会员。

据了解，世界上生产有机食品的国家有 100 多个，其中非洲 27 个国家，亚洲 15 个国家，拉丁美洲 25 个国家，欧美发达国家都生产有机食品。目前，国际市场上有机食品品种主要有粮食、蔬菜、油料、肉类、乳制品、蛋类、酒类、咖啡、可可、茶叶、草药、调味品等。此外，还有动物饲料、种子、棉花、花卉等有机产品。

目前，有机食品的市场主要在发达国家。据国际贸易中心（即 ITC，是联合国系统的贸易促进机构与世贸组织共同建立的协调机构）的调查报告，美国、德国、日本和法国等 10 个发达国家 1997 年的有机食品销售总额在 100 亿美元以上。在过去 5 年中，欧盟、美国及日本的有机食品销售年均增长率为 25%～30%。2000 年，日本的有机食品市场销售额将达 26 亿美元；预计到 2006 年，欧盟有机食品市场销售额将增至 580 亿美元，美国增至 470 亿美元。在发达国家销售的有机食品大部分依赖进口，德国、荷兰、英国每年进口的有机食品分别占有机食品消费总量的 60%、60%和 70%，价格通常比常规食品高 20%～50%，有些品种高出 1 倍以上。有机食品正在成为发展中国家向发达国家出口的主要产品之一。

国际有机农业和有机农产品的法规与管理体系主要分为两个层次：一是联合国层次，二是国家层次。

联合国层次的有机农业和有机农产品标准是由联合国粮农组织（FAO）与世界卫生组织（WHO）领导的有机认证者委员会（Organic Certifiers Council，OCC）制定的，是《食品法典》的一部分，只有植物生产标准，动物生产标准尚未通过，尚属于建议性标准。《食品法典》的标准基本上参考了欧盟有机农业标准 EU 2092/91 以及国际有机农业运动联盟（International Federation of Organic Agriculture Movements，IFOAM）的“基本标准”。

IFOAM 的基本标准属于非政府组织制定的有机农业标准，每两年召开一次会员大会进行基本标准的修改，它联合了国际上从事有机农业生产、加工和研究的各类组织和个人，其标准具有广泛的民主性和代表性，为许多国家制定有机农业标准的参照。IFOAM 的基本标准包括了植物生产、动物生产以及加工的各类环节，还专门制定了茶叶和咖啡的标准。IFOAM 的授权体系——监督和控制有机农业检查认证机构的组织和准则（Independent Organic Accreditation Service，IOAS）单独对有机农业检查认证机构实行监督和控制。

国家层次的有机农业标准以欧盟、美国和日本为代表。目前已经制定完毕且生效的是欧盟的有机农业条例 EU 2092/91 及其修改条款（包括植物和动物标准），它对有机农业和有机农产品的生产、加工、贸易、检查、认证以及物品使用等全过程进行了具体规定，适用于欧盟 15 个成员国的所有有机农产品的生产、加工和进出口贸易。日本 2001 年 4 月正式执行其有机农业标准，标准内容 95％以上与欧盟是相似的。美国有机农业标准于 2002 年 8 月正式执行。

第三节　部分发达国家食品法律法规

一、美国食品卫生与安全法律法规

美国国会制定法令以保证食品供应的安全性并建立全国性的保护机制。行政部门负责法令的实施，并可以颁布规章来实施法令，美国的这些规章都在（联邦记录）上发表而且还有电子版。由国会制定的法令授予管理机构很大的权力，但也对管理行为设置了限制措施。在必须强调新技术、产品或健康风险的时候，管理机构可以有一定的灵活性，在没有新的立法的情况下就可以对规章进行修订或修改。管理机构能够保持其先进的研究方法和分析方法，因为这些方法的改变在管理或技术层面上就可以进行。

美国食品安全的主要法令包括：“联邦食品、药物和化妆品法令”（FFDCA）、“联邦肉类检验法令”（FMIA）、“禽类产品检验法令”（PPIA）、“蛋产品检验法令”（EPIA）、“食品质量保障法令”（FQPA）和“公共健康事务法令”（PHAA）。

管理机构必须遵守的程序性法令包括“行政程序法令”（APA）、“联邦咨询委员会法令”（FACA）和“信息自由法令”（FOIA）。APA 对制定规章的过程提出了特定的要求（如：联邦机构制定、修改或废除某项规章的程序、批准利益集团申请颁布、修改或废除某项规章的程序等）。管理机构依据 APA 所颁布的实质性规章具有法律的效力。FACA 要求只有能够向政府提供咨询的团体才可成为咨询委员会，而且委员会的组成必须使其能够平衡各方面的利益以避免纠纷，委员会必须公开召开委员会会议并向委员会以外的人提供发表意见的机会。FOIA 规定公众有获得联邦机构信息的法定权利。

规章的制定与修订是在公开和透明的程序下进行的，这不仅允许、而且鼓励受管理的行业、消费者和其他资金持有者参与到规章的制定和颁布的过程中。在制定新法规和修订现有法规时，管理机构经常通过发布“拟议规章预告”（ANPR），向公众提供初步讨论和发表意见的机会。通过这种办法可以发现问题，向管理机构提出解决意见，或征求解决方案。管理机构可以利用来自于公众的信息，以决定是否和如何使制定规章的工作更进一步。所有重要的公众意见必须在最后的规章中得到表达。下一步是拟议的规章和最后的规章的发布，这样可以使公众有机会对规章的实施提出意见。APA 要求最后的规章必须根据政策的合理性、科学依据和法制权力等进行调整。

当遇到特别难解的问题时，就需要向管理机构以外的专家进行咨询，管理机构可以选择召开公开会议或召开咨询委员会会议。召开公开会议时，可以根据管理机构的需要，通过非正常程序将专家和资金持有者召集在一起。这类会议可用于收集公众对某一专题或今后的项目的看法。咨询委员会会议的组成应更为正规一些。召开公开会议和咨询委员会会议应在（联邦记录）上发布消息，除非讨论特定问题，比如贸易机密、秘密的商业信息或个人医疗信息等，否则会议应公开举行。

1. 美国联邦食品安全机构和协作机构

① 美国联邦负责食品与食品原料的安全卫生管理机构：

——食品安全检验局（FSIS），隶属美国农业部（USDA），负责所有国内和进口肉类、禽类及一些在州间流通的蛋制品、野味除外；

——食品与药物管理局（FDA），隶属美国卫生部（HHS），其工作范围是在州间市场流通的所有的国内和进口食品（除了肉、禽和部分蛋制品），还有野味、食品添加剂、动物饲料和兽药。

——环境保护局（EPA），负责对农药生产、销售颁发许可证，并且制定食品农、兽药残留的最大允许限量（FDA 与 FSIS 在其管辖范围对有关商品检测农药的残留水平），另外 EPA 还负责对水中和食源性有毒化学物制定相关条例和研究方案。

② 疾病控制与防治中心（CDC），隶属 HHS，帮助联邦收集食源性疾病的数据，调查疾病暴发情况，监控预防和控制效果，确定预防策略，支持食源性疾病的监控和暴发后的处理。

——USDA 农业研究所（ARS），国家教育、确定和发展合作机构（SCREES）与经济研究所（ERS）进行食品安全研究；

——动植物卫生检疫局（APHIS）：动植物疾病监控、跟踪，进行风险评估；

——国家海洋渔业局（NMFS），隶属商业部，进行义务性海产品检验和等级计划，以确保海产品的质量与安全（海产品加工的相关规定为 FDA 的管辖范围）。

2. 美国监控食品卫生与安全的联邦法典（CFR）

美国联邦法典（CFR）是联邦政府发布的永久性法规。美国联邦法典共分 50 章，涉及联邦规定的各个领域。与食品有关的主要是第 9 章与第 21 章，其中第 9 章为“动物与动物产品”，第 21 章为“食品与药品”。

——美国联邦法典第 21 章第 110 部分规定了食品生产、包装和贮存的良好操作规范（GMP）。

——美国联邦法典第 9 章规定实施“病源控制与 HACCP 规定”的“最终规定”的日期为 1997 年 1 月 27 日。该规定也明确了政府机构与企业在保障食品安全中的不同角色与任务。企业只保障生产安全的食品，政府机构负责制定有关的食品安全标准、进行严格的检验确保其符合制定的标准，并对不符合标准的企业进行处罚。

"最终规定"有四个主要部分：

① HACCP 是加工厂通过自始至终控制加工生产来控制、预防病原污染，确保食品安全的方式，而不是在生产线的终端来查找问题。根据最终规定，所有食品厂必须建立并实施 HACCP 计划。HACCP 计划必须遵守国家食品微生物指标咨询委员会制定的七个 HACCP 原理。HACCP 计划应包含影响食品安全的所有关键控制点（CCP）。工厂应验证其 HACCP 计划，以确保其 HACCP 达到既定目的。FSIS 在没有根据最终规定审核其 HACCP 计划前不认可工厂的 HACCP 计划。

② 沙门氏菌的执行标准。FSIS 相信：作为 HACCP 系统应达到的保护程度，HACCP 系统必须与执行标准相结合。FSIS 已经有了即食食品与其他深加工产品的微生物学执行标准，但原料产品还没有。

作为最终规定的一部分，FISI 已制定了屠宰厂与其他生产原料性产品的沙门氏菌执行标准，该标准的实施日期与 HACCP 实施日期相同。FSIS 期望通过控制沙门氏菌来减少其他病原菌的污染。

③ 卫生标准操作程序（SSOP）。一个卫生的环境是生产出安全食品的基本前提。所有加工厂要求有书面的计划——SSOP，以保持卫生。

④ 大肠杆菌的检测。自 1997 年 1 月，屠宰厂要求检测胴体的大肠杆菌以判定加工厂控制粪便污染的能力。FSIS 已采用各种不同动物胴体的大肠杆菌执行指标。FSIS 之所以用"指标"是因为它仅是指导性的，而不是规定的标准。

——美国海产品 HACCP 法规（21CFR 123.1240）

1995 年 12 月 18 日，FDA 颁布了强制性的水产品 HACCP 法规（21CFR—12.1240），实施过渡期一年，之后宣布自 1997 年 12 月 18 日起所有对美国出口的水产品企业必须建立 HACCP 体系，否则其产品不得进入美国。

——美国果蔬汁产品 HACCP 法规（21CFR—120）

于 2002 年 1 月 22 日生效。

美国食品与药物管理局根据联邦食品法与有关法规制定了《食品法典》，该法典 1995 年版提供了一套防御系统和安全措施，以及最大限度减少食源性疫病，确保员工健康，增加企业管理知识，保证食品在安全、无毒、干净的设备和可接受的食品卫生条件下生产，内容包括：管理与加工人员卫生，食品的有关定义与加工卫生、设备、器具等食品接触面的卫生，以及供水设备/排水卫生，有毒有害物质控制和相关的对食品企业检查，HACCP 导则等。

二、欧盟食品卫生与安全法律法规

自欧洲经济共同体建立的初期，食品安全措施已经构成了欧盟立法的一个部分。不过，这些措施主要是建立在部门基础上的。随着各国经济在单一市场内的不断统一，农场和食品加工的发展，以及新的包装与流通形式的出现，欧盟有必要制定新的综合统一措施和标准。

在动物饲料生产部门，只有适宜的原料才能被允许用于生产，而添加剂的使用必须得到有效的控制。至于食品质量、添加剂、调味品及有关健康指标的管理更加严格，需要通过标准进行统一管理。对新型食品也要有标准进行规范。

2002 年 2 月 21 日，欧盟《通用食品法》生效启用。这是欧盟历史上首次采用这样的通用食品法。欧盟新法的关键目标是建立通用定义，包括食品的定义，并制定重要的食品法指导准则及合理目标，以确保高度健康安全。

欧盟委员会追求的目标是，伴随着制定《通用食品法》，使得在欧盟内，食品的安全达到最高的标准和通过较高的透明度，在食品政策上重新赢得消费者的信任。除建立欧洲食品安全局外，欧盟委员会的《通用食品法》包括如下要素：一是确定对从饲料和食品“从农田、家畜圈到消费者的餐桌”的整个食品链的通则和要求，除了主要概念定义之外，特别对下列诸点提出普遍性的准则（预防措施的原则，食品和饲料的追查性，对食品和饲料安全的要求，食品和饲料企业的责任）；二是对危及健康的保护措施（如驾驭危机，拓宽快速预警机制和处理防止不安全的食品和饲料的流通）。

欧盟委员会和所有成员国应该恪守对危机管理措施的权限（如：果断的措施，禁止市场销售或者限制性销售）。快速预警机制的拓宽应该囊括整个食品链包括饲料在内。快速预警机制将由欧盟委员会在欧洲食品局和所有成员国的参加下以网络形式进行。欧共体理事会、委员会制定发布了一系列监管食品生产、食品进口与投放市场的卫生规范和要求，以确保食品的卫生与安全。欧盟的卫生规范要求欧盟官方公报以欧盟指令或欧盟决议的形式发布，通常包括以下几类。

1. 对动物疾病控制规定

欧盟规定各成员国与欲出口食品到欧盟的第三国必须按欧盟指令要求建立严格的动植物疫病监控体系。动物疫病主要指禽流感与传染性海绵状脑病等。

2. 对食品中农、兽药物残留进行控制的规定

欧盟 96/22/EEC、96/23/EEC 指令规定，欧盟成员国及欲出口动物源食品到欧盟的第三国必须建立并实施有效的动物源食品残留物监控计划。该计划实施前应首先提交欧盟兽医委员会，获得通过方可实施。监控计划实施后应于次年的 3 月 30 日前提交其上年度的动物源食品监控报告。

3. 对食品生产、投放市场的卫生规定

92/46/EEC 理事会指令（1992.6.16）——对原料奶、热处理奶和乳制品生产和上市的卫生规定。

80/778/80/778/EEC 理事会指令（1980.6.15）——人类消费用水的质量。

91/492/EEC 理事会指令（1991.6.15）——活双壳贝类和产品投放市场的卫生

条件。

91/493/EEC 理事会指令（1991.6.22）——水产品生产和投放市场的卫生条件。

94/356/EC 委员会决议（1994.5.20）——对水产品作自我卫生检查的规定等。

4. 对检验实施控制的规定

95/51/EEC 委员会决议（1992.12.11）——关于煮甲壳类和贝类产品生产的微生物指标。

93/140/EEC 委员会决议（1993.1.19）——水产品中寄生虫感官检查详细规定。

93/351/EEC 委员会决议（1993.5.19）——水产品中汞的分析方法、取样方案和最高限量的确定。

83/320/EEC 委员会决议（1988.6.9）——良好实验室规范（GLP）的检查和验证等。

5. 对第三国食品准入的控制规定

95/340/EEC 委员会决议（1995.7.27）——欧盟授权可进口奶与乳制品的第三国名单。

97/296/EC 委员会决议（1997.4.22）——允许水产品进口的第三国名单。

95/408/EC 委员会决议（1995.6.22）——许可欧盟成员国临时性从第三国工厂进口动物产品、水产品的条件。

90/675/EC 委员会决议（1990.11.10）——从对第三国进入欧共体的产品实施兽医检查的机构予以管理的原则等。

6. 对出口国官方兽医证书的规定

96/712/EC 委员会决议（1996.11.28）——从第三国进口新鲜禽肉公共卫生证书和卫生标准的要求。

95/328/EC 委员会决议（1995.7.25）——从不包括在特定决议内的第三国进口水产品的卫生证书的规定等。

7. 对食品的官方监控规定

欧共体为加强其内部市场的控制，进一步采取措施加强欧共体对生产厂商的管理，要求各成员国应采取有效措施来保证其官方卫生当局的工作人员具备足够的技术和行政上的能力，官方控制食品与食品实验室都应引进一套质量标准体系。为此发布以下指令：

89/397/EEC 理事会指令关于食品的官方监控。

93/99/EEC 理事会指令关于官方控制食品的附加措施问题。

三、日本食品卫生与安全法律法规

日本早在 1957 年就制定了《食品卫生法》，2002 年又进行了修订。该法规定，市场上食品及调料的加工、制造、使用、贮藏、搬运、陈列等环节都必须保证清洁卫生，禁止贩卖变质、含有害物质、被病原微生物污染或混入不卫生异物的食品，对有疾病、可能因疾病死亡的畜禽的肉、骨、奶、内脏、血液等不准加工上市，食品的包装必须卫生，食品标签和食品一致，食品标签的说明中不得有虚假和夸大成分。食品上市要经过严格的检查，检查人员要经过专业训练并获得合格证书，食品制造企业要有食品卫生管理员，管理员必须有医学、兽医学、畜产学、农艺化学等专业知识。食品一旦发生问题，日本保健所将根据有关法令进行检查，无论哪一个环节违反规定，都要依法追究肇事者的刑事责任和处以罚款。

日本是一个重要的食品进口国家，日本进口食品主要由日本厚生省与农林水产省根据本国《食品卫生法》与《家畜传染病防治法》进行检验检疫。

1. 注册规定

为确保进境畜禽产品的安全，日本厚生省要求进境的畜禽产品与日本国内产品有相同的卫生条件，为此，日本厚生省对其他国家的检验检疫系统逐个进行等同性评价，以确定他们的检验系统是否与日本等同。

日本厚生省根据日本《食品卫生法》规定，制定了对进口食品的注册体系。

2. 注册要求

(1) 产品的规格和标准必须符合日本《食品卫生法》的要求；

(2) 食品加工车间的卫生与产品标准必须符合该体系的要求；

(3) 不得违反日本《食品卫生法》第4、9条的规定。

日本《家畜传染病防治法》对欲出口到日本的偶蹄动物及其产品的国家分为0、1、2、3四类。中国属于2类国家，即不允许进口偶蹄动物的内脏、肉、火腿肠与烤肉，除非这些产品在日本农林水产省注册的工厂中生产。

3. 进口检验

日本厚生省“进口体系”所规定食品的检验：

(1) 进口商向日本厚生省提交进口通知，标明出口工厂注册号，并随附出口国政府签发的卫生证书；

(2) 厚生省对进口商提交的有关文件进行审核；

(3) 厚生省对进口产品实施抽查检验，抽查检验结果出来前可先予放行；

(4) 厚生省免除抽查检验，实施批批检验：厚生省抽查检验发现问题后，追回放行产品，并对后面的进口产品扣留，实施批批检验；

(5) 对非动植物或动植物源的食品，日本厚生省检验合格后即通关放行。

进口动植物产品检疫程序：进口商提交进口检疫申请单与出口国官方检疫证书并现场检疫，经检验动植物产品不会传播任何动植物传染病，检疫官员签发进口检疫证书。

日本厚生省对动植物源食品主要检查微生物、农兽药物残留等。日本厚生省对进口鸡肉实施二氯二甲吡啶酚残留抽验与批批检验制度。

日本厚生省从1997年4月8日到1998年3月31日曾对从各国进口的畜禽、水产品中的农药、兽药残留及大肠杆菌O157实施监测检查。涉及的食品为各种肉类，养殖鱼贝类及蛋与蜂蜜，共检测抗生素（土霉素，合成抗菌素）、磺胺制剂（噁喹酸，甲藜嘧胺，甲氧苄胺嘧啶，乙胺嘧啶）、二氟拉松、尼卡巴泰、二氯二甲吡啶酚、寄生虫用剂、伊维菌素、氯生尔太、氟苯哒唑、阿苯哒唑异甲脒、噻苯咪唑、激素制剂、折仑诺、乙酰去甲雄三烯醇酮、农药、DDT、狄氏剂、七氯和大肠菌O157等。

四、加拿大食品卫生与安全法律法规

（一）食品卫生与安全管理机构及职责

政府中负责食品卫生与安全管理的部门主要是农业部和卫生部。加拿大农业与农业食品部食品检验局（Canadian Food Inspection Agency，CFIA）负责食品的安全卫生监控。CFIA在所有食品加工企业实施食品安全促进计划（FSEP），卫生部负责食品的卫生质量管理。

CFIA根据《加拿大食品检验局法》的规定，将原先分别隶属于农业部、渔业海洋部、卫生部和工业部等部门中的相关业务剥离重组后于1997年4月成立，由农业部部长负责管理并指导其日常工作。CFIA的工作职责不仅在《加拿大食品检验局法》中作了概括规定，同时在《肉类检验法》、《肥料法》和《水果蔬菜条例》等法律法规中进一步加以明确，使得加拿大不论是农产品的安全卫生标准，还是农作物种子种苗、农产品进出口检疫检验、农产品标签标志、肥料质量标准、农药兽药安全及使用标准、农产品生产、加工、运输标准的监督工作都由CFIA统一负责。

CFIA组织有关政府与企业的专家制定了至少13种食品的HACCP通用模式，如去骨牛肉、牛屠宰、猪肉、低酸罐头、冷冻蔬菜、机械分割鸡肉、比萨饼、牛肉干和低酸泡菜等。CFIA根据《肉品检验法》的规定要求联邦注册的食品企业强制性制定HACCP计划，并运转有效。

CFIA规定所有联邦注册的水产品加工企业必须制定、实施其特定的质量管理计划（QMP）。各企业制定的QMP计划必须符合CFIA制定的QMP标准，QMP应包括以下几部分：管理者情况和作用、加工产品情况、前提计划、管理行动计划和HACCP计划。

（二）加拿大食品卫生与安全法律法规

《饲养实践推荐规范》（The Recommended Codes of Practice）也是一种自愿标准，该规范由加拿大联邦政府和大学的研究人员、产业界代表、加拿大慈善联合会（The Canadian Federation of Humane Societies）、加拿大兽医协会（The Canadian Veterinary Medical Association）和省级卫生部门一起，按照严格的、法定的程序制定，该《规范》的制定过程也体现了典型的加拿大标准制定程序。

此外，由于加拿大是农产品出口大国，为了提高自身的市场竞争能力，加拿大在制定农业标准时，注意与国际农业标准衔接。

加拿大作为食品法典委员会的成员国，其所制定的农业标准紧跟食品法典委员会的最新变化。如目前食品法典委员会的下属食品标签委员会正在制定使用生物工程技术生产的食品标签指导规范。加拿大在制定食品标签国家标准时就与国际食品标签标准的发展保持密切联系。又如加拿大有机农业标准的制定也参考了国际食品法典委员会的有关标准。

由于加拿大在某些农业标准的制定方面居领先地位，其所制定的标准有些也作为制定国际标准的范本。如动物福利标准方面，加拿大《饲养实践推荐规范》标准就得到国际认可。

强制性农业标准主要由政府中的农业部门负责实施，但在农业食品健康安全方面的标准实施中，卫生部（Health Canada）也起到重要作用。在联邦政府中，负责管理农业生产活动的部门包括农业食品部、食品检验局、谷物委员会、国家农产品委员会和两个皇家机构——乳业委员会和农场信贷公司。其中，食品检验局对农业标准的实施起到主要作用。

有时，对于某类标准的实施需要几个部门的协作。如根据《加拿大食品药物法》的规定，卫生部和食品检验局共同负责其境内的联邦食品标准政策。卫生部负责制定与健康安全（例如：营养成分、过敏原、特别饮食规定等）有关的食品标签政策，该政策适用于包括转基因食品在内的全部食品。食品检验局负责制定除健康安全内容外的其他食品标签政策法规。具体来说，食品检验局的职责是，防止消费者被食品标签、包装和广告所欺骗；制定适用于包括转基因食品在内的全部食品的基本食品标签和广告要求（例如：食品组成成分、法定信息等）。

为了确保食品卫生与安全，提高农产品在国际市场上的竞争力，加拿大建立了完善的法律法规体系，以保障标准的实施。加拿大涉及农产品质量安全有关标准的主要法律法规如下。

主要法律有：《食品药品法》（The Food and Drugs Act）、《有害物控制产品管理法》（The Pest Control Products Act）、《植物保护法》（Plant Protection Act）、《加拿大谷物法》（Canada Grain Act）、《肉类检查法》（Meat Inspection Act）、《消费者包装标签法》（The Consumer Packaging and Labelling Act）、《肥料法》（Fertilizers Act）、《种子法》（Seeds Act）、《饲料法》（Feeds Act）等。

主要法规有：《食品药品条例》（The Food and Drug Regulations）、《植物保护条例》（Plant Protection Regulations）、《加拿大谷物条例》（Canada Grain Regulations）、《新鲜水果蔬菜条例》（Fresh Fruit and Vegetable Regulations）、《新食品管理条例》

(The Novel Food Regulations)、《新食品安全评价准则》(Guidelines for the Safety Assessment of Novel Foods)、《肉类检查条例》(Meat Inspection Regulations)、《消费者包装标签条例》(the Consumer Packaging and Labelling Regulations)、《肥料条例》(Fertilizers Regulations)、《种子条例》(Seeds Regulations)、《饲料条例》(Feeds Regulations) 等。

五、澳大利亚食品卫生与安全法律法规

澳大利亚国内食品问题由卫生部、农业部与渔业部负责。2001 年刚成立的澳大利亚-新西兰食品标准局代替原来的澳大利亚新西兰食品当局，负责制定其国内食品的标准。这些标准是依据科学技术数据并与国际 CAC 食品法典标准相一致。

已被代替的澳新食品当局于 2000 年 8 月发布两个新的食品安全标准，即标准 3.2.3 (食品加工厂厂房与设施设备标准)。这两个标准详细规定了标准定义应用、一般要求、食品加工控制、卫生与健康要求、食品厂要求、清洁消毒与维护要求以及厂房设计建造、厂房结构等方面的要求。

澳大利亚进出口食品由澳大利亚检疫检验局 (AQIs) 负责。AQIs 对进口食品首先进行进口风险分析 (IRA)，程序如下：

(1) 进口国向 AQIs 提出申请；

(2) AQIs 收到申请，公开征求社会各界意见；

(3) AQIs 专家确定进行风险分析类型；

(4) AQIs 局长作出进行何种类型风险分析的决定；

(5) AQIs 专家进行常规与非常规的风险分析，确定风险分析报告；

(6) 向 AQIs 局长提交风险分析建议；

(7) AQIs 局长决定是否进口，公布最终风险分析报告，征求意见。

六、德国食品卫生与安全法律法规

(一) 标准的制定

(1) 引进和借鉴国际标准　德国标准委员会是国际标准化组织 (ISO) 和国际电工委员会 (IEC) 的成员，参与国际标准的设计和制定。因此，德国作为欧洲标准组织成员国，必须把国际标准组织和由欧洲采纳为欧洲标准的国际标准作为德国的标准，其标志为 DIN-EN-ISO。同时 DIN 可以直接将其认可的国际标准收进 DIN 标准，其标志为 DIN-ISO。可以说，部分国际标准就是 DIN 标准。

(2) 开发和修订本国标准　德国标准研究院和德国电子技术委员会分别是欧洲标准委员会 (CEN) 和欧洲电子技术委员会 (cENELEC) 的主要成员。作为该地区的成员国，共同制定欧洲标准 (EN)。根据规定，标准应优先在欧洲范围内制定，任何一项欧

洲标准必须为 CEN 或 CENELEC 成员国接受。因此，德国国家标准的制定已更多地让位于欧洲标准的制定，欧洲标准就是 DIN 标准，在德国表示为 DIN-EN。

与此同时，欧盟和欧洲自由贸易国家之间对各自国家的标准予以协调，使得按某一国家标准生产的产品，在其他国家不经任何改变而被看作符合当地的标准。这种“协调标准”在德国也占有一席之地。

DIN 标准每五年全面检查一次，主要放在修订上，现在每年大约制修订 2000 条标准，但 80%以上的是修订任务。

（二）标准的分类

德国标准分为国家标准和企业标准。标准主要分为基础标准、产品标准、检验标准、服务标准和方法标准。国家标准全部为推荐性标准。

在标准目录中，食品的有关标准分类如下：

食品和营养品基础标准；食品和营养品的检测标准；源于谷物和豆科植物的食品标准；水果、蔬菜的基本标准；水果及水果制品标准；蔬菜及蔬菜制品标准；乳和乳制品的基础标准；乳和乳制品标准；黄油标准；奶酪标准；冰淇淋标准；其他乳制品、肉、肉制品和其他动物源食品的基础标准；肉、肉制品标准；禽、禽蛋标准；鱼和鱼制品标准；其他动物性制品标准；茶叶标准；咖啡和咖啡代用品标准；可可标准；饮料基础标准；酒精饮料标准。

德国食品标准中制定有各种技术、安全以及卫生的标准。如有机农产品的生产技术标准要求非常严格，动物源食品的质量检测标准是很关键的，而动植物的卫生防疫标准在进出口贸易中是至关重要的。

德国的安全标准是 DIN 标准的重要组成部分，大部分技术标准中都有关于安全问题的规定，安全标准是跨组织、跨行业、跨国界的安全保障。德国标准研究院中设有安全技术委员会，由 DIN、联邦劳动部和社会部、联邦经济部、工会、雇主协会、大企业和保险公司等单位组成，负责宏观政策、战略、监督和咨询，并协调所有 DIN 标准委员会在制定各自领域标准时对安全问题的规定。许多安全生产、销售和消费意义重大的标准被立法机关引入法规，使之成为强制性的规范。安全标准受到社会的普遍重视，特别是政府部门的高度重视。许多安全标准的制定和采用是有政府资助的。

食品和日用品卫生标准，是德国为了保护消费者健康和避免在食品和日用品消费过程中上当受骗所制定的最基本的法律文本，为其他专项食品卫生法律、法规的制定提供了基础和前提条件。在食品与日用品法中将与消费者健康有关的产品分为四大类，即食品、烟草产品、化妆品和其他生活用品，并对这四类产品卫生标准作了原则性的规定，其主要内容是：

① 禁止生产和销售对人体有害的食品；

② 禁止名称、说明或包装容易引起消费者误解的食品进入市场；

③ 禁止通过容易引起消费者误解的宣传手段进行食品广告宣传；

④ 避免因日用品使用方面的原因及食品消费对人体健康产生的危害。

2000年，德国DIN标准的食品营养标准目录中共计171个标准，其中，辐照对食品质量影响的推荐标准2个；联邦食品法律规定和管理规定20个；联邦各州的食品法律和管理规定17个；欧盟指令42个；欧盟准则30个；德国食品和营养检测标准41个；采用欧洲标准的德国DIN标准19个（包括公布后收回9个，现行10个）。

（三）食品包装、储运与标签

德国对于某些进口商品要求标签必须符合以下规范，即必须列明厂商、成分、通用名称、公制单位的容量和含量，以及产地国等，这方面的商品包括液体食品、膏状食品以及烤干类、蔬菜、水果、乳制品和谷物等。

德国的消费品包装法要求，以消费容器包装的食品，如系非液态食品，其净重应在标签上按克或公斤标出；如系液态食品，则以毫升、厘升或公升标出。新的食品标签法自1983年12月26日生效。该法规要求食品成分按其重要性的大小依次标出，还要标出“最短的货架时间”。

新鲜水果和蔬菜的标签必须包括下列内容：

① 产地国；

② 水果或蔬菜品名：

③ 产品质量的等级。

植物保护剂必须标明失效日期。对麻醉物品、杀虫剂、电灯泡、种子、溶剂、病原物体和重金属，另有适用于危险物品的特殊标签规定。洗涤剂必须标明主要成分、产品制造厂家或进口商的名字以及用法等的说明。

（四）贸易保护标准

根据德国市场管理制度的规定，食品进出口由前联邦德国食品、产品管理局和农产品市场管理局监督。前者负责酒类、蛋制品、家禽肉、活植物、花草、水果蔬菜、鱼制品以及农产品的二级加工品，后者负责粮食、大米、猪牛肉、脂油、牛奶、乳制品、白糖、葡萄糖、乳精、茶叶、干饲料、羊肉等商品。进出口许可证由它们签发。申请人只能是进口商或集体单位。

受进口配额管理的特殊商品由《联邦公报》公布，其中包括进口配额金额或数量、进口期限、申请人资格、进口条件等。有关机构按申请人历年进口实际和申请先后，发给进口许可证。

(1) 植物类及某些菌类植物和植物制品的进口　须出具英文或德文的卫生证书。对进口马铃薯，德方要求外商必须证明已采取了一系列符合卫生要求的措施，其中包括阻止发芽的处理以及证明其未感染某些马铃薯病害、病毒和被虫蛀。此外，德方还规定进口马铃薯的检疫工作必须在马铃薯生长季节进行。

（2）农用化工产品　德国海关对于除草剂、杀虫剂以及保护谷物、蔬菜等植物性食品能够久藏的化学物品的最大进口数量都有具体规定。滴滴涕除有特殊需要外，禁止进口；含有砷、铅、铜化合物的植物保护剂也禁止入境。其他植物保护剂的进口，需要有德国联邦农林部的生物学机构核发的准许进口证明书。经禁用的植物保护剂处理过的植物种子也不得进口。

（3）蛋类和家禽蛋类的进口　必须附有检疫书，证明该蛋品进行了消灭沙门氏菌或其他大肠杆菌的处理。罐头蛋品必须贴有说明处理方法的标签。家禽和家禽制品、活的或屠宰了的家禽的进口，需出具动物卫生证明书。

（4）肉类　鲜肉或冻肉的进口必须附有动物健康证书。此外，所有肉制品必须来自经德国当局批准并检查过的加工厂。

（5）添加维生素的食品　凡属添加维生素的食品，必须在柏林的联邦卫生局注册后才准许在德国境内出售，但如在成分含量标签上列明了维生素含量，则不必注册。

（6）鱼类　鱼肉的汞含量高于万分之一者，德国禁止进口。

（7）葡萄酒类　德方要求，凡葡萄酒、葡萄汁、新酿葡萄酒，进口时必须备有出口国有关机构签发的证明书。而且，如果这些商品供人食用。厂家还需附有产地国指定的机构签发的化验报告。

德国的贸易保护除了体现在一般的管理规定外，还有一些专门的标准规定。在进口中国茶叶方面可见一斑。1999 年以来，德国一些新闻媒体开始对我国茶叶农残问题进行连篇累牍的报道。著名的商品检测基金会在其“检测”杂志上发表文章，公布其对茶叶抽样检测的结果，提醒消费者注意。2 月号杂志上刊登文章指出，该组织对在德各地茶叶中抽取或送检的种茶叶样品中有 36 种茶样农残严重超标。9 月号杂志称在普洱减肥茶中发现了大量农残。11 月号说 12 种来自中国的茶叶中有 3 种有严重的农残。这些情况严重地影响了我国的茶叶出口。其主要原因是中国和欧盟实行的茶叶农残检验方法不同，我们用液态检验，欧盟实行干态检验，两者结果相差十倍。德国茶叶协会也承认，液态条件下茶叶农残含量仅为干态的 1/10，对人体的影响很有限。

思考题

1. 我国食品法律法规与国际食品法津法规的主要差异是什么？
2. ISO 和 CAC 在食品标准与法规中的作用和地位是什么？
3. 简述与食品有关的国际食品组织的机构和工作范围。
4. 美国食品卫生与安全法律法规体系是什么？有何特点？
5. 欧盟食品卫生与安全法律法规体系是什么？有何特点？
6. 简述日本食品卫生与安全法规的主要内容。

第五章　中国食品标准

本章学习重点：

※　了解我国不同类型食品标准现状与国外先进标准的主要差距；

※　掌握食品标准的基本内容与不同食品标准技术指标的差异以及关键技术指标的设置依据和作用；

※　熟悉无公害食品、绿色食品、有机食品、保健食品、辐照食品、食品标签、包装材料与容器卫生等标准的主要技术指标要求。

第一节　概　　述

一、我国食品标准的现状

农产品加工是农业产业化的关键环节之一。农产品加工就是把农产品作为原料，采用物理的、化学的和生物的加工技术手段，将其加工成半成品或成品的过程。食品加工是农产品加工的一个主要领域。食品标准在食品工业中占有十分重要的地位，也是食品卫生质量安全和食品工业持续发展重要保障。新中国建立 50 多年来，食品工业标准已经形成门类比较齐全、结构相对合理、相互协调、系统完整的食品标准化体系。目前，我国已发布食品国家标准 1035 项，行业标准 1089 项，其中食品加工产品标准 509 项（国家标准 133 项、行业标准 376 项）、食品工业基础标准及相关标准 116 项（国家标准 69 项、行业标准 47 项）、食品检验方法标准 1060 项（国家标准 479 项、行业标准 581 项）、食品及加工产品卫生标准 164 项（国家标准）、食品包装材料及容器标准 54 项（国家标准）、食品添加剂标准 221 项（国家标准 136 项、行业标准 85 项）。另外，还有进出口食品检验方法标准 578 项。食品工业标准化体系表共划分为 19 个专业，包括谷物食品、食用油脂、屠宰及肉禽制品、水产食品、罐头食品、食糖、焙烤食品、糖果、调味品、乳及乳制品、果蔬制品、淀粉及淀粉制品、食品添加剂、蛋制品、发酵制品、饮料酒、软饮料及冷冻饮品、茶叶、辐照食品等 19 类专业领域。

由于国内外对食品质量与安全的高度重视，人们对优质、安全食品的需求不断增加，食品加工业将向无公害食品、绿色食品、有机食品、功能性食品方向发展，并且对食品原料和加工过程、食品流通等方面提出全程质量管理标准体系，形成了从农田到餐桌的质量安全控制标准与预防措施，这也使得食品标准从过去重视产品标准到各个主要环节的标准全面发展的大格局。在加入WTO的新形势下，许多食品企业和食品标准化专家提出了生产型标准向贸易型标准的转化，以增强食品企业的市场占有率和国际竞争力。

（一）粮油产品标准

我国粮油加工产品标准体系建设经历了三个阶段的发展后，已经初步形成具有我国特色的粮油加工产品标准体系。到目前为止，我国制定的粮油加工产品的国家标准共有228项，其中强制性标准36项，推荐性标准198项。从标准类别上看，综合标准（包括术语、分类、包装及通用技术条件）19项；质量标准（包括粮、油品种质量及其加工产品质量标准）88项，质量检测方法标准107项，粮油卫生和卫生检验标准37项。截至2002年，我国制定的粮油加工产品的行业标准共有219项。其中强制性标准97项，推荐性标准122项。从标准类别上看，综合标准（包括术语、分类、包装及通用技术条件）24项；质量标准（包括粮、油品种质量及加工产品质量标准）82项，粮油产品质量检测方法标准66项，粮油卫生和卫生检验标准47项。

从标准的发布年代来看，我国粮油加工产品国家标准都是20世纪80年代以后发布的，在这以前的标准都经过了修订。1980～1985年发布的粮油加工产品国家标准有48项，占总数21%；1986～1990年发布的有87项，占总数38%；1991～1995年发布的有51项，占总数22%；1996以后发布的有42项，占总数18%。粮油加工产品行业标准多数都是20世纪90年代以后发布的。1980～1985年发布的有24项，占总数10%；1986～1990年发布的有9项，占总数4%；1991～1995年发布的有108项，占总数49%；1996年以后发布的有78项，占总数36%。

目前，在我国粮油加工产品标准体系中，已有53项国家标准等同、修改或非等效采用了国际标准和国外先进标准，它们分别为：ISO/TC34 45项，AACC 5项，AOCS 1项，ICGF 2项，采标率达到23.2%。从中也可以看出国际上更具权威的CAC标准，在我国粮油加工产品标准体系中还未被采用，ICC国际谷物加工方面标准也未被我国所采用。

（二）果蔬产品标准

目前，我国已发布果蔬加工产品国家标准和行业标准共494个，其中国家标准127个。2001年、2002年、2003年国家标准制修订计划中与果蔬加工产品有关的标准44个，提出制定的标准340个，共878个标准；已经颁布的标准中提出修订的有76个。涉及的主要加工过程要素有综合、工厂设施、加工工艺、产品质量、产品理化检验、贮藏运输等；有果蔬产品加工方面的行业标准344个，涉及的主要加工过程要素有产品、产品检验，也有少量的贮藏运输和综合标准。

果蔬加工的原料分级、加工技术和设备、质量控制和管理、产品质量和检验方法、产品安全、卫生、包装、贮运、标签和销售等组成的产业链条的每个环节，都应有相应的标准和技术规范，标准间应相互联系形成有机的整体。这方面的标准是今后一个时期蔬菜标准化工作的重点，对加快蔬菜的产业化开发有重大意义。

果蔬标准存在的最大问题就是标准重复问题。如 ZB/T B31 030—90《黄瓜》和 NY/T 268—1995《绿色食品黄瓜》都是有关黄瓜产品质量的行业标准；ZB/T B31033—90《梨销售质量标准》、NY/T 423—2000《绿色食品鲜梨》、GB/T 10650—1989《鲜梨》都是有关鲜梨的产品质量标准；NY/T 425—2000《绿色食品柑橘》、GB/T 12947—1991《鲜柑橘》都是柑橘的产品质量标准。NY/T 268—1995《绿色食品苹果》、GB/T 10651—1989《鲜苹果》都是有关新鲜苹果的产品质量标准。可以看出，苹果和梨都是既有国家标准，又有农业部颁布的无公害食品标准、绿色食品标准、苹果外观等级标准；苹果还有原商业部颁布的苹果销售质量标准。柑橘也是既有国家标准，又有农业部颁布的无公害食品标准、绿色食品标准，草莓既有农业行业标准，又有无公害产品标准。鲜葡萄没有国家标准，但同时有无公害食品和绿色食品标准及供销行业标准；香蕉有国家标准、无公害食品标准；西瓜、菠萝、桃、哈密瓜、荔枝都是既有无公害食品标准又有商业行业标准。

（三）畜产品标准

我国发布实施的肉及肉制品国家标准 87 个，蛋及蛋制品国家标准 7 个，乳及乳制品国家标准 53 个，畜禽副产品国家标准 51 个；其中产品标准 53 个，畜产品基础及相关标准 13 个，畜产品检测方法标准 107 个，畜产品卫生标准 26 个。肉及肉制品行业标准 165 个，蛋及蛋制品行业标准 12 个，乳及乳制品行业标准 14 个，畜禽副产品行业标准 39 个；其中产品标准 45 个，畜产品基础及相关标准 34 个，畜产品检测方法标准 127 个，畜产品卫生标准 24 个。但与发达国家相比，还存在着差距和问题。

我国畜产品标准标龄普遍过长，在我国已颁布和实施的标准中，其中 20 世纪 80 年代末和 90 年代初所制定的畜产品国家标准 132 项，明显多于 20 世纪 90 年代末及以后所制定的 67 项畜产品国家标准；在 240 项畜产品行业标准中大部分是 20 世纪 90 年代制定的。这些标准中大部分长期未做修订，由于受短缺经济的影响，标准中部分指标过低，甚至缺乏。例如，鲜冻四分体带骨牛肉中的四分体重量要求低；分割冻猪瘦肉中分级脂肪厚度要求不严格，分级指标无差别，如同虚设；牛肉、兔肉、羊肉卫生标准中缺乏微生物、农药、兽药和重金属等指标；板鸭卫生标准中缺乏挥发性盐基氮、微生物等指标；鲜冻分割牛肉国家标准与美国、澳大利亚等发达国家的标准相比，缺乏关于色泽、组织状态等分级指标。另外，现行标准中有关畜产品兽药残留等有毒有害物质限量标准，在标准制定时仅考虑了人体健康单一因素，较少考虑我国畜牧业生产力水平、畜牧业发展和畜产品国际贸易需要，致使不少安全卫生指标比国际标准和国外发达国家标准规定还要严格，影响了我国畜产品的出口贸易。因此，我国的畜产品加工标准需不断修订和完善，以适应现代社会发展和科技进步的趋势。

二、我国食品标准与国外食品标准的对比分析

我国农产品加工标准体系建设已取得了很大的成就。但是与发达国家相比，我国农产品加工产品标准体系建设的研究相对落后。长期以来，标准制定的思想、标准制定的水平以及农产品及其加工行业的开放程度都受到计划经济模式的约束，制定出来的质量与相关标准已经不能满足当前规范市场流通、产品质量监控和提高产品质量的需要。我国目前还没有一套较完整既符合中国国情又能与国际接轨的农产品加工标准体系，不能满足市场发展的需要和进出口贸易的需求。

（一）食品标准数量不少，但结构不合理，系统性较差

目前，我国制定的农产品加工国家标准共有 2163 项，其中强制性标准 423 项，推荐性标准 1740 项。从标准文献分类看，我国食品产品标准 553 项，食品卫生标准 423 项。ISO 食品标准为 585 项，CAC 为 245 项。

国际性标准组织和各主要发达国家食品与食品卫生标准总数与我国标准总数比较情况见图 5-1。总体来看，我国制定的食品加工方面的产品标准在数量上确实不少，但这些标准多数是在计划经济思想束缚未彻底消除的时期制定的，尽管对于规范我国当时的食品的生产和消费起到了重要的作用，但是不能适应目前食品加工产品由数量型向质量型转轨的需要。主要原因是标准的结构不合理，重复制订现象比较严重，系统化程度较差。例如，国标中有关粮油水分含量测定方法就有 8 项，脂肪含量测定方法有 6 项，蛋白质含量测定方法有 4 项。而缺乏快速仪器测定包括近红外和高效液相色谱等方面的标准方法，这些标准又是当前粮油加工业迫切需要的。

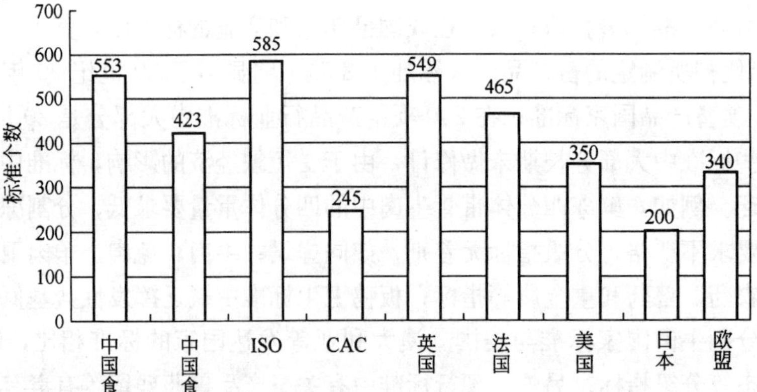

图 5-1 我国与国际性组织及各主要发达国家食品标准数量比较

在国际标准中，大多数的标准是基础标准和方法标准，产品标准仅占 7.5%左右，而我国的国家标准中 25%是产品标准，从某种程度上讲，产品标准太多，束缚了企业的自我发展和相互竞争。计划经济体制把生产和市场截然分割开，企业追求产品符合标准，而不是产品适应市场需求；过分强调标准服务于生产，而不是服务于市场，服务于消费。

另外，有关技术操作规程类标准只有少量农产品加工通用技术条件。与农产品加工产品质量标准相协调配套的包装、运输、贮藏方面的标准也非常少。农产品初加工和深加工相关技术规程和良好操作规范还相当缺乏。

（二）标准的更新滞后，先进性程度和实用性较差

1. 多数食品标准的标龄过长，技术内容相对滞后

我国食品标准多数是在 1986～1995 年期间制修订的，占该领域标准总数的 62%；ISO 有关这方面的国际标准多数是在 1996 年以后制修订的，占 40%。因此，我国食品标准的标龄普遍过长，未能及时得到修订，造成技术内容相对落后。如我国黄曲霉毒素检测标准仍采用国外早已淘汰的薄板层析法，导致检出限远低于国际先进方法，测定结果准确性非常差，有时甚至根本检测不出来。有些重要的卫生指标远低于同类国际要求，使产品失去应有的竞争力。我国对食品产品黄曲霉毒素指标的要求为 10～20μg/kg，而国际上对其的要求为总量不能超过 5μg/kg，其中黄曲霉毒素 B_1 不能超过 2μg/kg，远低于我国的指标，因此，如果我们不及时加以修订的话，会导致许多国内产品按我国国家卫生标准检验合格的，却在出口贸易中往往不合格，严重影响了企业的出口创汇。

2. 食品标准规定的内容简单，技术指标不尽协调

ISO 标准和 CAC 食品法典产品标准所包含的技术要素和内容具体详细、可操作性强，而我国农产食品标准有相当一部分制定的年代较早，标准中的内容简单，技术指标不能满足市场经济社会发展的需要。

从国标植物油类标准与 CAC 植物油标准（CAC CODEX-STAN 210—1999）的比较结果可以看出，在 CAC 植物油标准中的重要成分及质量要素中，包括脂肪酸组成，而国家标准中则没有列出，在国家标准中列出的技术要求（折射率和相对密度）在 CAC 标准中以附录的形式出现。CAC 标准有食品添加剂、污染物和卫生指标限量要求指标，在我国的植物油标准中未见有。且 CAC 的附录中还有铁、铜、过氧化值等限量指标和各种植物油的特有指标，但国标均未列出。

在许多检测方法中，ISO 标准的技术内容有适用范围、引用标准、定义、原理、使用仪器、取样方法、试样制备、分析步骤、结果表示、精密度和试验报告共 11 项，但许多现行的国家标准中仅有仪器和试剂、操作步骤和测定结果 3 项内容。不少现行食品标准的技术内容与国际标准有较大差异，不利于与国际标准接轨。

3. 食品产品标准中缺乏卫生指标

在ISO标准和CAC食品法典的产品标准中，重点突出了食品添加剂、污染物（尤其是最大农药残留限量）和卫生要求等关系到消费者健康的项目，体现了注重保护消费者健康的要求。在我国的食品标准中，这些内容大量缺乏。虽然有单独列出的卫生标准（如GB 15197—1994精炼食用植物油卫生标准），但其内容不能满足要求。

4. 标准覆盖面小，使用范围窄

同一类产品没有统一的标准，而是逐一制定各个产品标准，导致个别产品有新的变化时就难以套用。

（三）食品标准体系不尽完善，难以适应市场经济发展的需要

1. 食品标准体系不够完善，监管部门较多，市场秩序问题严峻

少数企业，尤其是个体企业，在经济利益的驱使下，在面粉中添加过量的增筋剂、漂白剂。用矿物油抛光大米，用有毒色素漂染大米（如绿竹米），滥用苏丹红染料，用地沟油生产食用油脂，油脂掺伪、以次充好等，严重干扰了正常的市场经济秩序，危害了人们的身体健康。

2. 标准化意识不强，规模化企业集团数量有限

食品产品标准中绝大多数执行的是企业标准，同一产品不同企业之间的产品质量可能相差较大，但从形式上来看企业标准已经完成有关备案手续。人们对标准化、规模化生产的竞争态势缺乏充分的认识，认为作坊式的小生产产品具有“船小易转向”，如个体小型粮食加工作坊对大型企业有一定的冲击，削弱了大型规模化企业的竞争力，使规模化企业的大型生产企业体现不出规模化、标准化的优势，也就缺乏形成规模化企业集团的动力。食品企业采用国际标准的比率低，不能适应国际加工产品市场竞争的需要。

第二节　食品基础标准

食品基础标准主要包括食品工业基础术语标准、食品综合基础标准、食品添加剂标准、食品中有毒有害物质最高残留限量标准、食品企业卫生规范、食品加工机械与设备基础标准以及食品标准的编写标准等。在这一节中，我们重点介绍食品企业卫生规范（GMP）、食品添加剂标准（GB 2760—1996）和食品中有毒有害物质最高残留限量标准。由于食品标准编写规定（GB/T 13494—1992）已经不适应现今国家关于标准制定的规定要求，在第二章中我们已经详细介绍了，这里不再介绍。

一、食品企业卫生规范（GMP）

食品GMP诞生于美国。1963年美国食品与药物管理局（Food & Drug Administration）制定药品GMP，目的在确保药品的高质量。1964年美国强调实施药品GMP，

1969 年美国公布食品 GMP 基本法，1969 年世界卫生组织（WHO）通函各国政府促请研究并实施药品 GMP 制度。我国食品企业卫生规范是在药品 GMP 的基础上建立起来的，并以强制性国家标准发布实施。从 1988 年开始，我国先后颁布了 18 个食品企业卫生规范和 1 个食品企业通用卫生规范，具体是：

GB 8950—1988 《罐头厂卫生规范》；
GB 8951—1988 《白酒厂卫生规范》；
GB 8952—1988 《啤酒厂卫生规范》；
GB 8953—1988 《酱油厂卫生规范》；
GB 8954—1988 《食醋厂卫生规范》；
GB 8955—1988 《食用植物油厂卫生规范》；
GB 8956—1988 《蜜饯厂卫生规范》；
GB 8957—1988 《糕点厂卫生规范》；
GB 12693—1990 《乳品厂卫生规范》；
GB 12694—1990 《肉类加工厂卫生规范》；
GB 12695—1990 《饮料厂卫生规范》；
GB 12696—1990 《葡萄酒厂卫生规范》；
GB 12697—1990 《果酒厂卫生规范》；
GB 12698—1990 《黄酒厂卫生规范》；
GB 16330—1996 《饮用天然矿泉水厂卫生规范》；
GB 17403—1998 《巧克力厂卫生规范》；
GB 17404—1998 《膨化食品良好生产规范》；
GB 17405—1998 《保健食品良好生产规范》；
GB 14881—1994 《食品企业通用卫生规范》。

（一）食品企业通用卫生规范（General hygienic regulation for food enterprises，GB 14881—1994）

《食品企业通用卫生规范》适用于食品生产、经营的企业、加工厂，并作为制定各类食品厂的专业卫生规范的依据。该规范采用联合国粮农组织/世界卫生组织（FAO/WHO）食品法典委员会 CAC/RCP Rev. 2-1985《食品卫生基本原则》的规定，规范性引用了 GB 3841—1983《锅炉烟尘排放标准》、GB 5749—1985《生活饮用水卫生标准》等标准，其主要内容如下。

1. 原材料采购、运输的卫生要求

（1）原材料采购

① 采购原材料应按该种原材料质量卫生或卫生要求进行。

② 购入的原料，应具有一定的新鲜度，具有该品种应有的色、香、味和组织形态特征，不含有毒有害物，也不应受其污染。

③ 某些农、副产品原料在采收后，为便于加工、运输和贮存而采取的简易加工应符合卫生要求，不应造成对食品的污染和潜在危害，否则不得购入。

④ 采购人员应具有简易鉴别原材料质量、卫生的知识和技能。

⑤ 盛装原材料的包装物或容器，其材质应无毒无害，不受污染，符合卫生要求。

⑥ 重复使用的包装物或容器，其结构应便于清洗、消毒。要加强检验，有污染者不得使用。

（2）运输

① 运输工具（车厢、船舱）等应备有防雨防尘设施，根据原料特点和卫生需要，

还应具备保温、冷藏、保鲜等设施。

② 运输作业应防止污染，操作要轻拿轻放，不使原料受损伤，不得与有毒、有害物品同时装运。

③ 建立卫生制度，定期清洗、消毒、保持洁净卫生。

2. 贮存要求

（1）应设置与生产能力相适应的原材料场地和仓库

① 新鲜果、蔬原料应贮存于遮阳、通风良好的场地、地面平整，有一定坡度，便于清洗、排水，及时剔出腐败、霉烂原料，将其集中到指定地点，按规定方法处理，防止污染食品和其他原料。

② 各类冷库应根据不同要求，按规定的温、湿度贮存。

③ 其他原材料场地和仓库，应地面平整，便于通风换气，有防鼠、防虫设施。

（2）原料场地和仓库应设专人管理，建立管理制度，定期检查质量和卫生情况，按时清扫、消毒、通风换气

① 各种原材料应按品种分类分批贮存，每批原材料均有明显标志，同一库内不得贮存相互影响风味的原材料。

② 原材料应离地、离墙并与屋顶保持一定距离，垛与垛之间也应有适当间隔。

③ 先进先出，及时剔出不符合质量和卫生标准的原料，防止污染。

3. 工厂设计与设施的卫生要求

（1）设计

① 凡新建、扩建、改建的工程项目有关食品卫生部分均应按本规范和各类食品厂的卫生规范的有关规定，进行设计和施工。

② 各类食品厂应将本厂的总平面布置图、原材料、半成品、成品的质量和卫生标准、生产工艺规程以及其他有关资料，报当地卫生监督机构备查。

（2）选址

① 要选择地势干燥、交通方便、有充足的水源的地区。厂区不应设于受污染河流的下游。

② 厂区周围不得有粉尘、有害气体、放射性物质和其他扩散性污染源；不得有昆虫大量孳生的潜在场所，避免危害的产生。

③ 厂区要远离有害场所。生产区建筑物与外缘公路或道路应有防护地带。其距离可根据各类食品厂的特点由各类食品厂卫生规范另行规定。

（3）总平面布置（布局）

① 各类食品厂应根据本厂特点制定整体规划。

② 要合理布局，划分生产区和生活区；生产区在生活区的下风向。

③ 建筑物、设备布局与工艺流程三者衔接合理，建筑结构完善，并能满足生产工

艺和质量要求；原料与半成品和成品、生产原料与熟食品均应杜绝交叉污染。

④ 建筑物和设备布置还应考虑生产工艺对温、湿度和其他工艺参数的要求，防止毗邻车间受到干扰。

⑤ 道路：

a. 厂区道路应通畅，便于机动车通行，有条件的应修环行路且便于消防车辆到达各车间。

b. 厂区道路应采用便于清洗的混凝土，沥青及其他硬质材料铺设，防止积水及尘土飞扬。

⑥ 绿化：

a. 厂房之间，厂房与外缘公路或道路应保持一定距离，中间设绿化带。

b. 厂区内各车间的裸露地面应进行绿化。

⑦ 给排水：

a. 给排水系统应能适应生产需要，设施应合理有效，经常保持畅通，有防止污染水源和鼠源、昆虫通过排水管道潜入车间的有效措施。

b. 生产用水必须符合 GB 5749—1985 之规定。

c. 污水排放必须符合国家规定的标准，必要时采取净化设施达标后才可排放。净化排放设施不得位于生产车间主风向的上方。

⑧ 污物：

a. 污物（加工后的废弃物）存放应远离生产车间，且不得位于生产车间上风向。

b. 存放设施应密闭或带盖，要便于清洗、消毒。

⑨ 烟尘：

a. 锅炉烟筒高度和排放粉尘量应符合 GB 3841—1983 的规定，烟道出口与引风机之间须设置除尘装置。

b. 其他排烟、除尘装置也应达标准后再排放，防止污染环境。

c. 排烟除尘装置应设置在主导风向的下风向。季节性生产厂应设置在季节风向的下风向。

⑩ 实验动物待加工禽畜饲养区应与生产车间保持一定距离，且不得位于主导风向的上风向。

(4) 设备、工具、管道

① 材质：凡接触食品物料的设备、工具、管道，必须用无毒、无味、抗腐蚀、不吸水、不变形的材料制作。

② 结构：设备、工具、管道表面要清洁，边角圆滑，无死角，不易积垢，不漏隙，便于拆卸、清洗和消毒。

③ 设置：

a. 设备设置应根据工艺要求，布局合理。上、下工序衔接要紧凑。

b. 各种管道、管线尽可能集中走向。冷水管不宜在生产线和设备包装台上方通过，防止冷凝水滴入食品。其他管线和阀门也不应设置在暴露原料和成品的上方。

④ 安装：

a. 安装应符合工艺卫生要求，与屋顶（天花板）、墙壁等应有足够的距离，设备一般应用脚架固定，与地面应有一定的距离。传动部分应有防水、防尘罩，以便于清洗和消毒。

b. 各类料液输送管道应避免死角或盲端，设排污阀或排污口，便于清洗、消毒，防止堵塞。

（5）建筑物和施工

① 高度：生产厂房的高度应能满足工艺、卫生要求，以及设置安装、维护、保养的需要。

② 占地面积：生产车间人均占地面积（不包括设备占位）不能少于 1.5m^2，高度不低于 3m。

③ 地面：

a. 生产车间地面应使用不渗水、不吸水、无毒、防滑材料（如耐酸砖、水磨石、混凝土等）铺砌，应有适当坡度，在地面最低点设置地漏，以保证不积水。其他厂房也要根据卫生要求进行。

b. 地面应平整、无裂隙、略高于道路路面，便于清扫和消毒。

④ 屋顶：屋顶或天花板应选用不吸水、表面光洁、耐腐蚀、耐温、浅色材料覆涂或装修，要有适当的坡度，在结构上减少凝结水滴落，防止虫害和霉菌孳生，以便于洗刷、消毒。

⑤ 墙壁：生产车间墙壁要用浅色、不吸水、不渗水、无毒材料覆涂，并用白瓷砖或其他防腐蚀材料装修高度不低于 1.50m 的墙裙。

⑥ 门窗：

a. 门、窗、天窗要严密不变形，防护门要能两面开，设置位置适当，并便于卫生防护设施的设置。

b. 窗台要设于地面 1m 以上，内侧要下斜 45°。

c. 非全年使用空调的车间、门窗应有防蚊蝇、防尘设施，纱门应便于拆下洗刷。

⑦ 通道：

a. 通道要宽畅，便于运输和卫生防护设施的设置。

b. 楼梯、电梯传送设备等处要便于维护和清扫、洗刷和消毒。

⑧ 通风：

a. 生产车间、仓库应用良好通风，采用自然通风时通风面积与地面积之比不应小于 1∶16；采用机械通风时换气量不应小于每小时换气 3 次。

b. 机械通风管道进风口要距离地面 2m 以上，并远离污染源和排风口，开口处应设防护罩。

c. 饮料、熟食、成品包装等生产车间或工序必要时应增设水幕、风幕和空调设备。

⑨ 采光、照明：

a. 车间或工作地应有充足的自然采光或人工照明。车间采光系数不应低于标准Ⅳ级；检验场所工作面混合照度不应低于 540lx；加工场所工作面不应低于 220lx；其他场所一般不应低于 110lx。

b. 位于工作台、食品和原料上方的照明设备应加防护罩。

⑩ 防鼠、防蚊蝇、防尘设施：建筑物及各项设施应根据生产工艺卫生要求和原材料贮存等特点，相应设置有效的防鼠、防蚊蝇、防尘、防飞鸟、防昆虫的侵入、隐藏和孳生的设施，防止受其危害和污染。

（6）卫生设施

① 洗手、消毒：

a. 洗手设施应分别设置在车间进口处和车间内适当的地点。

b. 要配备冷热水混合器，其开关应采用非手动式，龙头设置以每班人数在 200 人以内者，按每 10 人 1 个，200 人以上者每增加 20 人增设 1 个。

c. 洗手设施还应包括干手设备（热风、消毒干毛巾、消毒纸巾等）；根据生产需要，有的车间、部门还应配备消毒手套，同时还应配备足够数量的指甲刀、指甲刷和洗涤剂、消毒液等。

d. 生产车间进口，必要时还应设有工作靴鞋消毒池（卫生监督部门认为无需穿靴鞋消毒的车间可免设）。

e. 消毒池壁内侧与墙体呈 45°坡形，其规格尺寸应根据情况使工作人员必须通过消毒池才能进入为目的。

② 更衣室：

a. 更衣室应设储衣柜或衣架，鞋箱（架），衣柜之间要保持一定距离，离地面 20cm 以上，如采用衣架应另设个人物品存放柜。

b. 更衣室还应备有穿衣镜，供工作人员自检用。

③ 淋浴室：

a. 淋浴室可分散或集中设置，淋浴器按每班工作人员计每 20～25 人设置 1 个。

b. 淋浴室应设置天窗或通风排气孔和采暖设备。

④ 厕所：

a. 厕所设置应有利于生产和卫生，其数量和便池坑位应根据生产需要和人员情况适当设置。

b. 生产车间的厕所应设置在车间外侧，并一律为水冲式，备有洗手设施和排臭装置，其出入口不得正对车间门，要避开通道；其排污管道应与车间排水管道分设。

c. 设置坑式厕所时，应距生产车间 25m 以上，并应便于清扫、保洁，还应设置防蚊、防蝇设施。

4. 工厂的卫生管理

（1）机构

① 食品厂必须建立相应的卫生管理机构，对本单位的食品卫生工作进行全面管理。

② 管理机构应配备经专业培训的专职或兼职的食品卫生管理人员。

（2）职责（任务）

① 宣传和贯彻食品卫生法规和有关规章制度，监督、检查在本单位的执行情况，定期向食品卫生监督部门报告。

② 制定和修改本单位的各项卫生管理制度和规划。

③ 组织卫生宣传教育工作、培训食品从业人员。

④ 定期进行本单位从业人员的健康检查，并作好善后处理工作。

（3）维修、保养工作

① 建筑物和各种机械设备、装置、设施、给排水系统等均应保持良好状态，确保正常运行和整齐洁净，不污染食品。

② 建立健全维修保养制度，定期检查、维修，杜绝隐患，防止污染食品。

（4）清洗和消毒工作

① 应制定有效的清洗及消毒方法和制度，以确保所有场所清洁卫生，防止污染食品。

② 使用清洗剂和消毒剂时，应采取适当措施，防止人身、食品受到污染。

（5）除虫、灭害的管理

① 厂区应定期或在必要时进行除虫灭害工作，要采取有效措施防止鼠类、蚊蝇、昆虫等的聚集和孳生。对已经发生的场所，应采取紧急措施加以控制和消灭，防止蔓延和对食品的污染。

② 使用各类杀虫剂或其他药剂前，应做好对人身、食品、设备工具的污染和中毒的预防措施，用药后将所有设备、工具彻底清洗，消除污染。

（6）有毒有害物管理

① 清洗剂、消毒剂、杀虫剂以及其他有毒有害物品、均应有固定包装，并在明显处标示“有毒品”字样，贮存于专门库房或柜橱内，加锁并由专人负责保管，建立管理制度。

② 使用时应由经过培训的人员按照使用方法进行，防止污染和人身中毒。

③ 除卫生和工艺需要，均不得在生产车间使用和存放可能污染食品的任何种类的

药剂。

④ 各种药剂的使用品种和范围，须经省（自治区、直辖市）卫生监督部门同意。

(7) 饲养动物的管理

① 厂内除供实验动物和待加工禽畜外，一律不得饲养家禽、家畜。

② 应加强对实验动物和待加工禽畜的管理，防止污染食品。

(8) 污水与污物的管理

① 污水排放应符合国家标准规定，不符合标准的应采取净化措施，达标后排放。

② 厂区设置的污物收集设施，应为密闭式或带盖。要定期清洗、消毒，污物不得外溢，应于24h之内运出厂区处理。

(9) 副产品的管理

① 副产品（加工后的下脚料和废弃物）应及时从生产车间运出，按照卫生要求，贮存产品仓库，废弃物则收集于污物设施内，及时运出厂区处理。

② 使用的运输工具和容器应经常清洗、消毒，保持清洁卫生。

(10) 卫生设施的管理

洗手池，消毒池，靴、鞋、鞋消毒池，更衣室、淋浴室、厕所等卫生设施，应有专人管理，建立管理制度，责任到人，应经常保持良好状态。

(11) 工作服的管理

① 工作服包括淡色工作衣、裤、发帽、鞋靴等，某些工序（种）还应配备口罩、围裙、套袖等卫生防护用品。

② 工作服应有清洗保洁制度。凡直接接触食品的工作人员必须每日更换；其他人员也应定期更换，保持清洁。

(12) 健康管理

① 食品厂全体工作人员，每年至少进行一次体格检查，没有取得卫生监督机构颁发的体检合格证者，一律不得从事食品生产工作。

② 对直接接触入口食品的人员还须进行粪便培养和病毒性肝炎带毒试验。

③ 凡体检确认患有以下疾病者均不得从事食品生产工作。

a. 肝炎（病毒性肝炎和带毒者）；

b. 活动性肺结核；

c. 肠伤寒和肠伤寒带菌者；

d. 细菌性痢疾和痢疾带菌者；

e. 化脓性或渗出性、脱性皮肤病；

f. 其他有碍食品卫生的疾病或疾患的人员。

5. 生产过程的卫生要求

(1) 管理制度

① 应按产品品种分别建立生产工艺和卫生管理制度，明确各车间、工序、个人的岗位职责，并定期检查、考核，具体办法在各类食品厂的卫生规范中分别制定。

② 各车间和有关部门应配备专职或兼职的工艺卫生管理人员，按照管理范围，做好监督、检查、考核等工作。

（2）原材料的卫生要求

① 进厂的原材料应符合采购规定。

② 原材料必须经过检查、化验、合格者方可使用；不符合质量卫生标准和要求的，不得投产使用，要与合格品严格区分开，防止混淆和污染食品。

（3）生产过程的卫生要求

① 按生产工艺的先后次序和产品特点，应将原料处理，半成品处理和加工，包装材料和容器的清洗，消毒、成品包装和检验、成品贮存等工序分开设置，防止前后工序相互交叉污染。

② 各项工艺操作应在良好的情况下进行，防止变质和受到腐败微生物及有毒有害物的污染。

③ 生产设备、工具、容器、场地等在使用前后均应彻底清洗、消毒、维修、检查设备时，不得污染食品。

④ 成品应有固定包装，经检验合格后方可包装、包装应在良好的状态下进行，防止异物带入食品。

a. 使用的包装容器和材料，应完好无损，符合国家卫生标准。

b. 包装上的标签应按 GB 7718—1994 的有关规定执行。

⑤ 成品包装完毕，按批次入库、贮存，防止差错。

⑥ 生产过程中的各项原始记录（包括工艺规程中各个关键因素的检查结果）应妥为保存，保存期应较该产品的商品保存期延长六个月。

6. 卫生和质量检验的管理

（1）食品厂应设立与生产能力相适应的卫生和质量检验室，并配备经专业培训，考核合格的检验人员，从事卫生、质量的检验工作。

（2）卫生和质量检验室应具备所需的仪器、设备，并有健全的检验制度和检验方法。原始记录应齐全，并应妥善保存，以备查核。

（3）应按国家规定的卫生标准和检验方法进行检验，要逐批次对投产前的原材料、半成品和出厂前的成品进行检验，并签发检验结果单。

（4）对检验结果如有争议，应由卫生监督机构进行仲裁。

（5）检验用的仪器设备，应按期检定，及时维修，使经常处于良好状态，以保证检验数据的准确。

7. 成品贮存、运输的卫生要求

（1）经检验合格包装的成品应贮存于成品库，其容量应与生产能力相适应　按品种、批次分类存放，防止相互混杂。成品库不得贮存有毒、有害物品或其他易腐、易燃品。

① 成品码放时，与地面，墙壁应有一定距离，便于通风。要留出通道，便于人员、车辆通行，要设有温、湿度监测装置，定期检查和记录。

② 要有防鼠、防虫等设施，定期清扫、消毒，保持卫生。

（2）运输工具（包括车厢、船舱和各种容器等）应符合卫生要求　要根据产品特点配备防雨、防尘、冷藏、保温等设施。

① 运输作业应避免强烈震荡、撞击，轻拿轻放，防止损伤成品外形；且不得与有毒、有害物品混装、混运，作业终了，搬运人员应撤离工作地，防止污染食品。

② 生鲜食品的运输，应根据产品的质量和卫生要求，另行制定办法，由专门的运输工具进行。

8. 个人卫生与健康的要求

（1）食品厂的从业人员（包括临时工）应接受健康检查，并取得体检合格证者，方可参加食品生产。

（2）从业人员上岗前，要先经过卫生培训教育，方可上岗。

（3）上岗时，要做好个人卫生，防止污染食品。

① 进车间前，必须穿戴整洁统一的工作服、帽、靴、鞋，工作服应盖住外衣，头发不得露于帽外，并要把双手洗净。

② 直接与原料、半成品和成品接触的人员不准戴耳环、戒指、手镯、项链、手表，不准浓艳化妆、染指甲、喷洒香水进入车间。

③ 手接触脏物，进厕所、吸烟、用餐后，都必须把双手洗净才能进行工作。

④ 上班前不许酗酒，工作时不准吸烟、饮酒、吃食物及做其他有碍食品卫生的活动。

⑤ 操作人员手部受到外伤者不得接触食品或原料，经过包扎治疗戴上护防手套后，方可参加不直接接触食品的工作。

⑥ 不准穿工作服、鞋进厕所或离开生产加工场所。

⑦ 生产车间不得带入或存放个人生活用品，如衣服、食品、烟酒、药品、化妆品等。

⑧ 进入生产加工车间的其他人员（包括参观人员）均应遵守生产规范的规定。

（二）保健食品良好操作规范（Good Manufacture Practice for Health Food，GB 17405—1998）

《保健食品良好操作规范》规定了对生产具有特定保健功能食品企业的人员、设计与设施、原料、生产过程、成品贮存与运输以及品质和卫生管理方面的基本技术要求，适用于所有保健食品生产企业。该规范引用了 GBJ 73—1984《洁净厂房设计规范》、GB 5749—1985《生活饮用水卫生标准》、GB 7718—1994《食品标签通用标准》、GB 14881—1994《食品企业通用卫生规范》。本标准由中华人民共和国卫生部 1998 年 5 月 5 日批准，并于 1999 年 1 月 1 日实施。主要内容包括原料、中间产品、成品、批号，即保健食品生产过程中使用的所有投入物，包括加工助剂和食品添加剂、需进一步加工的物质或混合物、产品形成定型包装后的待销售成品等。现介绍如下。

1. 人员

保健食品生产企业对人员的素质要求比较高，专业知识必须具有与所生产的保健食品相适应的具有医药学（或生物学、食品科学）等相关专业知识的技术人员和具有生产及组织能力的管理人员。专职技术人员的比例应不低于职工总数的 5%。

（1）主管技术的企业负责人必须具有大专以上或相应的学历，并具有保健食品生产及质量、卫生管理的经验。

（2）保健食品生产和品质管理部门的负责人必须是专职人员，应具有与所从事专业相适应的大专以上或相应的学历，能够按本规范的要求组织生产或品质管理，有能力对保健食品生产和品质管理中出现的实际问题做出正确的判断和处理。

（3）保健食品生产企业必须有专职的质检人员。质检人员必须具有中专以上学历；采购人员应掌握鉴别原料是否符合质量、卫生要求的知识和技能。

（4）从业人员上岗前必须经过卫生法规教育及相应技术培训，企业应建立培训及考核档案，企业负责人及生产、品质管理部门负责人还应接受省级以上卫生监督部门有关保健食品的专业培训，并取得合格证书。

（5）从业人员必须进行健康检查，取得健康证后方可上岗，以后每年须进行一次健康检查。

（6）从业人员必须按 GB 14881—1994 的要求做好个人卫生。

2. 设计与设施

（1）设计　保健食品厂的总体设计、厂房与设施的一般性设计、建筑和卫生设施应符合 GB 14881—1994 的要求。

（2）厂房与厂房设施　厂房应按生产工艺流程及所要求的洁净级别进行合理布局，同一厂房和邻近厂房进行的各项生产操作不得相互妨碍。

（3）必须按照生产工艺和卫生、质量要求，划分洁净级别，原则上分为一般生产区、10 万级区。10 万级洁净级区应安装具有过滤装置的相应的净化空调设施。厂房洁净级别及换气次数见表 5-1 。

洁净厂房的设计和安装应符合 GBJ 73—1984 的要求。净化级别必须满足生产加工保健食品对空气净化的需要。生产片剂、胶囊、丸剂以及不能在最后容器中灭菌的口服液等产品应当采用十万级洁净厂房。

表 5-1　厂房洁净级别及换气次数

洁净级别	尘埃数/m^3		活微生物数/m^3	换气次数(次/h)
	≥0.5μm	≥5μm		
10000 级	≤350000	≤2000	≤100	≥20
100000 级	≤3500000	≤20000	≤500	≥15

厂房、设备布局与工艺流程三者应衔接合理，建筑结构完善，并能满足生产工艺和质量、卫生的要求；厂房应有足够的空间和场所，以安置设备、物料；用于中间产品、待包装品的贮存间应与生产要求相适应。洁净厂房的温度和相对湿度应与生产工艺要求相适应。洁净厂房内安装的下水道、洗手及其他卫生清洁设施不得对保健食品的生产带来污染。洁净级别不同的厂房之间、厂房与通道之间应有缓冲设施。应分别设置与洁净级别相适应的人员和物料通道。

(4) 原料的前处理（如提取、浓缩等）应在与其生产规模和工艺要求相适应的场所进行，并装备有必要的通风、除尘、降温设施。原料的前处理不得与成品生产使用同一生产厂房。

(5) 保健食品生产应设有备料室，备料室的洁净级别应与生产工艺要求相一致。

(6) 洁净厂房的空气净化设施、设备应定期检修、检修过程中应采取适当措施，不得对保健食品的生产造成污染。

(7) 生产发酵产品应具备专用发酵车间，并应有与发酵工艺相应的专用设备。

(8) 凡与原料、中间产品直接接触的生产用工具、设备应使用符合产品质量和卫生要求的材质。

3. 原料

(1) 保健食品生产所需要的原料、采购运输等应符合 GB 14881—1994 要求，由专人负责。

(2) 采购原料必须按有关规定索取有效的检验报告单；属食品新资源的原料需索取卫生部批准证书（复印件）。

(3) 以菌类经人工发酵制得的菌丝体或菌丝体与发酵产物的混合物及微生态类原料索取菌株鉴定报告、稳定性报告及菌株不含耐药因子的证明资料。

(4) 以藻类、动物及动物组织器官等为原料的，必须索取品种鉴定报告。从动、植物中提取的单一有效物质或以生物、化学合成物为原料的，应索取该物质的理化性质及含量的检测报告。

(5) 含有兴奋剂或激素的原料，应索取其含量检测报告；经放射性辐射的原料，应索取辐照剂量的有关资料。

(6) 原料的运输工具等应符合卫生要求。应根据原料特点，配备相应的保温、冷藏、保鲜、防雨防尘等设施，以保证质量和卫生需要。运输过程不得与有毒、有害物品同车或同一容器混装。

(7) 以菌类经人工发酵制得的菌丝体或以微生态类为原料的应严格控制菌株保存条件，菌种应定期筛选、纯化，必要时进行鉴定，防止杂菌污染、菌种退化和变异产毒。

4. 生产过程

工厂应根据保健食品生产的特点结合 GB 14881—1994 进行。

(1) 制定生产操作规程及岗位操作规程　生产工艺规程需符合保健食品加工过程中功效成分不损失、不破坏、不转化和不产生有害中间体的工艺要求，其内容应包括产品配方、各组分的制备、成品加工过程的主要技术条件及关键工序的质量和卫生监控点，如成品加工过程中的温度、压力、时间、pH、中间产品的质量指标等。

(2) 配料与加工　生产操作人员应严格按照一般生产区与洁净区的不同要求，搞好个人卫生。因调换工作岗位有可能导致产品污染时，必须更换工作服、鞋、帽，重新进行消毒。用于洁净区的工作服、帽、鞋等必须严格清洗、消毒，每日更换，并且只允许在洁净区内穿用，不准带出区外。原辅料进入生产区，必须经过物料通道进入。凡进入洁净厂房、车间的物料必须除去外包装，若外包装脱不掉则要擦洗干净或换成室内包装桶。

配制过程原、辅料必须混合均匀，物料需要热熔、热取或浓缩（蒸发）的必须严格控制加热温度和时间。中间产品需要调整含量、pH 等技术参数的，调整后须经对含量、pH、相对密度、防腐剂等重新测定复核。

各项工艺操作应在符合工艺要求的良好状态下进行。口服液、饮料等液体产品生产过程需要过滤的，应注意选用无纤维脱落且符合卫生要求的滤材，禁止使用石棉作滤材。胶囊、片剂、冲剂等固体产品需要干燥的应严格控制烘房（箱）温度与时间，防止颗粒融熔与变质；捣碎、压片、过筛或整粒设备应选用符合卫生要求的材料制作，并定期清洗和维护，以避免铁锈及金属污染物的污染。

产品压片、分装胶囊、冲剂、液体产品的灌装等均应在洁净室内进行，应控制操作室的温度、湿度。手工分装胶囊应在具有相应洁净级别的有机玻璃罩内进行，操作台不得低于 0.7m。配制好物料须放在清洁的密闭容器中，及时进入灌装、压片或分装胶囊等工序，需储存的不得超过规定期限。

(3) 包装容器的洗涤、灭菌和保洁　应使用符合标准和卫生管理办法规定允许使用的食品容器、包装材料、洗涤剂、消毒剂。使用的空胶囊、糖衣等原料必须符合卫生要求，禁止使用非食用色素。

产品包装用各种玻璃瓶（管）、塑料瓶（管）、瓶盖、瓶垫、瓶塞、铝塑包装材料等，凡是直接接触产品的内包装材料均应采取适当方法清洗、干燥和灭菌，灭菌后应置于洁净室内冷却备用。贮存时间超过规定期限应重新洗涤、灭菌。

（4）产品杀菌　各类产品的杀菌应选用有效的杀菌或灭菌设备和方法。对于需要灭菌又不能热压灭菌的产品，可根据不同工艺和食品卫生要求，使用精滤、微波、辐照等方法，以确保灭菌效果。采用辐照灭菌方法时，应严格按照《辐照食品卫生管理办法》的规定，严格控制辐照吸收剂量和时间。

应对杀菌或灭菌装置内温度的均一性、可重复性等定期做可靠性验证，对温度、压力等检测仪器定期校验。在杀菌或灭菌操作中应准确记录温度、压力及时间等指标。

（5）产品灌装或装填　每批待灌装或装填产品应检查其质量是否符合要求，计算产出率，并与实际产出率进行核对。若有明显差异，必须查明原因，在得出合理解释并确认无潜在质量事故后，经品质管理部门批准方可按正常产品处理。

液体产品灌装，固体产品的造粒、压片及装填应根据相应要求在洁净区内进行。除胶囊外，产品的灌装、装填须使用自动机械装置，不得使用手工操作。

灌装前应检查灌装设备、针头、管道等是否用新鲜蒸馏水冲洗干净、消毒或灭菌。

操作人员必须经常检查灌装及封口后的半成品质量，随时调整灌装（封）机器，保证灌封质量。

凡需要灭菌的产品，从灌封到灭菌的时间应控制在工艺规程要求的时间限度内。

口服安瓿制剂及直形玻璃瓶等瓶装液体制剂灌封后应进行灯检。每批检验结束，必须做好清场工作，剔除品应标明品名、规格、批号，置于清洁容器中由专人负责处理。

（6）包装　保健食品的包装材料和标签应由专人保管，每批产品标签凭指令发放、领用，销毁的包装材料应有记录。

经灯检及检验合格的半成品在印字或贴签过程中，应随时抽查印字或贴签质量。印字要清晰；贴签要贴正、贴牢。

（7）标识（志）　产品标识必须符合《保健食品标识规定》和 GB 7718—2004 的要求。保健食品产品说明书、标签的印刷，应与卫生部批准的内容相一致。

5. 成品贮存与运输

（1）贮存与运输的一般性卫生要求应符合 GB 14881—1994 的要求。

（2）成品贮存方式及环境应避光、防雨淋，温度、湿度应控制在适当范围，并避免撞击与振动。

（3）含有生物活性物质的产品应采用相应的冷藏措施，并以冷链方式贮存和运输。

（4）非常温下保存的保健食品（如某些微生态类保健食品），应根据产品不同特性，按照要求的温度进行贮运。

（5）仓库应有收、发货检查制度。成品出厂应执行“先产先销”的原则。

(6) 成品入库应有存量记录；成品出库应有出货记录，内容至少包括批号、出货时间、地点、对象、数量等，以便发现问题及时回收。

6. 品质管理

(1) 工厂必须设置独立的与生产能力相适应的品质管理机构，直属工厂负责人领导各车间设专职质监员，各班组设兼职质检员，形成一个完整而有效的品质监控体系，负责生产全过程的品质监督与执行。

(2) 必须设置与生产品种相适应的检验室和化验室 应具备对原料、半成品、成品进行检验所需的房间、仪器、设备及器材，并定期鉴定，使其经常处于良好状态。

(3) 做好原料、加工过程的品质管理 对重要的生产设备和计量器具定期检修，对生产环境、生产用水进行监测。对品质管理过程中发现的异常情况，应迅速查明原因。

(4) 做好成品的品质管理 成品的品质管理包括感官、卫生及质量指标的检验，质量指标包括主要功效因子或功效成分的检测，不合格者不得出厂。应定期做产品稳定性实验。

必须对产品的包装材料、标志、说明书进行检查，不合格者不得使用。每批产品必须留样，库房不符合存放条件的不得使用。

(5) 品质管理的其他要求 应对用户提出的质量意见和使用中出现的不良反应详细记录，并做好调查处理工作，并作记录备查。必须建立完整的质量管理档案，设有档案柜和档案管理人员，各种记录分类归档，保存2～3年备查。应定期对生产和质量进行全面检查，对生产和管理中的各项操作规程、岗位责任制进行验证。

7. 卫生管理

工厂应按照GB 14881—1994的要求，做好除虫、灭害、有毒、有害物处理、饲养动物、污水污物处理、副产品处理等的卫生管理工作。

二、食品添加剂使用卫生标准

食品添加剂是指为改善食品品质、色、香、味以及为防腐和加工工艺的需要而加入食品中的化学合成或者天然物质。食品添加剂本身不是以食用为目的，也不是作为食品的原料物质，其自身并不一定含有营养物质，但是，它在增强食品营养功能、延长食品食用期等方面具有重要作用。GB 2760—1996《食品添加剂使用卫生标准》明确规定了食品添加剂的品种、使用范围及最大使用量，该标准规范性引用了GB 12493—1990《食品添加剂分类和代码》、GB/T 14156—1993《食品用香料分类和代码》、GB 14880—1994《食品营养强化剂使用卫生标准》。另外，对未列入《食品添加剂使用卫生标准》的其他食品添加剂如需要在生产中使用时，要按《食品添加剂新品种管理办法》规定的审批程序经批准后方可使用。其审批程序是：①由研制、生产或使用单位向省、自治区、直辖市一级的食品卫生监督机构提出申请报告及提供有关资料，包括：食品添加剂品名、理化性质、生产工艺、质量标准、毒理学试验、使用效果、使用范围、使用量、残留量及检验方法以及国外批准使用资料，或 FAO/WHO 联合专家委员会评价资料等。②由省、自治区、直辖市食品卫生监督机构进行初审。③再由国家卫生部食品添加剂卫生标准科研协作组织预审，全国食品添加剂标准化技术委员会终审。④通过的产品列入食品添加剂使用卫生标准，由国家卫生部批准颁发。对新品种的审核除对工艺、质量标准审查外，重点对产品进行安全毒理学评价。

我国最早发布的食品添加剂使用卫生标准是在 1986 年，随后的 1988 年、1989 年、1990 年和 1996 年增补品种规定使用的食品添加剂种类有防腐剂、抗氧化剂、发色剂、漂白剂、酸味剂、凝固剂、疏松剂、增稠剂、消泡剂、甜味剂、着色剂、乳化剂、品质改良剂、抗结剂、酶制剂、营养强化剂、食品加工助剂、增味剂、保鲜剂、香料和其他等 21 类。目前，国家批准允许使用的食品添加剂有 431 种，香料 1040 种。

目前禁止使用的有毒添加剂共 20 种，主要有甲醛、硼酸、硼砂、β-萘酚、水杨酸（柳酸）、吊白块、硫酸铜、黄樟素、香豆素，其余品种使用不普遍。

三、食品中有毒有害物质最高残留限量标准

食品不仅是农业和贸易的商品，也是公共卫生的基本载体。在食品原料中或食品加工过程中，常常存在一些有毒、有害的物质，它们对人类健康构成潜在的危害，这些物质包括天然毒素如霉菌毒素，环境污染物如砷、汞、镉、铅、放射性物质和敌敌畏、乐果等农药残留。农药的使用本身是为了杀灭害虫，达到增加产量或改进食物品质的作用，食品原料的制造和食品加工，首先必须保证食品的安全性，这是食品质量与安全的基本要求。因此，制定一些有毒有害物质的限量标准就显得十分必要。本节介绍了一些常见的有害、有毒物质的最高残留限量国家标准。

（一）主要农药最大残留限量标准

农药残留指使用农药后残留于生物体、农副产品和环境中的微量农药及其有毒的代谢物的总量。20 世纪 90 年代，每年防治病虫草鼠害面积约 49 亿亩，可挽回 15%左右的农产品损失，大约挽回粮食损失 6500 多万吨。因此农药是必不可少的重要农业生产资料。自 1990 年起我国农药总产量已居世界第二位，每年有 40 多个品种出口到欧洲、东南亚、中远东、大洋洲及港台地区。同时约有 100 多个农药品种从国外进口。据国家质检部门抽查，2001 年第一季度至第三季度，蔬菜类化学农药残留超标问题相当严重，国家明令禁止在蔬菜上使用的甲胺磷、氧化乐果等高毒农药检出率较高。如 2001 年第一季度抽查的 12 种韭菜产品，农药残留超标的有 9 种；抽查 16 种甘蓝产品，农药残留超标的有 10 种，其中抽查的甘蓝样品甲胺磷含量最高的为 15.8mg/kg。第三季度质检部门扩大了蔬菜种类和农药残留品种的抽查范围，在抽查 23 个大中城市的 181 种蔬菜中，有 86 种蔬菜农药残留超过国家标准限量值，超标率达 47.5%。农药残留量超标已经成为社会关注的一个热点问题，也是我国农产品食品出口的一大障碍，设法减少农药

残留量是一项利国利民的大好事。我国主要农药残留限量标准见表5-2。

表5-2 国家主要农药最大残留限量标准

农药名称	最高残留限量/(mg/kg)	农产品/食品名称	标准编号
艾氏剂	0.02	原粮	GB 2715—1981
砷(以As计)	0.7	原粮	GB 2715—1981
六六六(BHC)	0.1 0.2 0.3 0.4 1.0 2 4.0	牛乳、乳制品 蔬菜、水果 成品粮 肉(脂肪含量在10%及以下者,以鲜重计) 绿茶、红茶 蛋(去壳)、蛋制品 鱼 肉(脂肪含量在10%以上者,以脂肪计)	GB 2763—1981 GB n136—1981
二硫化碳	10	原粮	GB 2715—1981
氯化苦	2	原粮	GB 2715—1981
甲基毒死蜱	5	原粮	卫生部卫监发(1993)第5号1993.1.26实施
氰化物(以HCN计)	5	原粮	GB 2715—1981
滴滴涕(DDT)	0.1 0.2 1.0 2.0	牛乳、乳制品、蔬菜、水果 成品粮、绿茶、红茶、肉(脂肪含量在10%及以下者,以鲜重计) 鱼、蛋(去壳)、蛋制品 肉(脂肪含量在10%以上者,以脂肪计)	GB 2763—1981 GB n136—1981
二溴乙烷	0.01	原粮	GB 4790—1984
敌敌畏	不得检出 0.1 0.2	食用植物油 原粮 蔬菜	GB 5127—1985
狄氏剂	0.02	原粮	
乐果	不得检出 0.05 1.0	食用植物油 原粮 蔬菜	GB 5127—1985
杀螟硫磷	不得检出 0.5 5	食用植物油 蔬菜、水果 原粮	GB 4788—1994
倍硫磷	0.01 0.5	食用植物油 原粮 蔬菜、水果	GB 4788—1994
七氯	0.02	原粮	GB 2715—1981

续表

农药名称	最高残留限量/(mg/kg)	农产品/食品名称	标准编号
马拉硫磷	不得检出 3	蔬菜、食用植物油 原粮	GB 5127—1985
汞(以 Hg 计)	0.02	成品粮	GB 2715—1981
对硫磷	不得检出 0.1	蔬菜 原粮、食用植物油	GB 5127—1985
甲拌磷	不得检出 0.02	蔬菜、水果、食用植物油 原粮	GB 4788—1994
磷化物(以 pH3 计)	0.05	原粮	GB 2715—1981
多氯联苯(PCB_s)	0.2	海产鱼、贝、虾、藻类食品	GB 9674—1988
乙酰甲胺磷	0.2 0.5	原粮、蔬菜 水果	GB 14872—1994
涕灭威	不得检出 0.05	棉籽油、花生油 花生仁	GB 14928.6—1994
噻嗪酮	0.3	粮食、蔬菜	GB 14970—1994
西维因	0.5 1.0 2.0 2.5 5.0	食用油 烟草 蔬菜 水果 原粮	GB 14971—1994
多菌灵	0.5	原粮、蔬菜、水果	GB 14870—1994
克百威	0.5	稻谷	GB 14928.7—1994
百菌清	0.2 1.0	原粮 蔬菜、水果	GB 14869—1994
溴氰菊酯	0.05 0.1 0.2 0.5	柑橘 水果(皮可食) 果类菜(皮可食) 叶类菜、原粮	GB 14928.4—1994
二嗪磷	0.1 0.5	原粮 蔬菜、水果	GB 14928.1—1994
氰戊菊酯	0.05 0.2 0.5	根块类菜 果类菜、水果、原粮 叶类菜	GB 14928.5—1994
草甘膦	0.1 2.0	水果 甘蔗	GB 14968—1994
甲胺磷	不得检出 0.1	蔬菜、水果 稻谷	GB 14873—1994

续表

农药名称	最高残留限量/(mg/kg)	农产品/食品名称	标准编号
甲基对硫磷	0.1	稻谷、棉籽油	GB 14874—1994
二氯苯醚菊酯（氯菊酯）	1.0 2.0	原粮、蔬菜 水果	GB 14871—1994
辛硫磷	0.05	原粮、蔬菜、水果	GB 14868—1994
抗蚜威	0.05 0.50 1	原粮 水果 蔬菜	GB 14928.2—1994
甲基嘧啶磷	5	原粮	GB 14928.3—1994
喹硫磷	0.2 0.5	大米、蔬菜 柑橘	GB 14928.10—1994
克线丹	0.005	柑橘、甘蔗	GB 14969—1994
杀虫环	0.2	大米	GB 14928.11—1994
三唑酮	0.2 0.5	蔬菜、水果 原粮	GB 14972—1994
三环唑	2.0	稻谷	GB 14928.9—1994
水胺硫磷	0.02 0.10	柑橘肉 稻谷	GB 14928.8—1994
杀虫双	0.2	大米	GB 14928.12—1994
草甘膦	2.0 0.1	甘蔗 水果	GB 14968—1994

（二）主要兽药最大残留限量标准

我国 1994 年 2 月 4 日公布的动物性食品中兽药的最高残留限量（MRL）规定见表 5-3。

表 5-3　动物性食品中兽药的最高残留限量

序号	兽药名称	最高残留限量/(mg/kg)					
		牛	羊/山羊	猪	家禽	马	鱼
1	丙硫苯咪唑 ADI:0～0.05	0.1M 0.1F 5.0L 5.0K 0.1Mi	0.1M 0.1F 5.0L 5.0K 0.1Mi	0.1M 0.1F 5.0L 5.0K		0.1M 0.1F 5.0L 5.0K	
2	双甲脒 ADI:0～0.003	0.1F 0.05M 0.3Mb	0F 0M 0Mb	0.1F 0.05M 0.3Mb 0.2K 0.2L			

续表

序号	兽药名称	最高残留限量/(mg/kg)					
		牛	羊/山羊	猪	家禽	马	鱼
3	氨苄青霉素	0.01Et 0.01Mi		0.01Et			
4	氨丙啉				1K 1L 0.5M 8Ey 4We		
5	砷(对氨基苯砷酸) ADI:0～0.002			2L 2K 0.5M 0.5Mb	0.5M 0.5Eg 2Mb		
6	杆菌肽			0.5Et	0.5Et 0.5Eg		
7	金霉素			0.2F 4K 2L 1M	1F 4K 1L 1M 1S 0Eg		
8	氯羟吡啶				15K 15L 5M		
9	氯氰碘柳胺 ADI:0～0.003	1M 1L 3K 3F	1.5M 1.5L 5K 2F				
10	越霉素 A			2Et	2Et		
11	二嗪农 (二嗪磷) ADI:0～0.002	0.7F 0.02Mi	0.7F				
12	敌敌畏 ADI:0～0.004	0.05M 0.02Mi	0.05M 0.02Mi				
13	双氢链霉素	0Et		0Et			
14	红霉素				0.125Et 0.025Eg		
15	乙氧酰胺苯甲酯				1.5K 1.5L 0.5M		

续表

序号	兽药名称	最高残留限量/(mg/kg)					
		牛	羊/山羊	猪	家禽	马	鱼
16	乙氧喹	5F 0.5M		5F 0.5M	3F 3L 0.5M		
17	苯硫苯咪唑 ADI:0～0.025	0.1M 0.1F 0.1K 0.5L 0.1Mi	0.1M 0.1F 0.1K 0.5L	0.1M 0.1F 0.1K 0.5L			
18	呋喃唑酮			0Et	0Et		
19	硫酸庆大霉素			0.4F 0.4K 0.3L 0.1M			
20	氢溴酸常山酮				0.1M 0.3L 0.2Sf		
21	潮霉素 B			2Et			
22	伊维菌素 ADI:0～0.01	0.04F 0.1L	0.02F 0.015L	0.02F 0.015L			
23	左旋咪唑 ADI:0～0.003	0.01M 0.01F 0.01K 0.01L 0.01Mi	0.01M 0.01F 0.01K 0.01L	0.01M 0.01F 0.01K 0.01L			
24	林可霉素			0.1Et			
25	马杜霉素				0.24M 0.72L 0.48S 0.48F		
26	莫能菌素				1.5M 3.0Sf 4.5L		
27	新霉素	0.25Et 1.00F 0.75K 0.50L 0.25M 0.15Mt	1.25F 1.25K 1.25L 0.25M	1.00F 1.00K 0.755L 0.25M	0.50F 1.00K 0.75L 0.25M		

续表

序号	兽药名称	最高残留限量/(mg/kg)					
		牛	羊/山羊	猪	家禽	马	鱼
28	尼卡巴嗪				4K 4L 4M 4S		
29	喹乙醇			0.05L 0.05M 0.05K			
30	苯亚砜苯咪唑 ADI:0～0.004	0.1M 0.1F 0.1K 0.5L 0.1Mi	0.1M 0.1F 0.1K 0.5L	0.1M 0.1F 0.1K 0.5L			
31	土霉素 ADI:0～0.003	0.1M 0.3F 0.6K 0.01F 0.1Mi	0.1M 0.3F 0.6K 0.01F	0.1M 0.3F 0.6K 0.01F	0.1M 0.3F 0.6K 0.01F 0.2Eg		0.1M 0.3L
32	青霉素 ADI:0.03	0.05M 0.05L 0.05K 0.004Mi	0.05M 0.05L 0.05K	0.05M 0.05L 0.05K			
33	盐酸氯苯胍				0.2F 0.2S 0.1Et		
34	壮观霉素				0.1Et		
35	链霉素	0Et 0Mi	0Et 0Mi	0Et			
36	碘胺二甲嘧啶 ADI:0～0.004	0.1M 0.1L 0.1K 0.1F 0.025Mi	0.1M 0.1L 0.1K 0.1F 0.025Mi	0.1M 0.1L 0.1K 0.1F	0.1M 0.1L 0.1K 0.1F		
	碘胺类总计	0.3M 0.3L 0.3K 0.3F 0.05Mi	0.3M 0.3L 0.3K 0.3F	0.3M 0.3L 0.3K 0.3F	0.3L 0.3K 0.3F		
37	四环素	0.25Et	0.25Et	0.25Et	0.25Et		

续表

序号	兽药名称	最高残留限量/(mg/kg)					
		牛	羊/山羊	猪	家禽	马	鱼
38	噻苯咪唑 ADI:0～0.1	0.1M 0.1L 0.1K 0.1F 0.1Mi	0.1M 0.1L 0.1K 0.1F 0.1Mi	0.1M 0.1L 0.1K 0.1F			
39	敌百虫 ADI:0～0.1	0.1F 0.1M 0.1Mb 0.5Mi	0.1F 0.1M 0.1Mb		0.1F 0.1M 0.1Mb		
40	泰乐菌素	0.2F 0.2K 0.2L 0.2M 0.05Mi		0.2F 0.2K 0.2L 0.2M	0.2F 0.2K 0.2L 0.2M 0.05Eg		
41	维吉尼霉素			0.4F 0.4K 0.3L 0.1M 0.4S	0.2F 0.5K 0.3L 0.1M 0.2S		
42	二硝托胺				2F 6K 6L 3M		

注：F：Fat，脂肪；　Et：Edible tissue，可食用组织；　M：Muscle，肌肉；
Mb：Meat byproducts，脏器；　K：Kidney，肾；　Mi：Milk，乳；
S：Skin，皮；　Eg：Eggs，蛋；　Ey：Egg yolk，蛋黄
We：Whole eggs，全蛋。
ADI的单位：mg/kg

（三）食品中放射性物质的最高残留限量设置依据及其标准

食品的辐照保藏同其他保藏技术相比，具有许多优势，如可以保持食品原有的色、香、味，加工方便、适应面广。辐照产生的效应包括直接和间接的，研究表明，辐照不会产生特殊毒素，但在辐照后某些有机体组织中有时可能出现不正常的代谢产物，这取决于所使用的辐照剂量。表5-4归纳了各类食品中几种放射性同位素的限制浓度标准。

表 5-4 不同类型食品几种放射性同位素的限制浓度

品 种	锶-89 /(Bq/kg)	锶-90 /(Bq/kg)	碘-131 /(Bq/kg)	铯-137 /(Bq/kg)	镭-226 /(Bq/kg)	天然钍 /(mg/kg)	天然铀 /(mg/kg)
饮用水、饮料	111	2.6	22.2	37	1.1	0.1	0.05
粮食、薯类、蔬菜	259	7.4	37	74	2.6	0.2	0.1
水果、豆类、糖	370	11.1	111	148	37	0.4	0.2
乳类	370	11.1	14.8	148	3.7	0.4	0.2
肉、蛋、水产品、食油	1110	22.2	185	333	11	0.9	0.4
食盐	1480	33.3	296	370	14.8	1.3	0.6
茶叶(干品)	1480	333	296	370	14.8	1.3	0.6
食用海藻类(干品)	2590	74	370	740	26	2.2	1.1

第三节 食品产品质量标准

一、食用植物油标准

食用植物油产品属于我国实行市场准入最早的五类食品之一。这类产品在人们的日常生活中占有极其重要的地位。我国植物油标准大多是在 20 世纪 80 年代发布实施的，已经不能适应市场经济发展的需要。如在 GB 2716—1988《食用植物油卫生标准》中强制性规定了 9 个技术指标，涉及的产品有花生油、菜籽油、大豆油、葵花油、胡麻油、茶油、玉米胚芽油、米糠油和棉籽油共 9 个。改革开放后，社会经济的全面快速发展，食用植物油产品出现了调和高级烹调油和调和色拉油等新产品标准，如《精炼食用植物油卫生标准》(GB 15197—1994)、《色拉油卫生标准》(GB 13103—1991)、《亚麻籽油》(GB/T 8235—1987) 国家标准、并且受到了消费者的青睐，也就必然对原有的食用植物油卫生标准和产品质量标准是一个挑战，食用植物油标准不统一，引起了食用植物油的市场不合理竞争。因此，2003 年国家质量技术监督检验检疫总局和国家标准化管理委员会重新发布实施了新的植物油产品标准。这里简要介绍修改后《菜籽油》(GB 1536—2004)的情况。

(一) 食用植物油标准修订

1. 规范名词术语

根据《化工标准名词术语》的规定，对专业名词术语进行了规范，将文本中的名词术语逐一进行确切的阐述，统一定义和表述。

2. 明确强制条文

食用植物油标准均为条文强制性标准，强制的主要内容有以下几点：

(1) 限定了食用油中的酸值、过氧化值、溶剂残留量等指标 酸值、过氧化值、溶剂残留量这三项指标，既是加工过程中的质量控制指标，又是产品的卫生安全限制指标。它们的高低不但反映了加工工艺控制、产品品质的状况，而且也反映了油脂的分解程度和氧化、劣变情况。

（2）限定了食用油质量的基础等级指标　对最低等级压榨成品油和最低等级浸出成品油的各项指标做出了明确的限定，以保护广大消费者的健康。

（3）增加了原料和加工工艺标识的条款　为维护消费者的知情权和选择权，要求在产品标签中对加工工艺按“压榨法”、“浸出法”进行明确标示。根据国家《农业转基因生物安全条例》，要求在产品标签中对是否使用转基因原料和原料产地进行明确标示。

3. 重新划分产品分类和等级

将油脂产品分为原油和成品油。原油即指未经精炼等工艺处理的油脂（又称毛油），不能直接用于食用，只能作为加工成品油的原料。成品油则是指经过精炼加工达到了食用标准的油脂产品。成品油分一级、二级、三级、四级四个质量等级，分别相当于原来的色拉油、高级烹调油、一级油、二级油。

4. 对部分质量指标进行了调整

油脂的质量要求包括四个方面：特征指标、质量指标 、卫生指标和其他。

（1）特征指标　新增加了特征指标。特征指标中的项目和指标值的设定，等同采用国际食品法典委员会（CAC）标准，这样既有利于与国际标准接轨，也可为植物油掺伪检测提供参考。

（2）质量指标　增加了“过氧化值”和“溶剂残留量”两项指标。这两项指标既是卫生指标又是质量控制指标，也是衡量油脂加工工艺及设备的重要参数，可以更加全面地反映油脂产品的质量。

原油质量指标中共设 6 个项目，包括：气味、滋味，水分及挥发物，不溶性杂质，酸值，过氧化值，溶剂残留量等。

成品油质量指标中共设 12 个项目，包括：色泽、气味、滋味、透明度、水分及挥发物、不溶性杂质、酸值、过氧化值、加热试验、含皂量、烟点、冷冻试验和溶剂残留量等。其中，一级成品油标准的质量指标与原色拉油标准相比，增加了溶剂残留量项目，规定“不得检出”；“水分及挥发物”由≤0.10%改为≤0.05%；“酸值”由≤0.30mgKOH/g 改为≤0.20mgKOH/g；“烟点”由≤220℃改为≤215℃。二级成品油标准的质量指标与原高级烹调油标准相比，增加了溶剂残留量项目，规定“不得检出”，同时规定检出量小于 10mg/kg 时，因现行方法无法判定，视为未检出；“水分及挥发物”由≤0.10%改为≤0.05%；“酸值”由≤0.5mgKOH/g 改为≤0.30mgKOH/g；“烟点”由 ≤215℃改为≤205℃。三级成品油和四级成品油标准的质量指标与原一级油和原二级油标准的质量指标也都做了不同程度的调整。

（3）卫生指标　执行 GB 2716—1998《食用植物油卫生标准》和 GB 2760—1996

《食品添加剂使用卫生标准》。

（4）其他　注明不得混有其他食用油或非食用油外，也不得添加任何香精和香料。

5. 标签

本标准强调了标签的重要性，除应遵循 GB 7718—2004 的规定外，特别规定了转基因、压榨、浸出产品和原料原产国必须标示，以维护消费者的知情权和选择权。

（二）修订后的菜籽油质量指标

修订后的《菜籽油》（GB 1535—2004）原油和成品油质量指标分别见表 5-5 和表 5-6。

表 5-5　菜籽原油质量指标

项　目		质量指标
气味、滋味		具有菜籽原油固有的气味和滋味，无异味
水分及挥发物/%	≤	0.20
不溶性杂质/%	≤	0.20
酸值/(mg KOH/g)	≤	**4.0**
过氧化值/(mmol/kg)	≤	**7.5**
溶剂残留/(mg/kg)		**100**

注：黑体字部分为强制性指标。

表 5-6　压榨成品菜籽油和浸出成品菜籽油质量指标

项　目		质量指标			
		一级	二级	三级	四级
色值(比色槽 25.4mm)	≤	—	—	黄 35 红 4.0	**黄 35 红 7.0**
色值(比色槽 133.4mm)	≤	黄 20 红 2.0	黄 35 红 4.0	—	—
气味、滋味		无气味、口感好	气味、口感良好	具有大豆油固有的气味和滋味，无异味	**具有菜籽油固有的气味和滋味，无异味**
透明度		澄清、透明	澄清、透明	—	—
水分及挥发物/%	≤	0.05	0.05	0.10	**0.20**
不溶性杂质/%	≤	0.05	0.05	0.05	0.05
酸值/mg KOH/g	≤	**0.20**	**0.30**	**1.0**	**3.0**
过氧化值/(mmol/kg)	≤	**5.0**	**5.0**	**6.0**	**6.0**
加热试验(280℃)		—	—	无析出物，罗维朋比色：黄色值不变，红色值增加小于 0.4	**微量析出物，罗维朋比色：黄色值不变，红色值增加小于 0.4，蓝色值增加小于 0.5**
含皂量/%	≤	—	—	0.03	—
烟点/℃	≥	215	205	—	—
冷冻试验(0℃贮藏 5.5h)		澄清、透明	—	—	—
溶剂残留/(mg/kg)					
浸出油		**不得检出**	**不得检出**	**≤50**	**≤50**
压榨油		**不得检出**	**不得检出**	**不得检出**	**不得检出**

注：黑体字部分为强制性指标，“—”为不做检测，压榨油和一级、二级浸出油的溶剂残留检出值小于 10mg/kg 时，视为未检出。

《棉籽油》、《葵花籽油》、《油茶籽油》、《玉米油》、《米糠油》、《大豆油》等常见食用植物油产品国家标准的原油和成品油质量标准的基本内容与《菜籽油》相似，只不过是在技术指标上有所不同。

二、无公害食品标准

无公害食品标准包括无公害食品产地环境要求（无公害蔬菜、水果产地环境要求、无公害畜禽肉产地环境要求、无公害水产品产地环境要求）及无公害蔬菜、水果、畜禽肉和水产品安全要求。根据 GB 18406.1—2001《农产品安全质量　无公害蔬菜安全要求》、GB 18406.2—2001《农产品安全质量　无公害水果安全要求》、GB 18406.3—2001《农产品安全质量　无公害畜禽安全要求》、GB 18406.4—2001《农产品安全质量　无公害水产品安全要求》，无公害蔬菜、水果、畜禽肉产品和水产品的定义如下。

无公害蔬菜是指蔬菜中有毒、有害物质控制在标准（GB 18406.1—2001）规定之内的商品蔬菜。

无公害水果是指水果中有毒、有害物质含量控制在标准（GB 18406.2—2001）规定限量范围内的商品水果。

无公害畜禽肉产品是指在符合无公害畜禽肉产地环境评价要求的条件下生产的，其有毒、有害物质含量在国家法律、法规及有关强制性标准规定的安全允许范围内，并符合 GB 18406.3—2001 的畜禽肉产品，包括鲜（冻）畜禽肉产品。有毒、有害物质限量是指畜禽肉产品中重金属、亚硝酸盐、农药畜药（包括其代谢产物）允许存在的最高量。

无公害水产品是指有害或有毒物质或残留量控制在安全要求允许范围内，符合 GB 18406.4—2001 标准的水产品。

要达到上述四类农产品质量安全要求，其产地环境条件必须符合相应国家标准的要求，具体标准是 GB 18407.1—2001《农产品安全质量　无公害蔬菜产地环境要求》、GB 18407.2—2001《农产品安全质量　无公害水果产地环境要求》、GB 18407.3—2001《农产品安全质量　无公害畜禽肉产地环境要求》、GB 18407.4—2001《农产品安全质量　无公害水产品产地环境要求》。

（一）无公害食品产地环境要求

1. 无公害蔬菜、水果产地环境要求（GB 18407.1—2001 和 GB 18407.2—2001）

应选择不受污染源影响或污染物含量限制在允许范围之内，生态环境良好的农业生产地域。土壤重金属背景值高的地区，与土壤、水源环境有关的地方病高发区不能作为无公害蔬菜、水果产地。

无公害蔬菜、水果产地环境空气质量指标主要有总悬浮颗粒物、二氧化硫、氮氧化物、氟化物、铅；禽畜场空气环境质量指标有氨气、硫化氢、二氧化碳、可吸入颗粒、总悬浮颗粒物、恶臭。

土壤环境质量指标主要有总汞、总砷、总铅、总镉、铬(六价)、六六六、DDT。

水果产地农田灌溉主要项目有pH、汞、砷、铅、镉、铬(六价)、氯化物、氟化物、氰化物、石油类。

2. 无公害畜禽肉产地环境要求（GB 18407.3—2001）

水产养殖地应是生态环境良好，无或不直接受工业“三废”及农业、城镇生活、医疗废弃物污染的水（地）域。水质与底质都必须检验，水质符合GB 11607渔业水质标准，主要检验项目为汞、砷、铅、铜、镉、铬(六价)、氟化物、氰化物、氯化物、六六六、DDT等。

禽畜用水和加工用水检验主要项目有，汞、砷、铅、铜、镉、铬(六价)、氟化物、氰化物、氯化物、六六六、DDT、大肠杆菌、pH。

3. 无公害水产品产地环境要求（GB 18407.4—2001）

养殖地应是生态环境良好，无或不直接受工业“三废”及农业、城镇生活、医疗废弃物污染的水（地）域。养殖地域内及风向、灌溉水源上游，没有对产地环境构成威胁的污染源，其包括工业“三废”、农业废弃物、医疗机构污水等。水质质量应符合GB 11607“渔业水质标准”的规定。底质应无工业废弃物和生活垃圾，无大型植物碎屑和动物尸体；底质无异色、异臭，自然结构。

（二）无公害食品安全要求

1. 无公害蔬菜、水果安全要求GB 18406.1—2001和GB 18406.2—2001)

适用于无公害蔬菜、水果的生产、加工和销售。

重金属及有害物质限量要求应符合表5-7。

表5-7　　重金属及有害物质限量要求　　单位：mg/kg

项　目	蔬菜指标	水果指标
砷(以As计)	≤0.5	≤0.5
汞(以Hg计)	≤0.01	≤0.01
铅(以Pb计)	≤0.2	≤0.2
铬(以Cr计)	≤0.5	≤0.5
镉(以Cb计)	≤0.05	≤0.05
氟(以F计)	≤1.0	≤0.5
亚硝酸盐(以$NaNO_2$计)	瓜菜类≤600 根茎类≤1200 叶菜类≤3000	≤400

无公害蔬菜、水果中农药最大残留限量马拉硫磷、对硫磷、甲拌磷、久效磷、氧化乐果、克百威、涕灭威在蔬菜、水果中不得检出。

2. 无公害畜禽肉安全要求（GB 18406.3—2001）

无公害畜禽产品定义系指在符合无公害畜禽产地环境评价要求的条件下生产的，其有毒、有害物质含量在国家法律、法规及有关强制标准规定的安全允许范围之内，并符合本标准的畜禽肉产品，包括鲜（冻）畜禽肉产品。

（1）检疫要求　无公害畜禽肉产品应检验检疫合格。

（2）有害有毒物质限量要求　畜禽肉中有毒有害物质是指畜禽肉中重金属、亚硝酸盐、农药畜药，包括其代谢产物。

（3）微生物要求　微生物指标要求符合表 5-8。

表 5-8　无公害畜禽肉微生物指标

项　　目	鲜禽畜肉产品指标	冻禽畜肉产品指标
细菌总数/(cfu/g)	$\leqslant 1\times10^6$	$\leqslant 5\times10^5$
大肠杆菌(MPN/100g)	≤30	≤30
沙门氏菌		不得检出
致泻大肠埃希氏菌		不得检出

3. 无公害水产品安全要求（GB 18406.4—2001）

无公害水产品定义系指在符合无公害水产品产地环境评价要求下生产的，且其中有毒、有害物质含量或残留量控制在安全要求允许范围内，符合本标准的供食用的鱼类、甲壳类、贝类（包括头足类）、爬行类、两栖类等鲜活、冷冻商品。

（1）感官要求　从外观、气味、组织等方面来进行评价，其新鲜程度用挥发性盐基氮与组胺一起进行评价，见表 5-9。

表 5-9　水产品鲜度指标

水产品种类	挥发性盐基氮/(mg/100g)	组胺/(mg/100g)
海水鱼(鲐鱼、蓝圆鲹等鲹科鱼类)	≤30	≤50
其他海水鱼类	≤30	≤30
淡水鱼	≤20	—
海虾	≤30	—
淡水虾	≤20	—
海水蟹	≤25	—

注：本表规定指标不包括活体水产品。

（2）微生物要求　微生物指标要求见表 5-10。

表 5-10　无公害水产品微生物指标

项　　目	指　　标
细菌总数/(cfu/g)	$\leqslant 10^6$
大肠杆菌(MPN/100g)	≤30
致病菌(沙门氏菌、李斯特菌、副溶血性弧菌)	不得检出

（3）有害、有毒物质最高限量指标　应符合表 5-11 的要求。

从 2000 年国家实施“无公害食品行动计划”以来，国家质量技术监督检验检疫总

表 5-11　有害、有毒物质最高限量指标

项　目	指　标
总汞/(mg/kg)	≤0.3,其中甲基汞 0.2
砷	按 GB 4810 执行
铅/(mg/kg)	≤0.5
铜/(mg/kg)	≤50
镉/(mg/kg)	≤0.1
铬/(mg/kg)	≤2.0
氟(淡水鱼)/(mg/kg)	≤2.0
六六六/(mg/kg)	≤2
滴滴涕/(mg/kg)	≤1
土霉素/(mg/kg)	≤0.1(肌肉)
氯霉素	不得检出
磺胺类(单种)/(mg/kg)	≤0.5
噁喹酸(鳗鱼)/(mg/kg)	≤0.3(肌肉+皮)
呋喃唑酮	不得检出
己烯雌酚	不得检出
多氯联苯(海产品)/(mg/kg)	≤0.2
腹泻性贝类毒素(DSP)/(μg/100g)	≤60
麻痹性贝类毒素(PSP)/(μg/100g)	≤80

局和农业部累计发布实施的无公害食品的国家标准和农业行业标准，共计 258 项，其中国家标准 8 项，行业标准 250 项（暂停使用的 18 项）。

三、绿色食品标准

（一）绿色食品标准的构成

绿色食品标准的内容主要有：绿色食品产地环境质量标准、绿色食品生产技术标准、绿色食品产品标准、绿色食品包装标签标准、绿色食品贮藏、运输标准、绿色食品其他相关标准，这些标准对绿色食品产前、产中、产后全过程质量控制技术和指标作了全面的规定，构成了一个科学、完整的标准体系，见图 5-2。

1. 绿色食品产地环境质量标准

绿色食品产地环境质量标准规定了产地的空气质量标准、农田灌溉水质标准、渔业水质标准、畜禽养殖用水标准和土壤环境质量标准的各项指标以及浓度限值、监测和评价方法。提出了绿色食品产地土壤肥力分级和土壤质量综合评价方法。适用于绿色食品（AA 级和 A 级）生产的农田、菜地、果园、牧场、养殖场和加工厂。

（1）制定目的　产地是绿色食品初级农产品或加工产品原料的生长地。产地的生长环境质量是影响绿色食品产品质量的基础因素之一。如果环境的大气、水质、土壤，受到污染或达不到质量标准，产地生产的农产品、畜产品和水产品必然造成污染，即达不到绿色食品的质量标准。因此，制定产地环境质量标准的目的，一是保证绿色食品产自

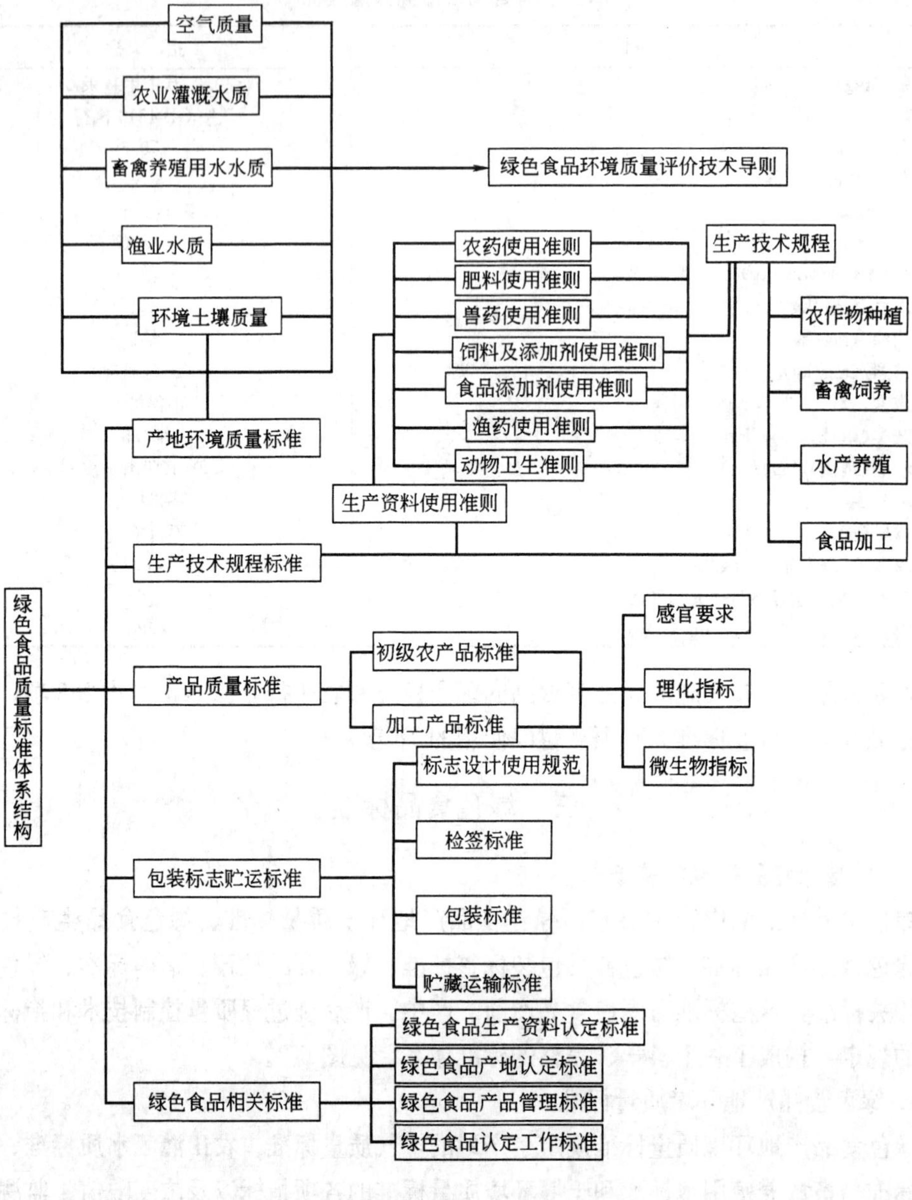

图 5-2 绿色食品标准体系框架

良好的生态环境，以达到无污染，安全；二是促进产地环境保护和改善。

（2）适用范围 适用于绿色食品 AA 级和 A 级食品生产的农田、菜地、果园、茶园、饲养场、放牧场和水产养殖场。

（3）质量要求 绿色食品产地环境质量要求主要是空气环境质量要求；生产用水和土壤环境，主要质量要求如下：

① 大气环境质量要求检验：大气环境应符合国家一级标准（GB 3095—1982），主要项目有总悬浮微粒、飘尘、二氧化硫、氮氧化物、一氧化碳、光化学氧化剂。

② 生产用水质量要求：生产用水检验包括有机农田灌溉用水、渔业用水、禽畜饮用水、食品加工用水。有机农田灌溉用水主要项目有 pH、重金属有汞、砷、铅、镉、铬（六价）、氯化物、硫酸盐、硫化物、氟化物、氰化物、石油类、有机磷农残、六六六、DDT、大肠杆菌。

有机渔业水质检验包括：感官（色、臭、味）、漂浮物质、pH、溶解氧、BOD、大肠杆菌、汞、砷、铅、镉、铬（六价）、氯化物、氟化物、氰化物、有机磷农残、六六六、DDT。

有机禽畜饮用水检验包括：感官（色、臭、味）、pH、总硬度、氟化物、氰化物、汞、砷、铅、镉、铬（六价）、硝酸盐、有机磷农残、六六六、DDT、细菌总数、大肠杆菌。

有机（天然）食品加工用水检验包括：感官（色、臭、味）、肉眼可见物、pH、总硬度、挥发酚类、氟化物、氰化物、汞、砷、铅、镉、铬（六价）、硝酸盐、有机磷农残、六六六、DDT、细菌总数、大肠杆菌。

③ 土壤环境质量要求：有机农业生产的土壤耕作性应良好，无污染，需进行重金属铜、铅、镉、砷、汞、铬的检验，有机磷农残、六六六、DDT 均不得检出。

2. 绿色食品生产技术标准

绿色食品生产过程是绿色食品质量控制的关键环节，绿色食品生产技术标准是绿色食品标准体系的核心，它包括绿色食品生产资料使用准则和绿色食品生产技术操作规程两部分。

绿色食品生产资料使用准则是对生产绿色食品过程中物质投入的一个原则性规定，它包括生产绿色食品的农药、肥料、食品添加剂、饲料添加剂、兽药和水产养殖药的使用原则，对允许、限制和禁止使用的生产资料及其使用方法、使用剂量、使用次数和休药期等作了明确的规定。

本标准用于指导绿色食品生产活动，规范绿色食品生产技术的规定，包括农产品种植、畜禽饲养、水产品养殖和食品加工等技术操作规程。

3. 绿色食品产品标准

该标准是衡量绿色食品最终产品质量的指标尺度。规定了食品的外观品质、营养品质和卫生品质等内容，其规定的卫生品质要求高于国家现行普通食品标准，主要表现在对农药残留和重金属的检测项目种类多、指标严。此标准反映了绿色食品生产、管理和质量控制的先进水平，突出了绿色食品产品无污染、安全的卫生品质。

4. 绿色食品包装标签标准

该标准规定了绿色食品包装材料选用的范围、种类、包装上的标志内容等，要求产品包装从原料、产品制造、使用、回收和废弃的整个过程都应有利于食品安全和环境保护、包括包装材料的安全、牢固性、节省资源、能源、减少或避免废弃物产生，易回收循环利用，可降解等具体要求和内容。

绿色食品的产品标签除要求符合国家《食品标签通用标准》外，还要符合《中国绿色食品商标标志设计使用规范手册》规定，该《手册》对绿色食品的标准图形、标准字形、图形和字体的规范组合、标准色、广告用语以及在产品包装标签上的规范应用均作了具体规定。

5. 绿色食品贮藏、运输标准

该标准对绿色食品贮运的条件、方法、时间作出规定，以保证绿色食品在贮运过程中不遭受污染、不改变品质，并有利于环保、节能。

6. 绿色食品其他相关标准

包括“绿色食品生产资料认定标准”、“绿色食品生产基地认定标准”等。这些标准都是促进绿色食品质量控制管理的辅助标准。

四、有机食品标准

（一）有机食品标准的概念

1. 有机食品标准的内涵

国际有机农业运动起源于20世纪20年代，在70年代以后获得迅速发展，在IFOAM于1980年首次制定有机农业生产和加工基本标准以后，西方发达国家纷纷制定有机食品标准。有机食品在我国是从90年代初开始起步的，因此，我国的有机食品标准制定起步也较晚。国家环境保护总局于1994年建立了有机食品发展中心，从事有机食品法规、标准的研究制定工作。通过多年的探索有机食品标准成为一种生产体系控制标准。

有机食品标准是应用生态学和可持续发展原理，结合世界各国有机食品的生产实践而制定的技术性文件。有机食品标准是一种质量认证标准，不同于一般的产品标准。一般的产品标准是对产品的外观、规格以及若干构成产品内在品质的指标所做的定性和定量描述，并规定品质的标准检测方法。通过产品抽样检测，了解和控制产品的质量。有机食品标准则不然，它是对一种特定生产体系的共性要求，它不针对某个食品品种或类别，凡是遵守这种生产规范生产出来的农作物产品都可以冠以“有机农产品”的称谓进行销售，并可以在包装上印制特定的有机产品质量证明商标。因此确切地讲，它应该是“有机生产标准”，而不是“有机食品标准”。只是习惯上称为“有机食品标准。”

总的来说，它要求在有机食品的原料生产（包括作物种植、畜禽养殖、水产养殖等加工、贮藏、运输、包装、标识、销售）等过程中不违背有机生产原则，保持有机完整性，从而生产出合格的有机产品。在动植物生产过程中不使用化学合成的农药、化肥、生长调节剂、饲料添加剂等物质，以及基因工程生物及其产物，而是遵循自然规律和生态学原理，采取一系列可持续发展的农业技术，使种植业和养殖业平衡，维持农业生态系统持续稳定的一种农业生产方式。

2. 世界有机食品标准

目前世界上不同地区和国家存在各种不同层次的有机食品标准，有国际标准、地区性标准、国家标准、行业标准、地方标准和企业标准（认证机构标准）。国际标准如联合国粮农组织和世界卫生组织（FAO/WHO）共同制定的“有机食品生产、加工、标志及销售指南”（CAC/GL 32—1999）。国际有机农业运动联合会（IFOAM）制定的“有机生产和加工的基本标准”已在标准化组织 ISO 注册。地区标准如欧盟“关于有机农产品生产和标识的条例”（EEC 2092—1991）。国家标准如美国 NOP、日本的 JAS 等。认证机构如德国的 Natureland、英国的土壤协会（Soil Association）、美国的国际有机作物改良协会（OCIA）以及我国国家环境保护总局有机食品发展中心（OFDC）也都制定了本机构的有机认证标准。多数有机食品标准都以 IFOAM 基本标准为依据，根据本地区或本国的实际进行了发展使之更具体化，更易于操作。

3. 有机食品标准制定的原则

制定有机食品标准有以下一些基本原则：

① 为消费者提供营养均衡、安全的食品；

② 加强整个系统内的生物多样性；

③ 增加土壤生物活性，维持土壤长效肥力；

④ 在农业生产系统中依靠可更新资源，通过循环利用植物性和动物性废料，向土地归还养分，并因此尽量减少不可更新资源的使用；

⑤ 促进土壤、水及空气的健康使用，并最大限度地降低农业生产可能对其造成的各种污染；

⑥ 采用谨慎的方法处理农产品，以便在各个环节保持产品的有机完整性和主要品质；

⑦ 生产可完全生物降解的有机产品，使各种形式的污染最小化；

⑧ 提高生产者和加工者的收入，满足他们的基本需求，努力使整个生产、加工和销售链都能向公正、公平和生态合理的方向发展。

4. 我国有机食品标准制定的依据及作用

国家环境保护总局在 2001 年发布了环境保护行业标准 HJ/T 80—2001《有机食品技术规范》。该标准是以 FAO/WHO“关于有机食品生产、加工、标识和贸易的指南”(CAC/GL 32—1999)、IFOAM“有机农业生产和加工基本标准”为主要依据，并参考有关地区和国家的有机生产标准和条例，结合我国农业生产和食品加工行业的有关标准而制定的。2003 年国家标准委在过去国家环保总局《有机农产品生产加工技术规范》和 CNAB《有机农产品生产加工认证规范》的基础上，以国际 IFOAM 和 CAC 的标准为基础，参考了欧盟、美国的标准，制定了国家标准《有机农产品》。该标准分为四个部分，第一，生产（种植和养殖以及野生）；第二，加工（食品和纺织品）；第三，标志与销售；第四，管理体系。2004年以前，我国有机食品的认证标准多样，有国内的和国际的，如美国、日本和欧盟的。给企业造成了麻烦，重复认证；相互排斥，认证市场混乱。

当前我国常规产品出口贸易中一个突出的问题是产品标准水平低于国际标准和国外先进标准，采用国际标准和国外先进标准是我国一项重要的经济技术政策。制定与国际接轨的标准，有利于提高产品品质，增强我国产品在国际市场的竞争力，促进企业的技术改造，提高经济效益。1980年开始执行的“关税与贸易总协定（GATT）”《标准守则》规定：在一切需要制定技术规程和标准的地方，均应以国际技术规程或标准为依据。这一规定要求所有缔约国应对采用国际标准承担义务。我国已于2001年底正式加入世界贸易组织（WTO，原GATT），采用国际标准已成为一种义务。标准和质量也是市场经济体制下关系到商品生产和流通的两个最基本、最活跃的要素，而国际标准是打开市场的关键，产品要靠它所贯彻的标准获取通往市场的“通行证”。

（二）有机食品标准的构成

有机食品标准内容涵盖有机食品的原料生产（包括作物种植、畜禽养殖、水产养殖等）、加工、贮藏、运输、包装、标志、销售等过程。而它的核心是有机农业生产，包括有机作物生产、有机动物养殖。

1. 农作物有机生产的标准

（1）有机食品标准中基本概念　有机食品标准中基本概念包括农业生产单元的认证范围和对象、有机田块的缓冲隔离带、有机产品和常规产品的平行生产、作物轮作生产、土壤培肥管理和农场生态保护计划、内部质量控制。

（2）有机种植标准基本要求

① 作物及品种选择：应优先选择获得有机认证的种子和植物。所选择的作物种类及品种应适应当地的土壤和气候特点，对病虫害有抗性。

② 作物生产的多样性：作物生产的基础是土壤及周围生态系统的结构和肥力，以及在营养损失最小化的情况下，提供物种多样性。包括豆科作物在内的多种作物轮作；在一年中要尽量通过种植不同类型的作物，使土壤得到适当的覆盖；土壤培肥中禁止使用任何人工合成的化学肥料；病虫杂草的管理严禁使用合成的农药、生长调节剂，禁止使用基因工程生物或其产品；水土的保持；污染控制；野生产品的采集。

2. 动物有机饲养的标准

动物有机饲养的标准中包括动物饲养方式、转换期、养殖动物来源、动物品种和育种、动物营养、动物健康、运输和屠宰。

3. 有机食品加工和贸易

要求优化有机食品的加工和处理工艺，以保持产品质量和完整性，并尽量减少害虫的发生。有机产品的加工和处理应在时间或地点上与非有机产品的加工和处理（贮藏和运输）分开，避免有机产品与非有机产品混杂。确定污染源，避免受污染。应该用物理方法从食品（最好是有机食品）中提取调味品。

有机产品的贮藏不能采用辐射技术。除在常温下贮藏外，允许采用以下贮藏条件：空气调节、温度控制和湿度调节。

(1) 害虫控制　对于害虫管理与控制，应优先使用预防措施，例如消灭害虫的栖息地，避免害虫进入的设施；机械、物理和生物措施。推荐使用以下处理方法：物理栅栏、声音、超声波、光和紫外光、诱捕器（包括性激素诱捕器和静态饵诱诱捕器）、温度控制、大气控制及硅藻土法。在不得已的情况下，可以使用有机标准规定的杀虫药剂控制害虫。

目标使用滞留性或致癌物质的杀虫剂和消毒剂，禁止使用辐照法。禁止有机产品与禁用物质（如禁用的杀虫剂）直接或间接接触。

(2) 配料、添加剂和加工助剂　有机产品中100%的配料应是认证的有机配料。对于酶和其他微生物产品的加工而言，加工基质应该由有机成分组成。在有机配料的质量不满意或数量不足的情况下，认证机构可以授权使用非有机物质，但须定期检查和评估。这些物质不能是基因工程产品。

有机产品加工产品中使用的水和食盐可以免于认证，但在计算有机配料的百分含量时不包括水和食盐。不应使用矿物质（包括微量元素）、维生素和类似的分离成分。

食品加工过程中应尽量使用天然的食品添加剂和加工助剂，必要的情况下可以使用标准中规定的一些食品添加剂和加工助剂。

(3) 加工方法　加工的基本方法应为机械、物理和生物的加工法，例如机械和物理法、发酵、烟熏、提取、沉淀、过滤。采用提取法时，溶剂仅限于水、乙醇、动植物油、醋、二氧化碳、氮或羧酸。选择加工方法应本着尽量少用添加剂和加工助剂的原则。不允许使用辐照法。不可使用由石棉制得的过滤物质或被有害物质渗透过的过滤物质。

(4) 社会公正性　社会公正性和社会权利是有机生产和加工的组成部分。

国际劳工组织（ILO）有关劳动福利的全部规定及联合国儿童权利宪章都应予以遵守。所有雇员及其家属都可以获得饮用水、食物、住房、教育、交通和健康保障。应满足包括产育、医疗和退休等福利在内的社会保障的需要。在所有的生产和加工活动中，包括噪声、粉尘、光线和化学品接触等方面的劳动条件都应在合理范围以内，劳动者应得到足够的保护。所有雇员应该同工同酬，并且不论其肤色、信仰及性别，都应享有同等机会。土著居民的权利应当得到尊重。

对于侵害基本人权的生产（在明显存在社会不公正性的情况下）不能给予有机认证。

4. 有机（天然）食品质量要求

有机食品发展中心将根据食品行业（如粮油、肉与肉制品、蛋与蛋制品、水产品等）的不同特点，按照国家卫生法的要求及行业检测标准和有机（天然）食品加工的规定，拟定各自的质量检验项目，主要有：

(1) 理化检验　感官检验（色、香、味）、相对密度、水分、灰分、蛋白质、脂肪、碳水化合物（还原糖、蔗糖、淀粉、食物纤维）、重金属（汞、砷、铅、镉、锡、氟）。

(2) 卫生检验　执行国家食品卫生标准。农药残留量的测定，包括有机磷农药残留量、六六六、DDT等；食品添加剂的检验，包括亚硝酸盐与硝酸盐、亚硫酸盐、糖精、山梨酸、苯甲酸、禁用防腐剂、人工合成色素等；微生物的检验，包括细菌总数、大肠菌群、沙门氏菌、病原性大肠埃希菌、副溶血性弧菌、葡萄球菌等。

五、保健食品标准

依据《保健（功能）食品通用标准》［General standard for health (functional) foods, (GB 16740—1997)］的规定，简要介绍保健食品标准的基本通用要求。

（一）保健（功能）食品定义及功效成分

1. 保健食品［health (functional) foods］的定义

保健（功能）食品是食品的一个种类，具有一般食品的共性，能调节人体的机能，适于特定人群食用，但不以治疗疾病为目的。

2. 保健食品的功效成分（functional composition）

能通过激活酶的活性或其他途径，调节人体机能的物质。目前主要包括：

(1) 多糖类，如膳食纤维、香菇多糖等；

(2) 功能性甜味料（剂）类，如单糖、低聚糖、多元糖醇等；

(3) 功能性油脂（脂肪酸）类，如多不饱和脂肪酸、磷脂、胆碱等；

(4) 自由基清除剂类，如超氧化物歧化酶（SOD）、谷胱甘肽过氧化酶等；

(5) 维生素类，如维生素A、维生素E、维生素C等；

(6) 肽与蛋白质类，如谷胱甘肽、免疫球蛋白等；

(7) 活性菌类，如乳酸菌、双歧杆菌等；

(8) 微量元素类，如硒、锌等；

其他还有二十八烷醇、植物甾醇、皂苷等。

（二）保健食品的产品分类和基本原则

1. 保健食品的产品分类

按调节人体机能的作用分为：调节免疫功能食品、延缓衰老食品、改善记忆食品、促进生长发育食品、抗疲劳食品、减肥食品、耐缺氧食品、抗辐射食品、抗突变食品、抑制肿瘤食品、调节血脂食品、改善性功能食品、调节血糖食品等。

2. 基本原则

（1）保健（功能）食品应保证对人体不产生任何急性、亚急性或慢性危害。

（2）保健（功能）食品应通过科学实验（功效成分定性、定量分析；动物或人群功能试验），证实确有有效的功效成分和有明显、稳定的调节人体机能的作用；或通过动物（人群）试验，确有明显、稳定的调节人体机能的作用。

（三）保健（功能）食品的配方、生产工艺

生产保健（功能）食品的企业，应符合 GB 14881—1994 的规定；并应逐步健全质量保证体系。

1. 原料和辅料

技术要求中原料、辅料、食品添加剂、农药、兽药及生物毒素残留限量应符合相应国家标准或行业标准的有关规定。放射性物质限量应符合 GB 14882—1994 的规定。

2. 外观和感官特性

保健（功能）食品应具有类属食品应有的基本形态、色泽、气味、滋味、质地。不得有令人厌恶的气味和滋味。

3. 功能要求

保健（功能）食品至少应具有调节人体机能作用的某一种功能。

4. 理化要求

（1）净含量　单件定量包装产品的净含量与其标签标注的质量、体积之差不得超过所规定的负偏差，负偏差的范围由净含量（m）来决定，见表 5-12。

表 5-12　单件定量包装产品净含量允许负偏差

净含量(m)	负偏差	
	%	g 或 mL
5～50g(mL)	9	—
50～100g(mL)	—	4.5
100～200g(mL)	4.5	—
200～300g(mL)	—	9
300～500g(mL)	3	—
500～1000g(mL)	—	15
1～10kg(L)	1.5	—

（2）功效成分　保健（功能）食品一般应含有与功能相对应的功效成分及功效成分的最低有效含量。必要时应控制有效成分的最高限量。

（3）营养素　保健（功能）食品除符合（2）的规定外，还应含有类属食品应有的营养素。

（4）食品添加剂和食品营养强化剂的添加量

① 符合食品添加剂 GB 2760—1996 和食品营养强化剂 GB 14880—1994 的规定。

② 供婴幼儿、孕（产）妇食用的保健（功能）食品不得含有兴奋剂和激素。供运动员食用的保健（功能）食品不得含有 GB 15266—2000 规定的禁用药品。

(5) 卫生要求

① 有害金属及有害物质的限量：应符合类属产品国家卫生标准的规定。无与之对应的类属产品，铅、砷、汞的限量应符合表 5-13 规定。

表 5-13　　铅、砷、汞的限量

项目	限量	
	一般产品	个别产品
铅/(mg/kg)≤	0.5	藻类和茶类为原料的固体饮料和胶囊产品 2.0
砷/(mg/kg)≤	0.3	以藻类和茶类为原料的固体饮料和所有胶囊产品 1.0
汞/(mg/kg)≤	—	以藻类和茶类为原料的固体饮料和所有胶囊产品 0.3

② 微生物限量：应符合类属产品国家卫生标准的规定。无与之对应的类属产品，微生物限量应按其产品形态符合表 5-14 的规定。

表 5-14　　微生物的限量

项目	限量			
	液态产品		固态或半固态产品	
	蛋白质等于或大于 1.0%	蛋白质小于 1.0%	蛋白质等于或大于 4.0%	蛋白质小于 4.0%
菌落总数/(cfu/g 或 mL)≤	1000	100	30000	1000
大肠菌群/(MPN/100g 或 100mL)≤	40	6	90	40
霉菌/(cfu/g 或 mL)≤	10	10	25	25
酵母/(cfu/g 或 mL)≤	10	10	25	25
致病菌(指肠道致病菌和致病性球菌)	不得检出			

（四）试验方法

1. 营养素和功效成分

按相应的国家、行业标准规定的方法，或权威认可的方法测定。

2. 兴奋剂和激素

按相应的国家、行业标准规定的方法，或权威机构认可的方法测定。

3. 砷、铅、汞分别按 GB/T 5009.11、GB/T 5009.12、GB/T 5009.17 规定的方法测定。

4. 菌落总数、大肠菌群、霉菌和酵母、致病菌按 GB/T 4789 中规定的方法检验。

（五）国产和进口保健（功能）食品销售包装的标签

国产和进口保健（功能）食品销售包装的标签应标注以下内容。

1. 保健（功能）食品名称

(1) 按《食品标签通用标准》GB 7718—1994 的规定，使用表明食品真实属性的保健（功能）食品准确名称。使用“新创名称”、“奇特名称”、“牌号名称”或“商标名称”时，应同时使用表明食品真实属性的准确名称，或经批准认可、表明功能作用的名称，如延缓衰老食品、减肥食品、抗疲劳食品等。

(2) 不得以药品名称或类似药品的名称命名产品，并不得只标注外文缩写名称、代号名称或汉语拼音名称。

2. 配料表（配料）

按《食品标签通用标准》GB 7718—1994 中 5.2 的规定，标明保健（功能）食品的配料。食品添加剂和食品营养强化剂应按 GB 2760—1996 和 GB 14880—1994 的规定，标明具体名称。

3. 功效成分和营养成分表

(1) 列表标明每 100g 或 100mL（功能）食品中起主导作用和辅助作用的功效成分含量（计量单位以 g、mg、μg 或 IU 表示）。

(2) 含有活性生物体（如活性乳酸菌等）的保健（功能）食品，应标明每 100g 或 100mL 各种活性生物体的数量。

(3) 现代科学技术难以确定功效成分的产品，应标明起主导作用和辅助使用的原料名称及加入量。

(4) 按特殊营养食品标签 GB 13432—1992 附录 A 的规定，列表标明营养成分（营养素）的含量。

4. 保健功能

标明的保健功能应与批准确认的功能相一致；不得描述、介绍或暗示产品的“治疗”疾病作用。

5. 净含量及固形物含量

按食品标签通用标准 GB 7718—1994 中 5.3 的规定，标明净含量及固形物含量。

6. 制造者的名称和地址

(1) 标明保健（功能）食品制造、包装或分装单位经依法登记注册的名称和地址。

(2) 进口保健（功能）食品可允许免除 (1) 的内容，但应标明原产国或地区（指香港、澳门、台湾）名称，以及总经销或代理商在国内依法登记注册的名称和地址。

7. 生产日期、保质期或/和保存期

① 按年、月、日顺序标明保健（功能）食品的生产日期。

② 按标准的规定，标明保健（功能）食品的保质期或/和保存期。

8. 贮藏方法（条件）

如果保健（功能）食品的保质期或保存期与贮藏方法（条件）有关，必须标明贮藏要求。

9. 食用方法

① 标明产品的食用对象，即适于的特定人群。

② 按《食品标签通用标准》GB 7718—1994 的规定标明食用方法。每日或每次的适宜食用量，应按产品适于的特定人群分别标注。

10. 产品标准号和审批文号

标明产品的国家标准、行业标准或企业标准的代号和顺序号，以及审批文号。进口保健（功能）食品可以免除产品标准号。

11. 特殊标注内容

含有兴奋剂或激素的产品，应标明兴奋剂、激素的准确名称和含量。

六、辐照食品标准

中华人民共和国卫生部批准的辐照食品的卫生标准主要有辐照熟畜禽肉类卫生标准、辐照花粉卫生标准、辐照干果果脯卫生标准、辐照香辛料类卫生标准、辐照新鲜水果、蔬菜类卫生标准、辐照猪肉卫生标准、辐照豆类、谷类及其制品卫生标准、辐照薯干酒卫生标准 9 类，标准编号为 GB 14891.1—1997。

（一）技术要求

辐照食品的技术要求见表 5-15。

表 5-15 辐照食品技术要求

辐照食品名称	辐照目的	^{60}Co 或 $^{137}Cs\gamma$ 射线的照射剂量限制	辐射原则	包装要求
辐照熟畜禽肉类	延长保质期	低于 10MeV 电子束，平均总体吸收量为 8kGy	照射均匀，剂量可靠准确	内复合塑料薄膜袋真空封口包装，外包装用防潮瓦楞纸板箱
辐照花粉	保鲜、防霉、延长贮存期	低于 10MeV 电子束，平均总体吸收量为 8kGy	照射均匀，剂量可靠准确，辐照吸收剂量不均匀度≤2	—
辐照干果果脯	—	低于 10MeV 电子束，平均吸收量不得大于 1.0kGy	照射均匀，剂量可靠准确，辐照吸收剂量不均匀度≤2	应用食品包装用塑料薄膜作内衬，外包装用防水胶带密封
辐照香辛料	防止生虫，减少损失	低于 10MeV 电子束，平均吸收量不得大于 1.0kGy	照射均匀，剂量可靠准确。辐照吸收剂量不均匀度≤2	应用食品包装用塑料薄膜作内衬，外包装用防水胶带密封

续表

辐照食品名称	辐照目的	^{60}Co 或 $^{137}Cs\gamma$ 射线的照射剂量限制	辐射原则	包装要求
辐照新鲜水果、蔬菜	抑制发芽、贮藏保鲜或推迟后熟、延长贮存期	低于 5MeV 的 X 射线或低于 10MeV 电子束	照射均匀，剂量可靠准确。辐照吸收剂量不均匀度≤2	—
辐照豆类、谷类及其制品	杀虫	豆类不大于 0.2kGy，谷类 0.4～0.6kGy	照射均匀，剂量可靠准确。辐照吸收剂量不均匀度≤1.5	—
辐照薯干酒	改进薯干酒的品质，提高质量	低于 10MeV 电子束，平均吸收量不得大于 4kGy	照射均匀，剂量可靠准确	—

（二）几种常见的辐照食品的感官、理化和微生物指标

1. 辐照花粉

辐照花粉的感官、理化指标见表 5-16。

表 5-16　　辐照花粉的感官、理化与微生物指标

感官指标	理化指标/(mg/kg)	微生物指标
具有花粉固有的香味，无异味，无杂质、无虫蛀、无霉变结块、无螨虫	水分/% ≤10 汞(以 Hg 计)/(mg/kg) ≤0.015 铅(以 Pb 计)/(mg/kg) ≤0.5 砷(以 As 计)/(mg/kg) ≤0.5 六六六/(mg/kg) ≤0.1 DDT/(mg/kg) ≤0.1	菌落总数/(个/g) ≤100 大肠杆菌/(个/100g) ≤30 致病菌（系指肠道致病菌和致病性球菌） 不得检出 霉菌个数 ≤100

2. 辐照果脯

辐照果脯的感官指标：具有果脯的正常色泽、气味和滋味，无异味、无霉变、无虫蛀、无杂质。

辐照果脯的感官、理化指标见表 5-17。

表 5-17　　辐照果脯的感官、理化与微生物指标

感官指标	理化指标	微生物指标
具有果脯的正常色泽、气味和滋味，无异味，无霉变、无虫蛀、无杂质	水分/% ≤10 铅(以 Pb 计)/(mg/kg) ≤1.0 砷(以 As 计)/(mg/kg) ≤0.5 铜(以 Cu 计)/(mg/kg) ≤10 SO_2 残留量/(g/kg) ≤0.1 其他食品添加剂 按 GB 2760—1996 执行	菌落总数/(个/g) ≤100 大肠杆菌/(个/100g) ≤30 致病菌（系指肠道致病菌和致病性球菌） 不得检出

昆虫指标：不得检出活虫和虫卵。

3. 辐照番茄

辐照番茄的感官、理化指标见表 5-18。

表 5-18 辐照番茄的感官、理化指标

感官指标	理化指标/(mg/kg)	
具有新鲜番茄固有的色泽、香味和滋味，不得有腐烂、虫蛀	砷(以 As 计)	≤0.5
	汞(以 Hg 计)	按 GB 2762 执行
	六六六	按 GB 2763 执行
	DDT	按 GB 2763 执行

4. 辐照荔枝

辐照荔枝的感官、理化指标见表 5-19。

表 5-19 辐照荔枝的感官、理化指标

感官指标	理化指标/(mg/kg)	
应具有新鲜荔枝固有的色泽和滋味，不得有发霉、变质现象	砷(以 As 计)	按 GB 4810 执行
	汞(以 Hg 计)	按 GB 2762 执行
	六六六	按 GB 2763 执行
	DDT	按 GB 2763 执行
	杀螟硫鳞	按 GB 4788 执行
	倍硫鳞	按 GB 4788 执行
	保鲜剂	按 GB 2760 执行

5. 辐照蜜橘

辐照蜜橘的感官、理化指标见表 5-20。

表 5-20 辐照蜜橘的感官、理化指标

感官指标	理化指标/(mg/kg)	
应具有新鲜蜜橘固有的色泽和滋味，不得有发霉、变质现象	砷(以 As 计)	按 GB 4810 执行
	汞(以 Hg 计)	按 GB 2762 执行
	六六六	按 GB 2763 执行
	DDT	按 GB 2763 执行
	杀螟硫鳞	按 GB 4788 执行
	倍硫鳞	按 GB 4788 执行
	保鲜剂	按 GB 2760 执行

第四节 食品检验方法标准

食品品质的优劣直接关系着人们的身心健康。评价食品的品质，就需要对食品的营养成分含量和有毒、有害物质的分布情况进行分析。2003 年由国家质量技术监督检验检疫总局对我国食品卫生微生物学检验标准和食品中各种成分含量的测定和检验方法标

准进行了修订，把相关的标准归并为两个系列标准即食品卫生微生物学检验和食品理化检验方法，由中华人民共和国卫生部和中国国家标准化管理委员会于2003年8月11日联合发布，于2004年1月1日起实施。本节简要介绍食品卫生微生物学检验标准的各类食品的微生物学检验方法和理化检验方法的最新国家标准，并列出了所有食品卫生理化检验方法和微生物学检验方法的名称和标准编号，为进一步查找国家标准规定的具体内容提供参考。

一、微生物学检验方法标准

（一）食品卫生微生物学检验标准

1. 食品卫生微生物学检验总则

根据新修订的食品卫生标准将食品样品重新分类，并按照GB/T 1.1—2000对标准GB/T 4789.1—1994的文本格式和文字进行修改，形成了GB/T 4789.1—2003，本标准规定了食品卫生微生物学检验总则，适用于各类食品样品的采样和送检。

2. 菌落总数、霉菌和酵母菌计数等测定方法标准

在GB/T 4789.2—1994和GB/T 4789.15—1994基础上，按照GB/T 1.1—2000对标准的文本格式和文字进行修改，规范了原标准中的"设备和材料"，分别形成了GB/T 4789.2—2003和GB/T 4789.15—2003，前者规定了食品中菌落总数的测定方法，后者规定了各类粮食、食品和饮料中霉菌和酵母菌计数的检验方法。

3. 食品中大肠菌群、沙门氏菌等微生物的检验方法标准

按照GB/T 1.1—2000对标准GB/T 4789.3～14—1994的文本格式和文字进行修改，并规范原标准中的"设备和材料"，分别形成了GB/T 4789.3～14—2003。其中GB/T 4789.3—2003规定了食品中大肠菌群的测定方法，用于测定各类食品中的大肠菌群；GB/T 47894.4—2003为食品中沙门氏菌的检验方法，适用于各类食品和食物中毒样品中沙门氏菌的检验；食品中志贺氏菌的检验方法标准为GB/T 4789.5—2003，适用于各类食品和食物中毒样品中志贺氏菌的检验；GB/T 4789.6—2003规定了食品中致泻大肠埃希氏菌的检验方法，适用于食品和食物中毒样品中致泻大肠埃希氏菌的检验；GB/T 4789.7—2003规定了副溶血性弧菌的检验方法，适用于动物性水产干制品、腌醉制生食动物性水产品、即食藻类食品、鱼糜制品等水产食品和水产调味品以及食物中毒中副溶血性弧菌的检验；GB/T 4789.8—2003规定了小肠结肠炎耶尔森氏菌的检验方法，适用于各类食物中毒样品中小肠结肠炎耶尔森氏菌的检验；GB/T 4789.9—2003规定了空肠弯曲菌的检验方法，适用于各类食物中毒样品中空肠弯曲菌的检验；GB/T 4789.10—2003规定了食品中金黄色葡萄球菌的检验方法，适用于各类食品和食物中毒样品中金黄色葡萄球菌的检验；GB/T 4789.11—2003规定了食品中溶血性链球菌的检验方法，适用于各类食品和食物中毒样品中溶血性链球菌的检验；肉毒梭菌及肉

毒素的检验方法标准为 GB/T 4789.12—2003，适用于各类食品和食物中毒样品中肉毒梭菌及肉毒毒素的检验；GB/T 4789.13—2003 规定了产气荚膜梭菌的检验方法，适用于各类食品和食物中毒样品中产气荚膜梭菌的检验；GB/T 4789.14—2003 规定了蜡样芽孢杆菌检验方法，适用于各类食品中毒样品中蜡样芽孢杆菌的检验。

4. 常见产毒霉菌的鉴定标准

在 GB/T 4789.16—1994 基础上，按照 GB/T 1.1—2000 对标准文本的格式和文字进行修改，得到 GB/T 4789.16—2003，本标准规定了食品中常见产毒霉菌的鉴定方法，适用于曲霉属、青霉属、镰刀菌属及其他菌属的产毒霉菌鉴定。

5. 肉、蛋、乳及其制品检验标准

按照新修订的食品卫生标准将熟肉制品、乳制品和蛋制品重新分类，并按照 GB/T 1.1—2000 对标准 GB/T 4789.17～19—1994 的文本格式和文字进行修改，对操作步骤的内容也作了修改，分别形成了 GB/T 4789.17～19—2003，其中 GB/T 4789.17—2003 规定了肉制品检验的基本要求和检验方法，适用于鲜（冻）的畜禽肉、熟肉制品及熟肉干制品的检验；GB/T 4789.18—2003 为乳制品检验的基本要求和检验方法标准，适用于鲜乳及其制品（菌落总数检验不适于酸乳）的检验；GB/T 4789.19—2003 规定了蛋与蛋制品检验的基本要求和检验方法，适用于鲜蛋及蛋制品的检验。

6. 水产食品、冷冻饮品和冷食菜等食品的检验标准

按照新修订的食品卫生标准将水产品、冷冻饮品和饮料、冷食菜、豆制品等重新分类，对 GB/T 4789.20～23—1994 进行修订，分别得到 GB/T 4789.20～23—2003，其中水产食品检验的基本要求和检验方法标准为 GB/T 4789.20～23—2003，本标准适用于即食动物性水产干制品、即食藻类食品和腌、醉制生食动物性水产品和熟制品的检验；冷冻饮料的检验方法标准为 GB/T 4789.21—2003，适用于冷冻饮品（冰淇淋、冰棍、雪糕和食用冰块）及饮料：果、蔬汁饮料、含乳饮料、碳酸饮料、植物蛋白饮料、碳酸型茶饮料、固体饮料、可可粉固体饮料、乳酸菌饮料、罐装茶饮料、罐装型植物蛋白饮料（以罐头工艺生产）、瓶（桶）装饮用纯净水、低温复原果汁等的检验；在原调味品检验标准基础上，增加了水产调味品，形成的 GB/T 4789.22—2003，适用于调味品（包括酱油、酱类和醋等以豆类及其他粮食作物为原料发酵制成的）及水产调味品的检验；冷食菜和豆制品检验标准 GB/T 4789.23—2003，规定了冷食菜、非发酵豆制品及面筋、发酵豆制品的检验方法，适用于冷食菜、非发酵豆制品及面筋、发酵豆制品的检验。

7. 糖果、糕点、蜜饯、酒类和罐头食品检验标准

在 GB/T 4789.24～26—1994 基础上，按照 GB/T 1.1—2000 对标准文本的格式和文字进行修改，形成了 GB/T 4789.24～26—2003，分别规定了糖果、糕点、蜜饯的检验方法，酒精度低的发酵酒（包括啤酒、果酒、黄酒、葡萄酒）的检验方法，罐头食品

商业无菌检验的基本要求，操作程序和结果判定。

8. 鲜乳中抗生素残留量检验标准

GB/T 4789.27—2003 规定了鲜乳中抗生素残留量的检验方法，适用于能杀灭嗜热乳酸链球菌的各种常用抗生素的检验。

9. 染色法、培养基和试剂标准

经过对 GB/T 4789.28—1994 进行修订，制得 GB/T 4789.28—2003，本标准规定了各种染色法、培养基和试剂，适用于食品和食物中毒样品中各类微生物的检验。

10. 椰毒假单胞菌酵米面亚种、单核细胞增生李斯特菌等检验标准

通过对 GB/T 4789.29～32—1994 进行修订，制得了标准 GB/T 4789.29～32—2003，其中 GB/T 4789.29—2003 规定了椰毒假单胞菌酵米面亚种检验的基本要求、操作程序和结果判定，适用于酵米面、变质鲜银耳及其他淀粉类发酵食品引起食物中毒的病因学诊断及椰毒假单胞菌酵米面亚种的常规检验及菌种鉴定；GB/T 4789.30—2003 规定了单核细胞增生李斯特菌检验方法，适用于食品中毒样品中单核细胞增生李斯特菌的检验；应用肠杆菌科噬菌体诊断法检验食品中沙门氏菌、志贺氏菌和致泻大肠埃希氏菌的方法标准为 GB/T 4789.31—2003，适用于各种食品、食物中毒的检验，也适用于食品从业人员的肠道沙门氏菌和志贺氏菌带菌检验；GB/T 4789.32—2003 规定了乳酸菌饮料中乳酸菌检验的基本要求、操作程序和结果判定，适用于乳酸菌饮料中乳酸菌的检验。

11. 粮谷、果蔬类食品检验标准

标准 GB/T 4789.33—2003 为首次发布，本标准规定了粮谷、果蔬类食品检验的基本要求和检验方法，适用于以粮谷、果蔬类为原料加工的食品，包括膨化食品、淀粉类食品、油炸小食品、早餐谷物、方便面、速冻预包装面米食品、酱腌菜等的检验。

12. 双歧杆菌检验标准

标准 GB/T 4789.34—2003 为首次发布，本标准规定了双歧杆菌检验方法，适用于食品中双歧杆菌的检验。

（二）食品卫生微生物学检验

现行的食品卫生微生物学检验方法国家标准总共 35 个，具体标准的编号和名称等见表 5-21。

表 5-21　　食品卫生微生物学检验国家标准一览表

国家标准编号	国家标准名称	批准日期	实施日期
GB/T 4789.1—2003	食品卫生微生物学检验　总则	2003-8-11	2004-1-1
GB/T 4789.2—2003	食品卫生微生物学检验　菌落总数测定	2003-8-11	2004-1-1
GB/T 4789.3—2003	食品卫生微生物学检验　大肠菌群测定	2003-8-11	2004-1-1
GB/T 4789.4—2003	食品卫生微生物学检验　沙门氏菌检验	2003-8-11	2004-1-1

续表

国家标准编号	国家标准名称	批准日期	实施日期
GB/T 4789.5—2003	食品卫生微生物学检验　志贺氏菌检验	2003-8-11	2004-1-1
GB/T 4789.6—2003	食品卫生微生物学检验　致泻大肠埃希氏菌检验	2003-8-11	2004-1-1
GB/T 4789.7—2003	食品卫生微生物学检验　副溶血性弧菌检验	2003-8-11	2004-1-1
GB/T 4789.8—2003	食品卫生微生物学检验　小肠结肠炎耶尔森氏菌检验	2003-8-11	2004-1-1
GB/T 4789.9—2003	食品卫生微生物学检验　空肠弯曲菌检验	2003-8-11	2004-1-1
GB/T 4789.10—2003	食品卫生微生物学检验　金黄色葡萄球菌检验	2003-8-11	2004-1-1
GB/T 4789.11—2003	食品卫生微生物学检验　溶血性链球菌检验	2003-8-11	2004-1-1
GB/T 4789.12—2003	食品卫生微生物学检验　肉毒梭菌及肉毒毒素检验	2003-8-11	2004-1-1
GB/T 4789.13—2003	食品卫生微生物学检验　产气夹膜梭菌检验	2003-8-11	2004-1-1
GB/T 4789.14—2003	食品卫生微生物学检验　蜡样芽孢杆菌检验	2003-8-11	2004-1-1
GB/T 4789.15—2003	食品卫生微生物学检验　霉菌和酵母计数	2003-8-11	2004-1-1
GB/T 4789.16—2003	食品卫生微生物学检验　常见产毒霉菌的鉴定	2003-8-11	2004-1-1
GB/T 4789.17—2003	食品卫生微生物学检验　肉与肉制品检验	2003-8-11	2004-1-1
GB/T 4789.18—2003	食品卫生微生物学检验　乳与乳制品检验	2003-8-11	2004-1-1
GB/T 4789.19—2003	食品卫生微生物学检验　蛋与蛋制品检验	2003-8-11	2004-1-1
GB/T 4789.20—2003	食品卫生微生物学检验　水产食品检验	2003-8-11	2004-1-1
GB/T 4789.21—2003	食品卫生微生物学检验　冷冻饮品、饮料检验	2003-8-11	2004-1-1
GB/T 4789.22—2003	食品卫生微生物学检验　调味品检验	2003-8-11	2004-1-1
GB/T 4789.23—2003	食品卫生微生物学检验　冷食菜、豆制品检验	2003-8-11	2004-1-1
GB/T 4789.24—2003	食品卫生微生物学检验　糖果、糕点、蜜饯检验	2003-8-11	2004-1-1
GB/T 4789.25—2003	食品卫生微生物学检验　酒类检验	2003-8-11	2004-1-1
GB/T 4789.26—2003	食品卫生微生物学检验　罐头食品商业无菌的检验	2003-8-11	2004-1-1
GB/T 4789.27—2003	食品卫生微生物学检验　鲜乳中抗生素残留量检验	2003-8-11	2004-1-1
GB/T 4789.28—2003	食品卫生微生物学检验　染色法、培养基和试剂	2003-8-11	2004-1-1
GB/T 4789.29—2003	食品卫生微生物学检验　椰毒假单胞菌酵米面亚种检验	2003-8-11	2004-1-1
GB/T 4789.30—2003	食品卫生微生物学检验　单核细胞增生李斯特氏菌检验	2003-8-11	2004-1-1
GB/T 4789.31—2003	食品卫生微生物学检验　沙门氏菌、志贺氏菌和致泻大肠埃希氏菌的肠杆菌科噬菌体检验方法	2003-8-11	2004-1-1
GB/T 4789.32—2003	食品卫生微生物学检验　大肠菌群的快速检测	2002-6-12	2002-10-1
GB/T 4789.33—2003	食品卫生微生物学检验　粮谷、果蔬类食品检验	2003-8-11	2004-1-1
GB/T 4789.34—2003	食品卫生微生物学检验　双歧杆菌检验	2003-8-11	2004-1-1
GB/T 4789.35—2003	食品卫生微生物学检验　乳酸菌饮料中乳酸菌检验	2003-8-11	2004-1-1

二、食品理化检验方法标准

（一）食品理化检验主要标准方法介绍

1. 食品中相对密度的测定方法标准

采用GB/T 5009.2—2003，有密度瓶法、相对密度天平法和相对密度计（比重计）法。

2. 食品中的水分、蛋白质、脂肪和灰分的测定标准

食品中水分的测定有直接干燥法、减压干燥法和蒸馏法三种；食品中蛋白质的测定有两种方法：第一法是根据酸的滴定消耗量换算成蛋白质含量，第二法是测定反应产物在400nm处的吸光度，通过与标准系列比较进行定量；食品中灰分的测定为灼烧称重法；而脂肪的测定有索氏抽提法和酸水解法两种方法，具体见GB/T 5009.3～5009.6—2003。

3. 食品中还原糖、蔗糖和淀粉的测定标准

食品中还原糖的测定方法包括直接滴定法和高锰酸钾滴定法；食品中蔗糖的测定为：试验样品经除去蛋白质后，其中的蔗糖经盐酸水解转化为还原糖，按照GB/T 5009.7—2003中的有关方法测定水解前后的还原糖，其差值为蔗糖含量；食品中淀粉的测定方法包括酶水解法和酸水解法。

4. 植物类食品中粗纤维的测定标准

采用GB/T 5009.10—2003，试验样品在硫酸作用下，其中的糖、淀粉、果胶质和半纤维素经水解除去，再用碱处理，去除蛋白质和脂肪酸，余下的残渣为粗纤维。

5. 食品中总砷及无机砷、总汞及有机汞的测定标准

食品中的总砷测定有氢化物原子荧光光度法、银盐法、砷斑法和硼氢化物还原比色法四种，无机砷的测定有氢化物原子荧光光度法和银盐法；食品中总汞的测定有原子荧光光谱分析法、冷原子吸收光谱法和二硫腙比色法；甲基汞的测定有气相色谱法和冷原子吸收法。

6. 食品中铅、铜、锌和镉等的测定标准

食品中铅的测定方法有石墨炉原子吸收光谱法、氢化物原子荧光光度法、火焰原子吸收光谱法、二硫腙比色法和单扫描极谱法计五种方法；铜的测定方法包括原子吸收光谱法和二乙基二硫代氨基甲酸钠法；锌的测定有原子吸收光谱法和二硫腙比色法；食品中镉的测定方法有石墨炉原子吸收光谱法、原子吸收光谱法、比色法和原子荧光法共四种标准方法；食品中锡的测定采用GB/T 5009.16—2003，有氢化物原子荧光光度法和苯芴酮比色法；食品中氟的测定包括扩散-氟试剂比色法、灰化蒸馏-氟试剂比色法和氟离子选择电极法计三种方法。

7. 食品中六六六、滴滴涕和有机磷农药等残留量的测定标准

食品中六六六和滴滴涕的测定方法有气相色谱和薄层色谱法；而食品中有机磷农药残留量的测定，包括水果、蔬菜、谷类、肉类、鱼类、粮食、食用油中有机磷农药残留，采用气相色谱法，使用火焰光度检测器；粮、油、菜中甲萘威残留量的测定有高效液相色谱法和比色法两种；蔬菜中有机磷和氨基甲酸类农药残留快速检测用速测卡法（纸片法）和酶抑制率法。

8. 食品中黄曲霉毒素 B_1、B_2、G_1、G_2、M_1 等的测定标准

食品中黄曲霉毒素 B_1 的测定是，先提取、浓缩试样中的黄曲霉毒素 B_1，经薄层分离后，在波长 365nm 紫外光下将产生蓝紫色荧光，根据在薄层上显示荧光的最低检出量来测定含量；同时测定食品中的黄曲霉毒素 B_1、B_2、G_1 和 G_2 时，可以采用薄层色谱法和微柱筛选法两种标准方法；由于黄曲霉毒素 M_1 与 B_1 在紫外光下产生蓝紫色荧光，同样可以采用薄层色谱法进行其含量测定；当要测定植物性食品中杂色曲霉素的含量时，薄层色谱法同样适用。如果想进一步了解具体内容，可以查阅 GB/T 5009.22～25—2003。按照 GB/T 5009.96—2003，谷物和大豆中赭曲霉毒素 A 的测定用薄层色谱法进行。

9. 食品中亚硝酸盐、*N*-亚硝胺类和苯并（a）芘等的测定标准

根据 GB/T 5009.33—2003，食品中亚硝酸盐与硝酸盐的测定有盐酸萘乙二胺法等三种；食品中亚硫酸盐的测定有盐酸副玫瑰苯胺法和蒸馏法（GB/T 5009.34—2003）；按照 GB/T 5009.26～27—2003，食品中 *N*-亚硝胺类的测定有气相色谱-热能分析法和气相色谱-质谱法，食品中苯并（a）芘的测定可以采用荧光分光光度法和目测比色法。

10. 食品中糖精钠、山梨酸、苯甲酸等测定方法标准

食品中糖精钠的测定有高效液相色谱法、薄层色谱法和离子选择电极测定三种方法，食品中山梨酸、苯甲酸的测定采用气相色谱法、高效液相色谱法和薄层色谱法，食品中叔丁基羟基茴香醚与 2,6-二叔丁基对甲酚的测定包括气相色谱法和薄层色谱法两种，食品中对羟基苯甲酸酯类用气相色谱法测定，油脂中没食子酸丙酯的测定用分光光度法，食品中合成着色剂的测定有高效液相色谱法、薄层色谱法和示波极谱法三种方法。具体参见 GB/T 5009.28～35—2003。

11. 粮食、植物油、果蔬、酱油等调味品、肉蛋奶及其制品、饮料和食品包装材料等卫生标准的分析方法标准

关于粮食、植物油、果蔬、酱油、酱、食醋、食盐、味精等食品卫生标准的分析方法参见国标 GB/T 5009.36～43—2003，而 GB/T 5009.44～57—2003 规定了肉与肉制品、水产品、乳与乳制品、蛋与蛋制品、蒸馏酒与配制酒、发酵酒、冷饮食品、非发酵性豆制品及面筋、发酵性豆制品、淀粉类制品、酱腌菜、食糖、糕点、茶叶等卫生标准分析方法，国标 GB/T 5009.58～72—2003 则介绍了食品包装用聚乙烯树脂、聚苯乙烯树脂、聚乙烯、聚苯乙烯、聚丙烯树脂、聚丙烯成型品、三聚氰胺成型品、陶瓷制食

具、铝制食具、食品用橡胶垫片（圈）、食品用高压锅密封圈、橡胶奶嘴、聚氯乙烯成型品、食品容器内壁过氯乙烯涂料、罐头内壁环氧酚醛树脂涂料、食品容器内壁聚酰胺环氧树脂涂料、容器内壁聚酰胺环氧树脂涂料的卫生标准分析方法，GB/T 5009.77～81—2003 规定了食用氢化油、人造奶油、食品包装用原纸、食品容器内壁聚四氟乙烯涂料、不锈钢食具容器等卫生标准的分析方法，GB/T 5009.73～76—2003 规定了粮食中二溴乙烷等残留量、食品添加剂中重金属限量试验标准、食品添加剂中铅、砷的测定标准。植物纤维类食品容器卫生标准中蒸发残渣的分析方法标准见 GB/T 5009.203—2003。GB/T 5009.98～100—2003 介绍了食品容器及包装材料用不饱和聚酯树脂及其玻璃钢制品、聚碳酸酯树脂、发泡聚苯乙烯成型品的卫生标准分析方法。

12. 食品中维生素 A、维生素 E 等维生素的测定标准

食品中维生素 A 和维生素 E 的测定方法有高效液相色谱法和比色法两种；食品中胡萝卜素的测定可以用纸层析法和高效液相色谱法，其中纸层析法的检出限为 0.11μg，高效液相色谱法的检出限为 5.0mg/kg（L）；食品中硫胺素（维生素 B_1）的测定采用荧光分光光度法进行，食品中核黄素的测定方法有荧光法和微生物法两种，微生物法还用于测定食品中烟酸、维生素 B_6 的含量，蔬菜、水果及其制品中的总抗坏血酸的测定可以采用荧光法和 2,4-二硝基苯肼法；各类蔬菜、绿色植物及其干制品中维生素 K_1 测定用高效液相色谱法；食品中还原型抗坏血酸的测定用分光光度法；食品中牛磺酸的测定用高效液相色谱法和薄层色谱法；保健食品中肌醇的测定采用气相色谱法，保健食品中盐酸硫胺素、盐酸吡哆醇、烟酸、烟酰胺和咖啡因的测定则用高效液相色谱法。

13. 食品中铁、镁、锰等金属元素和稀土的测定标准

食品中铁、镁、锰等测定采用原子吸收分光光度法，即样品经湿法消化后，导入原子吸收分光光度计中，经火焰原子化后，铁、镁、锰分别吸收 248.3nm、285.2nm、279.5nm 的共振线，其吸收量与它们的含量成正比，与标准系列比较定量；食品中钾、钠的测定方法为火焰发射光谱法，而钙的测定有原子吸收分光光度法和滴定法两种方法，硒的测定方法包括荧光法和氢化物原子荧光光谱法，铬的测定用原子吸收石墨炉法和示波极谱法，氢化物原子荧光光谱法还用于食品中锑的测定，而食品中镍的测定用原子吸收分光光度法和比色法，食品中锗的测定方法有原子荧光光谱法、原子吸收分光光度法和苯基荧光酮分光光度法三种方法，面制食品中铝的测定、植物性食品中稀土的测定用分光光度法。

14. 蜂蜜中四环素族抗生素、苹果和山楂制品中展青霉素的测定标准

采用微生物管蝶法测定蜂蜜中四环素族抗生素残留量，四环素、土霉素和金霉素三种抗生素都可以利用薄层层析生物检测法进行分离和定性，以蜡样芽孢杆菌为试验菌株，采用微生物管蝶法进行定量测定；苹果和山楂制品中展青霉素的测定用薄层色谱法。

15. 食品中环己基氨基磺酸钠的测定标准

采用GB/T 5009.97—2003，食品中环己基氨基磺酸钠的测定有三种方法：气相色谱法、比色法和薄层色谱法。

16. 植物性食品中辛硫磷农药等残留量的测定标准

按照GB/T 5009.102～111—2003，气相色谱法用于测定植物性食品中辛硫磷、甲胺磷和乙酰甲胺磷、二氯苯醚菊酯、二嗪磷、氯氰菊酯、氰戊菊酯和溴氰菊酯、六种氨基甲酸酯杀虫剂、柑橘中水胺硫磷残留量、黄瓜中百菌清等残留量的测定，高效液相色谱法用于检测畜禽肉中己烯雌酚的残留量，而谷物及其制品中脱氧雪腐镰刀菌烯醇的测定有薄层色谱法和免疫测定法两种方法。

17. 大米和柑橘中喹硫磷等残留量的测定标准

大米和柑橘中喹硫磷，大米中的杀虫环、杀虫双、沙蚕毒素，稻谷中三环唑，复合食品包装中二氨基甲苯，酱油、醋、面包和糕点中丙酸钠、丙酸钙，粮食、蔬菜和水果中三唑酮，稻谷、小麦和蔬菜中亚胺硫磷，食品中莠去津，粮食中氯麦隆，大米中禾草敌、稻瘟灵、丁草胺、敌稗，水果中乙氧基喹，果汁、腐乳和酱菜中的脱氢乙酸，食品容器、包装材料用聚氯乙烯树脂及成型品中残留量1,1-二氯乙烷，粮食、蔬菜中五氯硝基苯残留量用气相色谱法测定；水果中单甲脒残留量，畜禽肉中土霉素、四环素、金霉素残留量，大豆及谷物中氟磺胺草醚，粮食、蔬菜和水果中灭幼脲，尼龙6树脂及成型品中己内酰胺的测定用高效液相色谱法；小麦中T-2毒素用酶联免疫吸附的直接法和间接法测定（ELISA）；各类动物性食品中胆固醇含量、食品包装用聚酯树脂及其成型品中锗的含量用分光光度法测定。具体可以查找GB/T 5009.112～122—2003和GB/T 5009.125～138—2003。

18. 食品中氨基酸的测定标准

根据GB/T 5009.124—2003，食品（不包括蛋白质含量低的果蔬、饮料和淀粉类食品）中的天冬氨酸、苏氨酸、丝氨酸、谷氨酸、脯氨酸、甘氨酸、丙氨酸、缬氨酸、蛋氨酸、亮氨酸、异亮氨酸、酪氨酸、苯丙氨酸、组氨酸、赖氨酸和精氨酸等十六种氨基酸的测定可用氨基酸自动分析仪进行。

19. 饮料中咖啡因、乙酰磺胺酸钾的测定标准

可乐型饮料、咖啡、茶叶及其制品中咖啡因的测定有紫外分光光度法和高效液相色谱法；汽水、可乐型饮料、果汁和果茶等饮料中乙酰磺胺酸钾的测定用高效液相色谱法，糖果包衣等食品中诱惑红的测定用分光光度法；饮用天然矿泉水中氟、氯、溴离子和硝酸根、硫酸根含量用反相高效液相色谱法测定。

20. 植物性食品中吡氟禾草灵、精吡氟禾草灵等残留量的测定标准

植物性食品中吡氟禾草灵、精吡氟禾草灵，蔬菜、水果、食用油中双甲脒，粮食、蔬菜和油料食品中甲基异柳磷，粮食和蔬菜中有机磷和氨基甲酸酯类农药、有机氯和拟

除虫菊酯类农药，梨中烯唑醇，小麦中野燕枯残留量用气相色谱法进行测定；粮食、蔬菜和水果中除虫脲残留量的测定用高效液相色谱法进行；植物性食品中游离棉酚的含量采用液相色谱法测定，饮料、酒和糕点中栀子黄的测定方法包括高效液相色谱法和薄层色谱法，食品中红曲色素的测定用薄层层析方法。

21. 食品包装用苯乙烯-丙烯腈共聚物和橡胶改性的丙烯腈-丁二烯-苯乙烯树脂及其成型品中残留丙烯腈单体的测定标准

采用顶空气相色谱法测定食品包装用苯乙烯-丙烯腈共聚物和橡胶改性的丙烯腈-丁二烯-苯乙烯树脂及其成型品中残留丙烯腈单体；食品用包装材料及其制品的浸泡试验方法标准为GB/T 5009.156—2003；食品包装用树脂及其制品的预试验标准是GB/T 5009.166—2003。

22. 食品中有机酸、总酸的测定标准

果蔬及其制品、饮料等食品中的有机酸（酒石酸、苹果酸、柠檬酸、丁二酸）测定采用高效液相色谱法；谷类、豆类、坚果及块茎类植物性食品中植酸的测定方法是用离子交换分离，分光光度法进行测定；干果（桂圆、荔枝、葡萄干、柿饼）中总酸的测定方法为化学滴定法。

23. 动物性食品中有机磷农药、有机氯农药和拟除虫菊酯农药多组分残留量的测定标准

畜禽肉及其制品、乳与乳制品、蛋与蛋制品中甲胺磷和敌敌畏等13种常用有机磷农药多组分残留，肉蛋乳类动物性食品中的五氯硝基苯、七氯和环氧七氯等20种常用有机氯农药和拟除虫菊酯农药多组分残留量，采用气相色谱法检测；肉蛋乳类食品中的涕灭威、速灭威等氨基甲酸酯类农药多组分残留用高效液相色谱法测定。动物性食品中克伦特罗残留量的测定方法有气相色谱-质谱法，高效液相色谱法和酶联免疫法三种方法。

24. 粮食和蔬菜中2,4-滴等残留量的测定标准

粮食和蔬菜中2,4-滴、噻嗪酮，粮食中2,4-滴丁酯，稻谷、花生仁中噁草酮，大豆、花生、豆油、花生油中的氟乐灵，茶叶、水果、食用植物油中三氯杀螨醇，花生、大豆中异丙甲草胺残留量用气相色谱法测定；梨、柑橘类水果中塞螨酮残留量用高效液相色谱法分析；蔬菜、水果中甲基托布津、多菌灵的测定采用紫外分光光度法。

25. 保健食品中褪黑素含量、超氧化物歧化酶（SOD）活性等的测定标准

保健食品（胶囊、片剂）中褪黑素含量的测定采用高效液相色谱-紫外检测法和高效液相色谱荧光法；各类食品中超氧化物歧化酶（SOD）活性的测定方法为修改的Marklund方法和化学发光法；保健食品中脱氢表雄甾酮（DHEA）、免疫球蛋白（IgG）、吡啶甲酸铬的测定采用高效液相色谱-紫外检测法；海鱼类食品、鱼油产品和添加二十碳五烯酸和二十二碳六烯酸的食品中二十碳五烯酸和二十二碳六烯酸的测定方法

是气相色谱法。

26. 食品包装材料中甲醛、猪油中丙二醛、食用植物油煎炸过程中的极性组分的测定标准

食品包装用三聚氰胺树脂成型品、水基改性环氧易拉罐内壁涂料、罐头内壁脱模涂料、环氧酚醛涂料及食品容器漆酚涂料中游离甲醛的测定采用示波极谱法；猪油中丙二醛的测定为分光光度法；食用植物油煎炸过程中的极性组分（PC）采用柱层析法。

27. 饮料中脲酶的定性测定标准

饮料中脲酶的定性测定是，根据脲酶在适当的 pH 和温度下催化尿素，转化成碳酸铵，后者在碱性条件下形成氢氧化铵，再与纳氏试剂中的碘化钾汞复盐作用形成碘化双汞铵，如试样中脲酶活性消失，上述反应不发生。

28. 食品中多氯联苯、3-氯-1,2-丙二醇等含量的测定标准

海产食品中，多氯联苯残留物用己烷（或石油醚）提取，提取液经过净化、硅胶柱分离、浓缩处理，用电子捕获检测器的气相色谱测定其含量；水解植物蛋白液、调味液、香肠、奶酪和鱼等食品中的 3-氯-1,2-丙二醇的含量要采用气相色谱-质谱联用法分析测定；银耳中米酵菌酸的测定方法有薄层色谱法和高效液相色谱法两种；海产双壳贝肉、贝柱、外套膜及其制品（不包括盐渍品）的记忆丧失性贝类毒素软骨藻酸的测定用高效液相色谱法。

（二）食品理化检验标准方法

现行有效的食品卫生理化检验方法在 1996 年发布的 72 个标准的基础上，把已经发布的农药残留量等有毒、有害物质的测定方法修改扩充到目前的 203 个。为了便于了解食品理化检验方法的全部标准，我们将其列于表 5-22。

表 5-22 食品理化检验国家标准一览表

国家标准编号	国家标准名称	批准日期	实施日期
GB/T 5009.1—2003	食品卫生检验方法　理化部分　总则	2003-8-11	2004-1-1
GB/T 5009.2—2003	食品的相对密度的测定	2003-8-11	2004-1-1
GB/T 5009.3—2003	食品中水分的测定	2003-8-11	2004-1-1
GB/T 5009.4—2003	食品中灰分的测定	2003-8-11	2004-1-1
GB/T 5009.5—2003	食品中蛋白质的测定	2003-8-11	2004-1-1
GB/T 5009.6—2003	食品中脂肪的测定	2003-8-11	2004-1-1
GB/T 5009.7—2003	食品中还原糖的测定	2003-8-11	2004-1-1
GB/T 5009.8—2003	食品中蔗糖的测定	2003-8-11	2004-1-1
GB/T 5009.9—2003	食品中淀粉的测定	2003-8-11	2004-1-1
GB/T 5009.10—2003	植物类食品中粗纤维的测定	2003-8-11	2004-1-1

续表

国家标准编号	国家标准名称	批准日期	实施日期
GB/T 5009.11—2003	食品中总砷及无机砷的测定	2003-8-11	2004-1-1
GB/T 5009.12—2003	食品中铅的测定	2003-8-11	2004-1-1
GB/T 5009.13—2003	食品中铜的测定	2003-8-11	2004-1-1
GB/T 5009.14—2003	食品中锌的测定	2003-8-11	2004-1-1
GB/T 5009.15—2003	食品中镉的测定	2003-8-11	2004-1-1
GB/T 5009.16—2003	食品中锡的测定	2003-8-11	2004-1-1
GB/T 5009.17—2003	食品中总汞及有机汞的测定	2003-8-11	2004-1-1
GB/T 5009.18—2003	食品中氟的测定	2003-8-11	2004-1-1
GB/T 5009.19—2003	食品中六六六、滴滴涕残留量的测定	2003-8-11	2004-1-1
GB/T 5009.20—2003	食品中有机磷农药残留量的测定	2003-8-11	2004-1-1
GB/T 5009.21—2003	粮、油、菜中甲萘威残留量的测定	2003-8-11	2004-1-1
GB/T 5009.22—2003	食品中黄曲霉素 B_1 的测定	2003-8-11	2004-1-1
GB/T 5009.23—2003	食品中黄曲霉素 B_1、B_2、G_1、G_2 的测定	2003-8-11	2004-1-1
GB/T 5009.24—2003	食品中黄曲霉素 M_1 与 B_1 的测定	2003-8-11	2004-1-1
GB/T 5009.25—2003	植物性食品中杂色曲霉素的测定	2003-8-11	2004-1-1
GB/T 5009.26—2003	食品中 *N*-亚硝胺类的测定	2003-8-11	2004-1-1
GB/T 5009.27—2003	食品中苯并(a)芘的测定	2003-8-11	2004-1-1
GB/T 5009.28—2003	食品中糖精钠的测定	2003-8-11	2004-1-1
GB/T 5009.29—2003	食品中山梨酸、苯甲酸的测定	2003-8-11	2004-1-1
GB/T 5009.30—2003	食品中叔丁基羟基茴香醚(BHA)与 2,6-二叔丁基对甲酚(BHT)的测定	2003-8-11	2004-1-1
GB/T 5009.31—2003	食品中对羟基苯甲酸酯类的测定	2003-8-11	2004-1-1
GB/T 5009.32—2003	食品中油脂中没食子酸丙酯(PG)测定	2003-8-11	2004-1-1
GB/T 5009.33—2003	食品中亚硝酸盐与硝酸盐的测定	2003-8-11	2004-1-1
GB/T 5009.34—2003	食品中亚硫酸盐的测定	2003-8-11	2004-1-1
GB/T 5009.35—2003	食品中合成着色剂的测定	2003-8-11	2004-1-1
GB/T 5009.36—2003	粮食卫生标准的分析方法	2003-8-11	2004-1-1
GB/T 5009.37—2003	食用植物油卫生标准的分析方法	2003-8-11	2004-1-1
GB/T 5009.38—2003	蔬菜、水果卫生标准的分析方法	2003-8-11	2004-1-1
GB/T 5009.39—2003	酱油卫生标准的分析方法	2003-8-11	2004-1-1
GB/T 5009.40—2003	酱卫生标准的分析方法	2003-8-11	2004-1-1
GB/T 5009.41—2003	食醋卫生标准的分析方法	2003-8-11	2004-1-1
GB/T 5009.42—2003	食盐卫生标准的分析方法	2003-8-11	2004-1-1

续表

国家标准编号	国家标准名称	批准日期	实施日期
GB/T 5009.43—2003	味精卫生标准的分析方法	2003-8-11	2004-1-1
GB/T 5009.44—2003	肉与肉制品卫生标准的分析方法	2003-8-11	2004-1-1
GB/T 5009.45—2003	水产品卫生标准的分析方法	2003-8-11	2004-1-1
GB/T 5009.46—2003	乳与乳制品卫生标准的分析方法	2003-8-11	2004-1-1
GB/T 5009.47—2003	蛋与蛋制品卫生标准的分析方法	2003-8-11	2004-1-1
GB/T 5009.48—2003	蒸馏酒与配制酒卫生标准的分析方法	2003-8-11	2004-1-1
GB/T 5009.49—2003	发酵酒卫生标准的分析方法	2003-8-11	2004-1-1
GB/T 5009.50—2003	冷饮食品卫生标准的分析方法	2003-8-11	2004-1-1
GB/T 5009.51—2003	非发酵性豆制品及面筋卫生标准的分析方法	2003-8-11	2004-1-1
GB/T 5009.52—2003	发酵性豆制品卫生标准的分析方法	2003-8-11	2004-1-1
GB/T 5009.53—2003	淀粉类制品卫生标准的分析方法	2003-8-11	2004-1-1
GB/T 5009.54—2003	酱腌菜卫生标准的分析方法	2003-8-11	2004-1-1
GB/T 5009.55—2003	食糖卫生标准的分析方法	2003-8-11	2004-1-1
GB/T 5009.56—2003	糕点卫生标准的分析方法	2003-8-11	2004-1-1
GB/T 5009.57—2003	茶叶卫生标准的分析方法	2003-8-11	2004-1-1
GB/T 5009.58—2003	食品包装用聚乙烯树脂卫生标准的分析方法	2003-8-11	2004-1-1
GB/T 5009.59—2003	食品包装用聚苯乙烯树脂卫生标准的分析方法	2003-8-11	2004-1-1
GB/T 5009.60—2003	食品包装用聚乙烯、聚苯乙烯、聚丙烯成型品卫生标准的分析方法	2003-8-11	2004-1-1
GB/T 5009.61—2003	食品包装用三聚氰胺成型品卫生标准的分析方法	2003-8-11	2004-1-1
GB/T 5009.62—2003	陶瓷制食具容器卫生标准的分析方法	2003-8-11	2004-1-1
GB/T 5009.63—2003	搪瓷制食具容器卫生标准的分析方法	2003-8-11	2004-1-1
GB/T 5009.64—2003	食品用橡胶垫片(圈)卫生标准的分析方法	2003-8-11	2004-1-1
GB/T 5009.65—2003	食品用高压锅密封圈卫生标准的分析方法	2003-8-11	2004-1-1
GB/T 5009.66—2003	橡胶奶嘴卫生标准的分析方法	2003-8-11	2004-1-1
GB/T 5009.67—2003	食品包装用聚氯乙烯成型品卫生标准的分析方法	2003-8-11	2004-1-1
GB/T 5009.68—2003	食品容器内壁过氯乙烯涂料卫生标准的分析方法	2003-8-11	2004-1-1
GB/T 5009.69—2003	食品罐头内壁环氧酚醛树脂涂料卫生标准的分析方法	2003-8-11	2004-1-1
GB/T 5009.70—2003	食品容器内壁聚酰胺环氧树脂涂料卫生标准的分析方法	2003-8-11	2004-1-1
GB/T 5009.71—2003	食品包装用聚丙烯树脂卫生标准的分析方法	2003-8-11	2004-1-1
GB/T 5009.72—2003	铝制食具容器卫生标准的分析方法	2003-8-11	2004-1-1
GB/T 5009.73—2003	粮食中二溴乙烷残留量的测定	2003-8-11	2004-1-1
GB/T 5009.74—2003	食品添加剂中重金属限量试验	2003-8-11	2004-1-1

续表

国家标准编号	国家标准名称	批准日期	实施日期
GB/T 5009.75—2003	食品添加剂中铅的测定	2003-8-11	2004-1-1
GB/T 5009.76—2003	食品添加剂中砷的测定	2003-8-11	2004-1-1
GB/T 5009.77—2003	食用氢化油、人造奶油卫生标准的分析方法	2003-8-11	2004-1-1
GB/T 5009.78—2003	食品包装用原纸卫生标准的分析方法	2003-8-11	2004-1-1
GB/T 5009.79—2003	食品用橡胶管卫生检验方法	2003-8-11	2004-1-1
GB/T 5009.80—2003	食品容器内壁聚四氟乙烯涂料卫生标准的分析方法	2003-8-11	2004-1-1
GB/T 5009.81—2003	不锈钢食具容器卫生标准的分析方法	2003-8-11	2004-1-1
GB/T 5009.82—2003	食品中维生素 A 和维生素 E 的测定	2003-8-11	2004-1-1
GB/T 5009.83—2003	食品中胡萝卜素的测定	2003-8-11	2004-1-1
GB/T 5009.84—2003	食品中硫胺素(维生素 B_1)的测定	2003-8-11	2004-1-1
GB/T 5009.85—2003	食品中核黄素的测定	2003-8-11	2004-1-1
GB/T 5009.86—2003	蔬菜、水果及其制品中总抗坏血酸的测定(荧光法和 2,4-二硝基苯肼法)	2003-8-11	2004-1-1
GB/T 5009.87—2003	食品中磷的测定	2003-8-11	2004-1-1
GB/T 5009.88—2003	食物中不溶性膳食纤维的测定	2003-8-11	2004-1-1
GB/T 5009.89—2003	食物中烟酸的测定	2003-8-11	2004-1-1
GB/T 5009.90—2003	食物中铁、镁、锰的测定	2003-8-11	2004-1-1
GB/T 5009.91—2003	食物中钾、钠的测定	2003-8-11	2004-1-1
GB/T 5009.92—2003	食物中钙的测定	2003-8-11	2004-1-1
GB/T 5009.93—2003	食物中硒的测定	2003-8-11	2004-1-1
GB/T 5009.94—2003	植物性食品中稀土的测定	2003-8-11	2004-1-1
GB/T 5009.95—2003	蜂蜜中四环素族抗生素残留量的测定	2003-8-11	2004-1-1
GB/T 5009.96—2003	谷物和大豆中赭曲霉毒素 A 的测定	2003-8-11	2004-1-1
GB/T 5009.97—2003	食品中环己基氨基磺酸钠的测定	2003-8-11	2004-1-1
GB/T 5009.98—2003	食品容器及包装材料用不饱和聚酯树脂及其玻璃钢制品卫生标准分析方法	2003-8-11	2004-1-1
GB/T 5009.99—2003	食品容器及包装材料用聚碳酸酯树脂卫生标准的分析方法	2003-8-11	2004-1-1
GB/T 5009.100—2003	食品包装用发泡聚苯乙烯成型品卫生标准的分析方法	2003-8-11	2004-1-1
GB/T 5009.101—2003	食品容器及包装材料用聚酯树脂及其成型品中锑的测定	2003-8-11	2004-1-1
GB/T 5009.102—2003	植物性食品中辛硫磷农药残留量的测定	2003-8-11	2004-1-1
GB/T 5009.103—2003	植物性食品中甲胺磷和乙酰甲胺磷农药残留量的测定	2003-8-11	2004-1-1
GB/T 5009.104—2003	植物性食品中氨基甲酸酯类农药残留量的测定	2003-8-11	2004-1-1
GB/T 5009.105—2003	黄瓜中百菌清残留量的测定	2003-8-11	2004-1-1

续表

国家标准编号	国家标准名称	批准日期	实施日期
GB/T 5009.106—2003	植物性食品中二氯苯醚菊酯残留量的测定	2003-8-11	2004-1-1
GB/T 5009.107—2003	植物性食品中二嗪磷残留量的测定	2003-8-11	2004-1-1
GB/T 5009.108—2003	畜禽肉中己烯雌酚的测定	2003-8-11	2004-1-1
GB/T 5009.109—2003	柑橘中水胺硫磷残留量的测定	2003-8-11	2004-1-1
GB/T 5009.110—2003	植物性食品中氯氰菊酯、氰戊菊酯和溴氰菊酯残留量的测定	2003-8-11	2004-1-1
GB/T 5009.111—2003	谷物及其制品中脱氧雪腐镰刀菌烯醇的测定	2003-8-11	2004-1-1
GB/T 5009.112—2003	大米和柑橘中喹硫磷残留量的测定	2003-8-11	2004-1-1
GB/T 5009.113—2003	大米中杀虫环残留量的测定	2003-8-11	2004-1-1
GB/T 5009.114—2003	大米中杀虫双残留量的测定	2003-8-11	2004-1-1
GB/T 5009.115—2003	稻谷中三环唑残留量的测定	2003-8-11	2004-1-1
GB/T 5009.116—2003	畜禽肉中土霉素、四环素、金霉素残留量的测定(高效液相色谱法)	2003-8-11	2004-1-1
GB/T 5009.117—2003	食用豆粕卫生标准的分析方法	2003-8-11	2004-1-1
GB/T 5009.118—2003	小麦中 T-2 毒素的酶联免疫吸附测定(ELISA)	2003-8-11	2004-1-1
GB/T 5009.119—2003	复合食品包装袋中二氨基甲苯测定	2003-8-11	2004-1-1
GB/T 5009.120—2003	食品中丙酸钠、丙酸钙的测定	2003-8-11	2004-1-1
GB/T 5009.121—2003	食品中脱氢乙酸的测定	2003-8-11	2004-1-1
GB/T 5009.122—2003	食品容器、包装材料用聚氯乙烯树脂及成型品中残留量 1,1-二氯乙烷的测定	2003-8-11	2004-1-1
GB/T 5009.123—2003	食品中铬的测定	2003-8-11	2004-1-1
GB/T 5009.124—2003	食品中氨基酸的测定	2003-8-11	2004-1-1
GB/T 5009.125—2003	尼龙 6 树脂及成型品中己内酰胺的测定	2003-8-11	2004-1-1
GB/T 5009.126—2003	植物性食品中三唑酮残留量的测定	2003-8-11	2004-1-1
GB/T 5009.127—2003	食品包装用聚酯树脂及其成型品中锗的测定	2003-8-11	2004-1-1
GB/T 5009.128—2003	食品中胆固醇的测定	2003-8-11	2004-1-1
GB/T 5009.129—2003	水果中乙氧基喹残留量的测定	2003-8-11	2004-1-1
GB/T 5009.130—2003	大豆及谷物中氟磺胺草醚残留量的测定	2003-8-11	2004-1-1
GB/T 5009.131—2003	植物性食品中亚胺硫磷残留量的测定	2003-8-11	2004-1-1
GB/T 5009.132—2003	食品中莠去津残留量的测定	2003-8-11	2004-1-1
GB/T 5009.133—2003	粮食中氯麦隆残留量的测定	2003-8-11	2004-1-1
GB/T 5009.134—2003	大米中禾草敌残留量的测定	2003-8-11	2004-1-1
GB/T 5009.135—2003	植物性食品中灭幼脲残留量的测定	2003-8-11	2004-1-1
GB/T 5009.136—2003	植物性食品中五氯硝基苯残留量的测定	2003-8-11	2004-1-1

续表

国家标准编号	国家标准名称	批准日期	实施日期
GB/T 5009.137—2003	食品中锑的测定	2003-8-11	2004-1-1
GB/T 5009.138—2003	食品中镍的测定	2003-8-11	2004-1-1
GB/T 5009.139—2003	饮料中咖啡因的测定	2003-8-11	2004-1-1
GB/T 5009.140—2003	饮料中乙酰磺胺酸钾的测定	2003-8-11	2004-1-1
GB/T 5009.141—2003	食品中诱惑红的测定	2003-8-11	2004-1-1
GB/T 5009.142—2003	植物性食品中吡氟禾草灵、精吡氟禾草灵残留量测定	2003-8-11	2004-1-1
GB/T 5009.143—2003	蔬菜、水果、食用油中双甲脒残留量的测定	2003-8-11	2004-1-1
GB/T 5009.144—2003	植物性食品中甲基异柳磷残留量的测定	2003-8-11	2004-1-1
GB/T 5009.145—2003	植物性食品中有机磷和氨基甲酸酯类农药多种残留量的测定	2003-8-11	2004-1-1
GB/T 5009.146—2003	植物性食品中有机氯和拟除虫菊酯类农药多种残留量的测定	2003-8-11	2004-1-1
GB/T 5009.147—2003	植物性食品中除虫脲残留量的测定	2003-8-11	2004-1-1
GB/T 5009.148—2003	植物性食品中游离棉酚的测定	2003-8-11	2004-1-1
GB/T 5009.149—2003	食品中栀子黄的测定	2003-8-11	2004-1-1
GB/T 5009.150—2003	食品中红曲色素的测定	2003-8-11	2004-1-1
GB/T 5009.151—2003	食品中锗的测定	2003-8-11	2004-1-1
GB/T 5009.152—2003	食品包装用苯乙烯-丙烯腈共聚物和橡胶改性的丙烯腈-丁二烯-苯乙烯树脂及其成型品中残留丙烯腈单体的测定	2003-8-11	2004-1-1
GB/T 5009.153—2003	植物性食品中植酸的测定	2003-8-11	2004-1-1
GB/T 5009.154—2003	食品中维生素 B_6 的测定	2003-8-11	2004-1-1
GB/T 5009.155—2003	大米中稻瘟灵残留量的测定	2003-8-11	2004-1-1
GB/T 5009.156—2003	食品用包装材料及其制品的浸泡试验方法通则	2003-8-11	2004-1-1
GB/T 5009.157—2003	食品中有机酸的测定	2003-8-11	2004-1-1
GB/T 5009.158—2003	蔬菜中维生素 K_1 的测定	2003-8-11	2004-1-1
GB/T 5009.159—2003	食品中还原型抗坏血酸的测定	2003-8-11	2004-1-1
GB/T 5009.160—2003	水果中单甲脒残留量的测定	2003-8-11	2004-1-1
GB/T 5009.161—2003	动物性食品中有机磷农药多组分残留量的测定	2003-8-11	2004-1-1
GB/T 5009.162—2003	动物性食品中有机氯农药和拟除虫菊酯农药多组分残留量测定	2003-8-11	2004-1-1
GB/T 5009.163—2003	动物性食品中氨基甲酸酯类农药多组分残留高效液相色谱测定	2003-8-11	2004-1-1
GB/T 5009.164—2003	大米中丁草胺残留量的测定	2003-8-11	2004-1-1
GB/T 5009.165—2003	粮食中 2,4-滴丁酯残留量的测定	2003-8-11	2004-1-1

续表

国家标准编号	国家标准名称	批准日期	实施日期
GB/T 5009.166—2003	食品包装用树脂及其制品的预试验	2003-8-11	2004-1-1
GB/T 5009.167—2003	饮用天然矿泉水中氟、氯、溴离子和硝酸根、硫酸根含量的反相高效液相色谱法测定	2003-8-11	2004-1-1
GB/T 5009.168—2003	食品中二十碳五烯酸和二十二碳六烯酸的测定	2003-8-11	2004-1-1
GB/T 5009.169—2003	食品中牛磺酸的测定	2003-8-11	2004-1-1
GB/T 5009.170—2003	保健食品中褪黑素含量的测定	2003-8-11	2004-1-1
GB/T 5009.171—2003	保健食品中超氧化物歧化酶(SOD)活性的测定	2003-8-11	2004-1-1
GB/T 5009.172—2003	大豆、花生、豆油、花生油中的氟乐灵残留量的测定	2003-8-11	2004-1-1
GB/T 5009.173—2003	梨、柑橘类水果中塞螨酮残留量的测定	2003-8-11	2004-1-1
GB/T 5009.174—2003	花生、大豆中异丙甲草胺的测定	2003-8-11	2004-1-1
GB/T 5009.175—2003	粮食和蔬菜中 2,4-滴残留量的测定	2003-8-11	2004-1-1
GB/T 5009.176—2003	茶叶、水果、食用植物油中三氯杀螨醇残留量的测定	2003-8-11	2004-1-1
GB/T 5009.177—2003	大米中敌稗残留量的测定	2003-8-11	2004-1-1
GB/T 5009.178—2003	食品包装材料中甲醛的测定	2003-8-11	2004-1-1
GB/T 5009.179—2003	火腿中三甲胺氮的测定	2003-8-11	2004-1-1
GB/T 5009.180—2003	稻谷、花生仁中亚草酮残留量的测定	2003-8-11	2004-1-1
GB/T 5009.181—2003	猪油中丙二醛的测定	2003-8-11	2004-1-1
GB/T 5009.182—2003	面制食品中铝的测定	2003-8-11	2004-1-1
GB/T 5009.183—2003	植物蛋白饮料中脲酶的定性测定	2003-8-11	2004-1-1
GB/T 5009.184—2003	粮食、蔬菜中噻嗪酮残留量的测定	2003-8-11	2004-1-1
GB/T 5009.185—2003	苹果和山楂制品中展青霉素的测定	2003-8-11	2004-1-1
GB/T 5009.186—2003	乳酸菌饮料中脲酶的定性测定	2003-8-11	2004-1-1
GB/T 5009.187—2003	干果(桂圆、荔枝、葡萄干、柿饼)中总酸的测定	2003-8-11	2004-1-1
GB/T 5009.188—2003	蔬菜、水果中甲基托布津、多菌灵的测定	2003-8-11	2004-1-1
GB/T 5009.189—2003	银耳中米酵菌酸的测定	2003-8-11	2004-1-1
GB/T 5009.190—2003	海产食品中多氯联苯的测定	2003-8-11	2004-1-1
GB/T 5009.191—2003	食品中 3-氯-1,2-丙二醇含量的测定	2003-8-11	2004-1-1
GB/T 5009.192—2003	动物性食品中克伦特罗残留量的测定	2003-8-11	2004-1-1
GB/T 5009.193—2003	保健食品中脱氢表雄甾酮(DHEA)的测定	2003-8-11	2004-1-1
GB/T 5009.194—2003	保健食品中免疫球蛋白(IgG)的测定	2003-8-11	2004-1-1
GB/T 5009.195—2003	保健食品中吡啶甲酸铬含量的测定	2003-8-11	2004-1-1
GB/T 5009.196—2003	保健食品中肌醇的测定	2003-8-11	2004-1-1
GB/T 5009.197—2003	保健食品中盐酸硫胺素、盐酸吡哆醇、烟酰胺和咖啡因的测定	2003-8-11	2004-1-1

续表

国家标准编号	国家标准名称	批准日期	实施日期
GB/T 5009.198—2003	贝类记忆丧失性贝类毒素软骨藻酸的测定	2003-8-11	2004-1-1
GB/T 5009.199—2003	蔬菜中有机磷和氨基甲酸酯类农药残留量快速检测	2003-8-11	2004-1-1
GB/T 5009.200—2003	小麦中野燕枯残留量的测定	2003-8-11	2004-1-1
GB/T 5009.201—2003	梨中烯唑醇残留量的测定	2003-8-11	2004-1-1
GB/T 5009.202—2003	食用植物油煎炸过程中极性组分(PC)的测定	2003-8-11	2004-1-1
GB/T 5009.203—2003	植物纤维类食品容器卫生标准中蒸发残渣的分析方法	2003-8-11	2004-1-1

第五节　食品流通标准

一、包装材料与容器标准

食品包装材料是指用于包装食品的一切材料，包括纸、塑料、金属、玻璃、陶瓷、木材及各种复合材料以及由它们所制成的各种包装容器及辅助品。食品包装材料、食品容器和食品包装用工具、设备必须符合卫生标准和卫生管理法规的要求；食品包装材料、容器和食品用具、设备的生产必须采用符合卫生要求的原料，产品应当便于清洗和消毒；直接接触食品的纸张、塑料、橡胶等制品和涂料应当由主管部门负责组织专门生产，符合食品卫生法规。

随着食品工业和化学工业的迅速发展，食品包装材料从木、纸、陶瓷、玻璃、金属等发展到现在的塑料、橡胶、涂料、复合材料制品。由于这些材料可能含有某些有害的化学物质，会缓慢迁移到食品中去，对食品安全性造成一定的威胁，需引起重视。

目前使用的包装材料和容器中，可能对食品造成污染的物质见表 5-23。

表 5-23　　食品容器及包装材料中所含的污染物质

包 装 材 料	含有污染食品的物质
纸类(包括玻璃纸)	着色剂(包括荧光染料)、添加剂、上胶剂、残留的纸浆防腐剂
金属制品	铅(由于焊锡的原因)、锡(由于镀锡的原因)、涂敷剂(单体剂、添加剂)
陶瓷器具、搪瓷器具、玻璃器具	铅(釉、铅晶玻璃)、其他重金属(釉)、颜料
塑料	残留单体物(氯乙烯、丙烯腈、苯乙烯)、添加剂(金属系稳定剂、抗氧化剂、增塑剂等)、残留催化剂(金属、过氧化物等)

从表 5-23 中可见，包装材料不同，可能污染食品的物质也不同，况且包装的食品种类不同，其污染程度也有差异。目前各国均以模拟溶媒测定包装容器（材料）对食品的污染程度，并且根据污染程度来限制包装材料及容器的使用范围。

对污染食品的有害因素必须进行严格的控制。我国食品包装卫生标准中既采用控制包装材料、包装容器、生产使用助剂的使用卫生标准、限制使用品种和最高含量，又对各种食品包装用的树脂及树脂（塑料）成型品及涂料分别规定卫生标准的双重卫生控制方法，以确保将食品包装材料（容器）对食品的污染降至最低水平。

1. 纸制品的卫生标准

纸浆生产过程需加入施胶剂（防渗剂）、填料（使纸不透明）、漂白剂（使纸变白）、染色剂等添加剂，这些添加剂应该无毒或低毒，添加量应符合卫生标准。与食品直接接触的包装纸不得采用回收废纸作原料，食品包装纸用蜡应采用食品级石蜡，不得使用工业通讯石蜡。印刷油墨、颜料应符合食品卫生要求，印刷层不得与食品直接接触。适于直接接触食品的各种原纸的卫生标准如表 5-24。

表 5-24 直接接触食品的原纸的卫生标准

项目	指标	项目	指标
铅(以 Pb 计)/(mg/kg)	≤5	脱色实验(水,正己烷)	阴性
砷(以 As 计)/(mg/kg)	≤1	致病菌	不得检出
荧光性物质(365nm 及 254nm)	合格	大肠菌群/(MPN/100g)	≤30

2. 金属容器的卫生标准

金属容器材料一般为箔（铝箔或锡箔）和金属板材（镀锡板、镀铬板和铝板等）。

由于使用铝材料时对材质的纯度要求非常高，杂质少，且在罐内涂涂料，在卫生上出现问题较少。国家对食品接触的铝制品容器的卫生标准规定：

金属罐食品中金属的溶出量，许多国家都有严格要求，我国规定每千克制品含铅量不超过 1mg，含砷量不超过 0.5mg，含锡量不超过 200mg。

不锈钢器具烹煮食物只发现有微量的铬、镍、钼等元素，只要选择好材料，对食品的感官性质也无害。我国食品卫生标准规定，存放食品的容器和食品加工机械应选用奥氏体型不锈钢，用 4%乙酸煮沸 30min，在室温下浸泡 24h，各金属溶出量限制：Pb≤1.0mg/L，Cr≤0.5mg/L，Ni≤3.0mg/L，Cd≤0.02mg/L，As≤0.04mg/L。

3. 陶瓷与搪瓷制品的卫生标准

陶瓷与搪瓷虽有质地差异，但其表面均经过上釉加工，所用的釉是硅酸钠和各种金属盐，含铅较多。瓷器还采用各种颜料作加彩装饰，可引起容器中铅和镉的溶出，带来卫生问题。

各国对上釉瓷器的金属（Pb 和 Cd）溶出量都有限制标准。欧洲共同体对包装与贮存容器（上釉瓷）的 Pb 限量在 2.5±0.25mg/L 以下，Cd 为 0.25±0.025mg/L 以下。有些国家还规定了其他的金属限量。我国对陶瓷食具容器的卫生标准规定以 4%乙酸，浸泡 24h，铅溶出量（Pb）不超过 7mg/L，镉（Cd）不超过 0.5mg/L。对搪瓷食品容器规定，铅（Pb）不超过 1.0mg/L、镉（Cd）不超过 0.5mg/L、锑（Sb）不超过 0.7mg/L。

4. 玻璃制品的卫生标准

玻璃容器的常规溶出物主要为氧化硅和钠的氧化物，对食品的感官性质没有明显的影响，一般认为玻璃瓶罐作为食品包装容器是安全的。但有色玻璃生产需用着色剂，如蓝色玻璃需添加氧化钴，茶色玻璃需添加石墨，淡白色和深褐色玻璃需要用氧化铜和重铬酸钾，无色玻璃常用硒，因此也要严格控制金属盐的添加量及杂质含量。铅制品玻璃的铅溶出量应限制在1～2mg/L以下。

5. 塑料制品的卫生标准

塑料是多组分体系，塑料构成成分除树脂外尚有多种添加剂，合成树脂是由各种单体聚合而成。塑料品种多，卫生问题较复杂，而且各种复合塑料的构成及生产方法也不同，其卫生问题也不同。国家对几种常用的食品包装用塑料成型品，食品容器漆酚涂料，罐头内壁脱模涂料等涂料都制定有各项卫生标准，同时规定了控制PVC单体含量，蒸发残渣，高锰酸钾消耗量和重金属残留量等指标。合成树脂及加工塑料制品应符合各自的卫生标准，并经检验合格后方可出厂，凡不符合卫生标准的，不得经营和使用。生产塑料食具、容器、包装材料不得使用回收塑料，所使用的助剂应符合食品容器、包装材料用助剂使用卫生要求，酚醛树脂不得用于制作食具、容器、生产管道、输送带等直接接触食品的材料。复合食品包装袋的卫生标准对用4%乙酸液浸泡测定条件（浸泡条件）也有不同要求：使用温度（包括杀菌温度）在60～120℃的复合袋，浸泡条件为120℃，时间40min；使用温度在60℃以下的复合袋，浸泡条件为60℃，时间2h。甲苯二胺溶出量≤0.004mg/L。

带色塑料制品和彩印塑料制品一般均有一定的毒性，主要来自着色剂等添加剂。据分析，有色塑料袋上的铅含量，橙色最高，其次为绿色、红色、黄色、蓝色及白色。因此，与食品接触的塑料尽量不加着色剂或严格控制添加量。

6. 橡胶制品的卫生标准

橡胶制品主要应用于包装容器的密封垫圈和密封胶、奶嘴、输送管道、手套等。橡胶加工过程要加入硫化剂、防老剂、促进剂、填充剂及着色剂等。加防老剂有致癌作用；促进剂TMTD及M在体内有蓄积作用并能引起肝脏病变，这些物质在橡胶使用过程会转移到食品中，对人体造成危害，所以要加以限量或禁止使用。

用于输送食品的橡胶管（增强型胶管）的卫生标准规定蒸发残渣量（mg/L）分别是4%乙酸浸泡液不超过2000；65%乙醇浸出液不超过40；水浸泡液不超过20；正己烷浸泡液不超过1200。水浸出液高锰酸钾消耗量不超过45mg/L。4%乙酸浸泡液，锌不超过30mg/L，铅不超过1mg/L。

二、预包装食品标签通则（GB 7718—2004）

关于食品标签标准我国已经有三个版本，最早的是1987年，1994年是在1987年版的基础上修改的，最新的版本是 2004 年 5 月 9 日发布的，2005 年 10 月 1 日开始实施。新标准非等效采用了国际食品法典委员会（CAC）CODEX STAN 1—1985（1991，1999 修订）《预包装食品标签通用标准》，同时参考了美国联邦法规第 101 部分《食品标签》。GB 7718—2004 标准规定了：①预包装食品标签的基本要求；②预包装食品标签的强制标示内容；③预包装食品标签强制标示内容的免除；④预包装食品标签的非强制标示内容。本标准适用于提供给消费者的所有预包装食品标签。

GB 7718—2004 是食品标签系列国家标准之一，与 GB 7718—2004 相关的还有与之相应的国家标准 GB 10344—2004《预包装饮料酒标签通则》（代替 GB 10344—1989）和 GB 13432—2004《预包装特殊膳食用食品标签通则》（代替 GB 13432—1992）。在此主要介绍预包装食品标签通则 GB 7718—2004，其他标签标准将随着该标准的发布实施而有所变化，这里就不一一介绍了。

（一）术语

预包装食品（prepackaged foods）是指经预先定量包装或装入（灌入）容器中，向消费者直接提供的食品。

食品标签（food label）是指食品包装上的文字、图形、符号及一切说明物。

配料（ingredient）是指在制造或加工食品时使用的，并存在（包括以改性的形式存在）于产品中的任何物质，包括食品添加剂。

加工助剂（processing aid）又称为加工辅助物，本身不作为食品配料用，仅在加工、配制或处理过程中，为实现某一工艺目的而使用的物质或物料（不包括设备和器皿）。

生产日期（date of manufacture）或制造日期是指食品成为最终产品的日期。

包装日期（date of packaging）或灌装日期是指将食品装入（灌入）包装物或容器中，形成最终销售单元的日期。

保质期（date of minimum durability）或最佳食用期（best before）或最短适用日期（date of minimum durability）是指预包装食品在标签指明的贮存条件下，保持品质的期限。在此期限内，产品完全适于销售，并保持标签中不必说明或已经说明的特有品质。超过此期限，在一定时间内，预包装食品可能仍然可以食用。

保存期（use-by date）或推荐的最后食用日期（recommended last consumption date；expiration date）是指预包装食品在标签指明的贮存条件下，预计的终止食用日期，在此日期之后，预包装食品可能不再具有消费者所期望的品质特性，不宜再食用。

主要展示版面（principal display panel）是指消费者购买预包装食品时，包装物或包装容器上最容易观察到的版面。

（二）基本要求

（1）预包装食品标签的所有内容，应符合国家法律、法规的规定，并符合相应产品标准的规定。

(2) 预包装食品标签的所有内容应清晰、醒目、持久；应使消费者购买时易于辨认和识读。

(3) 预包装食品标签的所有内容，应通俗易懂、准确、有科学依据；不得标示封建迷信、黄色、贬低其他食品或违背科学营养常识的内容。

(4) 预包装食品标签的所有内容，不得以虚假、使消费者误解或欺骗性的文字、图形等方式介绍食品；也不得利用字号大小或色差误导消费者。

(5) 预包装食品标签的所有内容，不得以直接或间接暗示性的语言、图形、符号、导致消费者将购买的食品或食品的某一性质与另一产品混淆。

(6) 预包装食品的标签不得与包装物（容器）分离。

(7) 预包装食品的标签内容应使用规范的汉字，但不包括注册商标。

① 可以同时使用拼音或少数民族文字，但不得大于相应的汉字。

② 可以同时使用外文，但应与汉字有对应关系（进口食品的制造者和地址，国外经销者的名称和地址，网址除外）。所有外文不得大于相应的汉字（国外注册商标除外）。

(8) 包装物或包装容器最大表面面积大于 $20cm^2$ 时，强制标示内容的文字、符号、数字的高度不得小于 1.8mm。

(9) 如果透过外包装物能清晰地识别内包装物或容器上的所有或部分强制标示内容，可以不在外包装物上重复标示相应的内容。

(10) 如果在内包装物（或容器）外面另有直接向消费者交货的外包装（或大包装），可以只在外包装（或大包装）上标示强制标示内容。

（三）标示内容

1. 强制标示内容

(1) 食品名称

① 应在食品标签的醒目位置，清晰地标示反映食品真实属性的专用名称。

——当国家标准或行业标准中已规定了某食品的一个或几个名称时，应选用其中的一个或等效的名称。

——无国家标准或行业标准规定的名称时，应使用不使消费者误解或混淆的常用名称或通俗名称。

② 可以标示“新创名称”，“奇特名称”，“音译名称”，“牌号名称”，“地区俚语名称”或“商标名称”，但应在所示名称的邻近部位标示①中规定的任意一个名称。

——当“新创名称”，“奇特名称”，“音译名称”，“牌号名称”，“地区俚语名称”或“商标名称”含有易使人误解食品属性的文字或术语（词语）时，应在所示名称的邻近部位使用同一字号标示食品真实属性的专用名称。

——当食品真实属性的专用名称因字号不同易使人误解食品属性时，也应使用同一字号标示食品真实属性的专用名称。如“橙汁饮料”中的“橙汁”、“饮料”，“巧克力夹心饼干”中的“巧克力”、“夹心饼干”，都应使用同一字号。

③ 为避免消费者误解或混淆食品的真实属性，物理状态或制作方法，可以在食品名称前或食品名称后附加相应的词或短语。如干燥的，浓缩的，复原的，熏制的，油炸的，粉末的，粒状的。

(2) 配料清单

① 预包装食品的标签上应标示配料清单，单一配料的食品除外。

——配料清单应以“配料”或“配料表”作标题。

——各种配料应按制造或加工食品时加入量的递减顺序一一排列；加入量不超过2%的配料可以不按递减顺序排列。

——如果某种配料是由两种或两种以上的其他配料构成的复合配料，应在配料清单中标示复合配料的名称，再在其后加括号，按加入量的递减顺序标示复合配料的原始配料。当某种复合配料已有国家标准或行业标准，其加入量小于食品总量的25%时，不需要标示复合配料的原始配料，但在最终产品中起工艺作用的食品添加剂应一一标示。

——在食品制造或加工过程中，加入的水应在配料清单中标示，在加工过程中已挥发的水或其他挥发性配料不需要标示。

——可食用的包装物也应在配料清单中标示原始配料，如可食用的胶囊，糖果的糯米纸。

② 各种配料应按①标示具体名称，但下列情况除外。

——甜味剂、防腐剂、着色剂应标示具体名称，其他食品添加剂可以按 GB 2760 的规定标示具体名称或种类名称。当一种食品添加了两种或两种以上着色剂，可以标示类别名称（着色剂），再在其后加括号，标示 GB/T 12493 规定的代码。如某食品添加了姜黄、菊花黄浸膏、诱惑红、金樱子棕、玫瑰茄红，可以标示为：“着色剂（102，113，012，131，125）”。

——下列食品配料，可以按表 5-25 标示类别归属名称。

表 5-25 配料与类别名称

配　料	类别归属名称
各种植物油或精炼植物油，不包括橄榄油	植物油或精炼植物油；如经过氢化处理，应标示为氢化或部分氢化
各种淀粉，不包括化学改性淀粉	淀粉
加入量不超过 2%的各种香辛料或香辛料浸出物（单一的或合计的）	香辛料，香辛料类或复合香辛料
胶基糖果的各种胶基物质制剂	胶姆糖基础剂
添加量不超过 10%的各种蜜饯水果	蜜饯

③ 当加工过程中所用的原料已改变为其他成分（指发酵产品，如酒、酱油、食醋）时，可用“原料”或“原料与辅料”代替“配料”，“配料表”，并按规定标示各种原料，辅料和食品添加剂。

④ 制造、加工食品时使用的加工助剂，不需要在配料清单中标示。

（3）配料的定量标示

① 如果在食品标签或食品说明书上特别强调添加了某种或数种有价值、有特性的配料，应标示所强调配料的添加量。

② 同样，如果在食品的标签上特别强调某种或数种配料的含量较低时，应标示所强调配料在成品中的含量。

③ 食品名称中提及的某种配料而未在标签上特别强调，不需要标示某种配料在成品中的含量。添加量很少，仅作为香料用的配料而未在标签上特别强调，也不需要标示香料在成品中的含量。

（4）净含量和沥干物（固形物）含量

① 净含量的标示应由净含量，数字和法定计量单位组成。如“净含量 450g”，或“净含量 450 克”。

② 应依据法定计量单位，按以下方式标示包装物（容器）中食品的净含量：

a. 液态食品，用体积——L（升），mL（毫升）

b. 固态食品，用质量——g（克），kg（千克）

c. 半固态或黏性食品，用质量或体积。

③ 净含量的计量单位应按表 5-26 标示。

表 5-26　　净含量计量单位标示规定

计量方式	净含量 Q 范围	计量单位
体积	$Q<1000$mL $Q\geqslant1000$mL	mL(毫升) L(升)
质量	$Q<1000$g $Q\geqslant1000$g	g(克) kg(千克)

④ 净含量字符的最小高度应符合表 5-27 的规定。

表 5-27　　净含量字符的最小高度

净含量 Q 范围	字符的最小高度/mm	净含量 Q 范围	字符的最小高度/mm
5mL$<Q\leqslant$50mL 5g$<Q\leqslant$50g	2	200mL$<Q\leqslant$1L 200g$<Q\leqslant$1kg	4
50mL$<Q\leqslant$200mL 50g$<Q\leqslant$200g	3	$Q>$1L $Q>$1kg	6

⑤ 净含量应与食品名称排在包装物或容器的同一展示版面。

⑥ 容器中含有固、液两相物质的食品（如糖水梨罐头），除标示净含量外，还应标示沥干物（固形物）的含量，用质量或质量分数表示。

示例：糖水梨罐头

净含量：425 克

沥干物（也可标示为固形物或梨块）：不低于 255 克，或不低于 60%。

⑦ 同一预包装内如果含有互相独立的几件相同的预包装食品时，在标示净含量的同时还应标示食品的数量或件数，不包括大包装内非单件销售小包装，如小块糖果。

（5）制造者，经销者的名称和地址

① 应标示食品的制造、包装或经销单位经依法登记注册的名称和地址。有下列情形之一的，应按下列规定予以标示。

a. 依法独立承担法律责任的集团公司，集团公司的分公司（子公司），应标示各自的名称和地址。

b. 依法不能独立承担法律责任的集团公司的分公司（子公司）或集团公司的生产基地，可以标示集团公司和分公司（生产基地）的名称、地址，也可以只标示集团公司的名称、地址。

c. 受其他单位委托加工预包装食品但不承担对外销售，应标示委托单位的名称和地址。

② 进口预包装食品应标示原产国的国名或地区区名（指香港、澳门、台湾），以及在中国依法登记注册的代理商，进口商或经销商的名称和地址。

（6）日期标示和贮藏说明

① 应清晰地标示预包装食品的生产日期（或包装日期）和保质期，也可以附加标示保存期，如日期标示采用“见包装物某部位”的方式，应标示所在包装物的具体部位。

日期标示不得另外加贴，补印或篡改。

——应按年、月、日的顺序标示日期，如 2004 01 15（用间隔字符分开）；20040115（不用分隔符）；2004-01-15（用连字符分隔）；2004 年 1 月 15 日。年代号一般应标示 4 位数字；难以标示 4 位数字的小包装食品，可以标示 2 位数字。

——应按下列方式之一标示保质期或保存期：

a. 用于保质期

“最好在……之前食用”或“最好在……之前饮用”；

“……之前最佳”，“……之前食用最佳”或“……之前饮用最佳”；

“此日期前最佳……”，“此日期前食用最佳……”或“此日期前饮用最佳……”；

“保质期（至）……”；

“保质期××个月［××日（天），×年］”。

b. 用于保存期

“……之前食用”，或“……之前饮用”；

“此日期前食用……”，或“此日期前饮用……”；

“保存期（至）……”；

“保存期××个月”［××日（天），×年］。

② 如果食品的保质期或保存期与贮藏条件有关，应标示食品的特定贮藏条件。

（7）产品标准号　国内生产并在国内销售的预包装食品（不包括进口预包装食品）应标示企业执行的国家标准，行业标准，地方标准或经备案的企业标准的代号和顺序号。

（8）质量（品质）等级　企业执行的产品标准已明确规定质量（品质）等级的食品，应标示质量（品质）等级。

（9）其他强制标示内容

① 辐照食品

a. 经电离辐射线或电离能量处理过的食品，应在食品名称附近标明“辐照食品”。

b. 经电离辐射线或电离能量处理过的任何配料，应在配料清单中标明。

② 转基因食品：转基因食品的标示应符合国务院行政管理部门的规定。

2. 强制标示内容的免除

① 下列预包装食品可以免除标示保质期：乙醇含量10%或10%以上的饮料酒、食醋、食用盐、固态食糖类。

② 当包装物或包装容器的最大表面面积小于10cm^2时，可以只标示产品名称，净含量，制造者（或经销商）的名称和地址。进口预包装食品应标示原产国的国名或地区区名，以及在中国依法登记注册的代理商，进口商或经销商的名称和地址；免除制造者的名称和地址。

包装物或包装容器的最大表面面积计算方法见附录A。

3. 非强制标示内容

① 批号：如有必要，可以标示产品的批号。

② 食用方法：如有必要，可以标示容器的开启方法，食用方法，每日（每餐）食用量，烹调方法，复水再制方法等对消费者有帮助的说明。

③ 能量和营养素：如标示能量值，营养素含量，声称营养素含量水平，营养素含量比较，营养素作用，应符合GB 13432—2004的规定。

附　录　A

（规范性附录）

包装物或包装容器最大表面面积计算方法

A. 1 长方体形包装物或长方体形包装容器计算方法

长方体形包装物或长方体形包装容器的最大一个侧面的高度（cm）乘以宽度（cm）。

A. 2 圆柱形包装物，圆柱形包装容器或近似圆柱形包装物，近似圆柱形包装容器计算方法

包装物或包装容器的高度（cm）乘以圆周长（cm）的40%。

A. 3 其他形状的包装物或包装容器计算方法

包装物或包装容器的总表面积的40%。

如果包装物或包装容器有明显的主要展示版面，应以主要展示版面的面积为最大表面面积。

注：如果是瓶形或罐形，计算表面面积时不包括肩部、颈部、顶部和底部的凸缘。

三、运输与贮存标准

在运输与贮存标准方面，属于贸易型的标准，我国的标准体系还存在着十分不足的问题。在软饮料、罐头、糖果、糕点和食用淀粉的运输与贮存有相应的国家或行业标准。在产品质量标准中，也都制定了有运输与贮存要求，从内容上来看，十分简单，要求仅仅是定性的，这方面的标准有待于进一步研究，以制定适合国际市场运作规则的标准。

思 考 题

1. 简述我国食品标准的现状与存在的问题。
2. 简要分析我国食品标准与国外食品标准的异同点。
3. 我国食品 GMP 的主要内容是什么?
4. 无公害食品、绿色食品和有机食品的有何不同，并简述对上述三类食品发展的意义。
5. 我国食品微生物检验方法标准与国外标准有何差异?
6. 我国食品流通领域标准的现状与主要问题是什么?
7. GB 7718—2004 的主要内容是什么? 其强制规定食品标签的主要项目是什么?

第六章　国外食品标准与采用国际标准

本章学习重点：

※　了解国外食品标准的相关要求，尤其欧洲食品标准现状；

※　掌握采用国际标准的原则和采用国际标准程度和编写方法；

※　熟悉采用国际标准的技术性差异和编辑性修改的标示方法以及促进采用国际标准的措施。

第一节　国外食品标准

一、欧洲食品标准概述

欧洲标准和欧共体各成员国国家标准是欧共体标准体系中的两级标准，其中欧洲标准是欧共体各成员国统一使用的区域性标准，对国际贸易有着重要的作用。为了扩大经济领域的合作，1967 年欧洲三个共同体，即欧洲经济共同体、欧洲煤钢共同体和欧洲原子能共同体，执行机构合并，建立了欧洲共同体，也就是欧共体（EC）。1975 年欧洲标准化委员会（CEN）成立，其目的是促进成员国之间的标准化协作。1990 年欧共体委员会在《关于发展欧洲标准化的绿皮书》中指出："统一的共同市场只有在欧洲一级而不是在国家一级逐步制定出通用的技术标准后，才能成为现实。"这就导致欧洲标准的产生。1992 年 2 月，欧共体成员国签署了《欧洲同盟条约》，条约的主要目标是建立欧洲同盟，即欧盟（EU）。欧盟有 15 个成员国，包括法国、德国、意大利、比利时、荷兰、卢森堡、英国、爱尔兰、希腊、西班牙、葡萄牙、奥地利、丹麦、瑞典和芬兰，要实现各成员国的最佳经济效益，统一技术要求的欧洲标准是十分重要的。

（一）CEN 食品标准

欧洲标准主要有欧洲标准化委员会（CEN）、欧洲电工标准化委员会（CENELEC）和欧洲电信标准协会（ETSI）三个组织，按照 83/189/EEC 指令正式认可的标准化组织，分别负责不同领域的标准化工作。其中 CEN 的制定标准范围最大，食品标准、卫生保健等就在其中。CEN 的组织体系由全体会员大会、管理局、技术局、认证局、技术委员会和管理中心构成。截至 2002 年 12 月底 CEN 共设有 239 个技术委员会，制定欧洲标准 7650 个、协调文件 4 个、暂行标准 395 个，在欧盟各成员国的国家标准中，欧洲标准所占的比例高达 80%以上。目前 CEN 的目标是尽可能地使其制定的标准成为国际标准，使欧洲标准有广阔的前景和市场。40%的 CEN 标准被 ISO 采用为国际标准。

欧洲标准有三个类型：一是欧洲标准（EN：European Standard），由 CEN、CENELEC、ETSI 按照其标准的制定程序制定，经正式投票表决通过的标准。每一项标准正式发布实施后，各成员国必须在 6 个月内将其采用为国家标准，并撤销与该标准相抵触的国家标准，并且各成员国在本国出版欧洲标准时，对欧洲标准的内容和结构不得做任何修改。二是协调文件（HD：Harmonizatiaon Document），在制定欧洲标准遇到成员国难以避免的偏差时，就要采用协调文件的形式。每个协调文件均必须在国家级采用，一般有两种方式：①采用为相关国家标准；②向公众通告协调文件的题目和编号。形式虽然有别，但成员国必须废止有关与协调文件不一致的本国国家标准。三是暂行标准（ENV：European Prestandard），暂行标准是在技术发展快或急需标准的领域临时应用的预期标准。暂行标准与正式标准相比制定速度快，但制定出来的标准均是在技术发展相当迅速的领域，各成员国对暂行标准也要像欧洲标准和协调文件一样对待，在暂行标准没有转化为欧洲标准之前，各成员国的国家标准不必废止。

从 1998 年以来，CEN 强化了在食品领域的分析方法标准化工作，业务范围涉及辐照食品的测试方法，与食品接触的物品、微生物学、转基因食品、动物饲料等，为工业、消费者和欧洲法规制定者提供了有价值的经验。由于欧洲食品和饲料安全问题的频频发生，导致了欧洲食品安全局的诞生，CEN 在食品安全方面发挥了积极的作用，提出了欧洲食品标准化战略和措施以及意见与建议。

CEN 已经发布了 260 多项欧洲食品标准，主要用于取样和分析方法，这些标准分别由 7 个技术委员会制定。如：

TC174 水果和蔬菜汁——分析方法；

TC194 与食品接触的器具；

TC275 食品分析——协调方法；

TC302 牛奶和乳制品——取样和分析方法；

TC307 含油种子、蔬菜及动物脂肪和油以及其副产品的取样和分析方法；

TC327 动物饲料——取样和分析方法；

TC338 谷物和谷类产品。

TC275 技术委员会制定了 50 多个标准，主要包括微生物方法（沙门氏菌、李斯特菌的检测和计算）、重金属残留、亚硫酸盐等添加剂的测定方法和辐照食品检测，如 EN1784：1996 食品——含有脂肪的辐照食品的检测——碳氢化合物气相色谱法；EN1785：1996 食品——含有脂肪的辐照食品的检测——2-烷基环丁酮气相色谱分析法等。

可见，欧盟各成员国在采用欧洲标准方面有许多成熟的经验，这也是欧盟在直接采用国际标准方面的一大优势。

（二）CEN 食品标准目录

欧洲食品安全标准比较细，部分标准见表 6-1。从表中的标准名称就可以简要地了解欧洲标准在安全方面的要求相当严格，对于我国标准的制定一定有借鉴的意义，同时也是我国采用国际标准时应当重点考虑的问题之一。

表 6-1　　已经发布的新标准

标准编号	标准名称
EC COM(2002)559 FINAL2002-10-08	欧洲议会和理事会关于转基因食物和饲料法规的补充建议[由委员会依照 EC 条约 250(2)提出]
EC COM(2001)425 FINAL2001-07-25	欧洲议会和理事会关于转基因食物和饲料的法规[2001/0173(COD)]
EN 13441 2001-11-00	生物技术——用于实验室研究、开发和分析的转基因植物的抑制指南
EN 648 2003-03-00	与食品接触的纸和纸板——荧光增白纸和纸板牢固性测定
EN 1186-10 2002-09-00	与食品接触的材料和物品——塑料——第 10 部分：移入到橄榄油中的总量测试方法(不完全萃取橄榄油时使用的改良法)
EN 1186-11 2002-09-00	与食品接触的材料和物品——塑料——第 11 部分：移入到 C-14 合成甘油三酯混合物总量测试方法
EN 1186-15 2002-09-00	与食品接触的材料和物品——塑料——第 15 部分：通过快速萃取到辛烷和 95%酒精的方法对移入到模拟油脂食品中的总量检测的替换测试方法
PrEN 1784 2002-10-00	食品——辐照食品含脂肪的测定——碳氢化合物的气相色谱分析
PrEN 1785 2002-10-00	食品——辐照食品含脂肪的测定——2-烷基环丁酮气相色谱/质谱分析
EN 13258 2003-03-00	与食品接触的材料和物品——陶瓷物品抗裂试验方法
EN 1375 2002-09-00	食品——用光致光的辐照食品的检测
EN 13804 2002-05-00	食品——微量元素测定——性能指标，通用要求和样品制备
EN 13806 2002-08-00	食品——微量元素测定——加压作用后用冷蒸汽原子吸收光谱法测定汞
EN 13803 2003-04-00	食品——微量元素测定——加压煮解后用石墨炉原子吸收光谱法测定铅、镉、铬和钼
EN 14084 2003-04-00	食品——微量元素测定——用微波煮解后用原子吸收光谱法(AAS)测定镉、锌、铜和铁
PrEN 14131 2001-09-00	食品——用微生物分析法对叶酸进行测定
EN 14233 2002-09-00	与食品接触的材料和物品——塑料——在微波炉或普通加热炉过程中与食品接触的塑料材料和物品温度的测定
PrEN 14524 2002-08-00	食品——用以固相萃取清除的 HPLC 法对蚌类中 Okadaic 酸和甲藻毒素进行测定
PrEN 145262002-08-00	食品——用 HPLC 法利用前置柱对过氧化氢或氧化高碘酸盐对贝类中贝类毒素和 DC 贝类毒素的测定
PrEN 14546 2002-09-00	食品——微量元素的测定——干灰化后利用氢化物产生原子吸收光谱法(HGAAS)测定砷总量

续表

标 准 编 号	标 准 名 称
PrEN 14569 2002-10-00	食品——用LAL/GNB程序对辐照食品进行微生物扫描
PrEN 14663 2003-04-00	食品——用HPLC测定维生素B_6(包括其蛋白质形式)
EN 646 2000-09-00	与食品接触的纸和纸板——染色纸和纸板的色牢度的测定
EN 1186-1 2002-04-00	与食品接触的材料和物品——塑料——第1部分:全移入试验条件和测试方法的选择指南(ENV1186-2;1984)
EN 1186-2 2002-04-00	与食品接触的材料和物品——塑料——第2部分:总移入到全浸橄榄油中的试验方法(ENV1186-2;1994)
EN 1186-3 2002-04-00	与食品接触的材料和物品——塑料——第3部分:利用全浸替代法对水状食品总移入量的测试方法(ENV1186-3;1994)
EN 1186-4 2002-04-00	与食品接触的材料和物品——塑料——第4部分:利用细胞替代法对橄榄油中总移入量的测试方法(ENV1186-4;1994)
EN 1186-5 2002-04-00	与食品接触的材料和物品——塑料——第5部分:利用全浸替代法对水状食品总移入量的测试方法(ENV1186-5;1994)
EN 1186-6 2002-04-00	与食品接触的材料和物品——塑料——第6部分:利用成袋浸替代法对橄榄油中总移入量的测试方法(ENV1186-6;1994)
EN 1186-7 2002-04-00	与食品接触的材料和物品——塑料——第7部分:利用成袋替代法对水状食品总移入量的测试方法(ENV1186-7;1994)
EN 1186-8 2002-04-00	与食品接触的材料和物品——塑料——第8部分:利用填充替代法对橄榄油中总移入量的测试方法(ENV1186-8;1994)
EN 1186-9 2002-04-00	与食品接触的材料和物品——塑料——第9部分:利用填充替代法对水状食品总移入量的测试方法(ENV1186-9;1994)
EN 1186-12 2002-04-00	与食品接触的材料和物品——塑料——第12部分:利用低温替代法对总移入量的测试方法(ENV1186-12;1994)
EN 1186-13 2002-04-00	与食品接触的材料和物品——塑料——第13部分:高温下总移入量的测试方法(ENV1186-13;1994)
EN 1186-14 2002-09-00	与食品接触的材料和物品——塑料——第14部分:用试验介质对有用于接触油脂食品的塑料总移入量进行的代替试验的测试方法
EN 1230-2 2001-10-00	与食品接触的纸和纸板——感官分析——第2部分:臭味(腐坏)
EN 1541 2001-04-00	与食品接触的纸和纸板——水萃取物中甲醛含量的测定
EN 1787 2000-03-00	食品——用ESR分光光度法检测经辐照的含纤维素食品
EN 1788 2001-10-00	食品——与硅酸盐矿物绝缘的辐照食品的热致发光的测定
EN 12546-1 2000-04-00	与食品接触的材料和物品——家用保温容器——第1部分:真空器皿、保温瓶和保温壶规范
EN 12546-2 2000-04-00	与食品接触的材料和物品——家用保温容器——第2部分:保温袋和保温箱规范
EN 12546-3 2000-04-00	与食品接触的材料和物品——家用保温容器——第3部分:热包装材料规范
EN 12821 2000-02-00	食品——高效液相色谱法测定维生素D_3和和钙化醇D_2
EN 12822 2000-02-00	食品——高效液相色谱法测定α-、β-、γ-维生素E
EN 12823-1 2000-02-00	食品——高效液相色谱法测定维生素A——第1部分:全反式视黄醇和13视黄醇的测定

续表

标　准　编　号	标　准　名　称
EN 12823-2 2000-02-00	食品——高效液相色谱法测定维生素 A——第 2 部分：β-胡萝卜素的测定
EN 13585 2001-12-00	食品——固相萃取清除 HPLC 法对玉米中 FumonisinsB_1 和 B_2 含量的测定
EN 13708 2001-10-00	食品——用电子自旋共振光谱法检测含晶体糖的辐照食品
EN 13783 2001-11-00	食品——用 DNA 慧形物化验对经辐照食品的检测——筛分法
EN 13805 2002-03-00	食品——微量元素测定——加压吸收
EN 14164 2002-02-00	食品——用 HPLC 法测定维生素 B_6
EN 14166 2001-11-00	食品——用微生物法测定维生素 B_6
EN 14130 2001-03-00	食品——用 HPLC 法测定维生素 C
PrEN 14132 2001-03-00	食品——大麦和烤制咖啡中赫曲毒素 A 的测定——用柱免疫清除 HPLC 法
PrEN 14133 2001-03-00	食品——葡萄酒和啤酒中赫曲毒素 A 的测定——用柱免疫清除 HPLC 法
PrEN 14148 2001-05-00	食品——用 HPLC 法测定维生素 K_1
PrEN 14152 2001-05-00	食品——用 HPLC 法测定维生素 B_2
PrEN 14176 2001-05-00	食品——用 HPLC 法测定蚌类中多晶质酸
PrEN 14177 2001-05-00	食品——用 HPLC 法进行液态/液体隔离清除对清洁的和沉淀的苹果汁和浓汁棒曲霉素测定
PrEN 14332 2001-12-00	食品——微量元素的测定——微波菌致分解后借助 ETAAS 对海味中砷的测定
EC 2002/42/EC2002-05-17	关于附着在动物性饲料上及内部杀虫剂残留量最大限量的理事会指令 86/362/EEC，86/363/EEC 和 90/642/EEC 进行修改的委员会指令
EC 2002/71/EC2002-08-19	关于附着在动物性饲料上及内部杀虫剂（安果、乐果和氧化甲基）残留量最大限量的理事会指令 76/895/EEC，86/362/EEC，86/363/EEC 和 90/642/EEC 进行修改的委员会指令
EC 2002/72/EC2002-08-06	关于与食品接触的塑料材料和物品的委员会指令——内容与 EEA 相关 08/06/2002 勘误
EC 2002/96/EC2002-12-16	关于附着在动物性饲料上及内部杀虫剂（2，4-D，triasulfuron 和 thifensulfuron）残留量最大限量的理事会指令 86/362/EEC，86/363/EEC 和 90/642/EEC 进行修改的委员会指令
EC COM(2002)375 FINAL 2002-07-11 (COD)	关于提请欧洲议会和理事会修改 94/35/EC 指令食品中使用的甜味佐料 2002/0251 指令的提案
EC COM(2002)561 FINAL 2002-10-16	关于提请理事会修改有关有机农产品及其他农产品和食品指令 (EEC)No2092/91 的提案
EC COM(2001)433 FINAL 2001-09-06	关于提请欧洲议会和理事会修改 2000/13/指令食品中成分 2001/0199(COD)指令的提案
EC COM(2001)627 阶段 FINAL 2001-10-26	关于提请理事会对(DDC)No2377/90 理事会法规附件 1“制定动物源性食物中兽医药最大残留限量的欧共体方法”制定修改理事会法规的提案

续表

标 准 编 号	标 准 名 称
EN 13188 2000-08-00	醋——农业原料液体产品——定义、要求和标记
EN 13189 2000-08-00	乙酸食品等级——非农业原材料产品——定义、要求和标记
EC COM(2002)561 FINAL 2002-10-16	关于提请修改(EEC)No2092/91指令有关有机农产品及其农产品和食品标示的理事会法规
EC No 408/2003 2003-03-05	对(EC)No1148/2001法规的修改，检查适用于新鲜水果和蔬菜销售标准的符合性
EC No 2324/2002 2002-12-23	关于建立水果和蔬菜进口定价标准的委员会法规
EC No 2326/2002 2002-12-23	水果和蔬菜部门颁发体系B出口许可证的委员会法规(EC)
EC No 2334/2002 2002-12-23	有关部分废除(EC)No1148/2001号法规，关于对一致停止进口新鲜水果和蔬菜(EC)No2540/2001号法规进行修改的委员会法规
EC No 2337/2002 2002-12-23	关于提请对水果和蔬菜附加进口关税准则的(EC)No1555/96号法规进行修改的委员会法规
EN 1400-3-2002	婴幼儿用品——婴幼儿用橡皮奶头——第3部分化学要求和试验(2002-12)
EN 12586-2002	儿童护理用品——安慰奶嘴——安全要求和试验方法(2002-11)
EN 13732-2002	食品加工机械——农家散装奶冷却器——使用、安全和卫生用结构、性能和适用性要求(2003-02)
EN ISO 1211-2001	牛奶——脂肪含量的测定——重量分析法(基准方法)(2001-11)
EN ISO 1736-2000	奶粉和奶粉制品——脂肪含量的测定——重量分析法(参照法)(2000-04)
EN ISO 2450-2000	奶油——脂肪含量的测定——重量法(参比法)(2000-06)
EN ISO5764-2002	牛奶——冰点的测定——热敏电阻冰点测定法(参考法)(2002-09)
EN ISO 7328-2000	奶制食用冰和冰混合物配料——脂肪含量的测定——重量分析法(2000-05)
EN ISO 8261-2001	牛奶和乳制品——检测微生物用的试验样品、初始悬浮物和十部稀释物的制备(2001-10)
EN ISO 8381-2000	以奶为基料的婴儿食品——脂肪含量的测定——重量分析法(参照法)(2000-04)
EN ISO8968-1-2001	牛奶——测定氮含量——第1部分:基耶达尔法(2002-06)
EN ISO8968-2-2001	牛奶——测定氮含量——第2部分:分段容积法(宏观法)(2002-06)
EN ISO8968-4-2001	牛奶——测定氮含量——第4部分:无蛋白质的氮含量测定(2002-06)
EN ISO8968-5-2001	牛奶——测定氮含量——第5部分:蛋白质的氮含量测定(2002-06)
EN ISO 11816-1-2000	牛奶和乳制品——荧光计法测定碱性磷酸酶的活性——第1部分:牛奶和牛奶饮料
EN ISO 14673-1-2001	牛奶和乳制品——测定硝酸盐和亚硝酸盐的含量——第1部分:镉还原法和光谱测定法

续表

标　准　编　号	标　准　名　称
EN ISO 14673-2-2001	牛奶和乳制品——测定硝酸盐和亚硝酸盐的含量——第 2 部分：分段式流体分析法(常规法)(2002-05)
EN ISO 14673-3-2001	牛奶和乳制品——测定硝酸盐和亚硝酸盐的含量——第 3 部分：镉还原法和带有流线渗析的流体注入分析法(常规法)(2002-05)
EN ISO 14891-2002	乳和乳制品——氮含量测定——依据 Dumas 原理燃烧的常规方法(2002-07)

（三）欧盟对进口水产品的质量标准

欧盟委员会专门制定水产品投放市场的卫生条件的规定（91/493/EC 指令），而且要求向欧盟市场输出水产品的加工企业必须获得欧盟注册。欧盟对进口水产品质量和卫生要求越来越严，而且必须从原料生产开始，保证生产过程的各个环节达到质量要求，从而确保最终产品的质量，即建立一个完整的质量保证体系，全面推行 HACCP 制度。欧盟对进口水产品的检查包括新鲜度化学指标、自然毒素、寄生虫、微生物指标、环境污染的有毒化学物质和重金属、农药残留、放射性等 63 项，其中氯霉素、呋喃西林、孔雀石绿、结晶紫、呋喃唑酮、多氯联苯等为不得检出；六六六、DDT、组胺、麻痹贝类毒素等有严格的限量指标，而且有越来越严格的趋势。按照欧盟 2001/466/EC 指令要求，鱼中镉、汞、铅的最大残留限量由原来 1000mg/kg 分别改为 50mg/kg、500mg/kg 和 200mg/kg。对致病菌，细菌总数要求控制在 5×10^5/g（30℃），其中沙门氏菌、金黄色葡萄球菌、单核细胞增生李斯特菌、霍乱弧菌、副溶血性弧菌、大肠杆菌为不得检出。

二、美国食品卫生标准

（一）美国食品安全体系

美国负责食品安全的主要法规机构有卫生部（DHHS）下的食品与药品管理局(FDA)、美国农业部（USDA）的食品安全检验署（FSIS）和动植物卫生检验署(APHIS)及美国环境保护署（EPA）。

FDA 负责保护消费者免受掺杂、不安全和虚假标贴的食品危害，管辖的食品范围是除 FSIS 管辖范围之外的所有食品。FSIS 则负责确保肉、禽和蛋制品安全、卫生和正确标示。EPA 的任务包括保护消费者免受农药带来的危害，改善有害生物管理的安全方式。任何食品或饲料中含有 FDA 不允许的食品添加剂或兽药残留，或含有 EPA 没有规定限量的农药残留或农药残留限量超过规定的限量，法规都不允许其上市场。而 APHIS 在美国食品安全网中的主要角色是防止植物和动物的有害生物和疾病。

美国政府的三个分支——立法、执行和司法——在确保美国食品安全方面都起了重要作用。议会颁布确保食品供应安全的法律，并建立国家范围的保护体系。而行政部门和机构则负责执行法律，为有效执行它们还会发布相应的法规，这些法规发布在美国联邦登记（FR）上。

美国有关食品安全的主要大法包括：联邦食品、药物和化妆品法（FFDCA）、联邦肉检验法（FMIA）、禽肉制品检验法（PPIA）、蛋制品检验法（EPIA）、食品质量保护法（FQPA）和公共健康服务法。

（二）美国肉类微生物控制方法与标准

1. 检测标准

USDA 推荐使用 AOAC 第 16 版上规定的相关微生物检测方法，这一点同商检制定的相关 SN 标准相一致，但同 GB 标准相比存在一定的差异。同时 USDA 认可在科学杂志上发表，并经过多家实验验证过的方法。与我们只坚持使用一种标准方法相比，存在很大的灵活性。

2. 科学化的抽样水平和合理的判定依据

总体上讲，对加工产品，病源微生物的接受水平为零，即不得检出病原性微生物。但对于加工原料肉、乳制品来讲就比较科学，USDA 的基本做法是在全国范围内通过收集对某一种肉类制品中不同病原性微生物污染情况的调查，运用统计学技术提出该品种某种病原微生物的抽样检测方案和操作限量标准。对大肠菌群、沙门氏菌的监控操作限量标准，采用操作限量标准分别见表 6-2 和表 6-3。

表 6-2　　美国食品中大肠杆菌操作限量

屠宰品种	可接受水平	最低限量	不可接受水平
牛	不得检出	<100cfu/cm	≥100cfu/cm
鸡	<100cfu/mL	100～1000cfu/mL	>1000cfu/mL
猪	<10cfu/cm	10～10000cfu/cm	>10000cfu/cm

表 6-3　　沙门氏菌的操作限量标准

产品分类	沙门氏菌控制标准(阳性百分比)	样品检测数	最大阳性样品数量
菜牛/小母牛	1%	82	1
母牛/公牛	2.7%	58	2
绞碎牛肉	7.5%	53	5
生猪	8.7%	55	6
肉鸡	20.0%	51	12
绞碎鸡肉	44.6%	53	26
绞碎火鸡肉	49.9%	53	29

3. 美国对进口水产品安全要求

各种致病微生物均不得检出（沙门氏菌、金黄色葡萄球菌、单核细胞增生李斯特菌、霍乱弧菌、副溶血性弧菌、大肠杆菌等），禁止使用氯霉素、克伦特罗、己烯雌酚、二甲硝咪唑，其他硝基咪唑类，异烟酰咪唑、呋喃西林、呋喃唑酮、磺胺类药、氟乙酰苯醌和糖肽，二氧化硫（100mg/kg）。还必须通过 HACCP 认证和美国 FDA 抽查合格。

三、日本食品卫生标准

（一）日本进口检疫与食品卫生制度

1. 动物检疫

日本从外国进口动物以牛、马、猪、兔等家畜及各种家禽为主。

日本动物检疫的指导原则是《家畜传染病预防法》，以及依据国际兽疫事务局（OIE）等有关国际机构发表的世界动物疫情通报制定该法的实施细则（即禁止进口的动物及其产地名录）。凡属该细则规定的动物及其制品，即使有出口国检疫证明也一概禁止入境。如牛、羊、猪等偶蹄动物，因易感染口蹄疫，日本对其进口十分警惕。日本认为，全世界仅有韩国、菲律宾、美国等 32 个国家和地区属于无口蹄疫的“清洁地区”，可以正常进口。另有包括中国在内的 9 个国家的猪、牛、羊肉及肉制品要经过指定设备加热进行消毒处理后才可进口。而来自其他国家的上述货物均被禁止入境。

日本进口商自海外进口动物及其产品，须提前向动物检疫所申报。一般牛、马、猪等需提前 90～120d 申报，鸡、鸭、狗等提前 40～70d 申报。动物进口时，由检疫人员登船检查确认，检查无问题后，检疫所发给进口商《进口检疫证明书》，作为进口申报书的附件办理进口申报手续。

2. 植物防疫

日本进口植物防疫的指导原则是《植物防疫法》。与动物检疫类似，日本依据有关国际机构或学术界有关报告了解世界植物病虫害分布情况，制定《植物防疫法实施细则》（即禁止进口的植物及其产地名录）。凡属日本国内没有的病虫害，来自或经过其发生国家的有关植物和土壤均严禁进口。

货物经植物防疫所检查确认无病虫害后，颁发《植物检查合格证明书》。进口商进行进口申报时将此证明作为进口申报书的附件。

禁止进口植物获得农林水产大臣特别许可也可以进口。获准进口时，日本进口商须将进口许可书寄送给出口商，令其粘贴在该商品上。入境时，与一般植物同样办理检疫。

对于某些仅凭进口时的检疫无法判断病虫害的植物，日本要求置于专门场所隔离栽培一定时间接受检查。

3. 食品卫生防疫

日本的进口食品卫生检疫主要有命令检查、监测检查和免检。

命令检查即强制性检查，是对于某些易于有残留有害物质或易于沾染有害生物的食品要逐批进行 100%的检验。

监测检查是指由卫生检疫部门根据自行制定的计划，按照一定的时间和范围对不属于命令检查的进口食品进行的一种日常抽检，由卫生防疫部门自负费用、自行实施。若在监测检验中发现来自某国的某种食品含有违禁物质，以后来自该国的同类食品必须接受命令检查。

进口食品添加剂、食品器具、容器、包装等也须同样接受卫生防疫检查。

（二）日本对进口水产品安全要求

各种致病微生物（沙门氏菌、金黄色葡萄球菌、单核细胞增生李斯特菌、霍乱弧菌、副溶血性弧菌、大肠杆菌等）均不得检出。氯霉素（0.05mg/kg）、磺胺甲基嘧啶（0.02mg/kg）、磺胺二甲嘧啶（0.01mg/kg）、磺胺-6-甲氧嘧啶（0.03mg/kg）、磺胺二甲氧嘧啶（0.04mg/kg）、磺胺喹噁啉（0.05mg/kg）、噁喹酸（喹菌酮 0.05mg/kg）、乙胺嘧啶（0.05mg/kg）、基夫拉松（别那松 0.1mg/kg）、尼卡巴嗪（0.02mg/kg）等均有限量要求。鳗鱼中总汞为 0.4mg/kg、甲基汞为 0.3mg/kg。

（三）日本禁用的食品添加剂

2005 年 8 月，日本将有 38 种非合成食品添加剂从现有食品添加剂目录中删除。与此同时，含有这 38 种食品添加剂的食品在日本境内也将被禁止销售，此举主要是为了确保食品安全，防止对消费者健康产生不良影响。

将被禁用的 38 种非合成食品添加剂为：消色肽酶、产气单胞菌胶、巴拉塔树胶、大麦壳提取物、甜菜皂苷、槟榔子提取物、防己提取物、柑橘子提取物、食用大麻提取物、麦芽六糖内切水解酶、麦芽五糖内切水解酶、槐树皂角苷、肠杆菌胶、鸭肠杆菌胶、欧文氏菌胶、无花果叶提取物、冷杉香脂、金钟花提取物、古塔胶、竹提取物、新西兰琥珀胶、曲酸、古萨基色素、L-岩藻糖、竹皮提取物、厚朴提取物、奇异果提取物、莫耐林甜蛋白、唾液酸酶、腈水解酶、去甲二氢愈创木酸、油粮种子蜡、花生皮红、鲸蜡、覆盆子叶提取物、巴西棕榈树叶提取物、黄单胞杆菌冰核蛋白和酮戊二酸提取物。

此次日本禁令提醒相关企业，对天然提取物应予以重新认识和评价。虽然食品添加剂开发的趋势是天然、营养、多功能，但是并不是所有的天然提取物都是安全的。有的天然提取物，特别是可作药物的天然提取物，毒性可能比合成的还要大。随着研究的不断深入，今后还可能会有更多的产品因为安全问题而被禁用。

（四）日本茶叶标准农药残留和质量标准

我国是茶叶出口大国，国外对中国的技术贸易壁垒状况严峻，曾经出现过十分苛刻的技术标准壁垒，将农药残留限量由十几种增加到60多种。因此，掌握国外尤其是日本的茶叶农药残留和质量标准，对应对出口有十分重要的意义。日本对茶叶的农药残留和质量标准列于表6-4和表6-5。

表6-4　日本农药残留标准（茶·《食品卫生法》）

序　号	农药名称	标准值	对　象	发　布　日　期
1	六六六(BHC)	0.2	虫	
2	滴滴涕(DDT)	0.2	虫	
3	一六〇五	0.3	虫	1969.12.26
4	艾氏剂	不检出	虫	告示 No.410
5	狄氏剂	不检出	虫	
6	苯硫磷(EPN)	1.1	虫	1970.11.20 告示 No.395
7	西维因(NAC)	1.0	虫	1971.12.20
8	二嗪农	0.1	虫	告示 No.404
9	三氯杀螨醇	3.0	虫	1973.1.10
10	杀螟松(MEP)	0.2	虫	告示 No.3
11	丙酯杀螨醇	30	虫	
12	草甘磷	0.5	草	
13	四螨嗪	20	虫	
14	毒死蜱	3.0	虫	
15	苯丁锡	10	虫	
16	抑菌灵	5.0	菌	
17	三氟氯氰菊酯	15	虫	1992.10.27
18	除虫脲	20	虫	告示 No.239
19	氯氰菊酯	20	虫	
20	比久	不检出	菌	
21	溴氰菊酯	10	虫	
22	敌百虫(DEP)	0.5	虫	
23	甲基对硫磷	0.2	虫	
24	氟氰菊酯	20	虫	
25	氯菊酯	20	虫	
26	草胺磷	0.5	草	1993.3.4
27	四溴菊酯	10	虫	告示 No.68
28	特富灵	15	菌	

续表

序 号	农药名称	标准值	对 象	发 布 日 期
29	乙酰甲胺磷	10	虫	
30	敌敌畏(DDVP)	0.1	虫	1993.9.14
31	苯丁锡	50.0	菌	告示 No.200
32	除螨酯	30.0	虫	
33	氟胺氰菊酯	10	虫	
34	苯腈磷	50.0	虫	
35	杀草强(ATA)	不检出	草	
36	异菌脲	20	菌	
37	七氟菊酯	20	虫	
38	哒螨酮	10	虫	1994.6.9
39	甲基嘧啶硫磷	10	虫	告示 No.199
40	BPM C	0.5	虫	
41	氰戊菊酯	10.0	虫	
42	唑螨酯	10	虫	
43	双灭碱	20	菌	
44	二氯异丙醚	2.2	虫	1995.8.14 告示 No.161
45	定虫隆	10	虫	
46	酰胺唑	20	菌	
47	醚菊酯	10	虫	
48	敌菌丹	不检出	菌	
49	烯唑醇	10	菌	
50	吡唑硫磷	50.0	虫	
51	杀螨菊酯	10	虫	
52	双酮辛醋酸盐	1	菌	
53	苯醚氰菊酯	10	虫	
54	氟虫脲	15	虫	
55	氟铃脲	15	虫	
56	噻螺酮	35	虫	

表 6-5　　日本茶叶理化品质标准

理 化 成 分		标 准 值
总灰分,质量分数/%	<	15
砷(As)/(mg/kg)	<	2
重金属(以 Pb 计)/(mg/kg)	<	20
水分/%	<	5
微生物大肠杆菌群		阴性

第二节　采用国际标准

采用国际标准和国外先进标准是我国的一项重要的技术经济政策，也是世界贸易组织的技术贸易壁垒协议（WTO/TBT）与标准化工作紧密相关的一个协议。在逐步完善我国社会主义市场经济体制和已加入世界贸易组织的今天，采用国际标准更加成为我国标准化工作的当务之急，也是我国产品进入世界经济大循环的必由之路。

采用国际标准是指将国际标准的内容，经过分析研究和试验验证，等同或修改转化为我国标准（包括国家标准、行业标准、地方标准和企业标准），并按我国标准审批发布程序审批发布。国际标准是指国际标准化组织（ISO）、国际电工委员会（IEC）和国际电信联盟（ITU）制定的标准，以及国际标准化组织确认并公布的其他国际组织制定的标准。为了发展社会主义市场经济、减少技术性贸易壁垒和适应国际贸易的需要，提高我国产品质量和技术水平，依据《中华人民共和国标准化法》及其实施条例，参照世界贸易组织和国际标准化组织的有关规定，积极推进采用国际标准，促进采用国际标准工作的发展，为我国产品进入国际市场奠定基础。采用国际标准，就是要避免造成贸易中的各种技术壁垒，这也是WTO/TBT协议中规定的国际准则之一。采用国际标准最明显的益处有两个：

——能协调国际贸易中有关各方的要求，减少和避免与贸易各方的争端；

——使本国的产品或服务更容易打入和占领国际市场。

采用国际标准是促进技术进步，提高产品质量，扩大对外开放，加快与国际准则或惯例接轨，发展社会主义市场经济的重要措施。

《中华人民共和国标准化法》中有“国家鼓励积极采用国际标准的规定。”国家质检总局2001年11月21日第二次修订并颁布了《采用国际标准管理办法》，为了鼓励企业积极采用国际标准，引导企业将产品推向国内外市场，还颁布了《采用国际标准产品标志管理办法（试行）》，国家经贸委、计委、国家科技部和国家技术监督局联合颁布了《关于推进采用国际标准和国外先进标准若干规定》，对采用国际标准的企业推出了一系列鼓励和优惠政策。

一、采用国际标准的原则与措施

（一）采用国际标准的原则

根据《采用国际标准管理办法》的规定，我国采用国际标准的原则是：

（1）采用国际标准，应当符合我国有关法律、法规，遵循国际惯例，做到技术先进、经济合理、安全可靠。

（2）制定（包括修订）我国标准应当以相应国际标准（包括即将制定完成的国际标

准）为基础。

——对于国际标准中通用的基础性标准、试验方法标准应当优先采用。

——采用国际标准中的安全标准、卫生标准、环保标准制定我国标准，应当以保障国家安全、防止欺骗、保护人体健康和人身财产安全、保护动植物的生命和健康、保护环境为正当目标；除非这些国际标准由于基本气候、地理因素或者基本的技术问题等原因而对我国无效或者不适用。

（3）采用国际标准时，应当尽可能等同采用国际标准。由于基本气候、地理因素或者基本的技术问题等原因对国际标准进行修改时，应当将与国际标准的差异控制在合理的、必要的并且是最小的范围之内。

（4）我国的一个标准应当尽可能采用一个国际标准。当我国一个标准必须采用几个国际标准时，应当说明该标准与所采用的国际标准的对应关系。

（5）采用国际标准制定我国标准，应当尽可能与相应国际标准的制定同步，并可以采用标准制定的快速程序。

（6）采用国际标准，应当同我国的技术引进、企业的技术改造、新产品开发、老产品改进相结合。

（7）采用国际标准的我国标准的制定、审批、编号、发布、出版、组织实施和监督，同我国其他标准一样，按我国有关法律、法规和规章规定执行。

（8）企业为了提高产品质量和技术水平，提高产品在国际市场上的竞争力，对于贸易需要的产品标准，如果没有相应的国际标准或者国际标准不适用时，可以采用国外先进标准。

（二）促进采用国际标准的措施

（1）对于采用国际标准的重点产品，需要进行技术改造的，有关管理部门应当按国家技术改造的有关规定，优先纳入各级技术改造计划。

（2）在技术引进中，要优先引进有利于使产品质量和性能达到国际标准的技术设备及有关的技术文件。

（3）对于国家重点工程项目，在采购原材料、配套设备、备品备件时，应当优先采购采用国际标准的产品。

（4）各级标准化管理部门应当及时为企业采用国际标准提供标准资料和咨询服务。各级科技和标准情报部门应当积极搜集、提供国际标准化的信息及有关资料，并开展咨询服务，为企业提供最新的标准信息。

（5）对采用国际标准的产品，按照《采用国际标准产品标志管理办法》的规定实行标志制度。

二、采用国际标准的程度和编写方法

（一）采用国际标准的程度

我国标准采用国际标准的程度，分为等同采用和修改采用。

等同采用，指与国际标准在技术内容和文本结构上相同，或者与国际标准在技术内容上相同，只存在少量编辑性修改。

修改采用，指与国际标准之间存在技术性差异，并清楚地标明这些差异以及解释其产生的原因，允许包含编辑性修改。修改采用不包括只保留国际标准中少量或者不重要的条款的情况。修改采用时，我国标准与国际标准在文本结构上应当对应，只有在不影响与国际标准的内容和文本结构进行比较的情况下才允许改变文本结构。

我国标准与国际标准的对应关系除等同、修改外，还包括非等效。非等效不属于采用国际标准，只表明我国标准与相应国际标准有对应关系。非等效指与相应国际标准在技术内容和文本结构上不同，它们之间的差异没有被清楚地标明。非等效还包括在我国标准中只保留了少量或者不重要的国际标准条款的情况。非等效（not equivalent）的代号为 NEQ。

我国标准采用国际标准的程度代号为：

IDT：等同采用（identical）；

MOD：修改采用（modified）。

1. 等同

国家标准与相应的国际标准的一致性程度是“等同”时，应符合下列条件：

(1) 国家标准与国际标准在技术内容和文本结构方面完全相同；

(2) 国家标准与国际标准在技术内容上相同，但可以包含下述小的编辑性修改：

——用小数点符号“.”代替“,”；

——对印刷错误的改正或页码变化；

——从多语种出版的国际标准的版本中删除其中一种或几种语言文本；

——把国际标准的技术勘误或修正案并入文本中；

——为了与现有的系列标准一致而改变标准名称；

——用“本标准”代替“本国际标准”；

——增加资料性内容（例如，资料性附录，这样的附录不应变更、增加或删除国际标准的规定）；典型的资料性内容包括对标准使用者的建议、培训指南或推荐的表格或报告；

——删除国际标准中资料性概述要素（包括封面、目次、前言和引言）；

——如果使用不同的计量单位制，为了提供参考，增加单位换算的内容。

“反之亦然原则”（vice versa principle）适用。即国际标准可以接受的内容在国家标准中也可以接受，反之，国家标准的可以接受的内容在国际标准中也可以接受。因此，符合国家标准就意味着符合国际标准。

2. 修改

国家标准与相应国际标准的一致性程度是“修改”时，应符合下列条件：

国家标准与国际标准之间允许存在技术性差异，这些差异应清楚地标明并给出解释。国家标准在结构上与国际标准对应。只有在不影响对国家标准和国际标准的内容及结构进行比较的情况下，才允许对文本结构进行修改。

一个国家标准应尽可能仅采用一个国际标准。个别情况下，在一个国家标准中采用几个国际标准可能是适宜的，但这只有在使用列表形式对所做的修改作出标示和解释并很容易与相应国际标准做比较时，才是可行的。“修改”还可包括上述“等同”条件下的编辑性修改。

“反之亦然原则”不适用。

“修改”可包括如下情况：

(1)“国家标准的内容少于相应的国际标准” 例如，国家标准不如国际标准的要求严格，仅采用国际标准中供选用的部分内容。

(2)“国家标准的内容多于相应的国际标准” 例如，国家标准比国际标准的要求更加严格，增加了内容或种类，包括附加试验。

(3)“国家标准更改了国际标准的一部分内容” 国家标准与国际标准的部分内容相同，但都含有与对方不同的要求。

(4)“国家标准增加了另一种供选择的方案” 国家标准中增加了一个与相应的国际标准条款同等地位的条款，作为对该国际标准条款的另一种选择。

注：国家标准可能包括相应国际标准的全部内容，还包括不属于该国际标准的一部分附加技术内容。在这种情况下，即使没有对所包含的国际标准做任何修改，其一致性程度也只能是“修改”或是“非等效”。至于是“修改”还是“非等效”，这取决于技术性差异是否被清楚地标示和解释。

3. 非等效

国家标准与相应国际标准在技术内容和文本结构上不同，同时它们之间的差异也没有被清楚地标示。“非等效”还包括在国家标准中只保留了少量或不重要的国际标准条款的情况。

“非等效”程度不属于采用国际标准。

(二) 采用国际标准方法

1. 总则

(1) 采用国际标准时，应尽可能等同采用国际标准。出于正当理由对国际标准进行修改时，应把与国际标准的差异减到最小。当国际标准与国际标准存在差异时，应清楚地标示这些差异并说明产生这些差异的理由。

(2) 在采用国际标准时，应按 GB/T 1.1 的规定编写我国标准。等同采用国际标准时，国家标准的文本结构应与被采用的国际标准一致。

(3) 国家标准应在前言中陈述与相应国际标准的一致性程度、国际标准编号和国际标准名称的中文译名，并在括号内标明所采用的国际标准的语言文本；国家标准前言还应包括如下与采用国际标准有关的内容：

① 采用国际标准方法的陈述；

② 编辑性修改的详细内容；

③ 技术性差异和文本结构改变及其解释，或者指明将这些内容安排在附录中；

④ 增加的资料性内容的说明，或者指明将这些内容安排在附录中；

⑤ 当采用国际标准时，应把该国际标准已出版的全部修正案和技术勘误包括在国家标准内。国家标准前言中应包括国际标准的修正案和技术勘误以及标示方法的解释、修正案和技术勘误的规定的标示方法。对于采用国际标准以后出版的修正案和技术勘误也宜尽快采用；

⑥ 随着标准电子版本的发展，可能出现本部分未包括的新的采用国际标准的方法，或与现有方法相结合的新方法。在使用新方法情况下，本部分中关于一致性程度的选择和标示的条款仍然适用。

2. 翻译法

（1）如果国家标准采用相应国际标准的译文，这种方法称作翻译法。采用翻译法的国家标准应包括前言，根据情况可包括引言。一般不保留国际标准的前言，只有在十分需要的情况下才可保留，并置于前言之后，冠名“（该国际标准的组织名称）前言”，例如“ISO 前言”；国际标准引言的适用内容应转化为国家标准的引言，不保留国际标准的引言。采用翻译法的国家标准如果需要增加资料性附录，应将这些附录置于国际标准的附录之后，并按条文中提及这些附录的先后次序编排附录的顺序。每个附录的编号由“附录 N”和随后表明顺序的大写拉丁字母组成，字母从“A”开始，例如：“附录 NA”、“附录 NB”等。每个附录中章、图、表和数学公式的编号应重新从 1 开始，编号前应加上附录编号中表明国家性质和附录顺序的字母，字母后跟下脚点。例如：附录 NA 中的章用“NA. 1”、“NA. 2”等表示；图用“图 NA. 1”、“图 NA. 2”等表示。

（2）使用中文出版的国家标准如声明与某国际标准“等同”，则符合该国家标准就视为符合原国际标准，“反之亦然原则”适用。

（3）“等同”条件下的编辑性修改应在国家标准前言中指出。

（4）以多语种出版的国家标准，应在前言中说明以中文文本为准。

3. 重新起草法

（1）国家标准采用国际标准时，如果不是使用翻译法，则此方法称作重新起草。采用重新起草法的国家标准应包括前言，根据情况可包括引言，不应保留国际标准的前言或引言。

（2）国际标准被重新起草为国家标准，应在前言中说明此国家标准根据国际标准重新起草。如果有差异宜说明原因并按规定的方法对差异进行标示。

总之，采用国际标准的方法不是随心所欲的，其方法的选择应遵守以下两条：

(1) 等同采用国际标准时，应采用翻译法；

(2) 修改采用国际标准时，应采用重新起草法，并把差异在前言或附录中给出。

4. 等同采用国际标准的国家标准的编号方法

国家标准等同采用国际标准的编号方法是国家标准编号与国际标准编号结合在一起的双编号方法。具体编号方法为将国家标准编号和国际标准编号排为一行，两者之间用一斜杠分开。

示例：GB/T××××—1998/ISO 13616：1996

上述双编号方法仅适用于等同采用国际标准。对于与国际标准的一致性程度是修改和非等效的国家标准，只使用国家标准编号，不允许使用上述编号方法。

三、技术性差异和编辑性修改的标示方法

（一）总则

(1) 当技术性差异（及其原因）或编辑性修改很少时，宜将这些内容在前言中陈述。

(2) 当技术性差异（及其原因）或编辑性修改较多时，宜编排一个附录，陈述编辑性修改和技术性差异及其原因，并在前言中说明在正文中如何标示这些修改和差异。

在标准正文的页边空白处对应于有关修改的条文位置用垂直单线（|）进行标示，而后将编辑性修改和技术性差异归纳在一起编排在一个附录中。在附录中，每一个修改都对应国际标准的某条文。

(3) 建议技术性差异的描述以措辞“增加”、“代替”或“删除”为引导。

(4) 当采用的国际标准有修正案和技术勘误时，应将这些修正案和技术勘误直接纳入正文中。这种经改动的内容应在正文中的页边空白处用垂直双线（‖）标示，以便与编辑性修改和技术性差异的标示（垂直单线）区分开。

（二）采用的国际标准引用了其他国际标准

(1) 如果采用的国际标准在规范性引用文件的一览表中引用了其他国际标准，则应核实这些引用的国际标准有无对应的国家标准或行业标准。根据核实结果做如下处理：

① 如果引用的国际标准已被等同或修改采用为国家标准或行业标准，应引用这些标准；

② 如果引用的国际标准没有被等同或修改采用为国家标准或行业标准，应根据实际情况的需要选择引用：

——非等效的国家标准或行业标准；

——引用的国际标准；

——替代引用的国际标准且与其无对应关系的国家标准（或有效文件）。

(2) 引用的文件应在“规范性引用文件”一章中列出。引用与国际标准有对应关系的国家标准或文件，应按在国家标准上标示一致性程度的规定标示对应的国际标准的编

号和一致性程度。

(3) 如果用非等效的国家标准或与引用的国际标准无对应关系的国家标准（或有效文件）代替引用的国际标准，则应在前言中简要说明这些文件所引用的内容与相应国际标准的这部分的内容的技术性差异。

(4) 如果采用的国际标准在规范性引用文件中引用了其他国际标准的询问草案或最终草案，如果这些询问草案或最终草案适用，则我国标准可引用这些询问草案或最终草案。此时，如注日期引用，因为日期未定，所以用“——”代替“:”和年号，在破折号后给出一个注有“将要出版”的脚注，并给出完整的名称。

四、一致性程度的标示方法

（一）总则

国家标准与国际标准间一致性程度的标示宜尽可能清楚。该标示还适用于标准目录和其他信息媒介上。一致性程度及代号见表 6-6。

表 6-6　一致性程度及代号

一致性程度	含　义	代　号
等同(identical)	国家标准“等同”于国际标准,即 ①国家标准与国际标准在技术内容和文本结构上完全相同 ②国家标准与国际标准在技术内容上相同,但可以包含规定的小的编辑性修改 “反之亦然原则”适用	IDT
修改(modified)	国家标准“修改”了相应的国际标准,即允许国家标准与国际标准存在技术性差异,并对技术性差异进行清楚地标示和解释。国家标准在结构上与相应国际标准相同,但如不影响对两个标准的内容进行比较,允许改变文本结构。“修改”的标准还可包括“等同”条件下的编辑性修改的内容 “反之亦然原则”不适用	MOD
非等效(not equivalent)	国家标准“非等效”于国际标准,即国家标准与相应国际标准在技术内容和文本结构上不同,它们之间的差异也没有进行清楚地标示 这种一致性程度不属于采用国际标准	NEQ

（二）在国家标准上标示一致性程度

1. 标准的封面等上标示

与国际标准的一致性程度在标准中应标示在：

——标准封面上的国家标准英文名称的下面；

——“规范性引用文件”一章所列标准一览表中与国际标准有对应关系的国家标准名称后面；

——有关“附录”所列标准一览表中与国际标准有对应关系的国家标准名称后面；

——“参考文献”所列标准一览表中与国际标准有对应关系的国家标准名称后面。

在文中引用与国际标准有对应关系的国家标准时只使用国家标准编号。

标示一致性程度按照规定，在国家标准名称下面（封面上）或后面标示与国家标准对应的国际标准编号、该国际标准英文名称（仅在国家标准的英文名称与被采用的国际标准名称不一致时才标出）和一致性程度代号，并用圆括号括起（见示例1至示例3）。

在“规范性引用文件”和“参考文献”所列的标准中，对于不注日期引用的标准，应在其随后的括号中标示当前最新版本的该国家标准的编号、对应的国际标准编号、该国际标准英文名称（仅在国家标准的英文名称与被采用的国际标准名称不一致时才标出）和一致性程度代号（见示例4）。

示例1：GB/T×××××—1990/IEC60068-1：1988 环境试验　第1部分：总则与指南（IEC60068-1988，IDT）

示例2：GB/T20000.2—2001 标准化工作指南　第2部分：采用国际标准的规则（ISO/IEC Guide21：1999，MOD）

示例3：GB/T×××××—1997 潜水员用手表和配件（ISO 6425：1996，Divers′ watches，NEQ）

示例4：GB/T×××××面向国内市场的产品要求（GB/T×××××—1999，ISO ×××××：1997，MOD）

2. 在一览表、目录和其他媒介上标示

在标准一览表、目录、年报、数据库和其他所有相关媒介上宜完整地标示与相应国际标准一致性程度的信息以备检索用。

在各媒介上使用一致性程度代号时，应准确地遵照表6-6所规定的各代号的含义。

在数据库中使用的标示一致性程度的格式还宜参考ISONET手册的有关内容。

五、采用国际标准产品认可程序

企业产品采用了国际标准或国外先进标准的，鼓励申报办理采用国际标准产品认可（简称采标认可）和采用国际标准产品标志备案（简称采标标志备案），经采标认可的产品，可在相应的包装、标示、标签或产品说明书上印制采标标志图样。

（一）申报条件

（1）产品按照已采用国际标准或国外先进标准的我国标准（包括国家标准、行业标准、地方标准和企业标准）组织生产，或者产品质量达到国际同类先进产品实际水平的产品。

（2）产品的各项质量要求稳定地达到所采用标准的规定，并具有批量生产的能力。

（二）认可程序

1. 企业提出申请

企业申请，需提交以下申报资料（一式三份）：

（1）采用国际标准产品认可申请书；

（2）营业执照、组织机构代码证、执行标准登记证复印件；

（3）产品标准文本和采用证明材料；

（4）被采用的国际标准的原文本、译文本；

（5）产品有关技术标准（包括基础标准，原辅材料、外购件标准，检验方法标准，安全、卫生、环保标准等）目录；

（6）采用国际标准产品技术指标对比表；

（7）按标准规定由市级以上法定检测机构近一年内连续三次产品的抽样检验合格报告或有效期内的型式检验合格报告复印件；

（8）申报企业近期内连续三批产品的自检合格报告复印件。

2. 资料审查

对申请企业提供的申报资料进行审查。审查不符合的，由企业重新填报；审查符合的，安排现场评审。

3. 现场审核程序

① 企业介绍公司情况；

② 企业介绍采标情况；

③ 评审小组考察生产现场；

④ 评审小组考察检验和化验设施；

⑤ 抽查检验记录；

⑥ 抽查相关标准资料；

⑦ 评审小组讨论（企业人员回避）；

⑧ 评审组长宣布现场评审结论。

4. 上报审批

资料审查和现场审核通过的，申报资料和审核报告报省（自治区）、直辖市质量技术监督局审批。审批通过的，颁发《采用国际标准产品标志证书》。

思　考　题

1. 简述欧洲食品标准的现状和欧盟各国采用标准的程序。
2. 采用国际标准的原则和具体措施是什么？
3. 采用国际标准的编写方法有何规定？
4. 采用国际标准的一致性标示方法是什么？
5. 采用国际标准的产品认可程序是什么？

第七章　质量管理体系标准

本章学习重点：

※　了解 ISO 9000 质量管理标准的基本要求；

※　掌握 ISO 9000 质量管理体系质量手册、程序文件的具体要求与编写方法；

※　熟悉国家 ISO 9000 质量管理体系认证管理与程序。

第一节　ISO 9000（GB/T 19000）质量管理体系系列标准介绍

一、ISO 9000（GB/T 19000）质量管理体系基础介绍

（一）概论

质量管理是在质量方面指挥和控制组织的协调活动。通常包括制定质量方针和质量目标以及质量策划、质量控制、质量保证和质量改进等活动。实现质量管理的方针目标，有效地开展各项质量管理活动，必须建立相应的质量管理体系，这一管理体系称为质量管理体系。

质量管理体系的基础是以八项质量管理原则为基础理论给出的十二条基础。质量管理体系基础为 ISO 9001 及 ISO 9004 标准的制定给出了总体原则要求。

（二）质量管理的八项原则及其理解

为了成功地领导和运作一个组织，就需要采用一种系统和透明的方式进行管理。针对所有相关方的需求，实施并保持持续改进其业绩的管理体系，可以使组织获得成功。质量管理是组织各项管理的内容之一。质量管理八项原则是全球质量管理工作成功经验的科学总结和高度概括，其实质内容与我国推行的全面质量管理与控制相一致。质量管理八项原则已得到世界各国的确认，最高管理者可以运用这些原则，领导组织进行业绩改进。

1. 以顾客为关注的焦点

“组织依存于顾客。因此，组织应当理解顾客当前和未来的需求，满足顾客要求并争取超越顾客期望。”

“以顾客为关注的焦点”是质量管理八项原则之首，也是质量管理八项原则的核心和灵魂。这是由于顾客是组织（企业）生存的“上帝”，要使企业在激烈的市场竞争中处于不败之地，就必须使企业的产品和服务达到顾客的满意，求得最佳的经济效益。这是无情市场竞争的关键和“金钥匙”。建立顾客意见反馈机制，并对顾客的满意程度进

行科学的分析，提出产品和服务改进的方向和具体措施，企业经济效益就会不断升级，使企业的运行进入良性循环。

2. 领导作用

“领导者确立组织统一的宗旨及方向。他们应当创造并保持使员工能充分参与实现组织目标的内部环境。”

正确路线决定之后领导就是决定因素。领导在组织中的特殊地位就决定着企业质量管理的目标和方向。从1994年我国实行质量管理体系认证以来的实路经验证明，领导对质量问题的态度和认识水平的高低就决定了质量管理体系认证的业绩成败。领导对“以顾客为关注的焦点”的理解和贯彻程度，对企业质量方针和质量目标的制定起到了不可取代的作用。建立和如何调动员工的积极性，发挥员工主观能动性，营造激励机制，实现创新目标，也离不开“以顾客为关注的焦点”。

3. 全员参与

“各级人员都是组织之本，只有他们的充分参与，才能使他们的才干为组织带来效益。”

企业发展必须坚持“以人为本”的宗旨，企业所有的产品和服务都是全体员工共同劳动的结果。只有人人的作用得到了充分的发挥，价值得到合理的体现，企业才会得到回报。世界上惊天动地的发明和创造是由人来实现的，相反，世界上丧尽天良的坏事也是由“人”制造出来的。所以企业领导要重视对员工的质量意识、职业道德、敬业精神的教育，使他们明确“以顾客为关注的焦点”，形成人人都是质量环节不可缺少的因素，并持续不断的改进产品质量和服务水平，这是企业生存、发展和效益之本。

4. 过程方法

“将活动和相关的资源作为过程进行管理，可以更高效地得到期望的结果。”

所有的工作都是通过一个过程来实现的，通过过程策划和过程控制可以达到增值的目标。产品质量的优劣和服务水平的高低是每一个的过程结果。就农产品加工过程而言，必须对原料选择与采购、加工工艺与设备、产品生产技术与设计、人员资格与技术培训、产品质量检验、包装、贮存、运输以及管理职能等过程进行必要的控制与检查，实现全程质量管理，才能获得预期效果。PDCA是过程方法中最佳的使用方法，每一个过程都可以通过PDCA循环实现过程的持续改进。PDCA的含义：P——策划（Plan），根据产品和服务的需求和组织的质量方针和目标，确定实现目标的必须过程和目标；D——实施（Do），具体实施过程；C——检查（Check），对产品和服务过程的进行监测和检查，通过检查发现问题和分析问题；A——处置（Action），对出现的问题采取纠正措施，以持续改进过程存在的问题，最终取得满意的效果。

5. 管理的系统方法

“将相互关联的过程作为系统加以识别、理解和管理，有助于组织提高实现目标的有效性和效率。”

产品质量和服务水平与过程是紧密相连的，社会化分工是当今社会发展的必然趋势。要得到顾客的满意，采用系统方法进行科学管理对实现组织的方针和目标具有重要的意义。同一个组织采用不同的管理方法，其取得的业绩是显著不同的，尤其是采用系统方法效果最为显著。

6. 持续改进

"持续改进总体业绩应当是组织的一个永恒目标。"

提高产品质量和改进服务水平，增加组织的经济效益和社会效益是一个组织的永恒追求和目标。持续改进的过程就是组织提高产品质量和服务水平的过程，要使市场占有率不断增加，那么，任何组织一刻也不能放松这一永恒追求和目标。质量提高和服务水平的改进永远是员工的工作内容。

7. 基于事实的决策方法

"有效决策是建立在数据和信息分析的基础上。"

决策方法有许多种，但这一原则要求组织采用以事实为依据的决策方法，对防止决策出现失误。基于事实的决策方法原则要求组织的领导与决策层，要收集有关产品和服务的信息和数据，并这些数据和信息进行科学的分析、汇总，为决策提供依据，确保有效决策。

8. 与供方互利的关系

"组织与供方是相互依存的，互利的关系可以增强双方创造价值的能力。"

组织与供方是一种互利合作关系，并以实现"双盈"为目的。因此，处理好双方关系，直接影响到对顾客的产品质量和服务水平。坚持诚信是双方合作的基础，离开了诚信就会出现两败俱伤，这一原则的落脚点是增强双方创造价值的能力。

上述质量管理的八项原则形成了 GB/T 19000 族质量管理体系标准的基础。

（三）质量管理体系十二条基础

1. 质量管理体系的理论说明

质量管理体系的理论说明是十二条的总纲，说明了四个问题。

（1）说明质量管理体系的目的就是要帮助组织增强顾客满意　从这个意义上来说，顾客满意过程可以作为衡量一个质量管理体系有效性的总指标。

（2）说明顾客对组织的重要性　组织依存于顾客，这是八项质量管理原则的第一条已阐明了的。顾客要求组织提供的产品能满足他们需求和期望的特性。在组织的产品实现过程中，需要组织对顾客的需求和期望进行整理、分析、归纳和转换为产品特性，并体现在产品技术标准和技术规范中。对顾客的要求既可采用合同形式作出具体规定，也可采用非合同形式而由组织预测顾客要求后加以确定。

（3）说明顾客对组织持续改进的影响　每个组织也还会面临顾客期望和需求的不断变化的情况、技术不断发展以及同行的竞争压力，这些都将促使组织持续改进其产品、过程，并将进一步提高质量管理体系的有效性。

（4）说明了质量管理体系的重要作用　质量管理体系方法是质量管理原则——“管理的系统方法”在质量管理体系基础中的应用，是建立质量管理体系的系统方法。它包括了建立质量管理体系的逻辑步骤和方法。

质量管理体系还能提供内、外部质量保证，向组织（内部）、顾客以及其他相关方提供信任，使相关方相信组织有能力提供持续满足要求的产品。

质量管理体系方法的意义在于鼓励组织分析顾客要求，规定满足顾客要求的实现过程及相关的支持过程，并使其受控，以实现并提供顾客能接受的产品。

2. 质量管理体系要求与产品要求

GB/T 19000—2000 族标准非常明确地区分了质量管理体系要求和产品要求。任何一个组织在使用质量管理体系标准时，对产品要求也应一并考虑，而不可偏废哪一项要求。标准也明确了两者各自的目的及相互关系。表 7-1 表示了质量管理体系要求和产品要求的差异。

表 7-1　质量管理体系要求与产品要求的主要差异

	质量管理体系要求	产品要求
含义	(1)为建立质量方针和质量目标并实现这些目标的一组相互关联或相互作用的要素，是对质量管理体系固有特性提出的要求 (2)质量管理体系的固有特性是体系满足方针和目标的能力、体系的协调性、自我完善能力、有效性的效果等	(1)对产品的固有特性所提出的要求，有时也包括与产品有关生产过程的要求 (2)产品的固有特性主要是指产品物理的、感官的、行为的、时间的、功能的和人体功效方面的有关要求
目的	(1)证实组织有能力稳定地提供满足顾客和法律法规要求的产品 (2)通过体系有效应用，包括持续改进和预防不合格而增强顾客满意	验收产品并满足顾客
适用范围	通用的要求，适用于各种类型、不同规模和提供不同产品的组织	特定要求，适用于特定产品
表达形式	GB/T 19000—2000 质量管理体系要求标准或其他质量管理体系要求或法律法规要求	技术规范、产品标准、合同、协议、法律法规，有时反映在过程标准中
要求的提出	GB/T 19000—2000 标准	可由顾客规定，可由组织通过预测顾客要求来规定，可由法规规定
相互关系	质量管理体系要求本身不规定产品要求，但它是对产品要求的补充	

ISO 9001：2000 标准是对质量管理体系的要求。这种要求是通用的，适用于各种行业或经济部门的，提供各种类别的产品，包括硬件、软件、服务和流程性材料，各种规模（大型、中型、小型）的组织。但是每个组织为符合质量管理体系标准的要求而采取的措施是不同的。因此，每个组织要根据自己的具体情况建立质量管理体系。

3. 质量管理体系方法

质量管理体系方法是为了帮助组织致力于质量管理，建立一个协调的、有效运行的质量管理体系，从而实现组织的质量方针和目标而提出的一套系统而严谨的逻辑步骤和运作程序。它是将质量管理原则——“管理的系统方法”应用于质量管理体系研究的结果。

(1) 质量管理体系方法可帮助组织建立一个适合组织并能有效运行的质量管理体系，从而可使这种方法：

① 对组织的产品实现过程的能力和产品质量树立信心；

② 为持续改进提供基础；

③ 最终增进顾客和其他相关方满意并使组织成功；

④ 也可帮助组织保持和改进现有的质量管理体系。

(2) 利用质量管理体系方法建立和实施质量管理体系的逻辑步骤：

① 确定顾客和其他相关方的需求；

② 建立组织的质量方针和质量目标；

③ 确定组织的质量方针和质量目标；

④ 确定和提供实现质量目标必须的资源；

⑤ 规定测量每个过程的有效性和效率的方法；

⑥ 应用这些测量方法确定每个过程的有效性和效率；

⑦ 确定防止不合格并消除产生原因的措施；

⑧ 建立和应用持续改进质量管理体系的过程。

质量管理体系方法是“管理的系统方法”原则在质量管理体系中的具体应用，它为质量管理体系标准的制定提供了总体框架。可以看出，以上第 1、2 项是系统分析的工作，其成果是建立质量方针和质量目标。第 3、4、5、7 项是系统工程，即策划和设计的工作，其重点是确定过程、职责、资源、测量方法及纠正措施等，而第 4、6、8 项是具体事实过程的系统管理，包括具体测定现有的或改进后的过程的有效性和效率，提供资源及持续改进体系。

这八个步骤也体现了 PDCA 循环。

4. 过程方法

(1) 过程方法的概念　所谓“过程”，就是“一组将输入转化为输出的相互关联或相互作用的活动”。因此任何使用资源将输入转化为输出的活动或一组活动均可视为一个过程。资源是过程中的活动所必需的条件。通常情况下，一个过程的输出直接成为下一个过程的输入。

所谓“过程方法”就是“系统的识别和管理组织所应用的过程，特别是这些过程之间的相互作用”。这里，首先是识别质量管理体系所需的过程，包括组织的管理活动、资源提供、产品实现和测量有关的过程。并确定过程的顺序和相互作用。其次是要对各过程加以管理，也就是要控制各个过程的要素，包括输入、输出、活动和资源等，这样才能使过程有效。所以过程方法的优点就在于能对诸过程组成的系统中单个过程之间的联系以及过程的组合和相互作用进行连续的控制。它是将质量管理原则——“过程方法”应用于建立资料管理体系的具体方法，由此形成了以过程为基础的质量管理体系模式。

ISO 9000 族标准把以过程为基础的质量管理体系用一个模型图来表示（见图 7-1）。

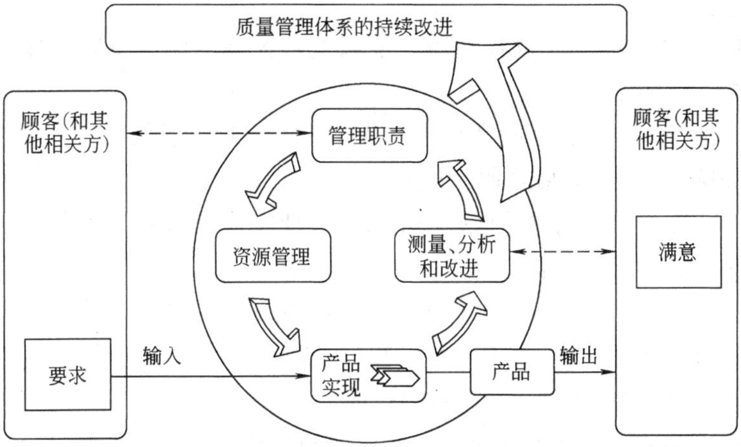

图 7-1 以过程为基础的质量管理体系模式

(2) 过程方法的意义 过程是质量管理活动研究的基本单元。研究过程的基本特征，对于识别质量管理活动的每一个过程具有重要指导意义。研究过程的相互作用，为建立一个有机运行的质量管理体系提供了基础方法和管理思路。正如在质量管理原则——“过程方法”中所阐述的，把活动和相关的资源作为过程进行管理，可以更有效地得到期望的结果。

(3) 过程方法的基本要点

① 系统地识别组织所应用的过程：系统的含义可理解为从组织运作的总体角度来考虑可能涉及的所有过程，要求对每一个过程进行识别。

过程可大可小，一个过程可能再分为多个过程或子过程，这取决于过程应用的目的、过程的性质、识别过程的原则及希望达到的结果。如 GB/T 19001—2000 标准所给出的质量管理体系模式图（见图 7-1）中所确定的四个过程：产品实现过程、资源管理过程、管理活动过程及测量、分析和改进过程。

② 具体识别每一个过程：对每一个过程的识别包括输入、输出和活动的识别，也应包括活动所需资源的识别。例如，来料检验过程的识别。来料检验过程输入为一组待检验的物料，输出应为测试结果，通常以书面报告形式给出。该过程的资源应包括：合格的检验员、检验活动所需的经校准的测量设备以及结果判定所使用的依据文件。过程

的活动是对待检验物料实施测量并判断结果合格与否的以系列有序的活动。

③ 识别和确定过程之间的相互作用：这种相互作用体现在过程之间的联结关系和过程的输出与下一个过程或几个过程的输入的关系。在过程方法中要求予以明确，以利于过程运行的管理。

④ 管理过程与过程的相互作用：管理过程与过程的相互作用是由多方面的活动构成的，如确定过程活动的职责、权限、过程相互作用活动中的沟通等，也包括对过程使用资源的管理。

(4) GB/T 19001—2000 族标准表述的以过程为基础的质量管理体系模式（见图7-1） 其所表达的意义为：

① 识别顾客需求：通过各过程的应用提供产品给顾客可视为一个大过程。在对该过程向组织提供输入方面，顾客起着重要作用。

② 图 7-1 中圆内部分的过程构成一个质量管理体系，GB/T 19001—2000 标准就是按该图的组成提出的控制要求。

③ 基于过程方法，为满足顾客（和其他相关方）的需求提供产品并使其满意的组织活动可能有四个过程构成：产品实现过程，管理活动过程，资源管理过程，测量、分析和改进过程，即图 7-1 中圆内所包括的过程。

④ 这四个过程存在着相互作用。以产品实现过程为主过程，对过程的管理构成管理过程，即管理职责；实现过程所需资源的提供构成资源管理过程；对实现过程的测量、分析和改进构成支持过程。

⑤ 这四个过程分别可以依据实际情况分为更详细的过程。如在图 7-1 中产品实现方框中重叠的三个箭头表明产品实现过程是由一系列过程构成的。

⑥ 监视相关方满意程度需要评价有关相关方感受的信息。这可通过测量、分析和改进过程实现。

⑦ PDCA 方法适合组织的质量管理体系的持续改进，持续改进使质量管理体系螺旋式提升。图 7-1 中已表明这一点。PDCA 方法也适合于每一个过程的持续改进。

⑧ 图 7-1 中实线箭头表示增值活动；虚线表示信息流，且是双向的。

从图 7-1 中可以看出，质量管理体系的四大过程“管理职责”、“资源管理”、“产品实现”和“测量、分析和改进”彼此相连，最后通过体系的持续改进而进入更高的阶段。从水平方向看，顾客（和其他相关方）将对其满意程度的意见反馈给组织的测量、分析和改进过程，作为体系持续改进的一个依据。在新的阶段，“管理职责”过程把新的决策反馈给顾客（及其他相关方），后者可能据此而形成新的要求。利用这个模型图，组织可以明确主要过程，进一步细化展开，并对过程进行连续控制，从而改进体系的有效性。

5. 质量方针和质量目标

（1）质量方针 所谓“质量方针”，就是“由组织的最高管理者正式发布的该组织总的质量宗旨和方向”。质量方针应与组织的总方针相一致。

（2）质量目标 所谓“质量目标”就是指组织“在质量方面所追求的目的”。

（3）质量方针和质量目标的作用

① 指出组织在质量方面的方向和追求的目标，使组织的各项质量活动都能围绕这个方针和目标来进行，让全体员工都来关注它的实施和实现。

② 质量方针指出了组织满足顾客要求的意图和策略，而质量目标则是实现这些意图和策略的具体要求。两者都确定了要想达到的预期结果，使组织利用其资源来实现这些结果。

（4）质量方针和质量目标之间的关系

① 质量方针为建立和评审质量目标提供了框架。质量目标在此框架内确立、展开和细化。

② 质量目标通常依据组织的质量方针制定。质量目标应与质量方针保持一致，不能脱节和偏离。

③ 质量方针还要具体体现组织对持续改进的承诺，质量方针与质量目标应紧密相连，质量目标在持续改进方面与质量方针相一致。

（5）制定质量方针和质量目标的目的和意义 制定质量方针和质量目标为组织提供了关注的焦点。每个组织为其未来的发展，都会制定一个战略规划，这是组织未来发展的方向，也是最高管理者将组织引向何处的决策方向。它将成为组织全体员工的工作准则和价值取向。质量方针给出组织的质量政策方向，质量目标给出了实施的准则。

质量方针和质量目标为组织确定预期的结果，可以帮助组织使用其资源达到这些预期的结果。质量方针和质量目标需要通过建立和运行质量管理体系实施质量管理而实现，质量目标的实现对产品质量、体系运行有效性和财务业绩都有积极的影响。质量目标的实现表明产品的质量达到了预期的结果，也证明了质量管理体系运行有效，因而组织也必将获得经济效益。组织的相关方都会获益，这就必将增强相关方对组织的信任和满意程度。

（6）对质量目标的其他要求

① 质量目标应适当展开。除了有一个总目标外，有关部门和适当层次还应根据总目标确定自己的分目标。

② 质量目标的实现程度应是可测量的。可测量并不意味目标必须定量，有时定性地表示（如提高员工对“以顾客为关注焦点”的认识）也是可以的。

（7）实现质量目标的好处

① 对产品质量、运行有效性、财务业绩（即经济效益）都会产生积极的影响。

② 对相关方的满意也会产生积极的影响。

③ 八项质量管理原则为质量方针和质量目标的制定提供了指南。

6. 最高管理者的作用

(1) 创造一个员工充分参与实现组织目标的环境是最高管理者核心作用的体现　最高管理者应当通过其具有的领导权利，充分发挥领导作用，制定各种合理可行的措施，创造一个员工能充分发挥自身能力、使员工积极参与的内部氛围和环境。这是最高管理者核心作用的体现。

(2) 最高管理者发挥作用体现的要点　一个优秀的领导者应具备管理理念和领导素质。最高管理者应当发挥以下几个方面的作用：

① 确定并保持组织的质量方针和质量目标（体现领导作用原则）。

② 通过增强员工意识、积极性和参与程度，在整个组织内促进质量方针和质量目标的实现（体现全员参与和领导作用原则）。

③ 确保整个组织关注顾客要求（体现以顾客为关注焦点原则）。

④ 确保实施适宜的过程以满足顾客和其他相关方要求并实现质量目标（体现过程方法原则）。

⑤ 确保建立、实施和保持一个有效的质量管理体系以实现质量目标（体现管理的系统方法原则）。

⑥ 确保获得必要的资源（体现领导作用原则）。

⑦ 定期评审质量管理体系（体现持续改进原则）。

⑧ 决定有关质量方针和质量目标的措施（体现基于事实的决策方法原则）。

⑨ 决定改进质量管理体系的措施（体现持续改进原则）。

以上这些方面的作用，在 GB/T 19001—2000 和 GB/T 19004—2000 标准中被充分展开并给出要求或指南。

7. 文件

(1) 文件的概念　文件是“信息及其承载媒体”。媒体可以是纸张、计算机磁盘、光盘或其他电子媒体（如录音带、录像带等）、照片或标准样品或它们的组合。信息是文件的实质内容。

(2) 质量管理体系通常应用的几种类型的文件　文件依据文件中的信息来分类可以分成以下类型：

① 质量手册：即规定组织质量管理体系的文件。它向组织内部和外部提供关于质量管理体系的一致信息。

② 质量计划：即对特定的项目、产品、过程和合同，规定由谁及何时应使用哪些程序和相关资源的文件。质量计划表述了质量管理体系如何应用于特定产品、项目和合同。这里的程序通常包括所涉及的那些质量管理过程和产品实现过程。质量计划通常引用质量手册的部分内容或程序文件。质量计划通常是质量策划的结果之一。

③ 规范：即阐明要求的文件。规范可能与活动有关，这种情况下的规范可能是：程序文件、过程规范和试验规范等。规范也可能与产品有关。这种情况下的规范可能是：产品规范、性能规范和图样等。

④ 指南：即阐明推荐的方法或建议的文件。

⑤ 形成文件的程序：提供如何一致地完成活动或过程的信息的文件。如文件控制程序，也是提供如何一致地完成活动或过程的信息的文件。

⑥ 作业指导书：为某项活动的具体操作提供帮助指导信息的文件。如设备操作说明书，也是提供如何一致地完成活动或过程的信息的文件。

⑦ 表格：规定收集或报告必要信息的要求文件。

⑧ 记录：即阐明所取得的结果或提供所完成活动的证据的文件。如管理评审记录。记录可以为可追溯性提供文件，也可以为验证、预防措施、纠正措施提供证据。记录通常不需要采用控制版本的活动。

除此之外，文件还可能是描述质量方针和质量目标的文件。

（3）文件的价值　文件的价值就是传递信息，沟通意图，统一行动。文件的价值表现为文件的作用和使用文件所产生的效果。文件的价值归纳为以下三个方面：

① 由于文件表达了确定的信息，它能使人们沟通意图、统一行动，所以在质量管理体系中它是一个必需的要素。

② 文件真正的价值在于通过使用文件传递所需要的信息，利用这些信息可以实现并完成下述活动：

a. 满足顾客要求和质量改进；

b. 提供适宜的培训；

c. 重复性和可追溯性（重复性是指由不同的人在不同的时间、不同的地点所给出的结果的一致性）；

d. 提供客观证据；

e. 评价质量管理体系的有效性和持续适宜性。

③ 文件的产生和使用是一个过程，其目的应当是实现增值，所以应当注意文件的使用。

文件固然重要，但编制文件并不是最终目的。要求建立一个形成文件的质量管理体系，并不要求将质量管理体系中所有的过程和活动都形成文件。文件的多少及详略程度取决于活动的复杂性、过程接口的多少、人员技能水平和培训等诸多因素。文件的目的是使质量管理体系的过程得到有效的运作和实施。文件只有在体系中具体应用、实施后，才能产生增值的效果，否则只是一纸空文。

（4）建立质量管理体系的活动中对文件的基本要求

① 应当建立一个形成文件的质量管理体系，而不是一个文件的系统。

② 文件的详略程度：每个组织的文件数量多少、详略程度、使用什么媒体，是同组织的各项条件、运行情况密切相关的。文件的详略程度取决于下列各种因素：

a. 组织的类型和规模；

b. 过程的复杂性和相互作用；

c. 产品的复杂性；

d. 顾客的不同要求；

e. 适用的法规要求；

f. 经证实的人员能力的不同；

g. 需要证实满足质量管理体系要求的程度。

③ 文件使用的媒体：这取决于组织管理方式的现代化程度，即可以使用纸张、也可以使用光盘、磁盘等。

④ 对文件的要求不是形式上的，而是真正能使质量管理体系有效进行。

基于这一概念，GB/T 19001—2000 标准对记录的要求增加了很多，而对强制性的程序文件只要求制定 6 项，对记录的要求却有 21 处。

8. 质量管理体系评价

(1) 质量管理体系过程评价　质量管理体系建立并实施后，可能会发现不完善或不适应环境变化的情况。所以需要对它的适宜性、充分性和有效性进行系统的、定期的评价。评价所涉及的质量管理体系的范围因不同的目的而有所不同。如质量管理体系的初次审核和监督审核的范围就有差异。

质量管理体系评价的活动方式可以有多种，如质量管理体系审核、质量管理体系评审和自我评价。

质量管理体系评价是对构成体系的过程进行评价，然后综合回答对每个被评价的过程所提出的基本问题，当然也包括过程间的相互关联结果的问题，确定评价的结果。

对于每个被评价的过程，通常就以下四个问题进行评价。这也是审核员必须进行的主要内容。

a. 过程是否已被识别和适当规定？

b. 职责是否予以分配？

c. 程序是否被实施和保持？

d. 在实现所要求的结果方面，过程是否有效？

对前两个方面的评价，通常可以通过对表示过程的文件的评价来实现；第三个方面的文件可以通过对过程实际运作或过程完成后所提供证据的评价来完成；而第四个方面的问题可以通过过程输出与规定要求的对比综合评价。对上述四个问题的综合回答可以确定评价的结果。

(2) 质量管理体系审核　所谓审核就是“为获得审核证据并对其进行客观的评价，

以确定满足审核准则的程度所进行的系统的、独立的并形成文件的过程。”质量管理体系审核时，“审核准则”一般指 ISO 9001 标准、质量手册、程序以及使用的法规等。质量管理体系审核用于确定符合质量管理体系要求的程度、满足质量方针和质量目标方面的有效性。审核发现（即审核结果）可用于评定质量管理体系的有效性和组织识别改进的机会。

根据审核实施者和目的的不同，质量管理体系审核可分为第一方审核、第二方审核和第三方审核。第一方审核也称为内部审核，由组织自己或以组织的名义进行；第二方审核由组织的相关方（如顾客）或由其他人员以相关方名义进行；第三方审核由外部独立的组织进行，这类组织提供符合要求的认证或注册。第二方审核与第三方审核通常又称为外部审核。

（3）质量管理体系评审　最高管理者的一项重要任务就是要主持、组织质量管理体系评审，就质量方针和质量目标对质量管理体系的适宜性、充分性、有效性和效率进行定期的（按计划的时间间隔）、有规则的、系统的评价，也称为管理评审。

质量管理体系评审的内容包括考虑修改质量方针和质量目标的需求以响应相关方需求和期望的变化。它还可以包括确定采取措施的需求。管理评审的依据是相关方的需求和期望。

管理评审也是一个过程，有输入和输出。管理评审的输入信息是多方面的（如内部审核报告、顾客需求、产品质量、预防或纠正措施等），总体上应能反映方针和目标的所有方面及其内容。质量管理体系审核报告是管理评审的输入之一。管理评审的输出（即评审结论）应给出质量方针和质量目标实现的效果以及需要采取的措施，同时为进一步改进提供支持，最终为组织和相关方增值。它也是一种第一方的自我评价。

（4）自我评定

① 自我评定方法的概念：当组织为改进业绩、评价组织自身是否需要采取改进措施时可用这种自我评定方法，它是 ISO 9004：2000 标准建议的一项活动。

自我评定是组织参照质量管理体系或优秀模式对组织的活动和结果所进行的全面、系统的评审，也是一种第一方评价。

自我评定的目的是为组织提供以事实为基础的指南，指导组织向何处投入改进资源。

评定的对象是组织的质量管理体系。评价的范围和深度可根据组织的目标和各项活动的重要性予以确定。

评价的依据是质量管理体系准则，如国家和区域质量奖评定标准、ISO 9004：2000 标准或其他适宜的准则。

② ISO 9004：2000 标准给出的自我评定模式简介：ISO 9004：2000 标准给出了一种简单易懂、易于使用、所需的管理资源最少，同时又能为提高组织的质量管理体系业绩提供输入的方法。该方法具有以下特点：

a. 它能用于整个质量管理体系或该体系的一部分或任何过程；

b. 它能用于整个组织或组织的一部分；

c. 它能使内部资源在很短时间内完成评价；

d. 由横向小组完成，或由得到的最高管理者支持的一个人来完成评价；

e. 作为更全面的质量管理体系的自我评定过程的输入；

f. 易于识别改进的优先次序；

g. 能促进质量管理体系向世界业绩水平发展。

在 ISO 9004：2000 标准中给出的自我评定方法是灵活的，该标准给出了两种方式：

一种是个人评价方式，即以个人为基础对整个或部分质量管理体系进行自我评价，然后寻求改进。另一种方式可称为小组评估方法，即由不同职能部门的人组成小组对质量管理体系进行自我评估。然后由小组进行评审和分析，最终由小组和管理者共同确定改进的优先顺序和措施计划。

ISO 9004：2000 标准的自我评定方法的结构是针对 ISO 9004：2000 的每个主条款，将其分为五个等级来评价质量管理体系的完善程度。具体方法在 ISO 9004：2000 标准的附录中有清楚的阐述。

9. 持续改进

(1) 改进和持续改进的概念　改进是指为改善产品的特征及特性和/或提高用于设计、生产和交付产品的过程的有效性和效率所开展的活动。

持续改进是增强满足要求的能力的循环活动。

当改进是渐进的，并且是积极地寻求进一步改进的机会，也就是持续改进。持续改进的对象是质量管理体系。

(2) 持续改进质量管理体系的目的　持续改进质量管理体系的目的是为了提供组织质量管理体系的有效性和效率，实现质量方针和质量目标，增加顾客和其他相关方满意的机会。有效性是完成策划的活动和达到结果的程度；而效率是达到的结果与所使用的资源之间的关系。

(3) 持续改进的基本活动、步骤和方法　这里是将八项质量管理原则中的“持续改进”原则具有应用于质量管理体系理论（即管理的系统方法）而给出的步骤和方法。改进活动是基本的活动，包括：

a. 分析和评价现状，以识别改进的区域；

b. 确定改进目标；

c. 寻找可能的解决办法，以实现这些目标；

d. 评价这些解决办法并作出选择；

e. 实施选定的解决办法；

f. 测量、验证、分析和评价实施结果，以确定这些目标已经实现；

g. 正式采纳更改。

10. 统计技术的作用

统计技术的重要作用在于帮助发现产品或过程有变异或变差，或在有变异或变差的情况下，通过对变异或变差进行测量、描述、分析、解释和建立模型，即使在数据量相对有限的情况下，也可以做到。这种对数据的统计分析能帮助我们更好地理解变异的性质、程度和产生变异的原因，进而帮助组织：

a. 寻求最佳的方法以解决现存问题；

b. 提高解决问题的有效性和组织的工作效率；

c. 利用相关数据进行分析作出决策，预防由变异产生的问题；

d. 持续改进。

可见，统计技术是促进持续改进产品质量和过程及体系的有效性的有力武器。

11. 质量管理体系与其他管理体系的关注点

质量管理体系与其他管理体系的关注点有如下几个方面：

(1) 质量管理体系和其他管理体系，就其各自的目标如何适当地满足相关方的需求、期望和要求。

(2) 质量管理体系和其他管理体系如何共用共有要素，形成一个单一的管理体系。

(3) 这样形成的单一的管理体系的评价。特别是质量管理体系审核活动，依照相应的要求或标准，可以进行合并审核，也可以单独进行审核。

12. 质量管理体系与优秀模式之间的关系

(1) 质量管理的优秀模式是当代有影响的质量管理办法，如美国国家鲍德里奇质量奖、欧洲质量奖、日本戴明质量奖等。

(2) ISO 9000族标准和组织优秀模式提出的质量管理体系方法依据共同的原则，两者均：

① 使组织能识别其强项和弱项；

② 包含对照通用模式进行评价的规定；

③ 为持续改进提供基础；

④ 包含外部承认的规定。

(3) 两者的差异是他们的应用范围不同，质量管理体系要求可用于评价组织满足顾客要求的能力，而优秀模式可以评价组织全部业绩，并为与其他组织业绩比较提供依据。

二、ISO 9000（GB/T 19000）质量管理体系术语与定义

（一）术语的分类

GB/T 19000—2000《质量管理体系 基础和术语》第三章“术语和定义”中，列出

了80条术语，共分为10部分。

第一部分	有关质量的术语	5条
第二部分	有关管理的术语	15条
第三部分	有关组织的术语	7条
第四部分	有关过程和产品的术语	5条
第五部分	有关特性的术语	4条
第六部分	有关合格（符合）的术语	13条
第七部分	有关文件的术语	6条
第八部分	有关检查的术语	7条
第九部分	有关审核的术语	12条
第十部分	有关测量过程质量保证的术语	6条

这些术语适用于GB/T 19000—2000族的所有标准。

（二）术语的概念关系

为了帮助理解不同概念间存在的相互关系，2000版标准提出了术语间存在着三种概念关系。

1. 属种关系

在层次结构中，下层概念具备了上层概念的所有特性，并包含将其区别于上层和同层概念的特性的表述。如“文件”与“质量手册”间，就存在着属种关系，质量手册具备了文件的所有特性，但又区别于其他文件。

2. 从属关系

在层次结构中，下层概念形成了上层概念的组成部分。如“质量控制”概念是“质量管理”概念的部分内容，但并不能完全等同于质量管理。

3. 关联关系

在某一概念体系中，关联关系有助于识别概念体系中一个概念与另一个概念间关系的性质，如原因和结果、活动和场所、工具和功能、材料和产品。

（三）基本术语

1. 质量（quality）

· 定义：一组固有特性满足要求的程度。

· 理解要点：

① 特性是指“可区分的特征”，它分为物理特性、感官特性、行为特性、时间特性、人体工效特性、功能特性。

特性可以是固有的（指某事或某事物中本来就有的）或赋予的（不是某事或事物中本来就有的，而是完成产品后因不同的要求而对产品所增加的特性）。

② 要求是指“明示的、通常隐含的或必须履行的需求和期望”。

2. 产品（product）

· 定义：过程的结果

· 理解要点：过程的结果和活动的输出均可构成产品，产品可分为：服务、软件、硬件和流程材料四种。许多产品都包含有上述四类产品中的两类或以上，究竟属于哪类产品取决于其主导产品。

3. 过程（process）

· 定义：一组将输入转化为输出的相互关联或相互作用的活动。

· 理解要点：

① 从定义上看，过程包含三个要素：输入、输出和活动；资源是过程的必要条件。组织为了增值，通常对过程进行策划，并使其在受控条件下运行。

② 过程和过程之间存在一定的关系，一个过程的输出通常是其他过程的输入，这种关系往往不是一个简单的按顺序排列的结构，而是一个比较复杂的网络结构；一个过程的输出可能成为多个过程的输入，而几个过程的输出也可能成为一个过程的输入。

③ 组织在建立质量管理体系时，必须确定为增值所需的直接过程和支持过程，以及相互之间的关联关系（包括接口、职责和权限），这种关系通常可用流程图来表示；对所确定的过程进行策划和管理。通过对过程的控制和改进，确保质量管理体系的有效性。

4. 程序（procedure）

· 定义：为进行某项活动或过程所规定的途径。

· 理解要点：

当程序形成文件时，通常称为“书面程序”或“形成文件的程序”。含有规定程序（途径）的文件可以通称为“程序文件”。程序文件中通常包括活动的目的和范围；做什么和谁来做，何时、何地和如何做；应使用什么材料、设备和文件；如何对活动进行控制和记录。

5. 质量管理（quality management）

· 定义：在质量方面指挥和控制组织的协调的活动。

· 理解要点：

① 组织的管理和质量管理：任何组织都要从事经营并要承担社会责任，因此，每个组织都要考虑自身的经营目标。为了实现这个目标，组织会对各个方面实行管理，如行政管理、物料管理、人力资源管理、财务管理、生产管理、技术管理和质量管理等。

② 关于质量管理的相互协调的活动包括：

a. 质量策划，致力于制定质量目标并规定必要的运行过程和相关资源以实现质量目标；

b. 质量控制，致力于满足质量要求；

c. 质量保证，致力于提供质量要求会得到满足的信任；

d. 质量改进，致力于增强满足质量要求的能力。

组织可通过建立质量管理体系来实施质量管理。

6. 质量管理体系（quality management system）

·定义：在质量方面指挥和控制组织的管理体系。

·理解要点：

① 体系指的是“相互关联和相互作用的一组要素”。其中的要素指构成体系的基本单元（要素可理解为过程）。

② 管理体系指的是“建立方针和目标并实现这些目标的体系”。管理体系建立首先应针对管理体系的内容建立相应的方针和目标，然后为实现该方针和目标设计一组相互关联或相互作用的要素。一个组织可有若干个管理体系。

③ 质量管理体系是组织若干管理体系中的一个。对质量管理体系而言，首先要建立质量方针和质量目标，然后为实现这些质量目标确定相关的过程、活动和资源以建立一个管理体系，并对该管理体系实行管理。质量管理体系主要在质量方面能帮助组织提供持续满足要求的产品，增进顾客和相关方的满意。

④ 质量管理体系的建立要注意与其他管理体系的整合性，以方便组织的整体管理。

7. 质量策划（quality planning）

·定义：质量管理的一部分，致力于制定质量目标并规定必要的运行过程和相关资源以实现质量目标。

·理解要点：

① 组织的质量目标是在质量方针的基础上建立的。为了实现这一目标，组织的策划会从质量管理体系入手，该质量管理体系会涉及产品实现的直接过程和相应的支持过程。策划的结果会形成管理方面的文件，如质量手册和程序文件。

② 产品质量目标是针对某一具体产品，包括产品的质量特性（固有特性）和产品的支持方面的特性（赋予特性）。为了实现这一产品的质量目标，组织的策划会从产品的实现过程入手，但该产品的实现会涉及产品的实现过程和支持过程，也会涉及现有的质量管理体系文件（包括质量手册和程序文件）的使用。这种策划的结果之一可能会形成质量计划。

8. 质量改进（quality improvement）

·定义：质量管理的一部分，致力于增强满足质量要求的能力。

·理解要点：

① 质量改进的目的在于增强组织满足质量要求的能力，由于要求可以是任何方面的，因此，质量改进的对象会涉及质量管理体系、过程和产品。

② 顾客、相关方以及组织自身部分都会对组织的质量管理体系、过程和产品提出

各自不同的任何方面的要求，如有效性、效率、可追溯性、安全性、先进性、协调性、稳定性、可靠性、准时性、适宜性、充分性等。组织应能识别需改进的关键质量要求，考虑改进所需过程，以增强能力。

③ 改进本身是一项活动，也可理解为是一个过程，因此，对改进的过程也应按过程方法进行管理。在分析现状的基础上，确定改进的目标；针对目标寻找并选择合适的解决方案；实施并评价其结果，以确保目标的实现。

9. 不合格（nonconformity）

· 定义：未满足要求。

· 理解要点：

① 定义中的要求包括明示的、通常隐含的或必须履行的需求和期望。

② 当产品的特性未满足产品的要求时，则构成不合格品。当过程或体系未满足过程的要求或体系的要求时，则构成不合格项。

10. 设计和开发（design and development）

· 定义：将要求转换为产品、过程或体系的规定的特性或规范的一组过程。

· 理解要点：

①“设计”和“开发”有时是同义的，在不同的场合下使用，表达的含义是相同的。“设计”和“开发”有时用来表示整个设计和开发过程的不同阶段。习惯上，开发阶段在设计阶段之前。

② 设计和开发过程的输入是要求，输出是产品、过程或体系的特性或规范。因对象不同，设计和开发的性质也不相同。需要特别引起注意的是，标准中的“设计和开发”指的是产品的设计和开发。

（四）其他概念

1. 质量管理体系的基本概念

供方：提供产品的组织或个人；

顾客：接受产品的组织或个人；

合格：满足要求；

要求：明示的，通常隐含的或必须履行的需求或期望。

2. 术语基本概念

相关方：与组织的业绩或成就有利益关系的个人或团体；

组织：职责、权限和相互关系得到安排的一组人员及设施；

质量控制：质量管理的一部分，致力于满足质量要求；

质量保证：质量管理的一部分，致力于提供质量要求会得到满足的信任；

持续改进：增强满足要求的能力的循环活动；

文件：信息及承载媒体；

质量手册：规定组织质量管理体系的文件；

质量计划：对特定的项目、产品、过程或合同，规定由谁及何时应使用哪些程序和相关资源的文件；

记录：阐明所取得的结果或提供所完成活动的证据的文件；为获得审核证据并对其进行客观的评价，以确定满足审核准则的程度所进行的系统的、独立的并形成文件的过程。

三、ISO 9000（GB/T 19004）质量管理体系业绩改进指南

ISO 9004：2000《质量管理体系　业绩改进指南》是一个用于组织内部质量管理体系业绩改进的标准，以当代质量管理的原则为理论基础反映了质量管理体系的内涵，并通过使用更广泛、更先进的质量管理方法，为组织提供如何实施业绩改进的指南。

该标准不是一个用于组织体系评价的依据，对使用者来说，更具有可选择性和针对性，但标准对质量管理体系所涉及的各种活动如何实施，都给予了全面而细致的指导，其内容超出了 ISO 9001 的范围。

（一）最高管理者的管理职责和活动

最高管理者应通过以下活动，对其建立、实施质量管理体系并持续改进其有效性的承诺提供证据：

（1）向组织传达满足顾客和法律法规要求的重要性；

（2）制定质量方针；

（3）确保质量目标的制定；

（4）进行管理评审；

（5）确保资源的获得。

（二）相关方的需求和期望

组织的成功取决于是否能理解并满足现有及潜在顾客和最终使用者的当前和未来的需求和期望，所以，最高管理者应以顾客为关注焦点，增强顾客满意为目的，确保顾客的要求得到确定并予以满足。

（三）质量方针

最高管理者应确保质量方针：

（1）与组织的宗旨相适应；

（2）包括对满足要求和持续改进质量管理体系的有效性的承诺；

（3）提供制定和评审质量目标的框架；

（4）在组织内得到沟通和理解；

（5）在持续适宜性方面得到评审。

（四）质量目标

最高管理者应确保在组织的相关职能和层次上建立质量目标。质量目标包括满足产品要求所需的内容。质量目标应是可测量的，并与质量方针保持一致。

（五）管理评审

最高管理者应按策划的时间间隔评审质量管理体系，以确保其持续的适宜性、充分性和有效性。评审应包括评价质量管理体系改进的机会和变更的需要，包括质量方针和质量目标，并应保持管理评审的记录。

（六）人员

管理者应当通过人员的参与和支持来提高组织（包括质量管理体系）的有效性和效率。所以基于适当的教育、培训、技能和经验，从事影响产品质量工作的人员应是能够胜任的。

（七）产品实现

产品实现的策划是指组织应策划和开发产品实现所需的过程。产品实现的策划应与质量管理体系其他过程的要求相一致。

在对产品实现进行策划时，组织应确定以下方面的适当内容：

（1）产品的质量目标和要求；

（2）针对产品确定过程、文件和资源的需求；

（3）产品所要求的验证、确认、监视、检验和试验活动，以及产品接收标准；

（4）为实现过程及其产品满足要求提供证据所需的记录。

策划的输出形式应适合于组织的运作方式。

注 1：对应用于特定产品、项目或合同的质量管理体系的过程（包括产品实现活动）和资源作出规定的文件可称之为质量计划。

注 2：组织也可将规范的要求应用于产品实现过程的开发。

（八）与相关方有关的过程

1. 与产品有关的要求的确定

组织应确定：

① 顾客规定的要求，包括对交付及交付后活动的要求；

② 顾客虽然没有明示，但规定的用途和已知的预期用途所必须的要求；

③ 与产品有关的法律法规要求；

④ 组织确定的任何附加要求。

2. 与产品有关的要求的评审

组织应评审与产品有关的要求。评审应在组织向顾客作出提供产品的承诺之前进行（如提交标书、接受合同或订单的更改），并应确保：

① 产品要求得到规定；

② 与以前表述不一致的合同或订单的要求予以解决；

③ 组织有能力满足规定的要求。

评审结果及评审所引起的措施的记录应予保持。

若顾客提出的要求没有形成文件，组织在接受顾客要求前应对顾客要求进行确认。

若产品要求发生变更，组织应确保相关文件得到修改，并确保相关人员知道已变更的要求。

注：在某种情况下，如网上销售，对每一个订单进行正式的评审可能是不实际的，而代之有关的产品信息，如对产品目录、产品广告内容进行评审。

3. 顾客沟通

组织应对以下有关方面确定并实施与顾客沟通的有效安排：

① 产品信息；

② 问询、合同或订单的处理，包括对其修改；

③ 顾客反馈，包括顾客抱怨。

（九）设计和开发

组织应对产品的设计和开发进行策划和控制。在进行设计和开发策划时，组织应确定：

① 设计和开发阶段；

② 适合于每个设计和开发阶段的评审、验证和确认活动；

③ 设计和开发的职责、权限。

组织应对参与设计和开发的不同小组之间的接口进行管理，以确保有效的沟通，并明确职责分工。随设计和开发的进展，在适当时，策划的输出应予更新。

（十）采购

1. 采购过程

组织应确保采购的产品符合规定的采购要求。对供方及采购的产品控制的类型和程度应取决于采购的产品对随后的产品实现及最终产品的影响。

组织应根据供方按组织的要求提供产品的能力评价和选择供方。应制定选择、评价和重新评价的准则。评价的结果及评价所引起的任何必要措施的记录应予保持。

2. 采购信息

采购信息应表述拟采购的产品，适当时包括：

① 产品、程序、过程和设备的批准要求；

② 人员资格的要求；

③ 质量管理体系的要求。

在与供方沟通前，组织应确保所规定的采购要求是充分与适宜的。

3. 采购产品的验证

组织应确保并实施检验或其他必要的活动，以确保采购的产品满足规定的采购要求。

当组织或其顾客拟在供方的现场实施验证时，组织应在采购信息中对拟验证的安排和产品放行的方法作出规定。

（十一）生产和服务的运作

1. 生产和服务提供的控制

组织应策划并在受控条件下进行生产和提供服务。适当时，受控条件应包括：

① 获得表述产品特性的信息；

② 必要时，获得作业指导书；

③ 使用适宜的设备；

④ 获得和使用监视和测量装置；

⑤ 实施监视和测量；

⑥ 放行、交付和交付后活动的实施。

2. 生产和服务提供过程的确认

当生产和服务提供过程的输出不能由后续的监视和测量加以验证时，组织应对任何这样的过程实施确认。这包括仅在产品使用或服务已交付之后问题才显现的过程。

确认应证实这些过程实现所策划的结果的能力、组织应对这些过程作出安排，适当时包括：

① 为过程的评审和批准所规定的准则；

② 设备的认可和人员资格的鉴定；

③ 使用特定的方法和程序；

④ 记录的要求；

⑤ 再确认。

（十二）测量、分析和改进

组织应策划并实施以下方面所需的监视、测量、分析和改进过程：

① 证实产品的符合性；

② 确保质量管理体系的符合性；

③ 持续改进质量管理体系的有效性。

这应包括对统计技术的适用方法及其应用程度的确定。

（十三）体系业绩的测量和监视

作为对质量管理体系业绩的一种测量，组织应对顾客有关组织是否已满足其要求的感受的信息进行监视，并确定获取和利用这些信息的方法。

（十四）过程的测量和监视

组织应采用适宜的方法对质量管理体系过程进行监视，并在适当时进行测量。这些方法应证实过程实现所策划的结果的能力。当未能达到所策划的结果时，应采取适当的纠正和纠正措施，以确保产品的符合性。

（十五）产品的测量和监视

组织应对产品的特性进行监视和测量，以验证产品要求已得到满足。这种监视和测量应依据所策划的安排，在产品实现过程的适当阶段进行。

应保持符合接收准则的证据。记录应指明有权放行产品的人员。

除非得到有关授权人员的批准，使用时得到顾客的批准，否则在策划的安排已圆满完成之前，不应放行产品和交付服务。

（十六）改进

组织应利用质量方针、质量目标、审核结果、数据分析、纠正和预防措施以及管理评审，持续改进质量管理体系的有效性。

第二节 ISO 9000（GB/T 19001）质量管理体系文件的要求与编写方法

一、ISO 9000（GB/T 19001）标准的文件要求

（一）体系文件结构

2000 新版 ISO 9000 标准规定的体系文件类型包括：质量手册、质量计划、程序文件及质量记录。并指出：质量手册是“用于向组织内部和外部提供关于质量管理体系的一致信息的文件”；质量计划是“表述质量管理体系如何用于特定产品、项目或合同的文件”；程序文件是“提供如何完成活动的一致信息的文件”；质量记录是“对所完成的活动或达到的结果提供客观证据的文件”。显然，由于每个组织的类型和规模、过程和产品的复杂程序、顾客和法规要求以及人员能力和素质的不同，上述体系文件具体的形式、详略程度和所用的载体也有不同。因此，组织应根据标准通用要求，结合本组织的实际情况，建立适宜的文件化质量管理体系。

（二）质量手册

由于新版标准构成模式的变化，组织的质量手册至少应明确如下内容。

1. 范围

应明确质量管理体系覆盖的范围，包括按标准规定的裁减原则，结合组织具体情况，明确裁减的内容；手册引用标准、术语和定义以及质量手册的控制等。

2. 重点内容

手册的重点内容要按标准规定的模式和序号，即“5 管理职责”、“6 资源管理”、“7 产品实现”、“8 测量、分析和改进”四大模式中所述的内容落实，并应有相应的程序文件予以支持和展开。

（1）管理职责　应突出最高管理者在质量管理体系的建立、保持、有效和高效运行以及持续改进中的领导、承诺和参与作用。

质量方针的确定应与组织总体经营目标相一致。新标准提出的八项质量管理原则是制定质量方针的理论基础，质量方针应是组织在质量方面的宗旨，并为质量目标的制定提供框架。具体表述应概括精炼，易于理解和沟通，在满足要求方面具有持续改进机会。

质量目标应与质量方针保持一致。质量目标应包括产品要求（特性）并在相关的职能和各个层次上可分解和可评价，以有助于“全员的参与和对质量的承诺”。

各部门、各层次的相互关系和承诺应通过职责和权限加以规定。从这个意义上讲，过程网实际上也是职责网，要条理清楚，注意不要将部门领导职责和部门的职能混为一谈。

（2）资源管理　2000 版标准注意界定了人员、经常设施和工作环境，并突出了人力资源的控制，以保证员工有能力承担质量管理体系所规定的职责。这种能力是通过教育、培训、技术和经历形成体现的。手册应明确各种质量活动对人员的能力要求，以及为满足不同能力需求应进行的教育和培训，并提出评价所提供培训有效性的标准和方法。

（3）产品实现　新标准强调通过证明产品符合规定要求而取得信任。显然，规定要求包括“顾客规定的产品要求和顾客未作规定，但预期或规定用途所必要的产品要求以及法律、法规的要求”。实现和评审规定要求是产品实现的核心，“产品实现”是新标准规定唯一可以进行裁减的内容。

（4）测量、分析和改进　对质量运作的有效性和效率进行系统的测量、分析和改进是新标准对 1994 版的一个重要补充和完善。它首先要求进行策划。策划的内容包括测量和监督活动的内容、方法（包括统计技术）和途径等。测量和监控的途径和方法有顾客满意与不满意的测定、内审、过程和产品测量和监控不合格项控制等。新标准特别强调通过“质量方针、目标、审核结果、数据分析、纠正和预防措施以及管理评审等综合的运用”，建立组织质量管理体系的持续改进机制。

在测量和评定质量管理体系时，对每个过程应评价 4 个基本问题：职责评定、体系审核、管理评审和组织自我评价。纵观新标准所示的“4 大模块”的结构，都以 PDCA 闭环原理为指导，每个模块内容具有内在的逻辑性。

（三）程序文件

新版标准要求建立程序文件从 1994 版的 20 个减为 6 个，新的标准要求建立的程序文件如表 7-2。

程序文件数量减少，为组织留下很大的活动空间，有利于不同类型、规模的组织，特别对小型、非制造业组织针对具体情况贯彻标准要求。从程序文件所要求的内容上看，

表 7-2 新标准要求建立的程序文件表

序号	1	2	3	4	5	6
在标准中条款号	4.2.3	4.2.4	8.2.2	8.3	8.5.2	8.5.3
程序文件名称	文件控制程序	质量记录程序	内部审核程序	不合格控制程序	纠正措施控制程序	预防措施控制程序

集中于“文件控制（2个）”及“测量、分析和改进（4个）”两类之中，体现了标准修订的通用思想。文件控制程序与1994版4.5要素要求基本相同，核心在于确保各个场所都使用有效文件，使质量管理体系有效和高效地运行。此外，对外来文件（标准、法规等）强调识别和控制分发。显然，组织所应编制的程序文件不止上述6个，凡是1994版中行之有效的程序文件都应继续保留，问题在于应整合于新版手册之中，使之成为完整的体系。

（四）质量记录

新标准所规定的质量记录对1994版的19项有所调整。组织实际建立的质量记录，因组织不同，数量和内容不会限于上述要求。组织应在1994版标准的基础上，结合新标准的要求，保存足够的质量记录，以便证实符合要求验证质量体系有效运行，也为保持、改进质量管理体系提供信息。要通过编制质量记录控制程序，控制质量记录的标识、贮存、检索、保护、确保有效期限和处置。

二、ISO 9000（GB/T 19001）质量管理体系文件的要求

新标准中4.2条规定质量管理体系文件至少应包括：本国际标准要求的形成文件的程序以及组织为确保其过程有效运作和控制所要求的文件等。新标准进一步说明，质量管理体系文件的范围应取决于以下情况：组织的规模和类型；诸过程的复杂性和相互作用；人员的能力。组织在确定其自身的质量管理体系文件时，应注意以下方面。

（1）2000新版标准特别强调，在确定质量管理体系文件的范围时，应结合本组织的实际情况。例如：组织的规模大小、产品类型（包括4种通用产品类）、产品实现过程的复杂性和关联性、人员能力等因素。因此，新标准对质量管理体系文件的要求有适当的灵活性。总之，组织所建立的质量管理体系文件，应满足标准的要求，又适合自身的需要。

（2）新标准规定的“适用于不同类型企业的程序文件”共有6个（见表7-2）。

对以上6个程序，任何组织均应建立并满足标准的规定要求，属于通用型的。

（3）新标准规定的“组织为确保其过程有效运作和控制所要求的文件”指标准第7章“产品实现”所需要的文件，由组织根据标准规定要求和自身的实际情况进行策划并作出具体规定。

（4）在新标准中，凡使用“规定”、“形成文件”、“建立”之类的词（原文为 define，documented，establish），组织均应进行严格的控制，现摘录如下：

——质量方针（5.3）；

——质量目标（5.4.1）；

——质量策划（5.4.2）；

——职责和权限（5.5.1）；

——质量手册（4.2.2）；

——产品实现过程的策划，包括需要建立的过程和文件（7.1）；

——产品要求（7.2.1）；

——设计和开发计划（7.3.1）；

——设计和开发输入（7.3.2）；

——设计和开发输出（7.3.3）；

——设计和开发更改（7.3.7）；

——供方的选择和评价（7.4.1）；

——作业指导书（7.5.1）；

——产品放行和交付（7.5.1）；

——特殊过程的确认（7.5.2）；

——校准周期（7.6）；

——测量和监控活动，包括适用的方法和统计技术应用（8.1，8.4）。

三、ISO 9000（GB/T 19001）质量管理体系文件的编写方法

（一）编写质量管理体系文件的基本要求

1. 系统性

（1）各层次文件应分布合理；

（2）从整体考虑，对其质量体系中采用的全部要素、要求和规定，有系统、有条理地制定成各项方针和程序；

（3）所有的文件应按规定的方法编辑成册。

2. 协调性

（1）质量管理体系文件的所有规定应与公司的其他管理规定相协调；

（2）质量管理体系文件之间应相互协调、相互印证；

（3）质量管理体系文件应与有关技术标准、规范相互协调；

（4）处理好文件之间的各种接口，避免不协调和职责不清。

3. 唯一性

（1）对一个组织，其质量管理体系文件是唯一的；

（2）在组织内，对质量管理体系文件的理解是唯一的；

（3）对同一活动，决不允许相互矛盾的不同文件同时使用；

（4）不同组织的文件可具有不同的风格。

4. 适用性

（1）遵循“最简单、最易懂”原则编写各类文件；

（2）所有文件的规定都应保证在实际工作中完全做到，做不到就不要写进文件；

（3）编写文件都应从组织的实际出发，符合组织的实际情况，不提过高的或达不到的要求，也不追求过分的完善；

（4）一旦发现文件不适合实际情况，应立即按规定程序进行修改，以保持其适用性。

5. 证实性

（1）过程被识别和确定；

（2）过程被批准；

（3）过程更改处于控制中。

（二）质量管理体系文件的编写方法

1. 质量管理体系文件编写程序

质量管理体系文件编写程序如图 7-2 所示。

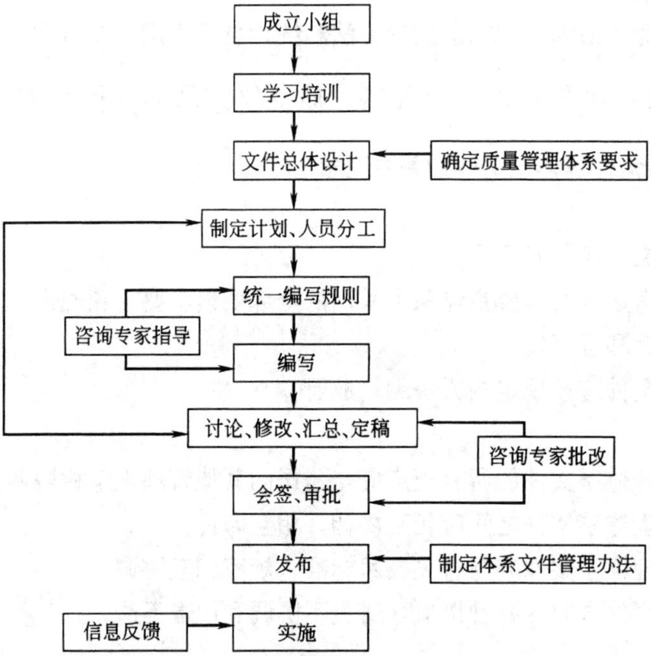

图 7-2 质量管理体系文件编写程序

(1) 落实编写人员 成立编写组，最高管理层有效介入，能代表有关部门的有管理经验的管理者代表协助，进行质量管理体系文件的决策、协调和审定工作；经过培训的编写组成员参与，负责文件的具体编写工作。

(2) 培训 培训对象包括领导班子成员和编写组成员；培训内容包括 GB/T 9000 系列标准基本知识和编写内容及其编写方法。

(3) 制定质量管理体系文件编写计划 规定文件的分类、编号、格式、编写要求、体例后，根据确定的质量文件目录，分别确定具体的编写人员、完成期限，使编写工作有序地进行。

(4) 规定质量管理体系文件格式要求及内容要点 对文件的草案进行编辑加工，使其简繁得当、系统协调；规定明确、便于理解；用词确切、术语统一；编号统一、格式统一。

(5) 评审 征求咨询中心的意见，对编辑加工后的初稿进行评审，对文件进行批改，与编写小组成员讨论。

(6) 试运行 评审后的文件要进行试运行，目的是在实际的运行中发现文件的缺陷，以便再进行修改和补充。

(7) 批准发布 由授权人正式批准、发布实施。

质量手册必须由最高管理者批准发布，程序文件一般由管理者代表批准发布，其他文件则根据内容由相关的管理者发布。质量管理体系文件一经发布，在组织内部具有法规性，必须贯彻执行，对外体现组织对顾客的承诺。

2. 文件的编写方法

(1) 自上而下依次展开的编写方法 即按质量方针、质量手册、程序文件、作业程序（规范）、记录的顺序编写。这种方法有利于上一层次文件与下一层次的衔接，但对文件编写人员，特别是手册编写人员的 ISO 9000 族国际标准知识和企业业务工作熟悉程度要求较高，编写文件所需的时间较长，而且常常需要反复修改。

(2) 自下而上的编写方法 即按基础性文件、程序文件、质量手册的顺序编写。这种方法适用于原管理基础较好的企业。但用此方法必须事先对文件总体方案进行设计，否则容易出现混乱。

(3) 从程序文件开始，向两边开展的编写方法 即先编写程序文件，再进行质量手册和基础性文件的编写。这种方法实质上是从分析活动、确定活动开始。即在质量管理体系分析后，列出体系文件总表，先编程序文件，再完善质量手册和其他文件。

(4) 按内容分段、汇总的编写方法 即先将企业的质量活动，按标准要求分成几段（块），每一个内容段（块）由一个人（小组）负责。包括质量手册、程序文件、操作文件、必要的记录，均由一人设计、编制。这种方法实际是由上述第三种方法引申而来，其优点是各层文件内容统一、层次分明，在纵向方面不会产生矛盾，便于总纂，也能缩短编写时间。

以上介绍的几种编写方法，应根据企业的实际情况采用。

3. 文件编制应注意的事项

(1) 标准、手册、程序一致　质量手册应符合所选择的质量管理体系标准条款，程序文件应贯彻手册中的条款，并加以细化。

(2) 紧密结合企业的实际　写文件不宜追求先进，要根据本企业的实际情况，注意总结过去实践中的经验。写进文件的内容都应经得起实践考验。

(3) 简便易行　按照“说到的一定要做到”的原则，在基本满足标准要求的前提下，应特别注意企业的实际情况，凡是目前或在今后相当一段时间内做不到的，不应提前写进文件。写进文件的要求，在操作设计上，也应在基本满足标准的前提下，尽可能做到简便易行。

(4) 用词确切，注意分寸　体系文件的用词造句应通俗易懂，结构应科学严谨，避免因表达不清而造成误解。要注意“必须”、“应该”、“可以”、“适宜时可”和“不宜”、“不得”等词在制约程度上的差别，而有分寸地使用。

(5) 不操之过急　在实际编写过程中，应多讨论，多听意见，反复修改、补充、完善。要特别注意质量手册、程序文件、操作文件（作业指导书）及记录的前后一致性，衔接好上下的接口。同时要按照文件编写原则（标准、内容格式）和编写计划，保证按进度安排进行。

(6) 严格审查会签　在文件正式定稿批准发布之前，一定要经过各相关业务和管理职能部门会签。这一方面是由各有关方面再一次对文件的适用性和可行性进行审查，另一方面，通过会签表明：

——对文件的规定各有关方面都已认可；

——各有关方面都能保证按文件规定执行。

所以，文件的签发一定要经过各有关方面和领导的认真讨论和审查。

第三节　质量管理体系文件的构成与示例

一个企业的质量管理就是通过对企业内各种过程进行管理来实现的，因而就需要明确对过程管理的要求、管理的人员、管理人员的职责、实施管理的方法以及实施管理所需要的资源，把这些用文件形式表述出来，就形成了该企业的质量体系文件。

质量管理体系文件是描述质量管理体系的一整套文件，是按 ISO 9000 国际标准建立质量管理的基本原则，它表述质量管理体系结构，规定质量管理体系运行的准则和提供质量管理体系运行的见证。编制和完善质量管理体系文件是建立和完善质量管理体系的首要任务。

一、质量管理体系文件的构成

标准要求各组织统一质量管理体系文件结构，组织在建立质量管理体系时，首先要确定质量管理体系文件的结构。由于各组织的性质不同，所提供的产品（服务）千差万别，质量管理体系文件的数量和结构也存在一定的差异。

（一）质量管理体系文件的类型

在质量管理体系中，使用的文件类型有：

（1）质量手册——向组织内部和外部提供关于质量管理体系的一致信息的文件；

（2）质量计划——表述质量管理体系如何应用于特定产品、项目或合同的文件；

（3）规范——阐明要求的文件；

（4）指南——阐明推荐的方法或建议的文件；

（5）程序、作业指导书和图样——提供如何一致地完成活动和过程的信息的文件；

（6）记录——为完成的活动或达到的结果提供客观证据的文件。

（二）质量管理体系文件的构成

1. 质量管理体系文件的层次

常用的质量管理体系文件包括三个层次，见图 7-3。

第一层：质量手册——对质量管理体系作出原则和总体的描述；

第二层：质量管理体系程序文件——对由谁做、做什么、什么时候执行作出原则的规定；

第三层：其他质量文件——包括作业指导书（对如何完成项目或活动作出详细的描述，包括管理性文件和技术性文件）和其他支持性文件（如报告、表格等）。

为了使质量体系有效运行，要设计一些实用的表格和给出活动结果的报告，这些表格在使用之后连同报告，就形成了质量记录，作为质量体系运行的证据，也归在第三层次文件中。

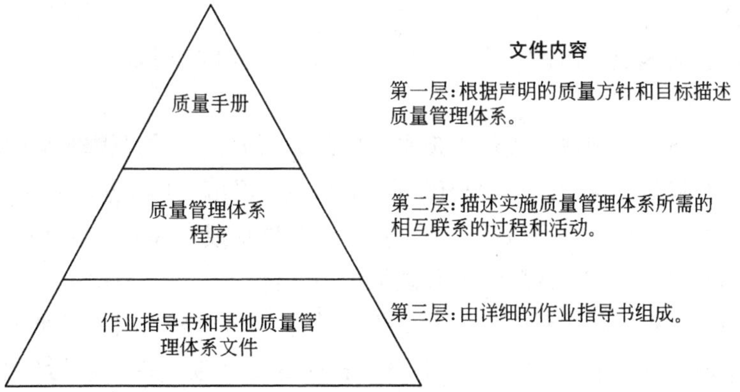

图 7-3 质量管理体系的层次

2. 质量管理体系文件的构成

不同组织的质量管理体系文件可以各不相同。其详略程度和使用的媒体，取决于该组织的规模和活动的类型、过程的复杂程度和相互作用、适用的法规要求、经证实的人员能力以及满足质量管理体系要求所需证实的程度等。因此，企业可以从自己的实际情况出发，对质量管理体系文件的结构根据需要来安排各层文件。

在 ISO 9001：2000 中 4.2.1 条明确规定：不同组织的质量管理体系文件的多少与详略程度取决于：

a. 组织的规模和活动的类型；

b. 过程及其相互作用的复杂程度；

c. 人员的能力。

质量管理体系文件的编写，应当从组织的实际出发，使其适应组织的需要。能够简化的就应尽量简化，能够略写的就不要详写，编写文件不是目的，而是为了指导工作。

(1) 质量手册　质量手册是规定组织质量管理体系的文件，供各级管理者使用。

它是企业质量管理体系中的一个纲领性文件，向组织内部和外部提供关于质量管理体系的基本信息，它阐明企业的质量方针；规定企业质量管理体系的基本结构；用以对组织的质量管理体系作出纲领性和概括性的描述，包含或引用质量管理体系程序，是证明或描述质量管理体系的主要文件和企业内部实施质量管理的基本法规；是质量战略的体现，是实施控制的基础。主要供企业中高层管理人员和客户使用，是企业最高层次的质量管理体系文件。

(2) 质量管理体系程序　质量管理体系程序是实行质量管理标准化的重要手段。有的习惯称作管理标准、工作标准、规章制度、办法、细则、规定等。主要供企业各部门使用，必须具有可操作性和可核查性。

质量管理体系程序，是描述质量管理标准规定的质量管理体系过程和要素所要求的质量活动如何开展的文件，它应有力地支持质量手册的各项内容。

形成文件的程序通常应规定开展某项或实施某一过程的目的和范围，包括做什么和谁来做，何时、何地及如何做，应使用什么材料、设备和文件以及如何对活动进行控制和记录等。

程序文件是质量管理体系文件中最重要的组成部分，是质量管理体系结构中组织结构、质量职责和权限、资源、工程程序等方面高效、经济、协调运行的方法保证。

程序可以形成文件，也可以不形成文件。当程序形成文件时，通常称之为书面程序或形成文件的程序，含有程序的文件称之为程序文件。

质量管理体系程序在质量管理体系文件结构中，处于第二层，起承上启下的作用。对上是质量手册的展开和具体化，对下引出相应的支持性文件，包括作业指导书、记录、表格等。

（3）其他质量文件　其他质量文件是指那些详细的作业文件。在质量管理体系文件中处于第三层，是质量管理体系程序的进一步展开和细化。如作业指导书、报告、表格等，对与质量有关的各项活动规定了具体的技术要求和实施细节，主要供企业各工种岗位和个人使用，是质量管理体系运行的基础性文件。

① 作业指导书：作业指导书是用以指导某个具体过程、事物形成的技术性细节描述的可操作性文件，比如工艺规程、操作规程、作业标准、操作手册、服务规范等。作业指导书应简单、实用，真正起到指导的作用。

程序中的作业指导书是程序的支持性文件，它更详细地规定某些质量活动的具体管理活动应怎样开展，是针对某项具体的活动和过程，规定具体要求或具体执行步骤和方法的文件，它提供了如何一致地完成活动和过程的信息，可包括与活动有关的过程规范、试验规范和产品规范。

作业指导书供具体业务的管理人员和操作人员使用。

② 质量计划（quality plan）：质量计划是对某一个特定情况应用的质量管理体系要素和资源作出规定的文件，也是针对某产品、项目或合同，规定专门质量措施、资源和活动顺序的文件。对某产品、项目或合同进行总体质量策划活动，其结果是形成质量计划。质量计划既对质量管理体系全局的过程和要素进行描述，也对具体过程中需控制的过程要素进行描述。一个工程项目或特定合同的基本实施依据是质量计划，因为质量计划是针对产品、项目或合同的质量管理大纲，可将其视为在特定范围内的质量手册和程序。应当注意，对于某一要素控制活动的计划，需要加上必要的限定词，如设计开发质量计划、过程控制质量计划、检验质量计划等，而不宜统称为质量计划。

③ 质量文件（quality file）：除具体质量活动的作业文件外，质量文件还包括各种质量报告，如：检验部门的质量日报、月报、季报；用户服务管理部门的用户反馈信息日报、月报、季报；其他专项报告等。

④ 记录表式（Record form）：质量记录是阐明所取得的成果或提供所完成的活动的证据的文件。质量记录是在处理事务中形成的，不是编写的。质量记录的设计，是指质量记录所需表格的设计。

质量记录的表（格）式（样）规定在质量记录中应该填写什么内容。记录属于质量管理体系文件，一般可作为程序文件或作业文件的附录。

在质量管理体系运行中，将质量活动的实际情况填写到质量记录表格中之后，就构成质量记录，就属于质量记录的管理范畴了。

质量管理体系文件纳入企业标准化体系，因此，质量管理体系文件的编写应符合标准化的原理和方法。

（三）质量管理体系文件的特性

1. 法规性

质量管理体系文件是组织管理质量的法规，是严肃的指令性文件，这体现在：要经过一定的程序，由相关的管理者正式审核、批准、发布；文件一旦批准实施，必须认真执行，不允许任何人员违反；文件若修改，必须按规定的程序进行；文件作为评价实际运行的依据。

2. 唯一性

对一个组织，其质量管理体系文件是唯一的；通过清楚、准确、全面、简单扼要的表达方式，实现唯一的理解；决不许对同一事项的相互矛盾的不同的文件同时使用。因此，对质量管理体系进行描述的质量管理体系文件也应该是唯一的。

3. 适用性

遵循最简单、最易懂原则编写各类文件；所有文件的规定都应保证在实际工作中能完全做到；编写任何文件都应依据标准的要求和企业的现实；发现了文件的不适合情况，应立即按规定程序修改。

4. 系统性

质量管理体系文件应覆盖 ISO 9001 标准的全部要素，有条理地形成文件系统；质量管理体系文件各层次之间应相互协调、互相印证，不同层次体现不同特点；质量管理体系文件的所有规定应与公司的其他管理规定相协调，与有关技术标准、规范相互协调；处理好各种接口，避免不协调或职责不清。

（四）质量管理体系文件的作用

编制和使用质量管理体系文件是具有高增值的活动。只要质量管理体系文件编制适宜并认真实施，便能有效地控制产品和服务的质量，提高工作效率，减少质量损失，使企业既能获得可观的经济效益，又能获得信誉的提高。

1. 满足顾客要求

在现代组织里，质量体系文件对生产经营活动进行规范指导才能使产品质量得以实现。组织规模越大，越要求员工思想统一、步调一致，也就越需要文件。文件的复杂程度是与组织的规模与产品的复杂程度成正比的。

2. 满足质量改进

质量管理体系文件对质量改进起着重要的保障作用，它有助于：

（1）发现目标　将质量管理体系运行中某个过程和某项质量活动的实施情况与质量管理体系文件的要求相对照，较易发现问题，寻求改进机会，从而获得需要改进的目标。

（2）评价结果　对于质量改进措施的有效性和可靠性，可以对照体系文件规定的要求和预期目标，按其能否实现来评定。

（3）巩固绩效　对验证有效的质量改进措施，通过质量管理体系文件的更改可将其固定下来，从而保障了改进措施的持续有效。

3. 提供客观证据

在现代社会，组织面临日臻完善并日趋严厉的法制环境，组织的任何主张必须要有客观的证据，这不仅对外需要，也是对内的需要。

4. 提供适宜的培训

质量管理体系的各项质量活动都需要具有相应素质的人来完成。质量管理体系文件的实施的协调性和绩效，取决于人的技能。为保证人员的素质，就需要根据质量管理体系文件的要求，来安排相应的培训。文件本身就是重要的培训教材，文件要求的程度与经培训可能达到的人的技能要相适应，从这个意义上说，质量管理体系文件的水平决定了培训应达到的水准。

5. 评价质量管理体系的有效性

GB/T 19000—2000 标准中对有效性的定义：完成策划的活动和达到策划结果的程度。质量管理体系的有效性是指所建立的质量管理体系运行结果实现预定目标的程度，有效性至少应体现以下几个方面：

(1) 实现本组织的质量方针和质量目标的程度；

(2) 产品质量持续稳定符合要求并有所提高；

(3) 不断提高组织的顾客和其他相关方满意程度；

(4) 持续的质量改进机制已经形成。

一个组织不仅应积极开展内部质量体系审核，还应根据自身的具体情况开展产品和关键过程的质量审核。通过分析每月进行的产品质量审核和过程质量审核积累的数据，可验证产品质量和过程质量波动情况以及质量管理体系是否得到有效实施。

管理评审的目的是确保质量管理体系持续的适宜性、充分性和有效性，是具有重要意义的质量管理工作。做好管理评审将促进组织的产品质量不断改进，业绩不断提高，质量管理体系不断完善，组织的最高管理者应对做好管理评审给予足够的重视。做好管理评审应重点抓好以下几点：

(1) 评价内部质量体系审核报告，重点是纠正措施结果的有效性，以及需要管理层研究解决的问题和对薄弱环节采取的措施；

(2) 评价对顾客抱怨的处理结果，研究防止今后再发生的措施；评价顾客满意度的变化趋势；

(3) 评价产品和过程质量的分析结果，提出进一步提高质量（解决潜在的质量问题）的方向、目标和要求；

(4) 评价质量方针和质量目标的完成情况，对完成较差的项目研究解决措施；必要时，修订质量方针；

(5) 评价组织结构和资源是否适应当前发展的需要。

通过内部审核和管理评审等来实现对企业质量管理体系的有效性评价。

6. 确保了重复性和可追溯性。

组织的生产或工作，绝大多数具有重复性，这种重复性是确保质量处在同一个水平的前提。由于文件记录在案，要进行追溯也有了依据。

ISO 9001 标准强调评价，不仅规定了第三方评价，而且规定了自我评价。在评价中，文件的作用包括两方面，评价的标准和评价的客观证据。

质量管理体系文件可作为组织质量管理体系有效运行及其保持性的客观证据，向客户、向第三方证实组织质量管理体系的运行情况。

二、质量手册的编写示例

（一）质量手册的定义

GB/T 6583—ISO 8402：1994《质量管理和质量保证——术语》将质量手册定义为：阐明一个组织的质量方针并描述其质量体系的文件。质量手册可以涉及一个组织的全部活动或所选择的部分活动。例如，可根据产品或服务、过程、合同要求、政府法规或组织自身的性质确定具体要求。

（二）编制质量手册的性质、目的和作用

1. 性质

（1）指令性　质量手册既然是企业各项质量活动的准则和法规性文件，那么，其所规定的质量管理体系的组织、职责、业务活动、工作程序、记录等企业各部门都必须严格贯彻执行，不得违背。

（2）系统性　质量手册是按照 ISO 9000 标准的要求，对本企业的质量管理体系进行系统、完整、概要的描述。因此，它的内容全面、结构严密，是较为系统、完整的文件。

（3）先进性　质量手册采用了国际上较为先进的质量管理体系标准、科学规范的管理和控制方法，可以不断提高产品质量、服务质量及企业的管理水平。

（4）可操作性　质量手册把 ISO 9000 标准的质量管理体系要求，与本企业的实际情况有机地结合起来，保证了本企业的各项质量活动较为切实可行，易于操作，并通过企业全体员工的共同努力，实现本企业所规定的质量方针、目标。

（5）可检查性　质量手册所规定的各项准则都有较为明确的要求，而且大事都有记录，因此，对推行 ISO 9000 标准的企业，各项质量活动均在企业最高管理者或管理者代表的监控之下，随时可以进行检查。

2. 编写质量手册的目的

（1）贯彻组织的质量方针、目标、程序和要求；

（2）使质量管理体系有效运行；

（3）提供更好的控制方法，促进质量活动的持续改进；

(4) 作为质量管理体系审核依据；

(5) 当情况改变时，保持质量管理体系及其要求的连续性；

(6) 按质量管理体系要求及其相应的方法培训人员；

(7) 对外展示其质量管理体系，如证明其符合 ISO 9001：2000 标准要求；

(8) 在合同情况下，证明其质量管理体系与客户或认证机构所要求的质量管理体系标准相符合。

3. 质量手册的主要作用

(1) 作为对质量管理体系进行管理的依据；

(2) 用作质量管理体系的审核准则或评价依据；

(3) 证实质量管理体系的存在；

(4) 阐明质量管理体系中各个过程之间的关系。

(三) 质量手册的内容

ISO 10013：1995"质量手册编写指南"规定，质量手册通常应包括以下内容：

1. 标题、范围和适用领域

本标准规定，质量手册的标题和范围应明确地规定手册适用的组织，所以，一般来说，质量手册都应该有一个精美的标题页——封面，在封面上写上标题和适用的组织的名称。

质量手册的第 1 章是"范围和适用领域"。质量手册的这一章应规定所适用的质量管理体系要素。

2. 目次

质量手册的目次应列出手册中各章节的标题及查询方法。各章、各节、页码、图表、示意、图解及表格等的编号及分类系统应清楚、合理。

3. 有关组织及手册的介绍页（前言）

(1) 组织的基本信息　标题可以为"公司简介"或"组织概况"等。

内容包括对企业历史和业绩、规模的简单的介绍和公司的地址、邮编、电话、传真、电子信箱（E-mail)、网址等信息。

(2) 手册本身信息　标题可以为"质量手册说明"或"手册简介"。内容包括：

——现行版本或有效标示，发布日期，或有效期及修改内容的标示。

——质量手册如何修订和保持的简单说明，如质量手册内容的评审者、评审周期、被授权更改及批准的人员等。如果合适，也应规定如何记录程度的更改。

——标识质量手册状态和控制其分发的形成文件的程序的简单说明，是否含有保密信息，是仅供组织内部使用还是可以对外。

——负责质量手册内容的人员的批准证据。

(3) 组织的质量方针和目标　阐明组织的质量方针和目标，明确组织对质量的承诺并概述组织的质量目标。

本章还应描述质量方针如何为所有职工熟悉和理解，如何在所有层次上得到贯彻和保持。具体的质量方针也可在有关的质量体系要素中阐明。

(4) 组织机构、职责和权限的说明　给出组织的高层结构的描述。也可包括表明职责、权限和相互关系的组织结构图。应详细阐述管理、执行和验证影响质量工作的各职能部门的职责、权限及其隶属关系。

(5) 质量管理体系要素和涉及的形成文件的质量管理体系程序的描述　质量手册的其余各章节应描述所有的质量体系要素。章的划分应合理，应能体现质量体系的良好协调性。对要素的描述可以直接包括或引用形成文件的质量体系程序。

质量体系和手册对每一个组织都有其独特性，就这点讲，本标准对不同产品、过程或服务的质量体系要素和手册编号结构格式、内容或表述方法没有作统一的规定。

对质量体系要素的要求由 ISO 9000 族标准或由组织所选用的其他适用标准给出。只要合适，建议在描述质量体系要素时与所选用的标准中的顺序号保持一致。如果根据组织的需要可采用其他的顺序对照表。

最终的质量手册应反映出组织满足选定的质量体系标准和质量体系要素中所规定要求的独特的方法和措施。组织履行满足要求的承诺所采用的方法和措施对手册的使用者来说应是明确的。

(6) 定义（除引用 ISO 9000 的定义之外，对行业术语和本企业习惯用语加以定义）

如果认为在手册中需要的定义这一章，一般直接放在“范围和适用领域”之后，应用时虽然建议使用公认的质量术语文件或通用词典中的标准术语和定义，但质量手册中的该章节还应包含其专用术语和概念的定义。

(7) 质量手册使用指南（含质量手册的管理）　可以考虑给出一个索引，或给出一个主题和关键词与章节或页码的对照表，或其他迅速查出“质量手册的内容及所在章节”的指南。也可包括质量手册的编排方式以及各章节的简短摘要。借此读者可查到所关心的内容。

(8) 支持性资料的附录　如引用的质量管理体系程序和可提供的质量记录项目目录。质量手册也可包括质量手册支持性资料的附录。

（四）质量手册编写示例

封页

0.1　目录

0.2　质量手册发布令

0.3　质量方针批准令

0.4　管理者代表任命书

1. 前言

1.1 公司简介
1.2 组织结构
1.3 职责与权限
2. 绪论
2.1 批准页
2.2 修改摘要
2.3 分发表
2.4 手册的控制与修改
2.5 手册章节与 ISO 9001：2000 的对照
3. 质量方针与目标
3.1 质量方针
3.2 质量目标
4. 质量管理体系
4.1 总要求
4.2 文件要求
4.2.1 总则
4.2.2 质量手册
4.2.3 文件控制
4.2.4 记录控制
5. 管理职责
5.1 管理承诺
5.2 以顾客为关注焦点
5.3 质量方针
5.4 策划
5.4.1 质量目标
5.4.2 质量管理体系策划
5.5 职责和权限
5.5.1 职责和权限
5.5.2 管理者代表
5.5.3 内部沟通
6. 资源管理
6.1 资源提供
6.2 人力资源
6.3 基础设施

6.4　工作环境
7. 产品实现
7.1　产品实现的策划
7.2　与客户有关的过程
7.3　设计和开发
7.4　采购
7.5　生产和服务提供
7.5.1　生产和服务提供的控制
7.5.2　生产和服务提供过程的确认
7.5.3　标识（示）和可追溯性
7.5.4　客户财产
7.5.5　产品防护
7.6　监视和测量装置的控制
8. 测量、分析和改进
8.1　总则
8.2　监视和测量
8.2.1　客户满意
8.2.2　内部审核
8.2.3　过程的监视和测量
8.2.4　产品的监视和测量
8.3　不合格品控制
8.4　数据分析
8.5　改进
8.5.1　持续改进
8.5.2　纠正措施
8.5.3　预防措施
附录A：质量手册的编制和管理
附录B：质量管理体系程序目录

三、程序文件编写示例

程序是为进行某项活动或过程所规定的途径。文件化程序中通常包括活动的目的和范围，做什么和谁来做，何时、何地和如何做，应用什么原材料、设备和文件做，如何对活动进行控制和记录等。

程序文件是质量管理体系文件中最重要的组成部分，是质量管理体系结构中组织结构、质量职责和权限、资源、工程程序等方面高效、经济、协调运行的方法保证。

（一）程序文件的性质和作用

1. 性质

（1）程序文件是质量管理体系中最重要的组成部分，是为控制各项影响质量的活动而制定的。

（2）程序文件是质量手册的支持性文件和基础性文件，是对质量管理体系要求的策划。

（3）程序文件是质量管理体系有效运行的必要条件和依据，也是质量保证的见证之一。

（4）程序文件是组织正式发布的文件，是质量管理的法规。通过严格实施，使质量管理规范化。

2. 作用

（1）对影响质量的各项活动做出规定，并规定各项活动的方法和评定的准则，使各项活动处于受控状态。

（2）阐明与质量活动有关人员的职责、权限及相互关系，明确责任。

（3）作为执行、验证和评审质量活动的依据。

（二）程序文件的格式及其内容

1. 格式

（1）封面；

（2）刊头；

（3）刊尾；

（4）修改控制页；

（5）正文。

2. 内容

（1）封面（根据需要选定）　公司标志和名称；文件编号或文件名；拟制人、审核人、批准人及日期，颁布、生效日期；修改状态/版号；受控号等。

（2）刊头（表头）　组织名称、标志；文件编号和文件名；文件发布或实施日期；受控状态；发文登记号；页码等。

（3）刊尾（表尾）　拟制人、批准人及日期；会签人及日期；修改情况；修改者及修改日期等说明性文字。

（4）修改控制页　修改单编号；修改标志；修改人/日期；审批人/日期；修改内容等。

（5）正文部分内容

① 目的：说明程序所控制的活动及控制目的。

② 适用范围：程序所涉及的有关部门和活动；程序所涉及的相关人员、产品。

③ 职责：规定负责实施该项程序的部门或人员及其责任和权限；规定与实施该项程序相关的部门或人员及其责任和权限。

④ 工作程序：按活动的逻辑顺序写出开展该项活动的细节；规定应做的事情（What）；明确每一活动的实施者（Who）；规定活动的时间（When）；说明在何处实施（Where）；规定具体实施办法（How）；所采用的材料、设备、引用的文件等；如何进行控制；应保留的记录；例外特殊情况的处理方式等。

⑤ 引用文件及相关记录：涉及的相关程序文件；引用的作业指导书、操作规程及其他技术文件；涉及的其他管理性文件；所使用的记录、表格等。

（三）程序文件的编写要求

1. 程序文件的层次性

层次的多少根据组织的规模而定。第一个层次的程序文件是按整个质量管理体系要求的简明程序文件，供组织的上层管理者使用；第二个层次的程序文件是对第一个层次的程序文件的展开和细化。

2. 程序文件的完整性

程序文件的详细程度以满足对有关质量活动进行恰当而连续控制的需要为准，要注意具有可操作性。

3. 程序文件的结构和格式要统一

以相同的结构和格式编写每一个程序文件；结构和格式由组织自行确定。

（四）程序文件编写示例

×××公司内部质量审核控制程序

1 目的

通过实施内部质量审核来确认质量体系的符合性和有效性，以便持续改进体系。

2 适用范围

适用于本公司质量体系所覆盖的所有部门工作审核。

3 职责

3.1 管理者代表负责策划内审活动并任命审核组长。

3.2 审核组长负责制定内部质量审核计划并负责组织相关人员组成审核小组实施审核活动。

3.3 各部门负责配合审核小组对本部门质量活动进行审核。

4 工作程序

4.1 内部质量审核

是本企业一项定期举行的、正式的质量管理体系审核活动，每年举行两次，上下半年各一次。管理者代表可视下列情况增加审核次数：

——质量方针、质量目标变更

——管理机构变更

——客户有较严重投诉

——质量体系运作中有较严重的异常情况

4.2　审核对象

本公司质量体系所覆盖的所有部门，审核小组成员由内部质量审核培训合格取得资格的人员组成，审核员与被审核的质量活动不得有直接的责任关系。

4.3　审核前准备

4.3.1　管理者代表策划内审时机，任命审核组长组织内审组实施审核活动。

4.3.2　审核小组在审核之前一个月提出内部质量审核计划报管理者代表审批。获得批准后，审核组在审核前两周将审核计划正式递交有关部门准备。

4.3.3　审核组根据审核计划制定检查清单，必要时对体系文件进行审核。

4.4　审核实施

4.4.1　见面会

现场审核活动开始前由审核组与各相关部门主管开一个简短的见面会，对本次审核的事项进行交代和再次确认。

4.4.2　现场审核

4.4.2.1　现场审核应在被审核部门负责人在场情况下进行，审核应尽可能不影响被审核部门工作的原则进行。

4.4.2.2　审核员通过提问、观察、抽查记录、检查或检测产品等方法对体系的有效性进行审核。

4.4.2.3　审核员应以下述规则判断不符合项：

a. 严重不符合项——质量活动严重不符合 ISO 9001 标准要求或可能导致系统失效；

b. 轻微不符合项——与质量体系标准要求轻微不符合；

c. 观察项——程序文件实施没能取得预期效果和需引起注意的某项活动。

4.4.2.4　现场审核结束后审核组开一个小结会对审核情况进行交流和汇总。

4.5　总结会

现场审核结束，审核组长负责召集审核组成员及被审核部门负责人召开审核总结会。

a. 审核组长报告本次审核情况；

b. 被审核部门确认不符合项及观察项；

c. 双方确认纠正不符合项所需的时间。

4.6　实施纠正及跟踪验证

4.6.1 《不符合项报告》中所指出的存在问题，由责任部门主管负责依据《纠正和预防措施控制程序》组织制定相应纠正和预防措施并记入《不符合项报告》中。

4.6.2 审核组成员按期对纠正措施的实施情况跟踪验证其有效性。发现问题应及时与部门主管进行沟通处理。

4.6.3 跟踪验证结束后，审核组组长整理资料完成《内部质量审核报告》，审核报告应包括完整的《不符合项报告》和《观察项报告》记录。并将其提交给管理者代表审批。

4.6.4 审批后，审核组长将本次内审的所有文件、资料汇总交文控室存档。

5 相关文件

纠正和预防措施控制程序。

6 质量记录

6.1 内部质量审核计划

6.2 内部质量审核报告

6.3 不符合项报告

6.4 观察项报告

6.5 内审核查表

6.6 不符合项分布表

6.7 会议签到表

第四节 ISO 9000 质量体系认证管理与程序

一、国家认证认可的管理

为加强对全国认证认可工作的统一领导和监督管理，国务院决定组建中国国家认证认可监督管理委员会（中华人民共和国国家认证认可监督管理委员会），为国家质量监督检验检疫总局（以下简称质检总局）管理的事业单位。国家认证认可监督管理委员会是国务院授权的履行行政管理职能，统一管理、监督和综合协调全国认证认可工作的主管机构。

（一）划入的职能

原国家质量技术监督局承担的统一管理和监督认证认可工作以及相关的对校准、检测、检验实验室技术能力的认可、计量认证和资格认定工作。

原国家出入境检验检疫局承担的管理并组织实施进出口认证认可和进出口安全质量许可以及出入境检验检疫实验室注册认证、进出口食品卫生注册登记，涉外检验检疫、鉴定和认证机构（含中外合资、合作机构）技术能力的审核和监督管理。

（二）主要职责

研究起草并贯彻执行国家认证认可、安全质量许可、卫生注册和合格评定方面的法律、法规和规章，制定、发布并组织实施认证认可和合格评定监督管理制度、规定。

研究提出并组织实施国家认证认可和合格评定工作的方针政策、制度和工作规则，协调并指导全国认证认可工作。监督管理相关的认可机构和人员注册机构。

研究拟定国家实施强制性认证与安全质量许可制度的产品目录，制定并发布认证标志（标识）、合格评定程序和技术规则。组织实施强制性认证与安全质量许可工作。

负责进出口食品和化妆品生产、加工单位的卫生注册登记的评审和注册等工作，办理注册通报和向国外推荐事宜。

依法监督和规范认证市场，监督管理自愿性认证、认证咨询与培训等中介服务和技术评价行为；根据有关规定，负责认证、咨询、从事认证业务的检验机构（包括中外合资、合作机构和外商独资机构）的资质审核和监督；依法监督管理外国（地区）相关机构在境内的活动；受理有关认证认可的投诉和申诉，并组织查处；依法规范和监督市场认证行为，指导和推动认证中介服务组织的改革。

管理相关校准、检测、检验实验室技术能力的评审和资格认定工作，组织实施对出入境检验检疫实验室和产品质量监督检验实验室的评审、计量认证、注册和资格认定工作；负责对承担认证和安全质量许可的认证机构和承担相关认证检测业务的实验室、检验检疫和鉴定等机构（包括中外合资、合作机构和外商独资机构）技术能力的资质的审核。

管理和协调以政府名义参加的认证认可和合格评定的国际合作活动，代表国家参加国际认可合作组织（IAF）、太平洋认可合作组织（PAC）、国际评审员与认证培训协会（IATAC）、国际实验室认可论坛（ILAC）、亚太实验室认可合作组织（APLAC）等国际或区域性组织以及国际标准化组织（ISO）和国际电工委员会（IEC）的合格评定活动，签署与合格评定有关的协议、协定和议定书；归口协调和监督以非政府组织名义参加国际或区域性合格评定组织的活动；负责 ISO 的 IEC 中国国家委员会的合格评定工作。负责认证认可、合格评定等国际活动的外事审批。

负责与认证认可有关的国际准则、指南和标准的研究和宣传贯彻工作；管理认证认可与相关的合格评定的信息统计，承办世界贸易组织技术性贸易壁垒协议、实施动植物卫生检疫措施的协议（WTO/TBT · SPS）中有关认证认可的通报和咨询工作。

研究拟定认证认可收费办法，会同有关部门对收费办法的执行情况进行监督检查。

管理下属认可机构、认证机构和办事机构。

承办质检总局交办的其他事项。

二、认证程序与方法

（一）申请应具备的条件

1. 产品质量认证

（1）中国企业持有工商行政管理部门颁发的《企业法人营业执照》；外国企业持有有关机构的登记注册证明；

（2）产品符合中国国家标准，行业标准及其补充技术要求，或者符合国务院标准化行政主管部门确认的标准；

（3）产品质量稳定，能正常批量生产，并提供有关证明材料；

（4）企业质量体系符合 GB/T 19000—ISO 9000 族标准或者外国申请人所在国等同采用 ISO 9000 族标准及其补充要求。

2. 质量体系认证

（1）持有有关登记注册证明；

（2）已按 GB/T 19000—ISO 9000 系列标准或其他国际公认的质量体系规范建立了文件化的质量体系。

（二）申请登记

认证机构办公室接待申请认证的客户，建立联系；

（1）为了使认证申请意向书面化，办公室向客户提供《申请认证联系文件》；

（2）认证机构办公室在收到客户的《申请认证联系文件》后，向其发出《文件资料报送通知单》。报送的文件资料包括：

① 企业概况；

② 质量手册（包括程序性文件目录）；

③ 质量保证体系所覆盖的产品范围；

④ 产品合格认证的产品型号、规格及其标准；

⑤ 产品安全认证的产品型号、规格及其标准。

（3）办公室收到客户报送的文件资料后，即予立卷归档，并进行申请登记。

（三）受理的合同评审

根据办公室所作的申请登记以及提供的文件资料，由认证机构负责人负责进行是否受理的合同评审工作。评审内容包括：

（1）申请方是否符合认证应具备条件的要求；

（2）申请认证的质量保证模式包括企业所应覆盖的内容，所选定的保证模式是否适宜；

（3）本认证机构审核业务范围是否满足申请方受审核范围的专业特点的要求；

（4）申请方期望的审核时间是否可被列入计划安排。为了合同评审需要，必要时，可由审核部派审核员对申请方进行初访。评审结束应填写《申请意向受理评审单》。自办公室接到报送的文件资料到作出受理决定的时限不超过 20 天。

（四）受理申请

（1）受理　办公室根据认证机构负责人签发的《申请意向受理评审单》的结论，向客户发出《同意受理认证申请的通知》；对于评审结果不能受理的申请，办公室应及时向客户致公函，说明不能受理的理由并表示给予谅解。公函与认证资料一同以挂号信寄回客户。

（2）客户接到《同意受理认证申请通知》后，认证机构办公室与其签订《受理认证申请协议书》。

（3）文件审查

① 认证机构办公室在接到正式签订的《受理认证申请协议书》后，立即作受理登记，并把文件资料立卷提交审核部。

② 认证机构办公室在接到客户的认证费用后，通知审核部开始文件审查。

③ 审核部在 20 天内完成文件审查，以确定其完整性及是否符合体系认证或产品认证的要求。

若提供的资料文件不齐全，审核部经由办公室向申请方要求补充有关资料。当审核部确认文件资料齐全并符合要求时，办公室发出《文件审查合格的通知》。

（五）正式申请

（1）发出《文件审查合格的通知》后，办公室指导申请方填写申请书及附件。

（2）办公室收到申请方的申请书及附件和质量手册后，即予立卷归档，并进行正式申请登记。

（六）产品认证用标准的确认

申请产品认证的客户在办理正式申请手续的同时，应与中国方圆委福州认证工作站密切配合办理产品认证用标准确认申请手续，填写《产品认证用标准确认申请书》。

（七）现场审核准备

（1）办公室将正式申请后的认证资料立卷移交审核部。审核部开始对受审核方体系文件审核。

（2）在完全尊重客户自愿原则的前提下，客户为保证正式认证效果需要进行预审核时，办公室与客户签订《质量认证预审核协议》。

（3）在客户没有要求预审核的情况下，必要时，审核部可派员对受审核方进行初次访问。

（4）现场审核组由审核部组建，审核组长由福建审核中心主任批准。审核组的正式成员应为注册审核员，注册实习审核员作为注册审核员的助手参加。必要时可以聘请有关的技术专家协助审核工作。审核组至少应有一名注册主任审核员。

（5）审核部应将审核组名单通知申请认证客户，申请认证客户如有异议可以提出，由审核部和申请客户协商调换。

（6）审核组应根据提交的文件资料及审核方质量体系、产品结构特点制定现场审核计划。现场审核计划内容包括：

① 申请方全称及受审核方名称、地址；

② 现场审核日期；

③ 审核日程及路线。

（八）现场审核

（1）首次会议　审核开始，由审核组长召开首次会议，向受审核方及其有关部门负责人说明审核计划、程序及日程安排，并再次确认。

审核组长再次强调审核目的、范围、依据、方法和可能出现的风险。

（2）审核组应根据审核计划，采取提问、交谈、查阅资料文件、现场观察等方法，取得确实的证据，对受审核方的质量保证体系进行审核评定，并记录评定情况。

（3）在审核期间，受审核方应予以协助、配合并保证；

① 审核组能够查阅与产品质量及其质量体系审核有关的资料文件和质量记录，包括原始记录；

② 审核组能够进入与产品质量认证审核和质量体系认证审核有关的场所（若受审核方认为某一场所为本单位的机密场所，则应在确认现场审核计划时或在首次会议上说明，双方协商解决）；

③ 审核组能够访问与产品质量和质量体系有关的任何人员；

④ 受审核方应为审核组提供进行审核所必需的设施和条件，并指定联络人员。

（4）末次会议　现场审核结束后，审核组召开末次会议，表明现场审核的结论。

（九）现场产品抽样

在现场审核基本通过情况下，对于产品质量认证，按规定由审核组长指定审核组成员两人在受审核方生产现场或成品仓库对申请认证的产品进行随机抽样、封样及包装。并送中国方圆委认定的检验机构按认证标准进行检验，由受审核方承担检测费用。

（十）质量体系审核报告

受审核方如对审核结论有不同看法，与审核组不能达成一致时，应将其记录在审核报告中。

（1）现场审核发现不合格项，审核组可与受审核方商定在一个适当的时间内采取纠正措施。待受审核方在限定的时间内纠正不合格项以后，审核组可根据其采取的措施和问题解决的程度，确定跟踪审核的范围，进行跟踪审核，作出跟踪审核结论。也可以根据实际情况认可受审核方已采取纠正措施的声明，不进行再次现场审核，直接由审核组长作出跟踪审核结论。

（2）现场审核全部结束后，审核组长同审核部提交现场审核报告及其全部审核资料文件。审核组负责审定审核报告（适用性、准确性，包括跟踪报告）。

（十一）产品质量检验报告

检测机构应在 7～30 天内完成检测工作，提供检验报告。检验报告复印件无效。

（十二）认证的审定与批准

审核报告经审核部审定后，送办公室报中国方圆委福建审核中心主任批准。办公室在整理完毕受审核方和审核组资料文件后，办理报批手续。

（1）对于产品认证，应在接到《产品质量检验报告》后，将检验结论为合格的报告连同经中心主任批准合格的《质量体系审核报告》报送中国方圆委秘书处批准发证。

（2）对于体系认证，直接将经中心主任批准的《质量体系审核报告》报送中国方圆委秘书处批准发证。

中国方圆委秘书处批准审核报告和检验报告后，即办理证书注册并颁发认证证书。

产品认证证书的有效期根据产品特点和企业特点，认证证书有效期分为三年、四年、五年。体系认证证书的有效期为三年。

如审核结果是受审核方的质量体系不符合质量保证体系标准要求，产品不符合认证规定产品标准及其补充技术要求，产品质量认证或质量体系认证不能通过。则办公室应即向申请方发出《认证不合格通知书》，并说明，一年后方可重新提出申请。

（十三）获准质量认证后的监督管理

（1）经批准获质量认证的，客户与中国方圆委签订认证合同，即产品认证的《质量认证协议书》和体系认证的《质量体系认证协议书》。按协议书进行认证后监督管理。

（2）产品认证证书持有者可在获证产品及其产品铭牌、出厂合格证、产品使用说明书和包装物上使用与证书内容一致的从证标志，以证明产品质量符合认证要求。

体系认证证书持有者可向顾客宣传其质量体系经过第三方——中国方圆标志认证委员会的公正认证，以显示自身的质量保证能力水平。同时，可以按照规定使用专有的标志。但是，这种标志不得标在产品上，并不得以任何可能误认为产品合格的方式使用。

（3）认证证书和认证标志的使用应符合规定要求（详见本指南第四单认证证书和认证标志使用管理规定）。

（4）监督决定的主要内容

① 暂停使用认证证书和认证标志；

② 恢复使用认证证书和认证标志；

③ 撤销认证证书，停止使用认证标志；

④ 注销认证证书，停止使用认证标志。

⑤ 办公室收到客户报送的文件资料后，即予立卷归档，并进行申请登记。

三、方圆等认证机构介绍

（一）方圆标志认证中心

方圆标志认证中心，简称方圆中心，是经国家认证认可监督管理委员会批准、在中国注册的具有独立法人资格的认证和认证培训机构。英文名称为：China Cetification Center for Quality Mark（缩写为：CQM），如图 7-4 所示。

图 7-4　方圆标志认证中心标志图

方圆中心是在原中国方圆标志认证委员会（简称中国方圆委）的基础上发展起来的。

1991 年 9 月由原国家技术监督局批准成立中国方圆委，秘书处挂靠在中国标准化协会。中国方圆委在全国设立认证工作站，依法开展自愿性产品认证和质量管理体系认证。

1995 年 9 月中国方圆标志认证委员会质量认证中心通过认可，并先后在全国设立审核中心，主要开展质量管理体系认证。

1999 年 9 月在北京工商行政管理局海淀分局登记注册，注册名称为“方圆标志认证中心”，将中国方圆委和质量认证中心的职能重新整合，开展认证、培训和其他合格评定活动。

2001 年 9 月，方圆中心正式加入国际认证联盟（IQNet），IQNet 由数十个国家的知名认证机构组成，通过方圆认证的组织经申请可获得世界众多国家承认的 IQNet 认证证书或 IQNet 其他成员认证机构颁发的证书，不必重复审核，便于获证组织从事国际贸易。

2002 年 7 月，按国家对认证机构及认证培训机构新的管理办法，首批通过国家认证认可监督管理部门的设立批准，重新办理了登记注册手续。

2003 年 1 月，经中国认证人员与培训机构国家认可委员会的评审认可，取得 GB/T 19001、GB/T 24001 和 GB/T 28001 三个管理体系的国家注册审核员培训资格。

目前，方圆中心已发展成为一个可同时提供认证、培训和其他合格评定活动的综合性机构，业务范围包括：产品认证和质量管理、环境管理、职业健康安全管理、HACCP等多种体系认证以及质量管理体系、环境管理体系、职业健康安全管理体系国家注册审核员和内审员培训；同时，方圆中心也将根据顾客的需求不断完善和提供更多、更好的个性化培训和其他的合格评定服务。

方圆中心总部设在北京，在全国大部分省、区和直辖市、计划单列市设有分中心或办事处。中心各级机构和负责人的信息通过公开文件和网站（www. cqm. com. cn）向各界公布。

方圆中心建有完善的管理机制，保证公正运作。中心实行管理委员会监督下的总经理负责制；分中心、办事处在中心总部管理下开展工作。中心总部和各分支机构按照认证行业自律的要求识别相关方，建立和公布相关方名录，在认证业务中保持独立性，确保认证的公正性。

方圆中心按照国家认证工作的法律法规和有关认可规范从事认证、培训和其他合格评定活动。方圆中心接受国家认证认可监督管理部门的监督和认可机构的认可，并在其批准的业务范围内开展认证活动、作出认证决定。方圆中心建立并实施方圆标志认证制度，该制度符合国际标准化组织（ISO）的合格评定准则和认证制度通用原则。

方圆中心通过颁发认证证书和/或同意使用方圆认证标志的方式表示一个组织获得了方圆认证。方圆认证根据平等、无歧视的原则向所有申请人开放，不附加任何不正当的财务和其他条件。当认证准则需要对在某些特定认证项目中的应用作出解释时，方圆中心将由管委会或其授权的专家作出解释并以公开文件的形式发布。方圆中心对认证工作质量有影响的诸因素采取有效的控制，为申请认证的组织提供优质服务，对其管理体系及产品作出公正、科学和客观的评定，促进认证组织的质量、环境和职业健康安全管理，提高产品/服务质量，使全社会受益。

（二）中国质量认证中心（CQC/CP 001—2002）

中国质量认证中心（China Quality Certification Centre，简称 CQC）是由原中国进出口质量认证中心和原中国电工产品认证委员会秘书处于 2002 年 3 月 14 日获准合并成立的，4 月 24 日对外正式挂牌。目前，CQC 在全国设有 11 个产品认证分中心、35 个管理体系评审中心和 62 个签约检测机构，并与 14 个国外认证机构签署了相互委托认证的合作协议，聘用了 2200 多名各类专职和兼职审核员，同时拥有雄厚的师资力量。其主要业务是：

① 经国家认监委授权承担国家强制性产品认证（CCC）工作。

② 自愿性产品认证：认证范围涉及百余种产品。

③ 管理体系认证：主要从事 ISO 9000 质量管理体系、ISO 14000 环境管理体系、OHSMS 18000 职业健康安全管理体系、QS 9000 质量体系和 HACCP 认证等业务。

④ 作为国际电工委员会电工产品合格与测试组织（IECEE）的中国国家认证机构(NCB)，可颁发和认可 CB 测试证书，其证书被 50 多个国家和地区所承认。

⑤ 作为国际认证联盟（IQNet）的正式成员，CQC 颁发的 ISO 9000 证书和 ISO 14000 将能获得联盟内其他 28 家成员机构的认可。

截至目前，CQC 已累计向世界 40 多个国家和地区的约 2000 多个工厂颁发进口商品安全质量许可证书（CCIB 证书）15000 多份；颁发长城标志证书 80000 多份；颁发自愿性产品认证证书 20000 余份；向国内外 15000 多家企业和组织分别颁发了 ISO 9000 质量体系认证证书、ISO 14000 环境管理体系认证证书、OHSMS 18000 职业健康安全管理体系认证证书、HACCP 证书和 QS 9000 证书，发证数量居全国认证机构之首。CQC 已在国内外开展了 8 万多人次的培训，并为日本 JET、JQA、JCIC、A-PEX、加拿大 CSA、美国 UL、瑞典 SEMKO、挪威 NEMEKO、马来西亚 SIRIM、中国台湾 ETC、中国检验有限公司（香港）等 11 个境外认证机构培训产品认证跟踪检查人员

200 多人。

中国质量认证中心（CQC）的质量方针是：独立公正、规范准确、优质高效、为申请人提供满意服务。

中国质量认证中心（CQC）的质量目标是：以优质高效的工作作风及整体一致的工作水平，赢得申请人的信任；在认证领域始终保持国内的领先地位；跻身于国际著名认证机构行列。

（三）北京中设质量体系认证中心

北京中设质量体系认证中心［China Design（Beijing）Quality System Assurance Center，简称：CDSC］，是由国家认证认可监督管理委员会批准组建的具有独立法人资格的第三方认证机构（批准号：CNCA-R-2002-027）和认证培训机构（批准号：CNCA-P-2002-054）。

CDSC 已基本形成覆盖全国范围的认证和培训工作网络，可同时向具有认证需求的组织适时、有效地提供质量管理体系和环境管理体系认证和内审员培训服务。

CDSC 作为国际认可论坛质量管理体系多边承认协议成员认可的认证机构，其颁发的带有认可标志的认证证书在全球协议成员国范围内得到承认。

CDSC 管理委员会由政府主管部门的代表、行业协会代表、顾客代表、采购方代表、有关专家学者和 CDSC 总经理组成，其中任何一方均不处于支配地位，保证认证业务的独立性和公正性。

经联合国工业发展组织中国投资与技术促进处绿色产业专家委员会考察，选定 CDSC为可在绿色产业示范园区进行 ISO 9000、ISO 14000 标准的认证机构之一。

CDSC 以严谨的工作和优质的服务，始终贯彻“运作公正，评定客观，认证严谨，业务权威，诚信始终，追求卓越”的质量方针，奉行不以赢利为目的的服务宗旨。

（四）上海质量体系审核中心

上海质量体系审核中心（SAC）是由上海市质量协会组建的，具有独立法人资格的第三方科技服务实体，为各类组织开展质量（包括汽车、通讯、医疗器械、食品安全等）、环境、职业健康安全管理体系认证服务。SAC 的章程概要描述了 SAC 的宗旨、任务、组织机构及权利和责任。SAC 的理事会依据章程和质量方针对机构的独立性、公正性进行监督。

SAC 是经认可机构认可的认证机构，根据组织的需求实施管理体系认证，并在认可机构认可的业务范围内颁发带有认可标志的认证证书。

SAC 不对外从事咨询业务，是以非盈利为目的的公正的第三方科技服务实体机构，经费除筹建时一次性投资外，主要通过收取管理体系认证费，提供公开培训的培训费等技术服务费来维持日常必要的开支。认证收费按国家有关规定执行。

SAC 有一批既有丰富实践经验，又熟悉掌握质量（包括汽车、通讯、医疗器械、食品安全等)、环境、职业健康安全管理体系标准及相关法律法规要求等知识的专业技术、管理人员，能够承担相应管理体系认证等业务。

·质量方针

SAC以国家法规和国际标准为依据，视信誉为生命，以精良的技术和技能，真挚的合作精神，热诚、公正的态度，积极为顾客提供管理体系认证等项服务，为顾客扩大国内外市场创造条件。

SAC的目标是使顾客明确现有的管理体系是否达到了相关标准规定的要求，对达到了基本要求的顾客给予证明和注册，并向社会作宣传，使社会了解其管理能力。

SAC拥有具备丰富经验的审核人员和有关技术专家，制定了符合国际标准要求的管理和工作程序，保证认证审核工作的标准化、规范化、科学化。

SAC是独立的科技服务实体，不受任何与顾客有商业利益关系的组织和人员的控制，保证公正性。

为顾客保守机密是SAC的义务，顾客可以放心地向SAC的审核员出示一切所需的文件、资料而不用担心竞争对手会从中得到。SAC的质量目标是立足上海、面向全国、走向世界。

·基本规定

SAC的运作所遵循的方针和程序均具有非歧视性，并以非歧视的方式实施管理。

SAC的服务向所有申请人开放，任何组织都有权向SAC提出认证申请。

SAC使用工商注册名称，具有认证实体的法律文件。

SAC在长远规划和方针、认证决定和审核实施等方面作出公正性和独立性的保证。

SAC及时向认可机构提交有关信息。

SAC将业务收入的一部分设立为风险基金，以解决运作和/或活动所引发的责任(如由于被撤销认可资格而给认证组织所带来的影响)。

SAC确保具有一个能够按照合同规定的义务持续提供服务的合理的财务预期。SAC以管理评审/财务审计报告等证据，向认可机构证实本机构维持运行的能力。

SAC保持认证的公正性。拒绝一条龙服务和暗示容易获证的宣传。

SAC保证相关机构的活动不会影响认证活动的可信性、客观性和公正性，且不提供：

a. SAC认证的组织所提供的服务；

b. 为获得或保持认证的咨询服务；

c. 设计、实施或保持管理体系的服务。

SAC确保具有执行职责的管理者和所有人员免受任何可能影响认证结果的商业、财务和其他方面的压力。

SAC根据认证的业务范围和工作量，配备具有与所实施的工作相适宜的教育、培训、专业知识和经历的充足的人员。SAC建立人员档案资料，保证能提供相关证据。

（五）中国新时代质量体系认证中心

中国新时代质量体系认证中心（XQC）是由中国人民解放军总装备部（原国防科工委）组建，中华人民共和国人事部1992年12月2日批准，1994年7月13日被中国质量体系认证机构国家认证认可监督管理委员会（CNACR）评定认可，并由国家质量技术监督局颁发认可证书（注册号SC05），成为第一批获得认可资格的认证机构。2002年在国家认监委对认证机构重新登记注册中，中心获准从事质量、环境和职业安全健康管理体系认证资格，批准号CNCA-R-2002-008。

XQC可进行ISO 9000、QS 9000、ISO 14000、OHSAS 18000、ISO/TS 16949、TL 9000、GJB 9000认证（注：XQC受军工产品质量体系认证委员会委托，是唯一一家对承制军工产品研制、生产、维修的组织进行认证的机构，可实行军民一体化认证）。目前中心可以提供质量、环境、职业安全健康等管理体系的整合认证服务，具有一次审核颁发多张证书的能力，可满足组织同时申请各类认证的需求。组织如建立多种体系，有以下好处：一套管理体系文件，可覆盖几种体系，减少了体系文件的类型和数量，以便于企业一体化管理；认证时可结合质量体系年度监督审核、复评和标准转换同时审核几种体系；以便组织减少接待审核组的次数；相同的部分可同步审核，比单独认证的人/日数减少，故初次审核、年度监督审核、复评等费用降低，因此对企业来说，整合认证起到了联合升值、一举多得的效果。

XQC被认可的业务范围：质量35个大类，涉及医疗、教育、化工、机械、食品、纺织、金融、宾馆、电子、发电及供电、电器、运输设备、建设、橡胶、税务、房地产及公共行政管理等各个领域；环境管理体系12大类：煤炭采选业、石油加工业、武器弹药制造业、机械设备制造业、电子通讯及电器机械仪器、仪表制造业、商贸、金融及房地产业、纺织服装制造业、合成材料、化纤、橡胶、塑料制造业、食品饮料业、交通运输设备制造业、建筑业、社会服务、福利业等；职业安全健康管理体系10大类：化学原料及化学产品制造业、建筑业、黑色金属冶炼及制品制造业、基础金属加工及机构设备制造业、交通运输设备制造业、电子、通讯、电力、电气设备、仪器仪表及光学设备制造业、食品、饮料和烟草加工制造业、文化教育、科研、公共行政管理、社会服务业和福利业、其他社会服务等。

XQC为方便组织申请体系认证，特设立了北京、上海、西北、东北、西南五个分中心，还在郑州、太原、哈尔滨等地陆续设立了工作站。XQC坚持长期召开认证组织座谈会，不定期走访客户以进行沟通和征求意见。中心的认证工作持续、稳定、健康地发展，目前中心已为2000多家组织提供了认证服务，遍及全国30多个省、市、自治区。

思　考　题

1. ISO 9000 质量管理体系十二条基础是什么？
2. 质量管理体系要求与产品要求的主要差异是什么？
3. 制定质量方针和目标的意义是什么？怎样进行质量管理体系的评审？
4. 实施质量管理体系标准对企业的作用是什么？
5. 质量管理体系的持续改进对质量管理有何意义？其步骤和方法是什么？
6. 质量管理与质量管理体系的主要区别是什么？
7. 质量手册的主要结构和内容是什么？
8. ISO 9000（GB/T 9001）标准规定必需的六个程序文件是什么？并说明其原因。
9. 质量管理体系的认证程序和方法是什么？
10. ISO 9000 质量管理体系的八项基本原则是什么？

第八章　中国食品法律法规

本章学习重点：

※　了解食品卫生法与其他相关法律基本内容以及卫生许可证的要求；

※　掌握保健食品、新资源食品、绿色食品、有机食品、无公害食品和食品市场准入、卫生监督管理、商品计量监督等规定；

※　熟悉重要的地方食品法规的内容和要求，学会依法处理食品违法案件。

第一节　中国食品法律

一、食品卫生法

（一）《食品卫生法》的概念

《中华人民共和国食品卫生法》（以下简称《食品卫生法》）是关于食品卫生的内容、标准、管理、监督和实施的法律规范。食品卫生法所调整的对象是国家食品卫生行政机关在食品卫生管理过程中所发生的社会关系。食品卫生法规定了国家的食品卫生管理体制、原则、食品卫生监督、管理机构的设置、人员任命和使用，这些机构及其人员从事食品卫生工作中的权利、义务，与食品卫生有关行业的生产经营管理机构和人员的权利、义务。《食品卫生法》将国家有关食品卫生的方针、政策和行之有效的经验，以法律的形式确定下来，使各有关方面有共同遵循的依据，使食品卫生置于国家和群众的严格监督之下，以保障人民的饮食安全和身体健康。

《食品卫生法》的发展可以追溯到1965年国务院颁发的《中华人民共和国食品卫生管理试行条例》，1979年修订成正式条例，1983年正式成为《中华人民共和国食品卫生法试行法》，并正式实施，于1995年10月30日由八届全国人大常委会第十次会议通过，并予以公布、施行。《食品卫生法》是在总结试行的《食品卫生法》的基础上，针对当前我国食品市场出现的影响《食品卫生法》的新情况、新问题制定的，旨在加强食品卫生监督管理，规范食品生产活动的重要法律。本法吸收了试行法实施的经验，保留了其中行之有效的条款，同时针对新情况做了必要的修改和补充，使我国食品卫生法律制度更加完善。《食品卫生法》是我国批准实施的第一部卫生法范畴的正式法律。它的颁布实施，标志着我国食品卫生管理工作正式纳入法制轨道，是我国社会主义卫生法制建设的重大发展。

（二）《食品卫生法》的基本内容

《食品卫生法》共九章五十七条；分别对食品的概念、生产卫生、经营管理、食品添加剂、卫生监督管理、法律责任等进行法律上的规定。

1. 食品生产要求

(1) 食品生产经营过程的卫生　保持内外环境整洁，所有的食品生产、加工、包装、贮存等厂房或者场所，应当有相应的消毒、防腐、防尘、防蝇、防鼠、洗涤、污水排放等设施，合理的设备布局和工艺流程，食品生产经营人员的个人卫生、健康，符合国家卫生规定的食品用水，使用的洗涤剂、消毒剂应安全、无害。

(2) 对食品摊贩和城乡集市贸易食品经营者在食品生产经营过程中的卫生要求，由省、自治区、直辖市人民代表大会常务委员会根据本法作出具体规定。

(3) 禁止生产经营的食品　腐败变质、油脂酸败、霉变的食品，含有有毒、有害物质或者被有毒、有害物质污染的食品，含有致病性寄生虫、微生物的，或者微生物毒素含量超过国家限定标准的食品；检验不合格的肉类及其制品，掺假、掺杂、伪造，影响营养、卫生的食品，超过保质期限的食品，农药残留超过国家规定容许量的食品等。

(4) 食品中不得加入药物　这里说的药物是指符合中华人民共和国药品管理法规并列入国家药典的药物。本条目的在于界定食品与药品的区别，防止在食品中滥加药物，避免无病吃药，保护消费者健康。

(5) 食品添加剂的卫生　生产经营和使用食品添加剂，必须符合食品添加剂使用卫生标准和卫生管理办法的规定；不符合卫生标准和卫生管理办法的食品添加剂，不得经营、使用。

2. 食品用具、用品要求

(1) 食品容器、包装材料、工具、设备的卫生　《食品卫生法》第 12、13 条分别规定了食品容器、包装材料和食品用工具、设备的原材料的卫生要求。

(2) 用于清洗食品和食品用工具、设备的洗涤剂和消毒剂的卫生　《食品卫生法》第 14 条和《食品和食品用工具、设备的洗涤剂和消毒剂的卫生》明确规定了用于清洗食品和食品用工具、设备的洗涤剂、消毒剂的卫生标准、卫生要求和审批程序。

(3) 食品经营管理要求

① 预防性卫生监督：对食品生产企业的新建、扩建、改建等预防性卫生要求，主要有以下内容：工程选地、设计应符合有关食品生产企业的卫生规范的要求；卫生行政部门必须对其设计、施工、验收及运行效果进行审查监督、监测。

② 卫生许可证制度：《食品卫生法》第 27 条对食品生产经营活动的卫生许可进行了规定。“食品生产经营企业和食品摊贩，必须先取得卫生行政部门发放的卫生许可证方可向工商行政管理部门申请登记。未取得卫生许可证的，不得从事食品生产经营活动。

食品生产经营者不得伪造、涂改、出借卫生许可证。”依法被卫生行政部门吊销卫生许可证的食品生产经营者，不得继续从事食品生产经营活动。卫生许可证只给予申请者自身在规定范围内从事食品生产经营活动，任何出借、转让、买卖、涂改甚至伪造卫生许可证的行为都是违法的。

考虑到我国各地的地区差异，本条规定把卫生许可证发放管理办法，包括发放程序、范围、发放条件及发放管理的具体要求等，授权各省、自治区、直辖市人民政府卫生行政部门制定。

③ 食品从业人员的健康管理：《食品卫生法》第 26 条对从事食品生产经营人员进行健康检查，控制其健康条件进行了规定。其内容为食品生产经营人员法定必须进行健康体检。食品生产经营人员每年必须进行健康检查；新参加工作和临时参加工作的食品生产经营人员必须进行健康检查，取得由政府卫生行政部门指定的医疗卫生机构出具的健康证明后方可参加工作。

(4) 食品卫生管理机构及职责　《食品卫生法》规定：“卫生行政部门所属县以上卫生防疫站或者食品卫生监督检验所为食品卫生监督机构，负责管辖范围内的食品卫生监督工作。”由此可见，食品卫生监督检验所是《食品卫生法》授权执行食品卫生监督工作的执法单位。《食品卫生法》第 33 条规定了食品卫生监督职责：进行食品卫生监测、检验和技术指导；协助培训食品生产经营人员，监督食品生产经营人员的健康检查；宣传食品卫生、营养知识，进行食品卫生评价，公布食品卫生情况；对食品生产经营企业的新建、扩建、改建工程的选址和设计进行卫生审查，并参加工程验收；对食物中毒和食品污染事故进行调查，并采取控制措施；对违反本法的行为进行巡回监督检查；对违反本法的行为追查责任，依法进行行政处罚；负责其他食品卫生监督事项，县级以上人民政府卫生行政部门设立食品卫生监督员。

二、产品质量法

（一）《产品质量法》的概念

《产品质量法》是指调整产品的生产者、销售者、用户及消费者以及政府有关行政管理部门之间，因产品质量问题而形成的权利义务关系的法律规范的总称。产品质量法调整的社会关系主要有两方面：一是在国家对企业的产品质量进行监督管理过程中所产生的产品质量管理关系；二是产品的生产者、销售者与产品的用户和消费者之间因产品不合格或者产品缺陷而产生的产品质量责任关系。

1993 年 2 月 22 日，第七届全国人大常委会第三十次会议审议、通过了《中华人民共和国产品质量法》，该法于 1993 年 9 月 1 日起施行。2000 年 7 月 8 日，第九届全国人大常委会第十六次会议通过《关于修改产品质量法的决定》，修改后的《产品质量法》自 2000 年 9 月 1 日起施行。《产品质量法》的内容包括总则、产品质量的监督管理、生产者和销售者的产品质量责任和义务、损害赔偿、罚则、附则等。广义的《产品质量法》还包括其他法律、行政法规中有关产品质量的法律规范。

（二）制定、实施《产品质量法》的意义

1. 明确产品责任，维护社会经济秩序

制定、实施产品质量法是建设社会主义市场经济的客观要求。产品质量法明确了生产者、经营者在产品质量方面的责任和国家对产品质量的管理职能，有利于维护产品生产经营的正常秩序，从而保障市场经济的健康发展。

2. 强化产品监督管理，提高产品质量水平

产品质量法的制定和实施，有利于促进生产者、经营者改善经营管理，增强竞争能力。市场经济是竞争经济、效益经济。市场经济要求生产者、经营者改善和加强企业经营管理，提高产品质量，以高质量的产品树立企业形象，拓展市场。

3. 保护消费者合法权益的有效法律武器

市场交换的规则是等价交换，它要求等量劳动价值的交换。而伪劣产品在市场上流通，无疑破坏了这一等价交换规则，是对他人劳动的变相掠夺。现实生活中，产品质量问题涉及千家万户，关系到人民群众的切身利益。严格执行产品质量法，将有利于保护消费者的合法权益。

（三）产品质量监督管理

1. 产品质量监督管理的涵义

产品质量监督管理是指国家产品质量管理机关依法对产品质量进行监督、检查、管理活动，社会各界对产品质量的监督活动，以及产品生产者、销售者按照产品质量法要求进行产品的生产和经营活动的总和。对企业来说，产品质量监督管理是外部监督管理和内部监督管理的结合。

2. 产品质量监督管理主体

（1）国家产品质量监督管理机关　我国实行统一管理、分工负责的产品质量监督管理体制。国务院产品质量监督管理部门（质量技术监督局）主管全国产品质量监督工作，县级以上地方各级人民政府管理产品质量工作的部门主管本行政区域内的产品质量监督管理工作；产品质量法规定，县级以上地方各级人民政府有关部门在各自的职责范围内负责产品质量监督管理工作。一般来说，主要包括工商行政管理机关、企业的主管机关、行业主管机关，有权在各自的职责范围内对企业产品质量进行监督管理。

（2）社会对产品质量的监督　社会对产品质量的监督管理包括社会团体（如质量协会、企业管理协会、用户委员会等）、消费者（包括消费者协会）、新闻舆论等方面的监督。其中，从事产品质量检验、认证的社会中介机构必须依法设立，不得与行政机关和其他国家机关存在隶属关系或者其他利益关系。产品质量检验机构、认证机构必须依法按照有关标准，客观、公正地出具检验结果或者认证证明。

《产品质量法》规定，消费者有权就产品质量问题，向产品生产者、销售者查询；向产品质量监督管理部门、工商行政管理部门及有关部门申诉，接受申诉的部门应当负责处理；保护消费者权益的社会组织可以就消费者反映的产品质量问题建议有关部门负责处理，支持消费者对产品质量造成的损害向人民法院起诉。

（3）生产者、销售者的自律管理　生产者、销售者应当重视企业的产品质量，维护企业信誉。生产者、销售者应当建立健全内部产品质量管理制度，严格实施岗位质量规范、质量责任以及相应的考核办法。

（四）产品质量监督管理制度

1. 标准化管理制度

《产品质量法》规定，产品质量应当检验合格，不得以不合格产品冒充合格产品。可能危及人体健康和人身、财产安全的工业产品，必须符合保障人体健康，人身、财产安全的国家标准、行业标准；未规定国家标准、行业标准的，必须符合保障人体健康，人身、财产安全的要求。禁止生产、销售不符合保障人体健康和人身、财产安全的标准和要求的工业产品。

2. 企业质量体系认证制度

企业质量体系认证制度是一种对产品质量进行科学管理的制度。它通过一定的方法和程序，把企业的质量保证工作加以标准化和制度化，以达到保证产品质量的目标。质量保证体系由国际标准化组织提出，在国际上已被广泛接受，如国际标准化组织的 ISO 9000 系列国际标准等，具有世界公认的通向国际市场的“通行证”性质。经认证，可以提高企业信誉，增强市场竞争力。

《产品质量法》规定，国家根据国际通行的质量管理标准，推行企业质量体系认证制度。企业可以向国务院产品质量监督管理部门或者国务院产品质量监督管理部门授权的部门认可的认证机构申请企业质量体系认证。经认证合格者，由认证机构颁发企业质量体系认证证书。

3. 产品质量认证制度

产品质量认证制度是指用合格证书或合格标准证明某一产品或服务符合特定标准或其他技术规范的活动。企业根据自愿原则，可以向国务院产品质量监督管理部门或者国务院产品质量监督管理部门授权的部门认可的认证机构申请产品质量认证。经认证合格者，由认证机构颁发产品质量体系认证证书。准许企业在产品或者其包装上使用产品质量认证标志。

（五）生产者、销售者的产品质量责任和义务

1. 生产者、销售者的产品质量责任和义务的涵义

生产者、销售者的产品质量责任和义务，是指根据《产品质量法》规定，在产品生产和销售过程中应当履行的保证产品质量的法定责任和义务。

《产品质量法》对生产者、销售者的产品质量责任和义务规定主要有两类，即积极责任和消极责任，或者称作为义务和不作为义务，前者要求作出一定的行为，而后者则禁止特定的行为。由于许多产品质量问题源于产品设计、制造缺陷或者产品质量表示缺陷，因此，《产品质量法》对生产者、销售者的产品质量责任和义务作了规定。

2. 生产者的产品质量责任和义务

(1) 生产者应当对其生产的产品质量负责。

(2) 产品及其包装上的标识必须真实　产品包装上的标示内容：产品质量检验合格证，中文标明的产品名称、生产厂厂名和厂址，产品的特点和使用要求，生产日期和安全使用期或者失效日期，中文警示说明。

(3) 不得违反法律规定的禁止性规定　不得生产国家明令淘汰的产品；不得伪造产地，伪造或者冒用他人的厂名、厂址；不得伪造或者冒用认证标志、名优标志等质量标志；生产产品不得掺杂、掺假、以假充真、以次充好。

3. 销售者的产品质量责任和义务

(1) 执行进货检查验收制度，保持销售产品的质量；

(2) 执行产品质量标示制度；

(3) 不得违反法律规定的禁止性规定

① 不得销售国家明令淘汰并停止销售的产品和失效、变质的产品；

② 不得伪造产品、伪造或者冒用他人的厂名、厂址；

③ 不得伪造或者冒用认证标志、名优标志等质量标志；

④ 销售产品，不能掺杂、掺假、不得以假充真，不得以不合格产品冒充合格产品。

三、商　标　法

（一）《商标法》的概念

《商标法》是指在调整确认、保护商标专有权和商标使用过程中发生的社会关系的法律规范的总称。

为了加强商标管理，保护商标专有权，促使生产者保证商品质量和维护商标信誉，以保障消费者的利益，促进社会主义商品经济的发展，1982 年 8 月 23 日，第五届全国人民代表大会常务委员会第二十四次会议审议、通过了《中华人民共和国商标法》，1983 年 3 月 1 日起实施。1993 年 2 月 2 日第七届全国人民代表大会常务委员会第三十次会议对《商标法》进行了修改。与《商标法》配套的法规主要有国务院颁布的《商标法实施细则》。为完善我国商标专用权保护制度，适应我国加入 WTO（世贸组织）的需要，第九届全国人大常委会第二十四次会议于 2001 年 10 月 27 日通过了“全国人民代表大会常务委员会关于修改《中华人民共和国商标法》的决定”，该决定自 2001 年 12 月 1 日起施行。与修改后的《商标法》相配套，2002 年 3 月 8 日，国务院发布第

358号令，公布《中华人民共和国商标法实施条例》，该条例自2002年9月15日起施行，其主要内容包括：商标注册的申请、商标注册的审查和核准、注册商标的续展、转让和使用许可、注册商标争议的裁定、商标使用的管理、注册商标专用权的保护等。

（二）商标权的主体、客体和内容

1. 商标权的主体

商标权的主体是指有权申请商标注册并依法取得商标所有权的自然人、法人或其他组织。《商标法》第4条规定，自然人、法人或其他组织对其生产、制造、加工、拣选或者经销的商品，需要取得商标专用权的，应当向商标局申请商标注册。

另外，外国人或外国企业在中国申请商标注册的，应按其所属国和我国签订的协议或共同参加的国际条约办理，或者按对等原则办理。

2. 商标权的客体

商标权的客体，在我国是指经过国家商标局核准注册的商标，即注册商标。申请商标注册的商标必须符合以下条件：

(1) 商标使用的文字、图形、字母、数字、三维标志和颜色组合，应当有显著特征，便于识别。

(2) 下列标记不得作为商标使用（即商标禁用标志） 同中华人民共和国国家名称、国旗、国徽、军旗、勋章相同或者近似的，以及同中央国家机关所在地特定地点的名称或者标志性建筑物的名称、图形相同的；同外国的国家名称、国旗、国徽、军旗、相同或者近似的，但该政府同意的除外；同政府间国际组织的旗帜、徽记、名称相同或者近似的，但经该组织同意或不易误导公众的除外；与表示实施控制、予以保证的官方标志、检验印记相同或近似的，但经授权的除外；同“红十字”、“红新月”的标记、名称相同或相近似的；带有民族歧视性的；夸大宣传并带有欺骗性的；有害于社会主义道德风尚或者有其他不良影响的。另外，县级以上行政区划的地名或者公众知晓的外国地名，不得作为商标。但是，地名具有其他含义或作为集体商标、证明商标组成部分的除外；已经注册的使用地名的商标继续有效。

(3) 商标权的内容　商标权的内容，即商标法律关系的权利和义务。商标权人的主要权利：商标专用权、转让权、许可权、禁用权和收益权。

3. 商标权人的主要义务

(1) 使用注册商标的义务　使用注册商标的，应当标明“注册商标”或者注册标记。商标注册后必须使用，连续3年停止使用注册商标，任何人都可以向商标局申请予以撤销。

(2) 确保商品质量的义务　商标注册人、受让人、被许可使用人应当保证注册商标的商品质量，不得粗制滥造，以次充好，欺骗消费者。

(3) 交纳规费的义务　商标权人按规定在申请商标注册和办理其他商标事宜时，缴纳费用，否则，商标局不予注册。

(4) 其他义务　商标权人负有遵守商标管理规定的义务，如不得自行改变注册商标、注册事项，不得自行转让注册商标的义务等。

4. 商标权的期限和续展

我国注册商标的有效期为10年，自核准注册之日起计算。注册商标期限届满，需要继续使用的，可以申请续展，且次数不受限制，每次续展注册的有效期为10年。

（三）商标使用管理和已注册商标发生争议的处理

1. 商标使用管理

(1) 对注册商标的使用管理　国家规定必须使用商标注册的商品，未经核准注册，在市场上销售的，由工商行政管理部门责令限期申请注册，可以并处罚款。还规定了撤销注册商标的一些违规行为。

(2) 对未注册商标的管理　使用未注册商标，由工商行政管理部门予以制止，限期改正，并可以予以通报或者处以罚款。

(3) 对商标局撤销注册商标的决定　当事人不服商标局撤销注册商标的决定，可以在收到通知后15天内申请复审，由商标评审委员会作出决定，并书面通知申请人；对工商行政管理部门作出的罚款决定，当事人不服的，可以在收到通知后15天内，向人民法院起诉。期满不起诉又不履行的，由有关工商行政管理部门申请人民法院强制执行。

2. 对已经注册的商标发生争议时的处理

违反有关商标禁用标志规定或者是以欺骗手段或者其他不正当手段取得注册的商标，由商标局撤销该注册商标；其他单位或者个人可以请求商标评审委员会裁定撤销该注册商标。

除上述情形外，对已经注册的商标有争议的，可以在该商标经核准注册之日起一年内，向商标评审委员会申请裁定。

3. 注册商标专用权的保护

(1) 商标权的保护范围　注册商标的专用权，以核准注册的商标和核定使用的商品为限。

(2) 商标侵权行为　根据《商标法》第52条规定侵犯注册商标专用的行为。

(3) 对商标侵权行为的处理　工商行政管理部门有权责令侵权人立即停止侵权行为，没收、销毁侵权商品和专门用于制造侵权商品、伪造注册商标标识的工具，并处以罚款。对侵犯注册商标专用权的，被侵权人也可以直接向人民法院起诉。制止侵权行为；假冒注册商标等行为，构成犯罪的，除赔偿损失外被侵权机关可依法追究刑事责任。

四、计 量 法

（一）《计量法》的概念

《计量法》是1985年9月6日经第六届全国人民代表大会常务委员会第十二次会议通过，自1986年7月1日起正式施行。计量工作是经济建设中一项重要的技术基础，包括的内容相当广泛，涉及到工农业生产、国防建设、科学实验、国内外贸易以及人民的生活、健康、安全等各个方面。经济越发展，越需要加强计量工作，加强计量法制监督，所以计量立法的宗旨，主要是为了加强计量监督管理，健全计量法制，解决国家计量单位制的统一和全国量值的准确可靠问题，《计量法》中的各项规定都围绕着这两个核心问题。但是《计量法》的最终目的，还是为了促进科学技术和国民经济的发展，保护消费者免受不准确或不诚实测量所造成的危害，保护国家权益不受侵犯。《计量法》的第二条中做了明确规定，即在中华人民共和国境内，所有国家机关、社会团体。中国人民解放军、企事业单位和个人，凡是建立计量基准、计量标准，进行计量检定，制造、修理、销售、进口、使用计量器具，以及《计量法》有关条款中规定的使用计量单位，开展计量认证，实施仲裁检定和调解计量纠纷，进行计量监督管理所发生的各种法律关系，都必须遵守《计量法》的规定。

（二）计量法规主要内容

计量法规是指以《计量法》为母法及其从属于《计量法》的若干法规、规章所构成的有机联系的整体。计量法规体系主要包括以下三个方面的内容：第一是法律，即《计量法》；第二是法规，包括国务院依据《计量法》制定或批准的计量行政法规，如《计量法实施细则》。《计量监督管理条例》、《进口计量器具监督管理办法》等，迄今共有八件。其次还包括部分省、自治区、直辖市人大或常委会制定的地方性计量法规；第三是规章和规范性文件。包括国家技术监督局制定的有关计量的部门规章，如《计量法条文解释》、《计量基准管理办法》、《计量标准考核办法》、《制造，修理计量器具许可证管理办法》、《货量器具新产品管理办法》、《计量认证评审规范》等，迄今共有三十多件。其次还包括国务院有关部门制定的计量管理办法，如《国家海洋局计量监督办法》等。此外，是县级以上地方人民政府及计量行政部门制定的地方计量管理规范性文件。

以上三个方面的计量法律、法规、规章及规范性文件，构成了我国计量法规体系，这些法规体系中的法律、法规和规章具有不同的层级效力，其中《计量法》是具有最高效力的。计量法律法规包括《计量法》，8个计量行政法规，22个计量部门规章，23个地方性计量法规，7个地方性计量规章。一些专业法规也对有关计量工作作出了规范。

五、进出口商品检验法

（一）《进出口商品检验法》的概念

1989年2月，第七届全国人大常委会第六次会议审议通过了《中华人民共和国进出口商品检验法》（以下简称《商检法》），《中华人民共和国进出口商品检验法修正案》已于2002年4月28日经第九届全国人大常委会第二十七次会议审议通过，于2002年10月1日起正式施行。《商检法》规定了商品检验的宗旨是确保进出口商品质量，促进对外贸易的发展。它以法律的形式明确了：商检机构对进出口商品实施法定检验，办理进出口商品鉴定业务以及监督管理进出口商品检验工作等基本职责。《商检法》同时规定了法定检验的内容、标准，以及质量认证、质量许可、认可国内外检验机构等监管制度，并规定了相应的法律责任。

《商检法》实施后，原国家商检局根据该法第31条的规定，制定了《中华人民共和国进出口商品检验法实施条例》（以下简称《商检法实施条例》）。《商检法实施条例》经国务院批准，国家商检局1992年10月发布施行。《商检法实施条例》作为《商检法》的配套法规，具体规定了商检部门主管进出口商品检验工作的法律地位，规定了法定检验、鉴定业务的范围、监督管理的各项制度。并在符合《商检法》基本原则的基础上规定了商检部门可以制定行业标准、开展外商投资财产鉴定、质量体系评审等业务。《商检法》以及《商检法实施条例》的发布施行，对于进一步加强进出口商品检验把关，维护国家利益和信誉，促进外贸发展具有重大的作用。

（二）进出口商品检验法的内容

1. 进出口商品检验管理机构

国务院设立进出口商品检验部门（以下简称国家商检部门），主管全国进出口商品检验工作。国家商检部门设在各地的进出口商品检验机构（以下简称商检机构）管理所辖地区的进出口商品检验工作。

2. 商品检验管理的内容

（1）进口商品检验　第五条　列入《种类表》的进出口商品和其他法律、行政法规规定须经商检机构检验的进出口商品，必须经过商检机构或者国家商检部门、商检机构指定的检验机构检验。前款规定的进口商品未经检验的，不准销售、使用；前款规定的出口商品未经检验合格的，不准出口。

（2）出口商品检验　第十六条　对装运出口易腐烂变质食品的船舱和集装箱，承运人或者装箱单位必须在装货前申请检验。未经检验合格的，不准装运。

（3）公证鉴定　第二十五条　商检机构和其指定的检验机构以及经国家商检部门批准的其他检验机构，可以接受对外贸易关系人或者外国检验机构的委托，办理进出口商品鉴定业务。进出口商品鉴定业务的范围包括：进出口商品的质量、数量、重量、包装鉴定，海损鉴定，集装箱检验，进口商品的残损鉴定，出口商品的装运技术条件鉴定、货载衡量、产地证明、价值证明以及其他业务。

3. 商品检验管理的方法

①法定检验、地方性法定检验和自行检验；②报验、检验与出证；③公证鉴定申请与鉴定证书；④派员驻厂；⑤处罚。

（三）进出口商品检验法的法律责任

(1)《商检机构实施检验的进出口商品类表》中的商品必须经商检机构检验的进口商品未报经检验而擅自销售或者使用的，出口商品未报经检验合格而擅自出口的，由商检机构处以罚款；情节严重，造成重大经济损失的，对直接责任人员比照刑法第一百八十七条的规定追究刑事责任。

(2) 国家商检机构工作人员的法律责任　第二十九条规定国家商检部门、商检机构的工作人员和国家商检部门、商检机构指定的检验机构的检验人员，滥用职权，徇私舞弊，伪造检验结果的，或者玩忽职守，延误检验出证的，根据情节轻重，给予行政处分或者依法追究刑事责任。

六、进出境动植物检疫法

1.《进出境动植物检疫法》的概念

《中华人民共和国进出境动植物检疫法》（以下简称《动植物检疫法》）于 1991 年经七届全国人大常委会二十二次会议审议通过，正式对外发布施行。

《动植物检疫法》是中国颁布的第一部动植物检疫法律，是中国动植物检疫史上一个重要的里程碑，它以法律的形式明确了动植物检疫的宗旨、性质、任务，为口岸动植物检疫工作提供了法律依据和保证。它的颁布实施，扩大了中国动植物检疫在国际上的影响，标志着中国动植物检疫事业进入一个新的发展时期。

1996 年 12 月，国务院颁布《动植物检疫法实施条例》，细化了动植物检疫法中的原则规定，如进一步明确了进出境动植物检疫的范围，确定了国家动植物检疫机关的职能，完善了检疫审批程序和检疫监督制度，进一步规范了实施行政处罚的规则和尺度。

《动植物检疫法》及其《实施条例》颁布施行后，农业部、国家动植物检疫局根据工作的需要，先后制定了一系列配套规章及规范性文件。如《进境动物一二类传染病、寄生虫病名录》、《禁止携带、邮寄进境的动物、动物产品和其他检疫物名录》、《进境植物检疫危险性病、虫、杂草名录》、《进境植物检疫禁止进境物名录》等。这些规章及规范性文件的执行，对于实现进出境动植物检疫“把关、服务、促进”的宗旨发挥了重要的作用。

2.《进出境动植物检疫法》的内容

《进出境动植物检疫法》共八章五十条，主要内容有：

（1）总则　进出境的动植物、动植物产品和其他检疫物，装载动植物、动植物产品和其他检疫物的装载容器、包装物，以及来自动植物疫区的运输工具，依法实施检疫；禁止下列各物进境：动植物病原体（包括菌种、毒种等）、害虫及其他有害生物；动植物疫情流行的国家和地区的有关动植物、动植物产品和其他检疫物；动物尸体；国务院农业行政主管部门主管全国进出境动植物检疫工作；口岸动植物检疫机关实施检疫的职责等。

（2）进境检疫　输入动物、动物产品、植物种子、种苗、其他繁殖材料及部分粮食类必须提出申请，办理检疫审批手续，应当在进境口岸实施检疫；未经口岸动植物检疫机关同意，不得卸离运输工具；输入动植物、动植物产品和其他检疫物，经检疫合格的，准予进境；输入动植物、动植物产品和其他检疫物，需调离海关监管区检疫的，海关凭口岸动植物检疫机关签发的《检疫调离通知单》验放。

（3）出境检疫　输出动植物、动植物产品和其他检疫物，由口岸动植物检疫机关实施检疫，经检疫合格或者经除害处理合格的，准予出境；经检疫合格的动植物、动植物产品和其他检疫物，有下列情形之一的，货主或者其代理人应当重新报检：更改输入国家或者地区，更改好的输入国家或者地区又有不同检疫要求的；改换包装或者原未拼装后来拼装的；超过检疫规定有效期的。

（4）过境检疫　要求运输动物过境的，必须事先征得中国国家动植物检疫机关同意，并按照指定的口岸和路线过境。

（5）运输工具检疫　来自动植物疫区的船舶、飞机、火车抵达口岸时，由口岸动植物检疫机关实施检疫。

发现有本法第十八条规定的名录所列的病虫害的，作不准带离运输工具、除害、封存或者销毁处理。

3. 进出境卫生检疫法的法律责任

（1）违反进出境动植物检疫的法律责任　根据《中华人民共和国国境卫生检疫法》及其实施细则、《中华人民共和国进出境动植物检疫法》及其实施条例的规定，凡具有下列情形的，将被检验检疫机关处以最高可达50000元人民币的罚款，情节严重者将被追究刑事责任：①携带动植物、动植物产品、废旧物品、微生物、人体组织、生物制品、血液及其制品入境，未主动申报或未依法办理检疫审批手续或未按检疫审批执行的；②拒绝接受检疫或者抵制卫生监督，拒不接受卫生处理的；③不如实申报疫情，伪造或者涂改检疫单证的；④隐瞒疫情或者伪造情节的。

（2）动植物检疫机关检疫人员的法律责任　第四十五条　动植物检疫机关检疫人员滥用职权，徇私舞弊，伪造检疫结果，或者玩忽职守，延误检疫出证，构成犯罪的，依法追究刑事责任；不构成犯罪的，给予行政处分。

第三百三十七条违反进出境动植物检疫法的规定，逃避动植物检疫，引起重大动植物疫情的，处三年以下有期徒刑或者拘役，并处或者单处罚金。单位犯前款罪的，对单位判处罚金，并对其直接负责的主管人员和其他直接责任人员，依照前款的规定处罚。

七、境内卫生检疫法

1. 境内卫生检疫法的概念

1986 年 12 月 2 日，经第六届全国人大常委会第十八次会议审议通过，颁布了《中华人民共和国国境卫生检疫法》（以下简称《国境卫生检疫法》）。随后，卫生部根据《国境卫生检疫法》的授权，于 1989 年发布了《中华人民共和国国境卫生检疫法实施细则》。《国境卫生检疫法》及其实施细则以法律法规的形式规定了新形势下卫生检疫机构的职责、检疫对象、主要工作内容、疫情通报、发生疫情时的应急措施以及处理程序。同时，对入出境人员、运输工具检验检疫、物品检疫查验、临时检疫、国际间传染病监测、卫生监督和法律责任也做了相应的规定。《国境卫生检疫法》的发布施行标志着中国国境卫生检疫工作进入了法制化管理的轨道。

1982 年 11 月，全国人大常委会公布了《食品卫生法》（试行），1995 年 10 月又正式修订为《食品卫生法》，明确规定“出口食品卫生由商品检验机构监督检验”。国家商检局与卫生部于 1984 年 7 月联合发布《出口食品卫生管理办法》，使出口食品卫生监督检验完全步入正规发展的轨道。

2. 我国《国境卫生检疫法》的主要特征

我国《国境卫生检疫法》的主要特征是：

（1）是一部涉外卫生行政法律，对外体现一个国家行政卫生主权。

（2）采取“预防为主”方针，防止传染病在国境口岸上传入与传出。

（3）具有中国特色又符合国际惯例。

（4）规定由出入境检验检疫机构对国境口岸出入境交通工具、人员、货物、集装箱、行李、邮包等实施卫生检疫、传染病监测、卫生监督和卫生处理。

（5）从公共卫生法基本要求对口岸进行卫生行政管理。

3. 境内卫生检疫法的内容

境内卫生检疫法共六章二十八条，其主要内容是：

（1）总则　入境、出境的人员、交通工具、运输设备以及可能传播检疫传染病的行李、货物、邮包等物品和《食品卫生法》规定的出入境检疫对象有进口食品、食品添加剂、食品容器以及包装材料、工具设备，都应当接受检疫，经国境卫生检疫机关许可，方准入境或者出境；国境卫生检疫机关发现检疫传染病或者疑似检疫传染病时，除采取必要措施外，必须立即通知当地卫生行政部门，同时用最快的方法报告国务院卫生行政部门，最迟不得超过 24 小时。

（2）检疫　入境的交通工具和人员，必须在最先到达的国境口岸的指定地点接受检疫。除引航员外，未经国境卫生检疫机关许可，任何人不准上下交通工具，不准装卸行李、货物、邮包等物品。在国境口岸发现检疫传染病、疑似检疫传染病，或者有人非因意外伤害而死亡并死因不明的，国境口岸有关单位和交通工具的负责人，应当立即向国境卫生检疫机关报告，并申请临时检疫；国境卫生检疫机关对检疫传染病染疫人必须立即将其隔离，隔离期限根据医学检查结果确定；对检疫传染病染疫嫌疑人应当将其留验，留验期限根据该传染病的潜伏期确定。

(3) 传染病监测　国境卫生检疫机关对入境、出境的人员实施传染病监测，并且采取必要的预防、控制措施；国境卫生检疫机关有权要求入境、出境的人员填写健康申明卡，出示某种传染病的预防接种证书、健康证明或者其他有关证件。

(4) 卫生监督　国境卫生检疫机关根据国家规定的卫生标准，对国境口岸的卫生状况和停留在国境口岸的入境、出境的交通工具的卫生状况实施卫生监督；国境口岸卫生监督员在执行任务时，有权对国境口岸和入境、出境的交通工具进行卫生监督和技术指导，对卫生状况不良和可能引起传染病传播的因素提出改进意见，协同有关部门采取必要的措施，进行卫生处理。

4. 违反境内卫生检疫法的法律责任

(1) 民事责任　第二十条　对违反本法规定，有下列行为之一的单位或者个人，国境卫生检疫机关可以根据情节轻重，给予警告或者罚款；

① 逃避检疫，向国境卫生检疫机关隐瞒真实情况的；

② 入境的人员未经国境卫生检疫机关许可，擅自上下交通工具，或者装卸行李、货物、邮包等物品，不听劝阻的。罚款全部上缴国库。

第二十三条　国境卫生检疫机关工作人员，应当秉公执法、忠于职守，对入境、出境的交通工具和人员，及时进行检疫；违法失职的，给予行政处分，情节严重构成犯罪的，依法追究刑事责任。

(2) 违反国境卫生检疫刑事责任　违反本法规定，引起检疫传染病传播或者有引起检疫传染病传播严重危险的，依照《中华人民共和国刑法》违反国境卫生检疫规定，引起检疫传染病传播或者有传播严重危险的，处三年以下有期徒刑或者拘役，并处或者单处罚金。单位犯前款罪的，对单位判处罚金，并对其直接负责的主管人员和其他直接责任人员，依照前款的规定处罚。

第二节　国家相关食品法规

一、食品卫生监督管理制度

食品卫生监督执法属卫生行政执法范畴。它是指卫生行政部门依照《中华人民共和国食品卫生法》，对食品卫生管理者的权利义务的行使和履行情况直接进行监督检查，以及采取直接影响其权利义务的行政行为。

（1）食品卫生监督执法包括两方面的形式与内容，一是对食品卫生管理相对人是否遵守《食品卫生法》以及行政处理决定的情况进行监督检查；二是针对食品卫生管理相对人作出单方面的行政处理决定。前者，一般不直接产生法律后果，也不易引起行政争议，后者，能直接产生法律后果，也容易引起行政争议。两者之间有区别，也有联系，不能绝对分开。在我国目前的卫生监督体制下，区别食品卫生监督执法的形式与内容，对食品卫生监督执法的正确实施，是很有必要的。

（2）卫生监督检查是对食品卫生管理相对人是否遵守《食品卫生法》和行政处理决定的情况进行监督检查，是食品卫生监督执法的主体内容，其目的是保证食品卫生，防止食品污染和有害因素对人体的危害。食品卫生监督检查的内容可依据《食品卫生法》第二、三、四、五、六章的规定以及其他规范性文件予以确定。

（3）卫生监督管理的行政处理决定　根据《食品卫生法》的规定，卫生行政部门针对食品卫生管理办法规定对相关人员作出直接产生法律后果的行政处理决定。

二、产品质量监督抽查制度

国家对产品质量实行以抽查为主要方式的监督检查制度，对可能危及人体健康和人身、财产安全的产品，影响国计民生的重要工业产品以及消费者、有关组织反映有质量问题的产品进行抽查。监督抽查工作由国务院产品质量监督管理部门规划和组织。县级以上地方产品质量监督部门在本行政区域内也可以组织监督抽查。国家监督抽查的产品，地方不得另行重复抽查；上级监督抽查的产品，下级不得另行重复抽查。对依法进行的产品质量监督检查，生产者、销售者不得拒绝。国务院和省、自治区、直辖市人民政府的产品质量监督检查部门应当定期发布其监督抽查的产品的质量状况公告。

抽查的样品应当在市场上或者企业成品仓库内的待销产品中随机抽取。根据监督抽查的需要，可以对产品进行检验。检验抽取样品的数量不得超过检验的合理需要，并不得向被检查人收取检验费用。抽查的产品质量不合格的，由实施监督抽查的产品质量监督部门责令其生产者、销售者限期改正。逾期不改正的，由省级以上人民政府产品质量监督部门予以公告；公告后经复查仍不合格的，责令停业、限期整顿；整顿期满后经复查产品质量仍不合格的，吊销营业执照。

三、商品计量监督管理规定

为维护社会主义市场经济秩序，制止利用计量手段欺骗消费者的不法行为，保护消费者的合法权益，根据《中华人民共和国计量法》及其实施细则的规定，国家质检总局于 1995 年 12 月 8 日颁布了《定量包装商品计量监督管理规定》，于 1996 年 1 月 1 日开始生效；《定量包装商品计量监督管理规定》的颁布，填补了我国定量包装商品计量监督管理法规上的空白，为各级质量技术监督部门开展工作提供了依据，有效地促进了我国定量包装商品计量工作的开展。

（1）本规定的内容　适用范围是以销售为目的、与消费者利益密切相关，在一定量限范围内具有统一的质量、体积、长度标注的预包装商品。

（2）违反本规定的一些法律责任　第十五条规定生产、经销定量包装商品没有按本规定正确、清晰地标注净含量的，责令予以改正；对于没有标注净含量的，限期改正，逾期不改的，可处一千元以下罚款。

第十六条规定生产、经销定量包装商品，按本规定第六条规定的抽样方法检验，平均偏差或者单件定量包装商品超出计量负偏差件数违反第六条规定的，比照《中华人民共和国计量法实施细则》第五十一条给予行政处罚。

四、食品生产许可证制度和食品卫生许可制度

（1）食品生产许可证制度是工业产品许可证制度的一个组成部分，是为保证食品的质量安全，由国家主管食品生产领域质量监督工作的行政部门制定并实施的一项旨在控制食品生产加工企业生产条件的监控制度。该制度规定：从事食品生产加工的公民、法人或其他组织，必须具备保证产品质量安全的基本生产条件，按规定程序获得《食品生产许可证》，方可从事食品的生产。没有取得《食品生产许可证》的企业不得生产食品，任何企业和个人不得销售无证食品。

（2）根据《加强食品质量安全监督管理工作实施意见》的有关规定，食品生产加工企业保证产品质量必备条件包括 10 个方面，即：环境条件、生产设备条件、加工工艺及过程、原材料要求、产品标准要求、人员要求、储运要求、检验设备要求、质量管理要求、包装标志要求等。

不同食品的生产加工企业，保证产品质量必备条件的具体要求不同，在相应的食品生产许可证实施细则中都作出了详细的规定。

《加强食品质量安全监督管理工作实施意见》规定对《食品质量安全监督管理重点目录》中的食品实行强制检验，法规依据为：《中华人民共和国产品质量法》第十二条规定："产品质量应当检验合格，不得以不合格产品冒充合格产品"。所谓检验，就是通过观察和判断，适当时结合测量、试验所进行的符合性评价。也就是说，依据标准和明示的质量技术指标，使用相应仪器、设备对产品进行检测、试验，作出产品是否符合规定要求的判断。顾名思义，食品质量安全市场准入制度中的强制检验，就是为了保证食品质量安全和符合规定的要求，用法律法规的形式要求企业或者监督管理部门为履行其质量责任和义务必须开展的某些检验。在食品质量安全市场准入制度中，强制检验包括发证检验、出厂检验和监督检验。

(3) 根据《工业产品生产许可证管理办法》第二十五条的规定，企业生产《食品质量安全监督管理重点目录》中的产品，没有按照规定取得《食品生产许可证》的，由质量技术监督部门责令其停止生产销售、限期取得生产许可证；有违法所得的，没收违法所得，并处违法生产销售产品（包括已出售的食品）货值金额15%至20%的罚款；造成损失的依法追究责任。

已出厂销售的食品存在严重质量安全问题，存在可能危及人身安全健康或造成人身安全重大事故等危险时，食品生产加工企业应当及时收回已经出厂销售的食品，收回的食品应当销毁，不得再次出厂销售。

(4) 食品卫生许可制度是国家食品卫生监督制度中的根本制度；《食品卫生法》第二十九条规定："食品生产经营企业和食品摊贩，必须先取得卫生行政部门发放的卫生许可证方可向工商行政管理部门申请登记，未取得卫生许可证的，不得从事食品生产经营活动"；所以食品卫生许可证的发放与管理是食品卫生监督工作中一项十分重要的工作内容。

五、食品市场准入制度

1. 食品质量安全市场准入制度

食品质量安全市场准入制度是国家质检总局按照国务院批准的"三定"方案确定的职能，依据《产品质量法》、《标准化法》、《工业产品生产许可证试行条例》等法律、法规以及《国务院关于进一步加强产品质量工作若干问题的决定》的有关规定，为保证食品的质量安全，制定的对食品及其生产加工企业的监管制度，具备规定条件的生产者才允许进行生产经营活动、具备规定条件的食品才允许生产销售。因此，实行食品质量安全市场准入制度是一种政府行为，是一项行政许可制度。

食品质量安全市场准入制度包括三项具体制度：

(1) 对食品生产企业实施生产许可证制度　对于具备基本生产条件、能够保证食品质量安全的企业，发放《食品生产许可证》，准予生产获证范围内的产品；未取得《食品生产许可证》的企业不准生产食品。

(2) 对企业生产的食品实施强制检验制度　未经检验或经检验不合格的食品不准出厂销售。

(3) 对实施食品生产许可证制度的产品实行市场准入标志制度　对检验合格的食品要加印（贴）市场准入标志——QS标志，没有加贴QS标志的食品不准进入市场销售。食品市场准入标志图案如图8-1所示。

2. 实行食品质量安全市场准入制度的意义

① 实行食品质量安全市场准入制度是提高食品质量、为保证食品的质量安全所采取的一项重要措施，是保证消费者安全健康的需要。

② 实行食品质量安全市场准入制度是保证食品生产加工企业的基本条件，强化食品生产法制管理的需要。

③ 实行食品质量安全市场准入制度是适应改革开放，创造良好经济运行环境的需要。

3. 违规的处罚

图 8-1 食品质量安全标志图

食品卫生法第五十五条 食品生产加工或者销售企业有如下情况之一：未获得食品生产许可证而擅自生产的，委托无证企业生产加工食品的，食品生产许可证超过有效期而继续生产的，超出许可范围擅自生产的，销售无证产品的等，由质量技术监督部门责令其停止生产、销售，限期取得食品生产许可证；并处违法生产销售产品（包括已出售和未出售的食品）货值金额 15%～20%的罚款；有违法所得的，没收违法所得；造成损失的，依法追究责任。

第五十六条 取得食品生产许可证的企业，未按规定在食品包装上标明生产许可证编号和加印（贴）QS 标志的，责令整改；情节严重的，可处 3 万元以下罚款，吊销食品生产许可证。

第五十七条 伪造、冒用食品生产许可证及 QS 标志的，取得生产许可证的企业转让或者涂改生产许可证编号或者标志的，由质量技术监督部门责令改正，并按照《中华人民共和国产品质量法》第五十三条的规定处罚；情节严重的，吊销食品生产许可证。违法接受并使用他人提供的生产许可证编号的，按照前款规定给予处罚。

第五十八条 企业未按时进行年审或者年审不合格、未按规定办理变更申请而继续生产的，由质量技术监督部门责令其限期改正；逾期不改正的，按照《中华人民共和国产品质量法》第五十三条的规定实施处罚；情节严重的，吊销食品生产许可证。

六、无公害农产品标志管理办法

为加强对无公害农产品标志的管理，保证无公害农产品的质量，维护生产者、经营者和消费者的合法权益，根据《无公害农产品管理办法》，农业部、国家认证认可监督管理委员会联合制定了《无公害农产品标志管理办法》，于 2002 年 11 月 25 日公布并于公布之日实施。

图 8-2 无公害农产品标志基本图案

1. 无公害农产品标志

无公害农产品标志是全国统一的无公害农产品认证标志，是加施于获得无公害农产品认证的产品或者其包装上的证明性标记。

农业部和国家认证认可监督管理委员会（以下简称国家认监委）对全国统一的无公害农产品标志实行统一监督管理。县级以上地方人民政府农业行政主管部门和质量技术监督部门按照职责分工依法负责本行政区域内无公害农产品标志的监督检查工作。

无公害农产品标志基本图案、规格和颜色如下：

(1) 无公害农产品标志　无公害农产品标志基本图案如图 8-2 所示。

(2) 无公害农产品标志规格分为五种，其规格、尺寸（直径）为：

规格	1号	2号	3号	4号	5号
尺寸/mm	10	15	20	30	60

(3) 无公害农产品标志标准颜色由绿色和橙色组成。

2. 无公害农产品标志的使用与管理

根据《无公害农产品管理办法》的规定获得无公害农产品认证资格的认证机构（以下简称认证机构），负责无公害农产品标志的申请受理、审核和发放工作。

获得无公害农产品认证证书的单位和个人，可以在证书规定的产品或者其包装上加施无公害农产品标志，用以证明产品符合无公害农产品标准。

使用无公害农产品标志的单位和个人，应当在无公害农产品认证证书规定的产品范围和有效期内使用，不得超范围和逾期使用，不得买卖和转让。

无公害农产品标志的印制单位，不得向具有无公害农产品认证资格的认证机构以外的任何单位和个人转让无公害农产品标志。

3. 违规处罚

伪造、变造、盗用、冒用、买卖和转让无公害农产品标志以及违反本办法规定的，按照国家有关法律法规的规定，予以行政处罚；构成犯罪的，依法追究其刑事责任；从事无公害农产品标志管理的工作人员滥用职权、徇私舞弊、玩忽职守，由所在单位或者所在单位的上级行政主管部门给予行政处分；构成犯罪的，依法追究刑事责任。

七、绿色食品标志管理办法

绿色食品是指无污染的安全、优质、营养食品。绿色食品工程是我国发展生态农业的战略措施之一，对于保护农业生态环境、推动环境保护工作、提高全民族环保意识、提高我国食品质量、保障人民群众身心健康、增强我国食品对外出口创汇能力等均有十分重要的战略意义。为进一步加强对这项工作的管理，农业部对《农业部“绿色食品”标志管理暂行办法》作了全面修订，制定出新的《绿色食品标志管理办法》，于 1993 年 1 月正式颁布。

1. 绿色食品标志与产品要求

绿色食品标志是经国家工商行政管理局注册的质量证明商标（见图 8-3），使用绿色食品标志，须按本办法规定的程序提出申请，由农业部审核批准其使用权。未经农业部批准，任何单位和个人无权使用绿色食品标志。获得绿色食品标志使用权的产品，必须同时符合下列条件：①产品或产品原料的产地必须符合绿色食品的生态环境标准；②农作物种植、畜禽饲养、水产养殖及食品加工必须符合绿色食品的生产操作规程；③产品必须符合绿色食品的质量和卫生标准；④产品的标签必须符合《绿色食品标志设计标准手册》中的有关规定。

图 8-3　绿色食品标志

2. 绿色食品标志使用权的申请

本办法第二章第六条规定申请在产品上使用绿色食品标志的程序：①申请人填写《绿色食品标志使用申请书》一式两份（含附报材料），报所在省（自治区、直辖市、计划单列市，下同）绿色食品管理部门；②省绿色食品管理部门委托通过省级以上计量认证的环境保护监测机构，对该项产品或产品原料的产地进行环境评价；③省绿色食品管理部门对申请材料进行初审，并将初审合格的材料报中国绿色食品发展中心；④中国绿色食品发展中心会同权威的环境保护机构，对上述材料进行审核。合格的由中国绿色食品发展中心指定的食品监测机构对其申报产品进行抽样、并依据绿色食品质量和卫生标准进行检测；对不合格的，当年不再受理其申请；⑤中国绿色食品发展中心对质量和卫生检测合格的产品进行综合审查（含实地核查），并与符合条件的申请人签订“绿色食品标志使用协议”；由农业部颁发绿色食品标志使用证书及编号；报国家工商行政管理局商标局备案，同时公告于众。对卫生检测不合格的产品，当年不再受理其申请。

绿色食品标志编号形式如下：

```
LB        ———××———××××
|            |        |
标志代码    产品类别   产品代号
```

3. 绿色食品标志的使用

绿色食品标志在产品上的使用范围限于由国家工商行政管理局认定的《绿色食品标志商品涵盖范围》。绿色食品标志在产品上使用时，须严格按照《绿色食品标志设计标准手册》的规范要求正确设计，并在中国绿色食品发展中心认定的单位印制。未经中国绿色食品发展中心批准，不得将绿色食品标志及其编号转让给其他单位或个人。

4. 违规处罚

凡违反本办法第四条及第三章规定的，由农业部撤销其绿色食品标志使用权，收回绿色食品标志使用证书及编号，造成损失的，并责其赔偿损失。自动放弃绿色食品标志使用权或使用权被撤销的，由中国绿色食品发展中心公告于众。

八、转基因食品管理办法

为了加强对转基因食品的监督管理，保障消费者的健康权和知情权，根据《中华人民共和国食品卫生法》（以下简称《食品卫生法》）和《农业转基因生物安全管理条例》，卫生部已于2001年12月11日发布《转基因食品卫生管理办法》，自2002年7月1日起施行。与农业部于1996年11月制定的《农业生物基因工程安全管理实施办法》和国家科学技术部1993年发布的《基因工程安全管理办法》一起构成我国转基因生物与食品卫生的法规体系，三者之间相辅相成、互为补充。

（1）转基因食品管理办法　我国第一部转基因食品卫生安全管理法规，规定了转基因食品的范围包括利用基因工程技术改变基因组构成的动物、植物和微生物生产的食品和食品添加剂等；转基因食品作为一类新资源食品，须经卫生部审查批准后方可生产或者进口。未经卫生部审查批准的转基因食品不得生产或者进口，也不得用作食品或食品原料。

（2）转基因食品食用安全性与营养质量评价　卫生部建立转基因食品食用安全性和营养质量评价制度，设立转基因食品专家委员会，对转基因食品食用安全性和营养质量进行评价。

（3）转基因食品的申报与批准　生产或者进口转基因食品必须向卫生部提出申请，并提交相关材料和转基因食品食用安全性和营养质量评价有关的技术资料；卫生部自受理转基因食品申请之日起六个月内作出是否批准的决定。批准的转基因食品，由卫生部列入可用于食品生产、经营的转基因食品品种目录。

（4）转基因食品标志　第四章第十六条规定食品产品中（包括原料及其加工的食品）含有基因修饰有机体或/和表达产物的，要标注“转基因××食品”或“以转基因××食品为原料”。转基因食品来自潜在致敏食物的，还要标注“本品转××食物基因，对××食物过敏者注意”。

（5）转基因食品监督与管理　卫生部对转基因食品的生产经营组织定期或者不定期监督抽查，并向社会公布监督抽查结果。卫生部认定的转基因食品食用安全性和营养质量检验机构须按照卫生部制定的规程及有关标准进行评价。对出具虚假检验报告或者疏于管理难以保证检验质量的，由卫生部责令改正，并予以通报批评；情节严重的，收回认定资格。

九、新资源食品管理办法

（1）新资源食品卫生管理办法于1990年7月28日由卫生部以第4号令发布施行，

对在我国新研制、新发现、新引进的无食用习惯或仅在个别地区有食用习惯的，符合食品基本要求的物品即新资源食品的研究、试生产、生产、审批、卫生监督等进行法律上的规范。

（2）该办法的主要内容　新资源食品的试生产、正式生产由中华人民共和国卫生部（以下简称卫生部）审批；新资源食品在获准正式生产前，必须经过试生产阶段。新资源食品试生产期为两年。申请试生产新资源食品的单位或个人，必须按本办法规定的审批程序向其所在省、自治区、直辖市食品卫生监督机构提出申请，并报送有关资料及样品。经受理申请的食品卫生监督机构的技术审查、省级卫生行政部门的初步审查和新资源食品审评委员会的审评通过后，报卫生部审批。批准后，发给“新资源食品试生产卫生审查批件”，批准文号为“卫新食试字第（）号”。

申请转为正式生产的新资源食品试生产单位，应在试生产期满前六个月，向所在省、自治区、直辖市卫生行政部门提出申请，经受理申请的卫生行政部门审查后，报卫生部审批。审批通过的，发给“新资源食品卫生审查批件”，批准文号为“卫新食准字第（）号”。

新资源食品在试生产和生产时，不得改变产品配方及生产工艺。

（3）新资源食品卫生的监督管理　本办法的第十条规定食品卫生监督机构要加强对新资源食品的经常性卫生监督。对违反本办法第六条、第七条、第八条和第九条规定的及出现卫生安全问题的，食品卫生监督机构可根据情节轻重，处以警告并限期改进、责令停业改进，情节严重的卫生部可撤销其批准文号。第十一条规定未获得新资源食品试生产批准文号和试生产期满未获得新资源食品审查批准文号的新资源食品以及被撤销其批准文号的新资源食品不得生产经营。第十二条规定违反本办法第十一条规定的，按《中华人民共和国食品卫生法》的有关规定追究法律责任。

十、辐照食品安全管理办法

为了加强辐照食品卫生管理，保护消费者的健康和安全，卫生部 1996 年 4 月 5 日发布施行了《辐照食品卫生管理办法》(以下简称《办法》)。《办法》规定，从事食品辐照加工的单位和个人，必须按所在省、自治区、直辖市卫生行政管理部门制定的卫生许可证发放管理办法，取得食品卫生许可证和放射工作许可证方可开展工作。申请人从事食品辐照加工的单位必须具备良好的防护条件。从事辐照加工放射工作人员必须进行放射防护知识培训，经考试或考核及格的，由省级卫生行政部门发给《放射工作人员证》。辐照新研制的辐照食品品种，由辐照加工单位或个人向卫生部提出申请，批准后发给辐照食品品种批准文号。研制 10kGy 以下的辐照食品新品种，研制单位应向所在省、自治区、直辖市卫生行政部门申请初审，初审合格后报卫生部审批。研制 10kGy 以上的辐照食品新品种，研制单位应向卫生部直接提出申请。由卫生部聘请有关专家负责对新研制的辐照食品的卫生安全性进行评价。《办法》还强调，辐照食品在包装上必须贴有卫生部统一制定的辐照食品标志。

十一、保健食品注册管理办法

保健食品是指声称具有特定保健功能或以补充维生素、矿物质为目的的食品。即适宜于特定人群食用，具有调节机体功能，不以治疗疾病为目的，并且对人体不产生任何急性、亚急性或慢性危害的食品。自1996年7月开展保健食品的审批工作以来，截至2004年10月1日，卫生部及SFDA共批准6316个保健食品注册。其中国产保健食品5811个，进口保健食品505个。卫生部批准的5070个，SFDA批准的1246个。

（一）法律、规章

《中华人民共和国食品卫生法》（1995年10月30日中华人民共和国主席令第59号公布）第22条、第23条和第45条对保健食品审批和监管作出了明确规定，首次确立了保健食品的法律地位。

《保健食品管理办法》（1996年3月15日卫生部令第46号发布）对保健食品的定义、审批、生产经营、标签、说明书及广告宣传、监督管理等作出了具体规定。

《保健食品注册管理办法（试行）》由国家食品药品监督管理局审议通过，并于2005年7月1日开始实施。该办法对保健食品的申请与审批、原料与辅料、标签与说明书、试验与检验、再注册、复审、法律责任等作出了具体规定。有关保健食品注册的规定不符合《保健食品注册管理办法（试行）》规定的，自2005年7月1日起停止执行。

（二）《保健食品注册管理办法》的主要内容

《保健食品注册管理办法》共分两个部分：

1. 正文（共九章105条）

第一章　总则

第二章　申请与审批

第三章　原料与辅料

第四章　标签与说明书

第五章　试验与检验

第六章　再注册

第七章　复审

第八章　法律责任

第九章　附则

2. 附件

（1）产品注册申请申报资料项目；

（2）变更申请申报资料项目；

（3）技术转让产品注册申请；

（4）再注册申报资料项目。

（三）规范性文件

❖ 卫生部关于调整保健食品功能受理和审批范围的通知（卫法监发［2000］第 20 号）

❖ 卫生部关于保健食品初审工作有关规定的通知（卫法监食发［2000］第 65 号）

❖ 卫生部健康相关产品命名规定（卫法监发［2001］109 号）

❖ 卫生部关于规范保健食品技术转让问题的通知（卫法监发［2001］71 号）

❖ 卫生部关于暂不受理以大孔吸附树脂分离纯化工艺生产的保健食品的通知（卫法监发［2002］135 号）

❖ 中华人民共和国食品添加剂卫生管理办法（卫生部 1993 年 3 月 15 日发布）

❖ 卫生部关于印发真菌类和益生菌类保健食品评审规定的通知（卫法监发［2001］84 号）

❖ 卫生部关于限制以野生动植物及其产品作为原料生产保健食品的通知（卫法监发［2001］160 号）

❖ 卫生部关于规范已获批准的以野生动植物及其产品为原料生产的保健食品的原料备案或变更申请的通知（卫法监发［2001］229 号）

❖ 卫生部关于限制以甘草、麻黄草、苁蓉和雪莲及其产品为原料生产保健食品的通知（卫法监发［2001］188 号）

❖ 保健食品标识（签）规定（卫监发［1996］第 38 号）

❖ 关于加强保健食品广告监督管理的通知（工商广字［2000］第 257 号）国家工商行政管理局、卫生部联合发布

❖ 卫生部关于在保健食品标签上标注卫生许可证文号有关问题的批复（卫法监发［2002］319 号）

❖ 卫生部关于进一步规范健康相关产品监督管理有关问题的通知（卫法监发［2003］1 号）

❖ 卫生部关于印发保健食品良好生产规范审查方法与评价准则的通知（卫法监发［2003］77 号）

❖ 卫生部关于规范健康相关产品监督管理实施意见的通知（卫法监发［2003］79 号）

❖ 卫生部关于不再审批以熊胆粉和肌酸为原料生产的保健食品的通告（卫法监发［2001］267 号）

❖ 卫生部关于印发核酸类保健食品评审规定的通知（卫法监发［2002］27 号）

- ❖ 卫生部关于进一步规范保健食品原料管理的通知（卫法监发［2002］51 号）
- ❖ 卫生部关于印发以酶制剂为原料的保健食品评审规定的通知（卫法监发［2002］100 号）
- ❖ 保健食品检验与评价技术规范（2003 版）
  - ■ 保健食品功能学评价程序与检验方法规范
  - ■ 保健食品安全性毒理学评价程序和检验方法规范
  - ■ 保健食品功效成分及卫生指标检验规范
- ❖ 保健食品通用卫生要求（卫监发［1996］第 38 号）
- ❖ 保健（功能）食品通用标准（GB 16740—1997）
- ❖ 保健食品良好生产规范（GB 17405—1998）
- ❖ 食品添加剂使用卫生标准（GB 2760）
- ❖ 中国居民膳食营养素参考推荐摄入量（中国营养学会，2000 年 10 月发布）

（四）审批机构与相关部门

国家食品药品监督管理局（SFDA）主管全国保健食品注册管理工作，负责对保健食品的审批。

SFDA 药品注册司具体承担保健食品的审批职责。

省、自治区、直辖市食品药品监督管理部门受国家食品药品监督管理局委托，负责对国产保健食品注册申请资料的受理和形式审查，对申请注册的保健食品试验和样品试制的现场进行核查，组织对样品进行检验。

SFDA 保健食品审评中心受国家食品药品监督管理局的委托，负责组织保健食品技术审评。

认定的检验机构负责申请注册的保健食品的安全性毒理学试验、功能学试验（包括动物试验和/或人体试食试验）、功效成分或标志性成分检测、卫生学试验、稳定性试验等；承担样品检验和复核检验等具体工作。

（五）保健食品申报范围

一般申请注册的保健食品的功能应在公布的 27 种功能范围内，具体是：

增强免疫力；改善睡眠；缓解体力疲劳；提高缺氧耐受力；对辐射危害有辅助保护功能；增加骨密度；对化学性肝损伤有辅助保护功能；缓解视疲劳；祛痤疮；祛黄褐斑；改善皮肤水分；改善皮肤油分；减肥；辅助降血糖；改善生长发育；抗氧化；改善营养性贫血；辅助改善记忆；调节肠道菌群；促进排铅；促进消化；清咽；对胃黏膜有辅助保护功能；促进泌乳；通便；辅助降血压；辅助降血脂。

不在公布范围内的功能也允许申请注册，但申请人必须自行进行动物试验和人体试食试验，并向认定的检验机构提供功能研发报告。待检验机构对其功能学检验与评价方法及其试验结果进行验证，并出具验证报告后，方可向 SFDA 提交注册申请。

以补充维生素、矿物质为目的的食品（通称“营养素补充剂”）。

（六）保健食品的申请

1. 申请人条件

（1）产品注册申请是指申请人拟在中国境内生产和/或销售保健食品的注册申请。包括国产保健食品注册申请和进口保健食品注册申请。

（2）保健食品注册申请人，是指提出保健食品注册申请承担相应法律责任，并在该申请获得批准后持有保健食品批准证书者。

（3）境内申请人应当是在中国境内合法登记的公民、法人或者其他组织。

（4）境外申请人应当是境外合法的保健食品生产厂商。

（5）境外申请人办理进口保健食品注册，应当由其驻中国境内的办事机构或者由其委托的中国境内的代理机构办理。

2. 国产和进口保健食品申报资料项目

（1）保健食品注册申请表。

（2）申请人身份证复印件或营业执照复印件。

（3）提供申请注册的保健食品的通用名称与已经批准注册的药品名称不重名的检索材料（从国家食品药品监督管理局政府网站数据库中检索）。

（4）申请人对他人已取得的专利不构成侵权的保证书。

（5）提供商标注册证明文件（未注册商标的不需提供）。

（6）产品研发报告（包括研发思路，功能筛选过程，预期效果等）。

（7）产品配方（原料和辅料）及配方依据。原料和辅料的来源及使用的依据。

（8）功效成分/标志性成分、含量及其检验方法。

（9）生产工艺简图及其详细说明和相关的研究资料。

（10）产品质量标准及其起草说明（包括原料、辅料的质量标准）。

（11）直接接触产品的包装材料的种类、名称、质量标准及选择依据。

（12）检验机构出具的试验报告及其相关资料，包括：试验申请表；检验单位的检验受理签收通知书；安全性毒理学试验报告；功能学试验报告；兴奋剂检测报告（仅限于申报缓解体力疲劳、减肥、改善生长发育功能的注册申请）；功效成分检测报告；稳定性试验报告；卫生学试验报告；其他检验报告（如：原料鉴定报告、菌种毒力试验报告等）。

（13）产品标签、说明书样稿。

（14）其他有助于产品评审的资料。

（15）未启封的最小销售包装的样品 2 个。

（七）对保健食品使用的原料和辅料的要求

1. 保健食品的原料和辅料总的要求

（1）应符合国家标准和卫生要求　如无国家标准，应当提供行业标准或自行制定的质量标准，并提供与该原料和辅料相关的资料。

（2）应对人体健康安全无害　在食品中限制使用的物质不得超过国家规定的限量。

（3）生产普通食品使用的原料和辅料、卫生行政部门公布或批准的可以食用的原料和辅料以及国家食品药品监督管理局公布的可用于保健食品的原料和辅料可作为保健食品的原料和辅料。

（4）申请注册的保健食品所使用的原料和辅料不在公布范围内的，应按照有关规定提供该原料和辅料相应的毒理学安全性评价试验报告及相关的食用安全的资料。

（5）国家规定的不可用于保健食品的原料和辅料、禁止使用的物品不得作为保健食品的原料和辅料。

2. 国家公布的可作为保健食品的原料

（1）普通食品的原料　食用安全，可以作为保健食品的原料。

（2）既是食品又是药品的物品　主要是中国传统上有食用习惯、民间广泛食用，但又在中医临床中使用的物品。共87个，具体是：

丁香、八角茴香、刀豆、小茴香、小蓟、山药、山楂、马齿苋、乌梢蛇、乌梅、木瓜、火麻仁、代代花、玉竹、甘草、白芷、白果、白扁豆、白扁豆花、龙眼肉（桂圆）、决明子、百合、肉豆蔻、肉桂、余甘子、佛手、杏仁（甜、苦）、沙棘、牡蛎、芡实、花椒、赤小豆、阿胶、鸡内金、麦芽、昆布、枣（大枣、酸枣、黑枣）、罗汉果、郁李仁、金银花、青果、鱼腥草、姜（生姜、干姜）、枳椇子、枸杞子、栀子、砂仁、胖大海、茯苓、香橼、香薷、桃仁、桑叶、桑椹、橘红、橘梗、益智仁、荷叶、莱菔子、莲子、高良姜、淡竹叶、淡豆豉、菊花、菊苣、黄芥子、黄精、紫苏、紫苏籽、葛根、黑芝麻、黑胡椒、槐米、槐花、蒲公英、蜂蜜、榧子、酸枣仁、鲜白茅根、鲜芦根、蝮蛇、橘皮、薄荷、薏苡仁、薤白、覆盆子、藿香。

（3）可用于保健食品的物品　这些品种经SFDA批准可以在保健食品中使用，但不能在普通食品中使用。共114个，具体是：

人参、人参叶、人参果、三七、土茯苓、大蓟、女贞子、山茱萸、川牛膝、川贝母、川芎、马鹿胎、马鹿茸、马鹿骨、丹参、五加皮、五味子、升麻、天门冬、天麻、太子参、巴戟天、木香、木贼、牛蒡子、牛蒡根、车前子、车前草、北沙参、平贝母、玄参、生地黄、生何首乌、白芨、白术、白芍、白豆蔻、石决明、石斛（需提供可使用证明）、地骨皮、当归、竹茹、红花、红景天、西洋参、吴茱萸、怀牛膝、杜仲、杜仲叶、沙苑子、牡丹皮、芦荟、苍术、补骨脂、诃子、赤芍、远志、麦门冬、龟甲、佩兰、侧柏叶、制大黄、制何首乌、刺五加、刺玫果、泽兰、泽泻、玫瑰花、玫瑰茄、知母、罗布麻、苦丁茶、金荞麦、金樱子、青皮、厚朴、厚朴花、姜黄、枳壳、枳实、柏子仁、珍珠、绞股蓝、胡卢巴、茜草、荜拔、韭菜子、首乌藤、香附、骨碎补、党参、桑白皮、桑枝、浙贝母、益母草、积雪草、淫羊藿、菟丝子、野菊花、银杏叶、黄芪、湖北贝母、番泻叶、蛤蚧、越橘、槐实、蒲黄、蒺藜、蜂胶、酸角、墨旱莲、熟大黄、熟地黄、鳖甲。

(4) 列入《食品添加剂使用卫生标准》和《营养强化剂卫生标准》的食品添加剂和营养强化剂；

(5) 可用于保健食品的真菌和益生菌菌种　真菌共 11 种，具体是：

酿酒酵母；产朊假丝酵母；乳酸克鲁维酵母；卡氏酵母；蝙蝠蛾拟青霉；蝙蝠蛾被毛孢；灵芝；紫芝；松杉灵芝；红曲霉；紫红曲霉。

可用于保健食品的益生菌 10 种，具体是：两歧双歧杆菌；婴儿两歧双歧杆菌；长两歧双歧杆菌；短两歧双歧杆菌；青春两歧双歧杆菌；保加利亚乳杆菌；嗜酸乳杆菌；嗜热链球菌；干酪乳杆菌干酪亚种；罗伊氏乳杆菌。

(6) 一些列入药典的辅料　如赋形剂、填充剂。

国家公布的不可作为保健食品的原料即保健食品禁用物品。如国家保护一、二级野生动植物及其产品；人工驯养繁殖或人工栽培的国家保护一级野生动植物及其产品；肌酸、熊胆粉、金属硫蛋白。保健食品禁用物品名单共有 59 个，具体是：

八角莲、八里麻、千金子、土青木香、山莨菪、川乌、广防己、马桑叶、马钱子、六角莲、天仙子、巴豆、水银、长春花、甘遂、生天南星、生半夏、生白附子、生狼毒、白降丹、石蒜、关木通、农吉痢、夹竹桃、朱砂、米壳（罂粟壳）、红升丹、红豆杉、红茴香、红粉、羊角拗、羊踯躅、丽江山慈姑、京大戟、昆明山海棠、河豚、闹羊花、青娘虫、鱼藤、洋地黄、洋金花、牵牛子、砒石（白砒、红砒、砒霜）、草乌、香加皮（杠柳皮）、骆驼蓬、鬼臼、莽草、铁棒槌、铃兰、雪上一枝蒿、黄花夹竹桃、斑蝥、硫磺、雄黄、雷公藤、颠茄、藜芦、蟾酥。

(7) 不在上述范围内的品种也可作为保健食品的原料，但是须按照有关规定提供该原料相应的安全性毒理学评价试验报告及相关的食用安全资料。

（八）产品命名

1. 产品命名的原则

(1) 符合国家有关法律、法规、规章、标准、规范的规定；

(2) 反映产品的真实属性，简明、易懂，符合中文语言习惯；

(3) 通用名不得使用已经批准注册的药品名称。

2. 产品名称

产品名称由品牌名、通用名、属性名三部分组成。应符合下列要求：

(1) 品牌名一般采用产品的注册商标。

(2) 通用名应当准确、科学，可以是表明主要原料、主要功效成分的文字，但不得使用明示或暗示治疗作用的文字。

(3) 属性名应当表明产品的客观形态，其表述应规范、准确。

十二、有机产品管理办法

(一) 有机食品概述

有机食品是指生产环境无污染，在原料的生产和加工过程中不使用农药、化肥、生长激素和色素等化学合成物质，不采用基因工程技术，应用天然物质和环境无害的方式生产、加工形成的环保型安全食品。国际有机农业运动联合会（IFOAM）和国际有机作物改良协会（OCIA）是推动世界有机农业和有机食品发展的专门组织，具有有机食品生产、加工标准，已有100多个国家或地区的600多个团体或个人加入该国际组织。目前，世界上生产有机食品的国家有100多个，其中非洲有27个国家，亚洲有15个国家，拉丁美洲有25个国家，欧美发达国家都生产有机食品。目前，国际贸易市场上有机食品的种类主要有粮食、油菜、肉类、乳制品、蛋、饮料、酒类、咖啡、可可、茶叶、草药、调味品、甜味品，以及动物饲料、种子、棉花，花卉等有机产品。目前，有机食品的消费市场主要在发达国家和地区。据国际贸易中心的调查，美国、德国、日本和法国等发达国家1997年的有机食品销售总额在100亿美元以上。近年来欧盟、美国及日本的有机食品销售年均增长率为25%～30%。有机食品正在成为发展中国家向发达国家出口的主要产品之一。

我国有机食品的认证管理部门比较分散，首先是国家环境保护总局的南京环境保护研究所有机食品发展研究中心开展了有机食品的认证工作，之后，中国农业科学院茶叶所开展了茶叶方面的认证工作等，各自均按照国际有机农业联合会的有关标准建立了认证程序等。为了规范有机产品的管理，国家质量监督检验检疫总局2003年对有机食品的认证实行了统一认证基本规范和规则、统一标准、统一合格认证程序和统一认证标志等管理，在南京有机食品发展研究中心制定的有关标准和认证管理的基础上，制定了《有机产品认证管理办法》，改变了过去分散的管理体制，确保了有机产品认证工作健康发展。

(二)《有机产品认证管理办法》的主要内容

2004年11月5日国家质量监督检验检疫总局正式发布了《有机产品认证管理办法》，并规定在2005年4月1日起施行。该办法共七章四十六条。

《有机产品认证管理办法》规定国家认证认可监督管理委员会负责有机产品认证活动的统一管理、综合协调和监督工作，地方质量技术监督部门和各地出入境检验检疫机构按照各自的职责依法对所辖区域内有机产品认证活动实施监督检查。有机产品的认证证书有效期为1年。

规定了有机产品的申请需要提供的书面材料有：

（1）申请人名称、地址和联系方式；

（2）产品产地（基地）区域范围，生产、加工规模；

（3）产品生产、加工或者销售计划；

（4）产地（基地）、加工或者销售场所的环境说明；

（5）符合有机产品生产、加工要求的质量管理体系文件；

（6）有关专业技术和管理人员的资质证明材料；

（7）保证执行有机产品标准、技术规范和其他特殊要求的声明；

（8）其他材料。

有机产品的加工产品其有机配料不得低于95%。加工产品的有机配料低于95%且等于高于70%的加工产品，可以在产品或者产品包装上及标签标注“有机配料生产”字样。有机配料含量低于70%的加工产品，只能在产品成分表中注明某种配料为“有机”字样。有机配料也应获得有机产品认证。

《有机产品认证管理办法》还规定有关违反本办法的处罚和法律责任等。

国家质量监督检验检疫总局和国家标准化管理委员会2005年1月19日发布了《有机产品》系列标准，2005年4月1日实施。具体是：

GB/T 19630.1—2005《有机产品　第1部分：生产》

GB/T 19630.2—2005《有机产品　第2部分：加工》

GB/T 19630.3—2005《有机产品　第3部分：标识与销售》

GB/T 19630.4—2005《有机产品　第4部分：管理体系》

十三、产品质量仲裁检验管理办法

（1）《产品质量仲裁检验和产品质量鉴定管理办法》已于1999年3月10日经国家质量技术监督局局务会议通过。产品质量仲裁检验和产品质量鉴定是在处理产品质量争议时判定产品质量状况的重要方式。产品质量仲裁检验（以下简称仲裁检验）管理办法规定省级以上产品质量技术监督部门是处理质量争议的主管机构，在考核部门授权其检验的产品范围内根据申请人的委托要求，对质量争议的产品进行检验，出具仲裁检验报告。

（2）产品质量仲裁检验和产品质量鉴定管理办法共五章四十条，主要包括：仲裁检验、质量鉴定、监督管理等内容。

（3）有关法律责任：第三十四条规定质量技术监督部门应当加强对仲裁检验和质量鉴定工作的管理和监督。对仲裁检验和质量鉴定中的违法或者不当行为有权予以纠正。

第三十六条　质检机构、质量鉴定组织单位由于故意或者重大过失造成仲裁检验报告、质量鉴定报告与事实不符，并对当事人的合法权益造成损害的，应当承担相应的民事责任。有关人员在仲裁检验和质量鉴定工作中玩忽职守，以权谋私，收受贿赂的，由其所在单位或者上级主管部门给予处分。构成犯罪的，依法追究刑事责任。

十四、食品质量检测实验室计量认证规定

为社会提供公证数据的食品质量检测实验室（机构），必须经省级以上人民政府计量行政部门计量认证，考核其计量检定、测试的能力和可靠性，证明其具有为社会提供公证数据的资格，并为国际间产品质量检验机构的相互承认创造条件。经计量认证合格的食品质量检测实验室（机构）所提供的数据，用于贸易出证、产品质量评价、成果鉴定作为公证数据，具有法律效力。

计量认证内容包括：计量检定、测试设备的配备及其准确度、量程等技术指标，必须与检验的项目相适应，其性能必须稳定可靠并经检定或校准合格。计量检定、测试设备的工作环境，包括温度、湿度、防尘、防震、防腐蚀、抗干扰等条件，均应适应其工作的需要并满足产品质量检验的要求。使用计量检定、测试设备的人员，应具备必要的专业知识和实际经验，其操作技能必须考核合格。食品质量检测实验室（机构）应具有保证量值统一、准确的措施和检测数据公正可靠的管理制度。

计量认证管理：食品质量检测实验室（机构）提出计量认证申请后，省级以上人民政府计量行政部门应指定所属的计量检定机构或者被授权的技术机构按照产品质量检验机构计量认证管理办法第二章规定的内容进行考核。考核合格后，由接受申请的省级以上人民政府计量行政部门发给计量认证合格证书。未取得计量认证合格证书的，不得开展产品质量检验工作。省级以上人民政府计量行政部门有权对计量认证合格的食品质量检测实验室（机构），按照产品质量检验机构计量认证管理办法第四章规定的内容进行监督检查。本办法第五章规定经计量认证合格的产品质量检验机构，失去公正地位的，由发证单位吊销其计量认证合格证书，停止其使用计量认证标志。

第三节　地方食品法规

宪法明确授权给县级以上地方各级人民政府，在管理本行政区域内的经济、教育、科学、文化、卫生、体育等行政工作中，可发布决定和命令。地方政府或地方卫生行政部门的食品卫生规章性文件是依照法定权限制定的，是为更好地执行食品卫生法律、法规和规章，对本行政区域内实施有效的监督管理，更好地完成食品卫生法赋予的任务所必需。在性质上，它属于抽象行政行为，具有规范性，经发布生效后，有关单位和个人必须服从和遵守。所以依据法律、法规、地方性法规、规章制定的、合法的其他食品卫生规章性文件，同它们一样具有法律效力。

地方立法在法制建设中的作用越来越重要，省级人民政府和省级人大常委会是制定

地方性食品卫生法规的组织，根据宪法、法律的规定，从本地实际出发，抓住危害人民健康的主要矛盾，解决当前管理的迫切需要，制定适合本地实际情况的地方性食品法律法规，要突出地方特色、实用性和可操作性。

一、北京地方食品法规

北京市是我国食品卫生安全地方法规比较完善的地区之一，食品生产、经营、农产品进京、水资源卫生等都进行了地方立法，确保首都人民的食品安全卫生。

(1)《北京市实施〈中华人民共和国食品卫生法〉办法》，共七章三十一条，其主要内容：适用范围为一切食品、食品添加剂、食品容器、包装材料和食品用工具、设备、洗涤剂、消毒剂，也适用于食品的生产经营场所、设施和有关环境；市卫生行政部门主管全市食品卫生监督管理工作；食品的卫生，食品摊贩和城乡集市贸易市场的食品卫生，食品卫生管理，食品卫生监督与处罚由市和区、县卫生行政部门负责；《北京市食品安全监督管理规定》由北京市人民政府于2002年12月31日颁布，于2003年2月1日实施。本规定共二十六条，主要内容：适用范围为本市行政区域内从事食品生产经营的单位和个人；本市对食品实行市场准入制度，市人民政府统一协调食品安全监督管理工作；市人民政府根据本市食品安全管理的需要，公布实施重点监督管理的食品名录，由市工商行政管理部门统一汇集和公布；本市建立食品安全信用监督管理系统，记载并向社会公示下列信息；规范经营食品的市场开办者行为和规则；本市实行安全食用农产品标志制度，向符合条件的单位和个人核发《安全食用农产品标志使用证书》。以及对食品卫生安全的监督管理和相关的违规处罚程序。

(2)《北京市食品卫生许可证发放管理办法》由北京市卫生局于1998年11月6日发布施行，主要内容：适用范围为在本市行政区域内从事食品生产经营的单位和个人（以下统称食品生产经营者）以及从事食品添加剂、营养强化剂、食品容器、包装材料、食品用工具、洗涤剂、消毒剂等食品用产品生产的单位和个人；市卫生行政部门负责以下食品卫生许可证的审批、发放；从事食品生产经营或食品用产品生产申办食品卫生许可证时，必须符合国家和本市食品行业卫生规范、卫生管理办法和卫生标准的要求。对违反本办法规定的行为依据《中华人民共和国食品卫生法》、《北京市实施〈中华人民共和国食品卫生法〉办法》和中华人民共和国卫生部《食品卫生行政处罚办法》的有关规定予以处罚。

(3)《北京市生活饮用水卫生监督管理条例》自1997年7月1日起施行，本条例共六章三十条，主要内容：本条例的适用范围为集中式供水（包括城镇公共供水、自备水源供水和农村简易自来水供水）、二次供水的饮用水，供水的设备及用品，也适用于供水的场所、设施和环境；饮用水的卫生，管理机构及职责，卫生管理，卫生监督，法律责任等。

此外还有：北京市送餐企业卫生规范，北京市学生营养午餐卫生审批管理办法（试行），北京市实施《食盐加碘消除碘缺乏危害管理条例》办法，北京市盐业管理若干规定，关于生产经营清真食品必须尊重少数民族风俗习惯的若干规定等。

二、上海地方食品法规

上海市是国际性的大都市，根据宪法和食品卫生法及相关法律法规的规定，针对上海市的具体情况，制定了一系列的地方食品法律法规，以下进行简介。

(1)《上海市食用农产品安全监管暂行办法》 共六章四十条，本办法自 2001 年 9 月 1 日起施行，主要内容：适用范围为指种植、养殖而形成的，未经加工或者经初级加工的，可供人类食用的产品，包括蔬菜、瓜果、牛奶、畜禽及其产品和水产品等；上海市食用农产品安全监管领导小组负责制定与食用农产品安全监管相关的政策，协调有关食用农产品安全监管的执法工作，处理食用农产品安全监管的其他重大事宜，市农委、市商委、市质量技监局、市卫生局、市工商局、市环保局、市农林局和上海出入境检验检疫局应当根据法律、法规、规章的规定，各司其职，加强食用农产品安全监管执法的协调和沟通，并在重点领域组织联合执法。本市建立食用农产品安全卫生质量跟踪制度，市农委、市商委、市环保局、市农林局等部门应当按照各自职责，对食用农产品生产基地的建设、规划、生产管理、环境保护、流通销售进行指导和监督；食用农产品经营的安全监管：本市实行食用农产品批发市场安全卫生质量责任告知与承诺制度。

(2)《上海市生食水产品卫生管理办法（修正）》 由上海市人民政府颁布，自 1996 年 8 月 1 日起施行。本办法共十七条，主要内容：适用范围为凡在本市行政区域内从事生食水产品的生产经营，市卫生行政管理部门负责本市生食水产品的卫生监督管理工作，水产品的生产经营的卫生要求，并实行《特种卫生许可证》制度，未取得《特种卫生许可证》的，不得生产生食水产品；违犯本办法的有关行政处罚条款和法律责任等。

(3)《上海市城乡集市贸易食品卫生管理规定（修正）》 于 1996 年 10 月 31 日通过并实行，法律依据为《中华人民共和国食品卫生法》和国务院发布的《城乡集市贸易管理办法》。本规定共十六条，主要内容：适用范围为凡在本市城乡集市从事食品生产、经营的单位和个人，工商行政管理部门负责集市的食品卫生管理工作，卫生行政部门负责集市的食品卫生监督检验工作，畜、禽的检疫工作由兽医检疫机构负责；集市食品经营的卫生规范、要求；第八至十三条规定了违反本规定的处罚程序；

(4)《上海市熟食卤味卫生管理办法》 共十七条，主要内容：适用范围为本市范围内从事熟食卤味生产经营的单位和个人；熟食卤味生产经营过程应当符合的卫生要求，熟食生产经营者必须建立食品卫生管理组织，制定卫生制度。此外对熟食卤味生产者的健康、原料卫生要求、运输工具及运输的卫生要求作出严格的规范。

此外还包括以下法规；《上海市产品质量监督条例》、《上海市清真食品管理条例》、

《上海市冷饮食品卫生管理办法》、《上海市家畜屠宰管理规定》、《上海市酒类商品产销管理条例》、《上海市生食水产品卫生管理办法》、《上海市盒饭卫生管理办法》、《食品生产经营单位废弃食用油脂管理的规定》、《肉与肉制品卫生管理办法》、《上海市生活饮用水二次供水卫生管理办法》、《上海市食品生产经营人员食品卫生培训管理办法》、《上海市一次性塑料饭盒管理暂行办法》、《上海市饮料产品准产证试行办法》、《上海市食品卫生监督处罚办法》等。

三、台湾地方食品法规

台湾地方食品法规主要由台湾“卫生署”负责起草制定，主要食品法规包括：食品卫生管理法、食品工业发展政策辅助措施、食品 GMP 推行方案、食品工厂建筑及设备之设置标准、食品罐头金属空罐工厂设置标准、食品工厂业别及产品项目登记制度、食品工业两岸分工体系、食品工业人才培训计划、食品 GMP 通则等，是一套自成体系的食品卫生法律法规。

四、香港地方食品法规

香港食品环境卫生署的食物及公共卫生部负责确保本港的食物适合市民食用，不但有益健康，而且卫生安全；对活的食用牲口进行检验和管制，以保障公共卫生；防治虫鼠。该部的主要工作范畴包括：在食物链中的各个环节进行食物监察工作，并采取执法行动；确保预先包装发售的食物有正确的标签引入和推广“食物安全重点控制”方法，以确保食物安全；对食物进行风险评估，并及时向市民提供资料调查和处理食物事故；管制高风险食物的入口，签发出口食物的卫生证明书；管制食用动物的入口；巡视和检验领有牌照屠房及批发市场的食用动物；在领有牌照的屠房提供肉类检验服务；对影响市民健康的虫鼠进行风险评估；采取防治措施，防止媒传疾病的传播；以及调查媒传疾病的事故。

香港食品卫生法规主要有香港的基本食物法例、内地冰鲜鸡输入香港指南、香港入口食物指引、香港入口冰冻甜点指引、香港入口野味、肉类及家禽指引、香港入口乳类及乳类饮品指引、香港入口海产指引、冷藏肉类、冰鲜肉类、冷藏家禽和冰鲜家禽进口证申请指引、食物回收指引、管制食物中所含残余除害剂指引、经消毒低酸度包装食物卫生守则、申请动物制食品卫生证书指引。

香港的基本食物法例《公众卫生及市政条例（第 132 章）第Ⅴ部（食物及药物）》，其主要条文涵盖对食物购买人的一般保障，与出售不宜食用的食物和掺杂食物有关的罪行、食物成分组合及标签、食物卫生，以及采取及销毁不宜食用的食物。该条例的下述附属法例则规定各特定范围的管制事宜：

（1）屠场法例

(2) 食物内染色料规例

(3) 奶粉规例

(4) 食物掺杂（人造糖）规例

(5) 食物掺杂（金属杂质含量）规例

(6) 食物及药物（成分组合及标签）规例

(7) 食物业规例

(8) 冰冻甜点规例

(9) 食物内有害物质规例

(10) 进口野味、肉类及家禽规例

(11) 奶业规例

(12) 食物内矿物油规例

(13) 食物内防腐剂规例

(14) 屠房规例

(15) 无烟烟草产品（禁止）规例

食物环境卫生署的《食物卫生守则》，适用于根据《食物业规例》、《奶业规例》及《冰冻甜点规例》必须领牌的食物业处所，共七章三十三条目，规范食物业处所的一般设计和建造、食物业处所、设备及用具的清洁、消毒和保养、食物的安全处理、个人健康与卫生及员工培训、其他相关的卫生要求。

五、辽宁地方食品法规

辽宁省作为东北地区最发达的省份，其在食品卫生地方立法方面也具有代表性，其在食品、饮用水、清真食品、畜禽检疫、娱乐场所食品卫生等进行立法。

辽宁省实施《中华人民共和国食品卫生法》办法，1999 年 1 月 28 日辽宁省第九届人民代表大会常务委员会第七次会议通过，本办法自 1999 年 3 月 1 日起施行。本办法共八章三十四条，主要内容：适用范围为在本省行政区域内从事食品生产经营的单位个人；省、市、县（含县级市、区，下同）卫生行政部门主管本行政区域内的食品卫生监督管理工作。食品的卫生：除符合《食品卫生法》第八条的规定外，对食品生产经营过程提出了更高的卫生要求，农药、化肥污染、食品生产场所、自然毒材料、非食用油等方面；食品添加剂的卫生；食品卫生管理：要求食品生产加工企业应当建立产品卫生质量检验室，配备能完成国家食品卫生标准中规定项目的检验人员和仪器、设备，产品做到检验合格出厂；生产保健食品、婴幼儿食品、特殊营养食品、新资源食品等应由省卫生行政部门发放卫生许可证。日常食品卫生管理工作由所在市卫生行政部门负责；大型、涉外的饭店和宾馆、疗养院的餐厅、学校餐厅、职工食堂、餐馆等餐饮单位由省卫生行政部门或者市卫生行政部门负责发放卫生许可证。进口的食品、食品添加剂、食品容器、包装材料、食品用工具、设备以及食品用洗涤剂、消毒剂等进入本省市场销售的，应当向市以上卫生行政部门登记备案。市以上卫生行政部门应当进行卫生抽样检验。检验不合格的，禁止销售。食品卫生监督：食品卫生监测工作由县以上卫生行政部门负责，并制定年度监测计划，报上一级卫生行政部门批准。监测结果应当定期向社会公布。违反本办法的法律责任和处罚程序。

此外辽宁省还在集贸市场食品卫生、生活饮用水卫生、清真食品生产经营、生猪屠宰检疫销售等进行了地方立法，列表如下：《辽宁省食品摊贩和集市贸易食品卫生管理条例》、《抚顺市畜禽及其产品检疫监督条例》、《沈阳市生猪屠宰检疫销售管理办法》、《沈阳市饮食娱乐服务业环境保护管理办法》、《辽宁省清真食品生产经营管理规定》、《辽宁省城镇生活饮用水卫生管理办法》修正案、《本溪市生猪定点屠宰管理办法》、《抚顺市生猪定点屠宰管理暂行办法》等。

六、四川地方食品法规

在四川省的地方食品法规中有《四川省酒类管理条例》、《四川省酒类管理实施细则》、《四川省酒类产销许可证制度实施办法》和《四川省加强酒类产销管理的若干规定》等四部酒类相关法规，体现出四川作为酒类产销大省的立法特色，以下简要介绍有关法规。

(1) 四川省《中华人民共和国食品卫生法》实施办法　共七章四十六条，其主要内容：适用范围、食品卫生、食品卫生管理、食品卫生监督、法律责任等。根据地方实际情况规定了除《中华人民共和国食品卫生法》第九条所规定的禁止生产经营的食品外的几类食品：含有未经国家允许使用的农药、添加剂、加工助剂的农副产品及其制品；农药、化肥浸泡过的粮食、油料及其制品等；超过国家卫生标准规定的范围和限量使用食品添加剂的食品；注水的肉类等；兑制的酱油、醋和工业酒精兑制的酒类；其他法律、法规和规章规定的不符合食品卫生标准和卫生要求的食品等。本办法对食品、食品添加剂、食品包装等的广告宣传作出了规定：第二十六条　申请发布食品、食品添加剂、食品容器、包装材料和食品用工具、设备及洗涤剂、消毒剂等产品的广告，其内容应真实、科学，并按国务院卫生行政部门和国家工商行政管理部门的规定向市（地、州）级以上卫生行政部门申请办理食品广告证明。未按规定取得食品广告证明的，各级各类传播媒体不得为其发布食品广告。第四十一条　未持有食品广告证明而发布食品广告或擅自改变已经卫生行政部门审批的食品广告内容的，由工商行政管理部门会同卫生行政部门依法处理。

(2)《四川省生活饮用水卫生监督管理办法》自 1997 年 2 月 1 日起施行　法律依据为《中华人民共和国传染病防治法》、国务院《城市供水条例》、《四川省饮用水水源保护管理条例》以及国家有关规定。本办法共六章三十一条，主要内容：适用范围为四川省行政区域内的集中式供水、二次供水和涉及生活饮用水卫生安全的产品的卫生监督管理；县级以上卫生行政部门负责主管范围内的生活饮用水卫生监督工作。县级以上卫生防疫机构负责本级卫生行政部门主管范围内的生活饮用水卫生监测工作；水源水卫生要求卫生行政部门和卫生防疫机构应对生活饮用水水源一级保护区的水源水质和饮用天然矿泉水的水源水质进行卫生监督和监测。供水卫生要求供水单位应建立健全生活饮用水卫生管理制度，配备专兼职生活饮用水卫生管理人员，做好生活饮用水卫生的日常管理工作，保障供给的生活饮用水符合国家生活饮用水卫生标准；监督管理要求供水单位必须经县级以上卫生行政部门批准，取得卫生许可证，经水行政主管部门批准，取得取水许可证后才能供水。违反本办法的处罚规定要求：根据行为的轻重，由县级以上卫生行政部门给予警告、罚款、吊销营业执照，严重的构成犯罪的，依法追究刑事责任。

(3)《四川省酒类管理条例》 该条例于 1991 年 7 月 29 日四川省第七届人民代表大会常务委员会第二十四次会议通过，同时发布了《四川省酒类管理实施细则》、《四川省酒类产销许可证制度实施办法》和《四川省加强酒类产销管理的若干规定》三部配套地方法规，体现出四川作为酒类产销大省的立法特色，本条例共二十三条，主要内容：适用范围为凡在四川境内从事酒类生产、运输、销售的企业和个体工商户；各级酒类专卖事业管理局（以下简称酒类管理部门）负责本行政区酒类行业管理，行使统筹、指导、协调、监督、服务职能。其主要职责是：协助计划部门编制酒类发展规划；监督、检查酒类产销活动；参与审查、核发酒类产销许可证；会同技术监督部门制定各种酒类质量标准，根据国家统一部署，参与组织、协调名优酒评比。酒类生产、批发实行许可证制度。酒类产销许可证由各级计经委（经委）组织有关部门审查后，生产企业由计经委（经委）核准颁发；批发企业由酒类管理部门核准颁发。许可证管理按《四川省酒类产销许可证制度实施办法》办理。国家名白酒实行准运证制度，运输部门须凭起运地酒类管理部门核发的准运证承接运输业务。违反本条例规定的，由工商行政管理、卫生、技术监督（标准计量）、物价、税务、公安、交通管理等部门按照各自的职权，依法查处。

此外四川省的地方食品法规还包括；《成都市清真食品管理办法》、《四川省盐业管理条例》、《四川省生猪屠宰管理办法》、《成都市生猪定点屠宰管理实施办法》、《成都市食品卫生法实施办法》等。

七、广东地方食品法规

广东省作为我国最发达的省份之一，其在食品卫生地方立法方面具有相当的代表性和前瞻性，其在食品、饮用水、食品卫生许可证、畜禽检疫、食盐、酒类卫生管理监督等方面进行立法。以下介绍主要的几部该省地方食品法规。

(1)《食品卫生管理实施办法》 于 1989 年 8 月 29 日由广东省人民政府颁布，自 1989 年 10 月 1 日起施行。本办法共七章四十条，主要内容：适用范围、食品卫生、食品卫生管理、食品卫生监督、法律责任等。本办法根据广东省的具体情况规定食品卫生条款：第四条食品生产、经营单位和个人除应执行《食品卫生法》第六条规定外，还应遵守下列要求：①不得同时兼营有毒、有害及容易使食品造成污染的不洁物品；②饮食店应有足够周转的餐具，有专用消毒设备并有专人负责，有防蝇、防尘、防污染的专用保管柜存放；③设置加盖容器存放垃圾和废弃物，并定期清扫消毒；④工作人员在生产、销售食品时必须穿戴工作衣、帽，保持个人卫生。第五条规定食品生产、经营单位和个人除应执行《食品卫生法》第七条规定外，禁止生产、经营下列食品（物品）：①含人工投放激素药物的畜、禽、兽产品及其制品；②含未经允许使用的农药、保鲜剂的蔬菜、水果、水产品及其制品，或农药残留量超过国家规定标准的农畜产品；③非食用酒精配制的酒类；④注水、掺水或使用色素的鲜肉类、鲜奶、水果等；⑤含硼砂及其他有毒、有害物质的肉类、豆制品及其他食品；⑥有毒的野蘑菇、河豚鱼、贝壳类，死的甲鱼、鳝鱼、螃蟹（花蟹除外），发霉的甘蔗、银耳（雪耳）等。食品卫生管理要求：食品生产、经营单位和个人，必须按《广东省食品卫生许可证发放管理暂行办法》和《广东省各类食品企业卫生许可证发放要求》的规定领取《食品卫生许可证》，凭《食品卫生许可证》向工商行政管理部门申领《营业执照》后，方可开业；第十四条　食品广告，应按国家颁发的《食品广告管理办法（试行）》的规定执行，食品的标签，应按国家颁发的《食品标签通用标准》实施。

(2)《广东省食品卫生许可证发放管理办法》　于 2003 年 7 月 30 日发布，本办法共六章三十三条，主要内容：适用范围为本省行政区域内从事食品生产经营及食品添加剂的生产活动者；县级以上卫生行政部门主管本辖区范围内的食品卫生许可和监督工作；管辖工作规定了省级卫生行政部门、地级以上市卫生行政部门、县级卫生行政部门的管辖区域和职责；卫生许可证的发放规定：食品生产经营单位生产经营场所的环境卫生、流程布局、生产工艺、生产设备、卫生设施和用水卫生等符合国家有关法律、法规、规章和卫生规范规定的，可以向卫生监督机构提出现场审查的申请，卫生行政部门在收到申报资料的二十个工作日内完成对申报材料的审核，作出同意发证或者不予发证的决定。卫生许可证的吊销、撤销、注销、补领和变更规定：卫生行政部门吊销、撤销、注销、变更、卫生许可证的情况，卫生行政部门应当及时收缴、登记，并予以公告，同时书面通知工商行政部门。卫生监督管理规定卫生监督机构应加强对辖区内取得食品卫生许可证的生产经营单位和个人的监督管理，定期或不定期对其生产经营场所、生产经营过程及生产经营的产品进行监督检查；

此外还有以下广东省的地方法规：《广东省食物中毒事故处理暂行规定》、《广东省盐业管理条例》、《广东省生猪屠宰管理规定》、《广东省产品质量监督条例》、《广东省实施〈水产品批发市场管理办法〉细则》、《广东省食盐专营管理实施细则》、《广东省食盐生产批发许可证管理办法》、《广州市食品商贩和城乡集市食品经营者食品卫生管理规定》、《广州市家禽检疫条例》、《广州市牲畜屠宰和市场肉品卫生检验管理规定》、《广州市市区农贸市场家畜家禽及其肉类检疫管理规定》、《广东省牲畜屠宰及卫生检验管理暂行规定》、《广州市加强酒类市场专卖管理若干规定》、《广州市生活饮用水二次供水管理和卫生监督规定》等。

八、湖北地方食品法规

湖北省作为我国中原的省份，其在食品卫生地方立法方面也具有地方区域特色，在食品、饮用水、街头食品、卫生行政处罚、食盐、酒类卫生管理监督等方面进行立法。以下介绍该省地方食品法规情况。

湖北省实施《中华人民共和国食品卫生法》办法，于 1998 年 1 月 10 日由湖北省人民代表大会常务委员会通过，本办法共六章四十条，主要内容：适用范围、食品卫生、食品卫生管理、食品卫生监督、法律责任等。食品及食品用产品的卫生规定食品法之外的一些要求：制售凉菜或冷食等直接入口的食品，必须做到有专人、专室、专用工具、专用消毒设施和专用冷藏设备；从事餐饮业必须有与生产经营的品种和数量相适应的餐（饮）具及专用消毒、保洁设施，并有专人负责消毒保洁，餐（饮）具消毒必须符合国家卫生标准；从事送餐业务必须有专用配餐间、送餐车，并保证清洁卫生，防止食品污染；增添了一些禁止生产经营的食品种类；食品卫生管理规定：专门从事药膳的生产经营者，应经县以上卫生行政部门审查批准后，方可开展药膳生产经营业务；食品生产经营者发布的食品广告，其内容必须符合卫生许可的事项，不得使用医疗用语或者易与药品混淆的用语，非保健食品不得宣传保健功能。食品卫生监督规定食品卫生监督实行分级管理。省卫生行政部门管辖中央在鄂和省属食品生产经营企业的食品卫生监督工作；省辖市卫生行政部门直接管辖所在市区食品生产经营企业的食品卫生监督工作。

此外湖北省相关食品卫生地方法规还包括：《湖北省街头食品卫生管理办法》、《湖北省酒类管理办法》、《湖北省食品卫生行政处罚办法》、《湖北省食盐加碘消除碘缺乏危害管理实施办法》、《湖北省盐业管理实施办法》、《湖北省饮食服务业管理办法》等。

九、陕西地方食品法规

陕西省是我国西北地区的发达省份，其食品地方法规主要有无公害农产品、碘盐、清真食品、面粉及面制品等，以下简要介绍。

(1)《陕西省无公害农产品管理办法》 于 2002 年 5 月 14 日发布，自 2002 年 8 月 1 日起施行，由陕西省农业厅负责制定和管理，主要内容：本办法的适用范围为凡在本省行政区域内从事无公害农产品生产、加工、经营、管理等活动的单位和个人、无公害农产品生产的审批、认定的管理机构及职责、申请无公害农产品生产基地的单位和个人应当具备的条件，无公害农产品标志的管理和使用、违反本办法的处罚程序等。

(2)《陕西省实施食盐加碘消除碘缺乏危害管理条例》 于2002年1月12日由陕西省卫生厅发布，主要目的是为了消除碘缺乏危害，保护公民身体健康；法律依据是国务院发布的《食盐加碘消除碘缺乏危害管理条例》和有关法律、法规的规定，规范本省行政区域内从事碘盐加工、经营的企业、单位和个人的行为。该条例共七章三十七条，内容主要包括：碘盐的生产和加工（实行碘盐生产卫生许可证制度）、碘盐的运输和储存（实行《食盐准运证》）、碘盐的销售（实行批发许可证制度和《食盐零售许可证》）、监督和管理和法律责任等内容。

(3)《陕西省面粉及面粉制品卫生监督管理规定》 目的为保障人民身体健康，防止面粉及面粉制品污染和有害因素对人体的危害，法律依据《中华人民共和国食品卫生法》的规定，共十七条，主要条款：该规定的适用范围：本省境内从事面粉及面粉制品生产经营者；面粉生产条件要求：面粉及面粉制品生产经营者，应先向所在地县级以上卫生行政部门申请办理《卫生许可证》，再到工商行政管理部门注册登记，领取《营业执照》后，方可生产经营。面粉及面粉制品的卫生规范，违反本办法的处罚程序。

(4)《陕西省清真食品生产经营管理办法》 颁布目的是为了加强对清真食品生产、经营的管理，促进民族团结，发展民族经济，法律依据是《中华人民共和国食品卫生法》、《城市民族工作条例》等法律法规；本办法共二十七条，主要条款：第三条　本办法适用于本省行政区域内经营清真食品的企业和个人（以下简称清真食品经营者）。第五条　清真食品经营者应具备的条件；第九条　清真食品的包装必须印有明显的中文“清真”字样，同时印制阿拉伯文的，其文字要规范，并不得涉及与该食品无关的内容。第十六条　对清真食品经营活动的监督检查由民族工作行政部门会同工商行政管理、商务、旅游、卫生等行政部门组织实施。本办法的十九条至二十五条规定了违反本办法的处罚规定。

(5)《陕西省食品摊贩和城乡集市食品经营者生产销售食品卫生规定》 目的是为了规范对食品摊贩和城乡集市食品经营者在食品生产经营过程中的卫生要求，保证食品卫生，保障人体健康，法律依据《中华人民共和国食品卫生法》，共十五条，主要内容：本办法适用范围，管理机构及职责，食品摊贩和城乡集市食品经营者和经营场所的卫生要求和管理规定和违反本规定的处罚规定。

此外还有《陕西省保健用品卫生监督管理办法》、《西安市城市饮用水源污染防治管理条例》、《西安市家畜家禽屠宰检疫条例》等地方食品法规。

第四节 食品违法处罚与程序

一、违反《食品卫生法》的处罚及程序

根据《食品卫生法》规定，违犯食品卫生法的处罚和程序如下。

1. 违犯《食品卫生法》的法律责任

(1) 行政责任 行政处罚由县级以上地方人民政府卫生行政部门决定。行使食品卫生监督权的其他机关，在规定的职责范围内，依照本法的规定作出行政处罚决定。对违反《食品卫生法》的可处以罚款，责令停止生产经营、立即公告收回已售出的食品、没收违法所得、吊销卫生许可证和执照、责令改正，给予警告的行政处罚。

① 生产经营不符合卫生标准的食品，造成食物中毒事故或者其他食源性疾病的，责令停止生产经营，销毁导致食物中毒或者其他食源性疾患的食品，没收违法所得，并处以违法所得 1 倍以上 5 倍以下的罚款；没有违法所得的，处以 1000 元以上 5 万元以下的罚款。

② 未取得卫生许可证或者伪造卫生许可证从事食品生产经营活动的，予以取缔，没收违法所得，并处以违法所得一倍以上五倍以下的罚款；没有违法所得的，处以 500 元以上 3 万元以下的罚款；涂改、出借卫生许可证的，收缴卫生许可证，没收违法所得，并处以违法所得 1 倍以上 3 倍以下的罚款；没有违法所得的，处以 500 元以上 1 万元以下的罚款。

③ 食品生产经营过程不符合卫生要求的，责令改正，给予警告，可以处以 5000 元以下的罚款；拒不改正或者有其他严重情节的，吊销卫生许可证。

④ 生产经营禁止生产经营的食品的，责令停止生产经营，立即公告收回已售出的食品，并销毁该食品，没收违法所得，并处以违法所得一倍以上 5 倍以下的罚款；没有违法所得的，处以 1000 元以上 5 万元以下的罚款。情节严重的，吊销卫生许可证。

⑤ 生产经营不符合营养、卫生标准的专供婴幼儿的主、辅食品的，责令停止生产经营，立即公告收回已售出的食品，并销毁该食品，没收违法所得，并处以违法所得一倍以上 5 倍以下的罚款；没有违法所得的，处以 1000 元以上 5 万元以下的罚款。情节严重的，吊销卫生许可证。

⑥ 生产经营或者使用不符合卫生标准和卫生管理办法规定的食品添加剂、食品容器、包装材料和食品用工具、设备以及洗涤剂、消毒剂的，责令停止生产或者使用，没收违法所得，并处以违法所得一倍以上 3 倍以下的罚款；没有违法所得的，处以 5000 元以下的罚款。

⑦ 未经国务院卫生行政部门审查批准而生产经营表明具有特定保健功能的食品的，或者该食品的产品说明书内容虚假的，责令停止生产经营，没收违法所得，并处以违法

所得 1 倍以上 5 倍以下的罚款；没有违法所得的，处以 1000 元以上 5 万元以下的罚款。情节严重的，吊销卫生许可证。

⑧ 食品生产经营人员未取得健康证明而从事食品生产经营的，或者对患有疾病不得接触直接入口食品的生产经营人员，不按规定调离的，责令改正，可以处以 5000 元以下的罚款。

(2) 民事责任 《食品卫生法》第四十八条规定，造成食物中毒事故或者其他食源性疾患的，或者因其他违反本法行为给他人造成损害的，应当依法承担民事赔偿责任。因消费者与经营者之间因买卖不符合卫生要求的食品所发生的赔偿纠纷，对消费者所买的食品，经食品卫生监督部门鉴定确定不能食用者，经营者应向消费者进行赔偿；对消费者的赔偿责任应由购买的门市部负责赔偿。由于买卖双方已形成合同关系，应先行赔偿，至于食品生产厂方的责任，应由门市部向厂方追偿损失。

(3) 刑事责任 《食品卫生法》第三十九条规定："生产经营不符合卫生标准的食品，造成严重食物中毒事故或者其他严重食源性疾患，对人体健康造成严重危害的，或者在生产经营的食品中掺入有毒、有害非食品原料的，依法追究刑事责任"。第五十三条规定："以暴力、威胁方法阻碍食品卫生监督管理人员依法执行职务的，依法追究刑事责任；拒绝、阻碍食品卫生监督管理人员依法执行职务并使用暴力、威胁方法的，由公安机关依照治安管理处罚条例的规定处罚。"

对食品卫生监督人员违法也有一定的规定：对不符合条件的生产经营者发放卫生许可证的，对直接责任人员给予行政处分；收受贿赂，构成犯罪的，依法追究刑事责任。食品卫生监督管理人员滥用职权、玩忽职守、营私舞弊，造成重大事故，构成犯罪的，依法追究刑事责任。

2. 申请复议、起诉和执行

对行政处罚决定不服的，可以在接到处罚通知之日起 15 日内向作出处罚决定的机关的上一级机关申请复议；当事人也可以在接到处罚通知之日起 15 日内直接向人民法院起诉。复议机关应当在接到复议申请之日起 15 日内作出复议决定。当事人对复议决定不服的，可以在接到复议决定之日起 15 日内向人民法院起诉；当事人逾期申请复议，也不向人民法院起诉，又不履行处罚决定的，作出处罚决定的机关可以申请人民法院强制执行。

对法院判定的刑事责任不服的，当事人可按法律诉讼程序提起诉讼。

二、违反《产品质量法》的处罚及程序

《产品质量法》对各类主体的法律责任作了较为详细的规定，对违犯产品质量法的法律责任和处罚程序简介如下。

1. 违犯产品质量法的法律责任和处罚

（1）生产者、销售者的法律责任

① 生产、销售不符合保障人体健康，人身、财产安全的国家标准和行业标准的产品，责令停止生产、销售，没收违法生产、销售的产品，并处违法生产、销售产品（包括已售出和未售出的产品，下同）货值金额等值以上3倍以下的罚款；有违法所得的，并处没收违法所得；情节严重的，吊销营业执照；构成犯罪的，依法追究刑事责任。

② 在产品中掺杂、掺假、以假充真、以次充好或者以不合格产品冒充合格产品的，责令停止生产、销售，没收违法生产、销售的产品，并处违法生产、销售产品货值金额50%以上3倍以下的罚款；有违法所得的，并处没收违法所得；情节严重的，吊销营业执照；构成犯罪的，依法追究刑事责任。

③ 生产国家明令淘汰的产品的，销售国家明令淘汰并停止销售的产品的，责令停止生产、销售，没收违法生产、销售的产品，并处以违法生产、销售产品货值金额等值以下的罚款；有违法所得的，并处没收违法所得；情节严重的，吊销营业执照。

④ 销售失效、变质的产品的，责令停止销售，没收违法销售的产品，并处违法销售产品货值金额2倍以下的罚款；有违法所得，并处没收违法所得；情节严重的，吊销营业执照；构成犯罪的，依法追究刑事责任。

⑤ 伪造产品的产地的，伪造或者冒用他人的厂名、厂址的，伪造或者冒用认证标志、名优标志等质量标志的，责令改正，没收违法生产、销售的产品，并处以违法生产、销售产品货值金额等值以下的罚款；有违法所得，并处没收违法所得；情节严重的，吊销营业执照；构成犯罪的，依法追究刑事责任。

⑥ 产品标识不符合《产品质量法》要求的，责令改正；有包装的产品标识不符合《产品质量法》规定，情节严重的，责令停止生产、销售，并处以违法生产、销售产品货值金额30%以下的罚款；有违法所得，并处没收违法所得。

（2）产品质量检验机构、认证机构和其他社会中介机构的法律责任

① 产品质量检验机构、认证机构伪造检验结果或者出具虚假证明的，责令改正，对单位处以5万元以上10万元以下的罚款，对直接责任人员处1万元以上5万元以下的罚款；有违法所得，并处没收违法所得；情节严重的，取消其检验资格、认证资格；构成犯罪的，依法追究刑事责任。

产品质量检验机构、认证机构出具的检验结果或者证明不实，造成损失的，应当承担相应的赔偿责任；造成重大损失的，撤销其检验、认证资格。

产品质量认证机构违反《产品质量法》规定，对不符合认证标准而使用认证标志的产品，未依法要求其改正或者取消其使用认证标志的，对因产品不符合认证标准给消费者造成损失的，与产品的生产者、销售者承担连带责任；情节严重的，撤销其认证资格。

② 社会团体、社会中介机构对产品质量作出承诺、保证，而该产品又不符合其承

诺、保证的质量要求，给消费者造成损失的，与产品的生产者、销售者承担连带责任。

③ 在广告中对产品质量做虚假宣传，欺骗和误导消费者的，依照广告法的规定追究法律责任。

(3) 国家质量监督管理人员和其他人员的法律责任

① 从事产品质量监督管理的国家工作人员滥用职权、玩忽职守、徇私舞弊，构成犯罪的，依法追究刑事责任；不构成犯罪的，给予行政处分。

② 各级政府工作人员和其他国家机关工作人员有下列情形之一的，依法给予行政处分；构成犯罪的，依法追究刑事责任：包庇、放纵产品生产、销售中违反《产品质量法》规定行为的；向从事违反《产品质量法》规定的生产、销售活动的当事人通风报信，帮助其逃避查处的；阻挠、干预产品质量监督部门或者工商行政管理部门依法对产品生产、销售中违反产品质量法的行为进行查处，造成严重后果的。

2. 申请复议和起诉

当事人对行政处罚决定不服的，可以在接到处罚通知之日起十五日内向作出处罚决定的机关的上一级机关申请复议；当事人也可以在接到处罚通知之日起十五日内直接向人民法院起诉。复议机关应当在接到复议申请之日起六十日内作出复议决定。当事人对复议决定不服的，可以在接到复议决定之日起十五日内向人民法院起诉。复议机关逾期不作出复议决定的，当事人可以在复议期满之日起十五日内向人民法院起诉。当事人逾期不申请复议也不向人民法院起诉、又不履行处罚决定的，作出处罚决定的机关可以申请人民法院强制执行。

三、违反计量法规的处罚及程序

1. 违反计量法规的法律责任和处罚

(1) 未取得《制造计量器具许可证》、《修理计量器具许可证》制造或者修理计量器具的，责令停止生产、停止营业，没收违法所得，可以并处罚款。

(2) 制造、销售未经合格检验认证的计量器具新产品的，责令停止制造、销售该种产品，没收违法所得，可以并处罚款。

(3) 制造、修理、销售的计量器具不合格的，没收违法所得，可以并处罚款。

(4) 属于强制检定范围的计量器具，未按照规定申请检定或者检定不合格继续使用的，责令停止使用，可以并处罚款。

(5) 使用不合格的计量器具或者破坏计量器具准确度，给国家和消费者造成损失的，责令赔偿损失，没收计量器具和违法所得，可以并处罚款。

(6) 制造、销售、使用以欺骗消费者为目的的计量器具，没收计量器具和违法所得，处以罚款；情节严重的，并对个人或者单位直接责任人员按诈骗罪或者投机倒把罪追究刑事责任。

（7）违反本法规定，制造、修理、销售的计量器具不合格，制造人身伤亡或者重大财产损失的，按照《刑法》第一百八十七条的规定，对个人或者单位直接责任人员追究刑事责任。

（8）计量监督人员违法失职，情节严重的，依照《刑法》有关规定追究刑事责任；情节轻微的，给予行政处分。

（9）本法规定的行政处罚，由县级以上地方人民政府计量行政部门决定。本法第二十七条规定的行政处罚，也可以由工商行政部门决定。

2. 申请复议和起诉

当事人对行政处罚决定不服的，可以在接到处罚通知之日起十五日内向人民法院起诉；对罚款、没收违法所得的行政处罚决定期满不起诉又不履行的，由作出行政处罚决定的机关申请人民法院强制执行。

四、违反《标准化法》的处罚及程序

1. 违反标准化法的法律责任和处罚

（1）生产、销售、进口不符合强制性标准的产品的，由法律、行政法规规定的行政主管部门依法处理，法律、行政法规未作规定的，由工商行政管理部门没收产品和违法所得，并处罚款；造成严重后果构成犯罪的，对直接责任人员依法追究刑事责任。

（2）已经授予认证证书的产品不符合国家标准或者行业标准而使用认证标志出厂销售的，由标准化行政主管部门责令停止销售，并处罚款；情节严重的，由认证部门撤销其认证证书。

（3）产品未经认证或者认证不合格而擅自使用认证标志出厂销售的，由标准化行政主管部门责令停止销售，并处罚款。

（4）标准化工作的监督、检验、管理人员违法失职、徇私舞弊的，给予行政处分；构成犯罪的，依法追究刑事责任。

2. 申请复议与起诉

当事人对没收产品、没收违法所得和罚款的处罚不服的，可以在接到处罚通知之日起十五日内，向作出处罚决定的机关的上一级机关申请复议；对复议决定不服的，可以在接到复议决定之日起十五日内，向人民法院起诉。当事人也可以在接到处罚通知之日起十五日内，直接向人民法院起诉。当事人逾期不申请复议或者不向人民法院起诉又不履行处罚决定的，由作出处罚决定的机关申请人民法院强制执行。

五、违反食品包装与标志的处罚及程序

生产经营或者使用不符合卫生标准和卫生管理办法规定的食品容器、包装材料的，

责令停止生产或者使用，没收违法所得，并处以违法所得1倍以上3倍以下的罚款；没有违法所得的，处以5000元以下的罚款。

未经国务院卫生行政部门审查批准而生产经营表明具有特定保健功能的食品的，或者该食品的产品说明书内容虚假的，责令停止生产经营，没收违法所得，并处以违法所得1倍以上5倍以下的罚款；没有违法所得的，处以1000元以上5万元以下的罚款。情节严重的，吊销卫生许可证。

定型包装食品和食品添加剂的包装标签或者产品说明书上不标明或者虚假标注生产日期、保质期限等规定事项的，或者违反规定不标注中文标签的，责令改正，可以处以500元以上1万元以下的罚款。

当事人对没收违法所得和罚款的处罚不服的，可以在接到处罚通知之日起十五日内，向作出处罚决定的机关的上一级机关申请复议；对复议决定不服的，可以在接到复议决定之日起十五日内，向人民法院起诉。

第五节　食品违法典型案例分析

一、生产销售过期变质食品案例分析

（1）案例简介　1999年2月4日，盐城市市政公司购买了冷冻小包装生猪肚、猪心、猪舌、猪肥肠（以下简称冷冻小包装）共2100kg，作为职工福利分给职工。2月5日至2月8日陆续有职工向该公司反映这批冷冻小包装解冻后有腐臭味。该公司2月8日通知各户收回腐败变质的冷冻小包装，同时向盐城市卫生局和卫生防疫站报告。市卫生防疫站接到报告后，立即组织卫生监督员到该公司对这批腐败变质食品的来源进行调查。该批冷冻小包装是个体推销员王某与该公司书记吴某联系推销的，王某从市裕泰食品经营部丁某处进货。丁某的这批货中，猪肚、猪心、猪舌计1575kg是盐城市东方肉类食品加工厂生产并推销的，冷冻肥肠525kg是盐城市肉联厂生产，个体推销员李某推销的。至2月8日，大部分职工陆续将冷冻小包装退到该公司仓库。检查发现，退回的冷冻小包装直接堆放在仓库地面上，大部分仍处冷冻状态，少部分已解冻。感官检查，冷冻小包装中，盐城市肉联厂生产的肥肠色泽正常，无腐臭味，包装上标明生产日期为1997年12月，存放条件零下18℃，保质期1年，已过期；东方肉类食品加工厂生产的猪肚、猪心、猪舌有明显腐臭味，色泽不正常，大部分未标明生产日期，少部分1997年10月30日生产，存放－18℃，保存期12个月，已过期。

（2）案件调查分析　现场检查结束后，卫生监督员作了卫生监督意见书1份，责成市政公司负责收回所有已分发的冷冻小包装食品；作了卫生行政控制决定书1份，责成市裕泰食品经营部对市政公司收回的所有冷冻小包装存放于该经营部冷库，封存等候处理。2月9日上午，市卫生防疫站监督员对东方肉类食品加工厂个体推销户李某及盐城

市肉联厂作进一步调查，发现东方肉类食品加工厂系个体作坊，不具备加工冷冻小包装的条件，仅有两台家用冰柜，1997～1998年陆续生产、储存，有时冷藏设施不能保证冷藏效果。负责人对生产销售过期变质食品的违法行为供认不讳，并承认这批货是2月4日送给裕泰食品经营部的。个体推销户李某2月4日以低于市肉联厂出厂价的价格购进该厂肥肠525kg，加价后转手给市裕泰食品经营部，由于未妥善保存，无法找到提货单。进一步调查发现，市肉联厂冷库中无同批次产品，李某所购肥肠的发货单存根上有“处理”字样，但墨迹有后加上的嫌疑，对“处理”两字其解释是作为“动物饲料”处理销售。

(3) 处罚及法律依据　根据上述分析并依照行政处罚程序，市卫生局合议认为，市东方肉类食品加工厂生产销售过期、腐败变质的冷冻小包装的行为违反了《食品卫生法》第九条第（一）项、第（九）项的规定，依据《食品卫生法》第四十二条的规定，给予以下处罚：责令停止生产经营，处以3000元的罚款。市裕泰食品经营部未按国家有关规定索取检验合格证或化验单，销售过期、腐败变质的冷冻小包装的行为，违反了《食品卫生法》第九条第（一）项、第（九）项及第二十五条的规定，依据《食品卫生法》第四十二条的规定，给予以下处罚：责令改正，处以1000元罚款。市政公司收回的暂封存于裕泰食品经营部冷库中的冷冻小包装（过期变质的猪肚、猪心、猪舌1575kg，过期的猪肥肠525kg）属不合格食品，依法予以监督销毁。市肉类食品加工厂、市裕泰食品经营部在法定期限15天内履行了行政处罚，封存的过期变质食品在卫生监督机构的监督下及时予以销毁，这起生产销售过期变质食品的连环案顺利结案。

二、违反食品包装和标签的案例

(1) 案件简介　某县卫生局在食品卫生执法大检查时，检查人员发现某贸易公司两名女工在改装××食品公司生产的鲜奶粉和鲜橙饮料。原产品包装袋上标明的出厂日期是1999年3月和7月，保质期10个月。该公司职工将食品袋内原有的出厂日期标签抽出，换成生产日期为当年的标签，贴上2000年7月5日的新标签，并用塑料封口机当场封口，然后在袋上贴上生产日期为2000年7月5日的不干胶产品合格证标签，用印有“××食品公司”的新纸箱，改装后的产品如同新产品。检查人员查获已装好的50箱，并责令其停止违法行为，接受处理。

(2) 案情分析及处罚　该贸易公司在食品上乱贴标签，以过期的食品销售给消费者，是违反《食品卫生法》的行为。本案某贸易公司将1999年3月和7月出厂的食品标签换为2000年10月的行为，违反了《食品卫生法》第四十六条的规定：“定型包装食品和食品添加剂的包装标识或者产品说明书上不标明或者虚假标注生产日期、保质期限等规定事项的，或者违反规定不标注中文标识的，责令改正，可以处以500元以上1万元以下的罚款”。

三、违反食品卫生要求的案例

（1）案情简介　2000年10月25日上午，××市某糕点加工厂工人林××向市卫生管理局检举该厂领导迫使工人用生虫的面粉加工糕点，同时送来一块做糕点和好的生面团，该面团表面有6个死米象虫。随后该厂又有4名工人来局举报，同时送来几块饼干，检查发现每块饼干上面均有2～3个死米象虫。10月31日市卫生管理局派员调查，发现该厂加工糕点用的面粉尚有465kg，抽查6袋有5袋开口处肉眼可见死米象虫4～5个，其他面粉袋上仍可见有米象虫。经检查该厂已用有米象虫的5350kg面粉加工各类糕点6420kg，库存尚有320kg糕点、饼干，肉眼观察该糕点饼干均有程度不同的死米象虫。食品卫生监督员一一作了记录，并取样带回。更为严重的是该厂厂长在制作糕点的生面团里已发现有米象虫仍让工人继续使用该面粉加工。在物证人证面前，厂长在监督记录上和调查笔录上签了字。食品卫生监督机构作出停产限期整顿的决定。

（2）案情分析与处罚　《食品卫生法》第九条禁止生产经营的食品中第（一）项规定："严禁生产腐败变质、油脂酸败、霉变、生虫、污秽不洁、混有异物或者其他感官性状异常，可能对人体健康有害的食品。"该糕点加工厂的行为分别适用《中华人民共和国食品卫生法》第四十一条："违反本法规定，食品生产经营过程不符合卫生要求的，责令改正，给予警告，可以处以5000元以下的罚款。"及第四十二条："违反本法规定，生产经营禁止生产经营的食品的，责令停止生产经营，立即公告收回已售出的食品，并销毁该食品，没收违法所得，并处以违法所得的一倍以上五倍以下的罚款。"根据以上分析如下处罚：①责令停止生产经营；②收回已销售的糕点，并销毁库存的465kg生虫面粉和318kg糕点。③处以罚款1000元，没收非法所得2700元并处罚款5400元，合计罚款6400元。

思　考　题

1. 实施食品卫生许可证的法律依据是什么？
2. 《中华人民共和国食品卫生法》的基本内容是什么？
3. 什么是保健食品？我国保健食品注册有什么具体的要求？
4. 我国食品市场准入的主要内容是什么？实施食品市场准入制度有何重大意义？
5. 什么是新资源食品？我国新资源食品审批有何要求？
6. 发展无公害食品的重大意义是什么？无公害食品对产品质量有何要求？
7. 绿色食品的标准体系结构是什么？其标准与无公害食品标准相比有什么差异？
8. 食品违法可以分成哪几类？不同违法的处理程序是什么？
9. 简述我国食品地方法规的必要性和意义。

第九章　食品标准与法规文献检索

本章学习重点：

※　了解文献的类型、表现形式和加工程度以及作用；

※　掌握食品标准与法规的检索系统和工具以及网络查询方法；

※　熟悉国际标准、国家标准、行业标准分类和代号及其含义。

第一节　食品标准与法规检索概述

随着社会主义市场经济体制的完善和科技的进步，我国的综合国力不断增强，国民生产总值连续数年保持高速增长，市场经济法规体系建设和新产品、新技术、新工艺成倍增长，随之出现的新的法规和标准文献的数量也在猛增。因此，要在一定范围和时间内，了解和掌握国内外法规和标准的动态和发展趋势，利用现代法规和标准文献检索已经是继承和发展科学技术、推动社会进步的不可缺少的条件之一。因此，掌握食品标准与法规检索，对制定完善食品法规体系和食品标准的制定、修订也有十分重要的意义。

一、文献的类型与作用

现代文献根据划分标准不同，文献有多种分类形式。

（一）按文献的载体划分

1. 印刷型文献

印刷型文献是指以纸张为存贮介质，以印刷为记录手段的一种文献形式。目前仍然是文献的一种主要形式，其优点是便于阅读，容易传播；缺点是占用的空间比较大，整理保存相对费人费时。

2. 缩分型文献

缩分型文献是指以感光材料为载体，以缩微照相为记录手段而产生的一种文献形式。主要包括缩分胶卷、缩分胶片等，其优点是体积小、成本低、存储密度大，节约空间，便于携带；缺点是不能直接进行阅读，必须在缩分阅读设备上进行。

3. 声像型文献

声像型文献是以磁性材料、光学材料为记录载体，利用专门的机械装置记录与显示声音和图像的文献，又称声像资料、视听资料、音响制品，如常见的有磁带、录像带等，其优点是直观、传播速度快、可以随时修改，有利于更新。缺点是需要特殊的设备和一定的技术条件，成本也比较高。

4. 机读型文献（磁盘或光盘文献）

机读型文献是正在日益被人们广泛接受和利用的文献载体形式。它是通过一定的技术将文字、图像以声音等转换成二进制数字代码，记录在磁性介质光记录介质载体上，采用计算机进行阅读、浏览的文献载体。相对其他载体文献具有突出的特点：存储密度高、占用空间小、更新换代快、增删复制易；检索效率高，图文声像全。但由于人们的阅读习惯方面的原因，在今后较长一段时间内，其仍然不可能取代传统印刷型文献。

（二）按文献的表现形式划分

按文献的外在表现形态及编辑出版形式不同，可以把文献归结为11类，即图书、报刊、科技报告、会议文献、学术论文、标准资料、产品资料、科技档案、政府出版物、专利文献、网络文本等。

食品标准属于标准资料，食品法规属于政府出版物，政府出版物指各国政府部门及其设立的专门机构出版的文献。政府出版物的内容十分广泛，既有科学技术方面的，也有社会经济方面的。就文件性质而言，政府出版物可分为行政性文件（国会的记录、政府法令、方针政策、规章制度及调查统计资料等）和科学技术文献两部分。

（三）按文献加工程度划分

人们在利用文献传递信息的过程中，为了及时报道和揭示文献、便于信息交流，对文献进行不同程度的加工。按加工程度分为零次文献、一次文献和二次文献。从零次文献到一次、二次、三次文献都是人们为了方便地利用文献信息而对文献信息进行加工、整理、浓缩，使文献由分散到集中、由无序到有序化的结果。

1. 零次文献

零次文献又称为原始文献。它是生产和科学技术以及实践经验的科学结晶的原始文件。如科技论文、专利、技术标准和法规等等，无论其形式是哪一种，统统属于零次文献这一类。

2. 一次文献

一次文献是对零次文献的第一次加工整理、简化的系统性文献。如书目、索引、题录等称为一次文献。一次文献一定发表在零次文献之后，它是报道零次文献、检索零次文献的一种有效检索工具。

3. 二次文献

二次文献是对一次文献的进一步综合分析和研究对比而编写产生的文献。如专题评述、年鉴、数据手册、分科文献大全等。

零次文献是一次文献和二次文献的来源和基础，离开了零次文献，一次文献和二次文献就会成为无本之木。由一次文献到二次文献是一个由博到专、由分散到集中，由无组织到系统化的过程。就文献检索而言，零次文献是我们要检索的目标和对象，一次文献主要是一些检索方法和工具，二次文献则是上述两者的综合。

（四）文献的作用

文献的作用，概括起来主要有：

（1）汇集和保存人类知识财富，供全人类分享和利用；

（2）作为载体记录和传播科技信息与情报；

（3）衡量学术水平和成就的重要标志；

（4）帮助人们认识客观事物和社会，启发思路，丰富知识，开阔视野，继承先知，少走弯路。

二、文献检索系统

文献检索（Document Retrieval）有时也成为情报检索（Information Retrieval）。广义来看包括两个方面，一是检索系统的建立和检索工具的组织和积累；二是文献的查找。我们所涉及的文献检索主要是文献的查找，也就是狭义的文献检索。

文献检索系统是指按多种方式、方法建立起来的供读者查阅信息的一种有层次的体系，是表征有序的信息特征的集合。在这个集合中，对所收录的信息的外部特征和内容特征都按需要有着详略不同的描述，每条描述记录都标明有可供检索的标示，按一定序列编排，科学地组成一个有机的整体，同时应具有多种必要的检索手段。

（一）文献检索系统的类型

按照文献存储与检索采用的设备手段划分，文献检索系统的类型可分为手工信息检索系统和计算机信息检索系统两种。

1. 手工检索系统

手工信息检索是在电子数据库及因特网出现以前进行文献信息检索的主要检索工具，主要包括书本式和卡片式两种。

（1）书本式检索系统　书本式检索系统是以图书或连续出版物形式出现的，人们用来查找各种信息的检索工具，如《标准目录》、《报刊索引》等。书本式检索系统是最早形成的信息检索系统，其编制原理是现代计算机检索系统产生的基础。

（2）卡片式检索系统　卡片式检索系统是将各种文献信息的检索特征记录在卡片上并按照一定的规则进行排序的供人们查找的检索工具。随着计算机技术在图书馆管理中的应用，卡片式检索系统正在逐渐被计算机目录所取代。

2. 计算机检索系统

计算机检索系统是借助于计算机设备进行人机对话的方式进行检索。计算机信息检索系统主要由计算机硬件及软件系统、数据库、数据通讯等设施组成。根据其内容的不同，计算机信息检索系统又可分为以下几种：

（1）计算机光盘检索系统　光盘检索系统是以大容量的光盘存储器为数据库的存储介质，利用计算机和光盘驱动器进行读取和检索光盘上的数据信息，其只能满足较小范围的特定用户的信息检索的需求。

（2）计算机联机检索系统　计算机联机检索系统是由大型计算机联网系统、数据库、检索终端及通讯设备组成的信息检索系统，其能满足较大范围的特定用户的信息检索需求。

（3）计算机网络检索系统　计算机网络信息检索系统包括局域网信息检索系统（如图书馆系统）和广域网络 Internet 信息检索系统。尤其是后者，可以支持因特网用户信息检索要求。

（二）文献信息的类型

按揭示信息的内容的程度来划分，常见的文献信息类型有书目、题录、文摘、全文数据库等几种类型。

1. 书目

按揭示信息对象的不同，书目还可划分为图书出版发行目录、图书馆馆藏目录、全国（或地区、行业图书馆文献资料）联合目录等。

就文献的载体来看，书目系统的载体也是多样的，手工信息检索有卡片目录、书本目录等。如《最新食品卫生国家标准实施手册》等。提供计算机检索的电子版目录包括机读目录，以及在网络上运行的联机公共检索目录等。

2. 题录

题录是揭示一篇文章的题目，也是一种提供信息详细程度高于书目的检索系统。题录的作用是帮助人们查找并掌握某篇文章的标题、作者及准确的信息出处（线索）如《国家食品强制性标准目录》、《全国报刊索引》、《中国学术会议文献通报》等。

3. 文摘

文摘是在题录的基础上增加了文章的摘要检索系统。同题录一样，主要为人们提供有关文献的准确出处（线索），但是它们提供的信息的详细程度大大高于题目。

4. 全文数据库

全文数据库是计算机检索系统诞生以后出现的，他是一种不仅具有其他类型检索系统的检索功能，而且揭示文献全貌的检索系统。它是计算机检索系统中的佼佼者，满足了人们方便、快捷地检索到原始文献信息的需求。

三、食品标准与法规文献概述

（一）概述

食品是指各种供人们食用或饮用的成品和原料以及按照传统既是食品又是药品的物

品，但不包括以治疗为目的的物品。食品标准主要包括食品产品标准、食品卫生标准、食品分析方法标准、食品管理标准、食品添加剂标准、食品术语标准等。按照《标准化法》的规定，我国标准分为国家标准、行业标准、地方标准和企业标准四个层次。因此，标准文献也就相应的包括上述四个方面，还包括国际标准文献。国家标准主要有国际食品法典（CAC）标准、国际标准（ISO）以及有关国际组织或区域的标准化组织的标准。

食品法规是指以法律、行政法规、地方性法规、部门规章和地方政府规章、国际条约形式存在的，与食品有关的法律法规。如《中华人民共和国食品卫生法》、《中华人民共和国产品质量法》、《食品生产加工企业质量安全监督管理办法》、《食用植物油卫生管理办法》等。

（二）食品标准、法规文献检索的作用

1. 标准文献检索的作用

标准文献是标准化工作的产物，它在国民经济、科研、工业生产、企业管理、日常生活等领域起着重要作用。通过标准文献可以了解和研究国民经济政策、技术政策、工农业生产发展水平，有利于合理利用资源，节约原材料，提高技术和劳动生产率，保证产品的质量与安全。对于开发新产品、提高工艺和技术水平都有着重要的作用。

标准是国际贸易和合作的技术依据。我国作为 WTO 成员，对外开放将向更深层次发展，技术标准也将随之不断升级、补充和修订。国际贸易经济的发展，也将促进标准日趋国际化，因此掌握有关标准的基本知识和国内外标准的获取和利用，无论对生产建设者、商品经营者、外贸人员或是商品消费者都具有重要的意义。

2. 法规文献检索的作用

法规的作用是指法规实施后对社会产生的实际影响。它由法规本质决定，并通过法的实施表现出来。通过法规文献可以了解并遵守各国在食品方面的法规，有利于保证食品质量安全，防止食品污染和有害因素对人体的危害，保障人体健康。法规文献检索，对于了解和掌握国内外食品法规具有重要的意义。

第二节　食品标准文献检索

一、标准文献的类型和内容

（一）标准文献的类型

按适用范围和颁布机关不同来划分，标准文献可以分为国际标准、区域标准、国家标准、行业标准、地方标准、企业标准。

（1）国际标准是指经过国际标准化组织审查通过的标准或从事标准化活动的国际组织审查通过的标准。国际标准在世界范围内都具有适用性，如国际标准化组织（ISO）。

(2) 区域性标准是指由世界某一区域的标准化组织或在一定情况下经从事标准化活动的区域性组织通过的技术标准。如欧洲共同体标准（CEN）等。

(3) 国家标准是指经过全国性标准化组织通过，在全国范围内统一遵循的标准，由国家标准化管理委员会颁布的标准，分为强制性和推荐性标准。

(4) 行业标准是指没有国家标准而又需在全国某个行业范围内统一的技术标准。我国行业标准是由国务院有关行政主管部门制定，并报国务院标准化行政主管部门备案的标准。也分为强制性和推荐性标准。就目前国家的管理来看主要有卫生部、农业部、国家林业局、国家食品与药品监督管理局、国家粮食局、中国轻工业联合会、全国农业供销总社等国家部门的标准和规范。

(5) 地方标准指没有国家标准和行业标准而又需在省、自治区、直辖市范围内统一的工业产品的安全、卫生要求。由省、自治区、直辖市标准化行政主管部门制定，并报国务院标准化行政主管部门和国务院有关行政主管部门备案。

(6) 企业生产的产品没有国家标准和行业标准的，由企业制定企业标准作为组织生产的依据，企业标准须报当地政府标准化行政主管部门备案。已有国家标准或行业标准的，国家鼓励企业制定严于国家标准或行业标准的企业标准，在企业内部使用。

上述几类标准文献，除企业标准文献难以检索之外，其他标准文献相对检索要容易一些。这一原因是在市场经济条件下，企业的市场竞争激烈，尤其是生产同类产品的企业有一个技术秘密的缘故。

（二）标准文献的内容

标准文献按内容划分为：基础标准、技术标准和组织管理标准。基础标准是具有广泛指导意义的最基本的标准，如对专业名词、术语、符号、计量单位所作的统一规定；技术标准是为科研、设计、工艺、检测等技术工作以及产品和工程的质量而制定的标准，它可以细分为产品标准（对品种、检验方法、技术要求、包装、运输、贮存等所作的统一规定）和方法标准（对检查、分析、抽样、统计等所作的统一规定）。通常所说的标准大多是指基础标准和技术标准。

食品标准主要包括食品产品标准、食品卫生标准、食品分析方法标准、食品管理标准、食品添加剂标准、食品术语标准等。

食品产品标准：为保证食品的食用价值，对食品必须达到的某些或全部要求作的规定。食品产品标准的主要内容包括：产品分类、技术要求、试验方法、检验规则以及标签与标志、包装、贮存、运输等方面的要求。

食品卫生标准：为保护人体健康，对食品中具有卫生学意义的特性所作的统一规定。

食品分析方法标准：对食品的质量要素进行测定、试验、计量所作的统一规定，包括感官、物理、化学、微生物、生物化学分析。

食品企业卫生规范：为保证食品的安全，对企业的选址、设计、施工、设施、设备、操作人员、工艺等方面的卫生要求所作的统一规定。

二、标准文献的特点

标准文献除具有一般文献的属性和作用之外，与科技文献相比，标准文献具有以下显著的特点。

1. 具有法律性

标准文献是经过一个公认的权威机构或授权单位的批准认可而审查通过的标准，具有一定的法律约束力。如企业制定的产品标准就是判定产品质量的依据。

2. 具有时效性

标准不是一成不变的，随着国民经济的发展和科学技术的不断提高，标准要不断地进行补充、修订或废止，同样标准文献也要不断的更新，过时标准将会失去其应有的作用和效力。因此标准文献具有时效性。

3. 具有检索性

由于标准文献通常包括标准级别、标准名称、标准代号、标准提出单位、审批单位、批准时间、实施时间、具体内容等项目，这就为标准文献提供各种检索的内容，具有检索性。

三、标准文献分类体系与代号

（一）我国标准文献分类体系

我国标准文献的分类依据是《中国标准文献分类法》。《中国标准文献分类法》是一部标准文献专用的分类法，其分类体系以专业划分为主，由一级类目和二级类目组成，一级类目的类号用除 I 和 O 以外的一位大写的英文字母表示，二级类目的类号是在一级类号后加两位阿拉伯数字组成。一级类目下设 24 个专业大类，具体见表 9-1。

表 9-1　　我国标准一级分类与代号

代号	一级类别	代号	一级类别	代号	一级类别
A	综合	J	机械	S	铁路
B	农业、林业	K	电工	T	车辆
C	医药、卫生、劳动保护	L	电子元件与信息技术	U	船舶
D	矿业	M	通信、广播	V	航空、航天
E	石油	N	仪器、仪表	W	纺织
F	能源、核技术	P	工程建设	X	食品
G	化工	Q	建材	Y	轻工、文化与生活用品
H	冶金	R	公路、水路运输	Z	环境保护

（二）标准代号

1. 中国标准代号

我国技术标准的代号规定为：标准代号＋顺序号＋年代（年代以 4 位阿拉伯数字表示）其中：国家标准代号为 GB，推荐性国家标准代号为 GB/T。

行业标准代号均由两个汉语拼音字母组成。如中国轻工联合会标准代号为 QB，中国商业联合会 SB、农业部标准代号为 NY 等，推荐性行业标准表示方法为在标准代号后加斜线加 T，如中国轻工联合会的推荐性标准的代号为 QB/T。

地方标准代号由 DB 和省、自治区、直辖市行政区代码前两位数字加斜线组成。如广东省推荐性地方标准代号为 DB44/T、陕西省推荐性标准的代号 DB61/T。

企业标准代号规定为以 Q 为分子，以企业区分号为分母来表示。如 Q/YTG，YTG 为杨凌太白葛业有限公司。

为了使同学们快速检索有关的国家标准和行业标准以及地方标准，我们把国家标准、行业标准和地方标准以及企业标准的代号、含义、管理部门或主管部门等情况分别列于表 9-2、表 9-3、表 9-4、表 9-5。

表 9-2　国家标准代号

序号	代号	含　义	管理部门
1	GB	中华人民共和国强制性国家标准	国家标准化管理委员会
2	GB/T	中华人民共和国推荐性国家标准	国家标准化管理委员会
3	GB/Z	中华人民共和国国家标准化指导性技术文件	国家标准化管理委员会

表 9-3　行业标准代号

序号	代号	含　义	主 管 部 门
1	BB	包装	中国包装工业总公司包改办
2	CB	船舶	国防科工委中国船舶工业集团公司、中国船舶重工集团公司(船舶)
3	CH	测绘	国家测绘局国土测绘司
4	CJ	城镇建设	建设部标准定额司(城镇建设)
5	CY	新闻出版	国家新闻出版总署印刷业管理司
6	DA	档案	国家档案局政法司
7	DB	地震	国家地震局震害防预司
8	DL	电力	中国电力企业联合会标准化中心
9	DZ	地质矿产	国土资源部国际合作与科技司(地质)
10	EJ	核工业	国防科工委中国核工业总公司(核工业)
11	FZ	纺织	中国纺织工业协会科技发展中心

续表

序号	代号	含　义	主管部门
12	GA	公共安全	公安部科技司
13	GY	广播电影电视	国家广播电影电视总局科技司
14	HB	航空	国防科工委中国航空工业总公司(航空)
15	HG	化工	中国石油和化学工业协会质量部(化工、石油化工、石油天然气)
16	HJ	环境保护	国家环境保护总局科技标准司
17	HS	海关	海关总署政法司
18	HY	海洋	国家海洋局海洋环境保护司
19	JB	机械	中国机械工业联合会
20	JC	建材	中国建筑材料工业协会质量部
21	JG	建筑工业	建设部(建筑工业)
22	JR	金融	中国人民银行科技与支付司
23	JT	交通	交通部科教司
24	JY	教育	教育部基础教育司(教育)
25	LB	旅游	国家旅游局质量规范与管理司
26	LD	劳动和劳动安全	劳动和社会保障部劳动工资司(工资定额)
27	LY	林业	国家林业局科技司
28	MH	民用航空	中国民航管理局规划科技司
29	MT	煤炭	中国煤炭工业协会
30	MZ	民政	民政部人事教育司
31	NY	农业	农业部市场与经济信息司(农业)
32	QB	轻工	中国轻工业联合会
33	QC	汽车	中国汽车工业协会
34	QJ	航天	国防科工委中国航天工业总公司(航天)
35	QX	气象	中国气象局检测网络司
36	SB	商业	中国商业联合会行业发展部
37	SC	水产	农业部(水产)
38	SH	石油化工	中国石油和化学工业协会质量部(化工、石油化工、石油天然气)
39	SJ	电子	信息产业部科技司(电子)
40	SL	水利	水利部科教司
41	SN	商检	国家质量监督检验检疫总局
42	SY	石油天然气	中国石油和化学工业协会质量部(化工、石油化工、石油天然气)
43	SY(>10000)	海洋石油天然气	中国海洋石油总公司
44	TB	铁路运输	铁道部科教司

续表

序号	代号	含　义	主 管 部 门
45	TD	土地管理	国土资源部(土地)
46	TY	体育	国家体育总局体育经济司
47	WB	物资管理	中国物资流通协会行业部
48	WH	文化	文化部科教司
49	WJ	兵工民品	国防科工委中国兵器工业总公司(兵器)
50	WM	外经贸	对外经济贸易合作部科技司
51	WS	卫生	卫生部卫生法制与监督司
52	XB	稀土	国家计委稀土办公室
53	YB	黑色冶金	中国钢铁工业协会科技环保部
54	YC	烟草	国家烟草专卖局科教司
55	YD	通信	信息产业部科技司(邮电)
56	YS	有色冶金	中国有色金属工业协会规划发展司
57	YY	医药	国家药品监督管理局医药司
58	YZ	邮政	国家邮政局计划财务部

注：行业标准分为强制性和推荐性标准。表中给出的是强制性行业标准代号，推荐性行业标准的代号是在强制性行业标准代号后面加“/T”，例如农业行业的推荐性行业标准代号是 NY/T。

表 9-4　地方标准代号

序号	代号	含　义	管 理 部 门
1	DB+ *	中华人民共和国强制性地方标准代号	省级质量技术监督局
2	DB+ * /T	中华人民共和国推荐性地方标准代号	省级质量技术监督局

注：* 表示省级行政区划代码前两位。

表 9-5　企业标准代号

序号	代号	含　义	管 理 部 门
1	Q+ *	中华人民共和国企业产品标准	企业

注：* 表示企业代号。

2. 国际标准化组织代号

国际标准化组织的代号、含义和负责机构列于表 9-6。

四、标准文献的检索

(一) 标准文献的检索工具

1. 国内标准文献主要检索工具

表 9-6 国际标准化组织代号和含义

序号	代号	含 义	负 责 机 构
1	BISFA	国际人造纤维标准化局标准	国际人造纤维标准化局(BISFA)
2	CAC	食品法典委员会标准	食品法典委员会(CAC)
3	CCC	关税合作理事会标准	关税合作理事会(CCC)
4	CIE	国际照明委员会标准	国际照明委员会(CIE)
5	CISPR	国际无线电干扰特别委员会标准	国际无线电干扰特别委员会(CISPR)
6	IAEA	国际原子能机构标准	国际原子能机构(IAEA)
7	IATA	国际航空运输协会标准	国际航空运输协会(IATA)
8	ICAO	国际民航组织标准	国际民航组织(ICAO)
9	ICRP	国际辐射防护委员会标准	国际辐射防护委员会(ICRP)
10	ICRU	国际辐射单位和测量委员会标准	国际辐射单位和测量委员会(ICRU)
11	IDF	国际乳制品联合会标准	国际乳制品联合会(IDF)
12	IEC	国际电工委员会标准	国际电工委员会(IEC)
13	IFLA	国际签书馆协会和学会联合会标准	国际签书馆协会和学会联合会(IFLA)
14	IIR	国际制冷学会标准	国际制冷学会(IIR)
15	ILO	国际劳工组织标准	国际劳工组织(ILO)
16	IMO	国际海事组织标准	国际海事组织(IMO)
17	IOOC	国际橄榄油理事会标准	国际橄榄油理事会(IOOC)
18	ISO	国际标准化组织标准	国际标准化组织(ISO)
19	ITU	国际电信联盟标准	国际电信联盟(ITU)
20	OIE	国际兽疾局标准	国际兽疾局(OIE)
21	OIML	国际法制计量组织标准	国际法制计量组织(OIML)
22	OIV	国际葡萄与葡萄酒局标准	国际葡萄与葡萄酒局(OIV)
23	UIC	国际铁路联盟标准	国际铁路联盟(UIC)
24	UNESCO	联合国科教文组织标准	联合国科教文组织(UNESCO)
25	WHO	世界卫生组织标准	世界卫生组织(WHO)
26	WIPO	世界知识产权组织标准	世界知识产权组织(WIPO)

(1)《中华人民共和国国家标准和行业标准目录》 由中国标准出版社出版，自1972年出版以来，每两年修订一次，收录截至当年年底公开发布的国家标准和部标准。同时列有最近一年代替的标准号，采用分类法和顺序号两种形式编排，是查找我国国家标准和行业标准的主要检索工具。

(2)《中华人民共和国国家标准目录》 由国家质量监督检验检疫总局编，中国标准出版社出版。每年出版一次，自1999年每年上半年出版新版，收录截至上年度批准发布的全部现行国家标准。正文按《中国标准文献分类法》进行编排，正文后附顺序号索引，是查阅国家标准的重要检索工具。

(3)《标准化年鉴》 由国家标准化管理委员会编辑，中国标准出版社出版。自1985年起每年出版一册，主要介绍我国标准化的基本情况和成就，年鉴的主要内容是以《中国标准文献分类法》分类编排的国家标准目录，年鉴最后附有以顺序号编排的国家标准索引。

(4)《中国国家标准汇编》 中国标准出版社出版，该汇编从1983年起分若干分册陆续出版，收集全部现行国家标准。按国家标准顺序号编排，顺序号空缺处，除特殊注明外，均为作废标准号或空号。该汇编是查阅国家标准（原始文献）的重要工具。它在一定程度上反映我国建国以来标准化事业发展的基本情况和主要成就。

(5)《中国标准化》 中国标准化协会编辑出版，月刊，刊载新发布的和批准的国家标准、行业标准和地方标准。收录包括标准号、标准名称和代替的标准号以及发布时间、实施时间。

(6)《中国食品工业标准汇编》 中国标准出版社陆续出版，是我国食品标准方面的一套大型丛书，按行业分类分别立卷，是查阅食品标准的重要检索工具。

(7)《食品卫生标准汇编》 共出版了6册，分别为：《食品卫生标准汇编》(1)、(2)、(3)、(4)、(5)、(6)，由中国标准出版社出版发行，是从事食品卫生、食品加工、食品科研人员在工作中必备的工具书。

(8) 中华人民共和国农业行业标准 《无公害食品标准汇编》(1) 卷、(2) 卷等。

(9)《标准新书目》 由中国标准化协会主办。1983年创刊，月刊。主要提供标准图书的出版发行信息，是国内最齐全的一份标准图书目录。

查询国内食品标准除使用以上检索工具外，还可以登录国内的专业网站，主要有：

国家质量技术监督检验检疫总局网站；国家标准化管理委员会网；标准网；中国标准咨询网；中国标准网；中国质量信息网；中国食品网；中国食品监督网；万方数据库；中国农业质量标准网。

登录以上网站，均可查到有关食品标准。

另外，中国标准出版社读者服务部、各省市自治区的标准化研究院均设有专门的标准查询检索服务，可以快速检索到需要的标准文献，通常这些服务是要收费的。

2. 国外标准检索工具

目前世界上至少有50多个国家制定标准，其中有强制性标准和推荐性标准，每个国家的标准都有其相应的检索工具。

(1)《国际标准化组织标准目录》(ISO catalogue) 是ISO标准的主要检索工具，年刊，每年2月出版，英法文对照，报道截至上年12月底为止的全部现行标准。该目录由主题索引、分类目录、标准序号索引、作废标准、国际十进制分类号（UCD)-

ISO 技术委员会（TC）序号对照表 5 个部分组成，是 ISO 标准的主要检索工具。ISO 编号规则：代号 序号：年代 标准名称。如：ISO 1079：1989 金属材料、硬度试验机。

（2）WHO（Work Health Organization）即世界卫生组织　它颁布的一些国际标准与食品科学、人类饮食和健康具有密切的关系，其检索工具是《世界卫生组织出版物目录》(Catalogue of WHO Publication)、《世界卫生组织公报》(Bulletin of WHO)、《国际卫生规则》(International Digest of Health Legislation)、《国际健康法规选编》（International Digest Health Legislation）等，食品添加剂和农药残留日允许摄入量、国际饮用水标准等标准均可在此查询到。FAO（Food Agriculture Organization）即联合国粮农组织，检索工具是《联合国粮农组织在版书目》（FAO Book in Print)、《联合国粮农组织会议报告》(FAO Meeting Reports)、《食品和农业法规》（Food and Agricultural Legislation)，FAO 与 WHO 合建的"食品法规联合委员会"专门制定国际仪器标准。

（3）《国际电工委标准出版物目录》(Catalogue of IEC Publications)　国际电工委员会（IEC）标准是与 ISO 标准并列的国际标准。IEC 主要负责电工、电子方面的国际标准化活动。与食品标准无关，这里不做详细介绍。

（4）《美国国家标准目录》(ANSI Catalogue）和《美国材料与试验协会标准目录》　美国国家标准学会是美国国家标准化中心，美国各界标准化活动都围绕它进行。美国材料与试验协会（ASTM）主要制定各种材料的性能和试验方法的标准。从 1973 年起，扩大了业务范围，开始制定关于产品、系统和服务等领域的试验方法标准。

（5）《法国国家标准目录》(AFNOR Catalogue）　法国标准化协会（AFNOR）是一个公益性民间团体，也是一个被政府承认，为国家服务的组织。它接受标准化专署领导，负责标准的制定、修订等工作。

（6）《英国标准年鉴》(BS）和《英国标准目录》（中译本）　英国标准学会（BSI）是世界上最早的全国性标准化机构。BSI 制定和修订英国标准，并促进其贯彻执行。

（7）《日本工业标准目录》(JIS 总目录/JIS Yearbook 英文版）　日本工业标准（JIS）是日本国家标准，由日本工业标准调查委员会制定，由日本标准化协会发行。日本标准检索工具还有《日本工业标准年鉴》。

（8）《德国技术规程目录》　德国标准是由德国标准化学会制定的，为德国统一的标准。《德国技术规程目录》每年出版一次，德、英文对照。德国标准化学会是德国标准化主管机关，作为全国标准化机构参加国际和地域的非政府性标准化机构。

查询国外标准除用以上检索工具外，到其相应网站也能检索到所需文献信息。登录某些网站也能获取，主要相关网站有：

国际标准化组织（ISO）（瑞士）；国际标准与技术研究所系列数据库产品美国商

业部；ISO国际标准；国际标准草案目录；英国标准学会出版物目录；德国标准学会；法国标准化协会；日本工业标准调查会；美国国家标准系统网络；加拿大标准委员会；新西兰标准（组织）；爱尔兰国家标准局；马来西亚标准和工业研究所。

（二）标准文献检索途径和方法

1. 国内食品标准文献检索途径和方法

国内标准文献的检索往往要借助于两本以上的工具书，其检索途径主要有：

（1）分类途径　首先分析课题，利用《中国标准文献分类法》确定×食品一级类目的类号，再根据该分类号检查相关的标准目录，可得到进一步的细节，若想索取标准原件，则可根据查得的标准号查《中国国家标准汇编》。

（2）标准号途径　如果已知标准号，则可以直接查《中国国家标准汇编》的目次表，得到该标准在《中国国家标准汇编》正文中的页码，根据该页码，即可查到该标准的详细内容。

（3）网络途径　通过 Internet 检索中国标准文献的站点很多，可以查出标准文献的名称等，但要获得原始文献全文，一般是要付费，才能提供标准文本。

中国国家标准化管理委员会（Standardization Administration of the People′s Republic of China，简称 SAC）作为国务院授权履行行政管理职能，统一管理全国标准化工作的主管机构，在其网站的主页上设置了“标准目录”栏目，提供中国标准文献题目信息。需要全文标准的用户可以通过中国标准咨询网（http：//www.chinastandard.com.cn）或国家科技图书文献中心付费获取。

查询食品标准还可以登录中国质量监督检验检疫总局信息中心的中国质量信息网（中质网）、中国食品标准信息中心的中国食品网、中国食品质量协会的中国食品监督网、北京北标科技发展有限公司的中国标准网等网站。

具体查询方法如利用中质网查询：登录中质网，点击国内标准查询后①选择 GB 国家标准查询：国家标准查询→输入标准号如：GB 1535—2003，只需输入 1535—2003 即可，或输入标准名称，只需输入关键字，如：食品→点击提交即可。②选择 SB 行业标准查询：行业标准查询→输入标准号或输入标准名称→点击提交即可。又如：利用中国标准网查询：登录中国标准网，点击中国标准检索→输入标准编号/标准名称/标准级别（所有标准/国家标准/行业标准/地方标准）→查询即可。

2. 国外标准的检索途径和方法

国外标准的检索途径主要有主题途径、分类途径、标准号途径。

主题途径：主题词→查得 TC 类号→查 TC 目录→有关标准号→选择→索取原文。

分类途径：确定 TC 类号→查 TC 目录→找到所需类目→选择切题的标准→按有关标准号查阅原文→索取原文。

标准号途径：确定标准号→查标准号目录→得 TC 类号→查 TC 目录→得标准名

称→核对标准是否为现行有效标准→查作废目录。（注：TC号就是ISO的分类）

通过Internet检索国际标准可访问以下站点：国际标准化组织（ISO）（瑞士）、国际标准与技术研究所系列数据库产品美国商业部、ISO国际标准、国际标准草案目录、英国标准学会出版物目录、德国标准学会、法国标准化协会、日本工业标准调查会、美国国家标准系统网络、加拿大标准委员会、新西兰标准（组织）、爱尔兰国家标准局、马来西亚标准和工业研究所。

ISO国际标准数据库有“基本检索”、“扩展检索”和分类检索三种方式，其中“基本检索”只需在其主页上部“Search”后的检索框内输入检索要求，然后点击“GO”按钮即可。

ISO主页上部选项栏中最左侧的“ISO store”处单击进入该栏目，再点击“search and buy standards”则进入分类检索界面。该页面列出ICS的全部97大类，可通过层层点击分类号，最后就可以检索出该类所有标准的名称和标准号，点击“标准号”，即看到该项标准的提录信息和订购标准全文的价格。

利用“扩展检索”方式是既快又准地查找到所需标准的方式。单击ISO主页上部项栏中“GO”右侧的“Extended Search”即进入“扩展检索”界面，“扩展检索”界面的上部为“检索区”，在其下面的2个区域内分别点击不同的选项，可对检索范围和检索结果的排序进行限定，分为关键词检索和标准号检索。

五、食品法规文献检索

（一）检索工具

1. 国内食品法规的检索

国内食品法规的检索工具主要有以下几种：

(1)《中华人民共和国食品监督管理实用法规手册》（以下简称《法规手册》） 是由国务院法制办工交司及国家质量监督检验检疫总局监督司审定，中国食品工业协会编辑。此《法规手册》将食品监督管理的重要的现行法规、有效的法律、法规和规章汇编成册，其内容包括：食品监督管理法律、食品监督管理法规、国务院部门规章和文件、地方性法规和地方政府规章，《法规手册》是各级政府食品监督管理部门、质量技术监测机构、食品生产经营企业等的必备的实用法规工具书。

(2)《食品卫生法配套规定》（常用法律配套规定便携本） 该书由中国法制出版社编，全书共分两大部分，第一部分是主体法《中华人民共和国食品卫生法》，第二部分配套规定，共收集编录包括《食品卫生行政处罚办法》、《食品生产加工企业质量安全监督管理办法》、《茶叶卫生管理办法》等50个配套规定，是政府部门、食品质量技术检验机构和食品生产经营企业和社会各界快速方便查找食品法规的重要工具。

(3)《中华人民共和国国家质量监督检验检疫总局公告》 由国家质量监督检验检疫

总局编，2001 年创刊，属于政府部门出版的政报类期刊。主要刊载全国人大或全国人大常委会通过的与质量技术监督行政法规以及决定、命令等规范性文件；国家质量监督检验检疫总局发布的局长令、决定和重要文件，以及与质量技术监督相关的地方性法规、地方政府规章；质量技术监督重要行政审批公告等。它将为政府机关、广大企事业单位和社会各界提供政策法规。

(4)《中华人民共和国法规汇编》 是国家出版的法律、行政法规汇编正式版本。由中国法制出版社出版，国务院法制办公室编辑。本汇编逐年编辑出版，每年一册，收集当年全国人民代表大会及其常务委员会通过的法律和有关法律问题的决定，国务院公布的行政法规和法规性文件，还收集了国务院部门公布的规章。汇编按宪法类、民法类、商法类、行政法类、经济法类、社会法类、刑法类分类，每大类下面按内容设二级类目。类目中排列顺序为法律、行政法规、法规性文件、部门规章，法律、行政法规、法规性文件、部门规章按公布时间先后排列，便于查找。

(5)《中华人民共和国新法规汇编》 是国家出版的法律、行政法规汇编正式版本，是刊登报国务院备案的部门规章的指定出版物。本汇编收集内容按下列分类顺序编排：法律、行政法规、法规性文件、国务院部门规章司法解释。每类中按公布时间顺序排列。报国务院备案的地方性法规和地方政府规章目录按 1987 年国务院批准的行政区划顺序排列，同一行政区域报备案的两件以上者，按公布时间排列，本汇编每年出版十二辑，每月出版一辑，刊登上月有关内容。

(6) 除上述检索工具外还可以通过有关网站查询，主要网站有：

中国食品网；中国食品安全网；中国标准咨询网；中国标准网；中国质量信息网；中国食品监督网；万方数据库；中国食品标准网；中国食品商务网。

各网站均可进行食品法规查询。登录以上网站，均可查到有关食品标准。

2. 国外食品法规检索

(1)《欧洲共同体法规目录》 由中国标准研究中心标准馆编，中国标准出版社出版。《欧洲共同体法规目录》收集、翻译和分类整理了各种欧共体条例、指令、决定、建议和意见等法规题录，是一部有实用价值的检索工具。书中涉及的全部法规，在中国标准研究中心标准馆均有馆藏，读者可以利用它检索到的法规，可在标准馆得到原文。本书编排说明如下：①根据欧洲共同体法规内容，将欧共体法规划分为 12 类，其中第 5 类是农产品、水产品、食品及其卫生。②法规条目的编写说明：法规编号、英文标题、中文标题。法规编号举例说明：90/424/EEC（欧洲经济共同体）。欧共体法规 5 种形式的性质和效力又有所不同。条例是具有普遍适用性，具有总体约束力，对所有成员国直接适用，对成员国来说，实施条例时原则上没有自由选择的余地；指令是对所有的成员国有约束力，但实施指令的方式和手段则由成员国机构作出选择；决定根据起草者的意图，可以对个人发出，也可以对成员国发出。其约束力的方式同法规一样，对所有条文具有实施义务，特别是对成员国发出的决定，其实施的方式和手段同指令不同，成员国没有自由裁量的余地。建议具有约束力，它不是法律，建议和意见可由理事会或委员会通过。

欧共体标准可以通过以下途径检索和获取全文。

① CEN（欧洲标准化委员会）、CENELEC（欧洲电工标准化委员会）、ETSI（欧洲电信标准协会）的网站或各成员国标准化组织的网站。

② 中国标准服务网也可提供欧洲标准中文题目，用户可按中文关键词进行检索查询。

另外，美国的 HIS 公司的检索光盘、德国 Perinorm 检索光盘等也可以检索欧洲的标准。

(2)《最新国内外食品管理制度规范与政策法规实用手册》 刊登国内外有关食品的技术规范和政策法规，是一本很好的食品国内外法规检索工具。有关网站主要有：

中国食品网；中国食品安全网；中国标准咨询网；中国标准网；中国质量信息网；中国食品监督网；万方数据库；中国食品标准网；中国食品商务网。

从以上网站均可通过法规查询找到国内、国外、地方有关食品的法律法规。

（二）检索方法

(1) 选择合适的检索工具如《中华人民共和国食品监督管理实用法规手册》、《中华人民共和国法规汇编》、《欧共体法规汇编》等书目检索工具，利用手工检索方法从中找到有关食品法规。

(2) 通过 Internet 检索食品法规，从前边列举的有关网站均可以查询国内外及各地地方食品法规。例如：①利用万方数据资源系统检索，首先点击万方数据资源系统中科技信息系统，选择法律法规全文库（该库中又分为：国家法律法规、人民法院条例及惯例、地方法律法规）再点击行政法规中药品食品监督管理法规库，即可查找到食品法规，点击国际条约及惯例中国际条约库，或点击地方法律法规（包括 33 个省（市）地方法规库）、可以查找到相应法规内容。②用中国食品商务网查询：从食品资讯进入，点击食品法规→输入法规名称关键词→搜询即可找到相关法规全文，食品法规又分为国内法律法规和国外法律法规。③用中国食品安全网查询：登录中国食品安全网，点击国内法规检索→输入法规名称关键词→点击检索即可完成。或点击国外法规速递国际法规检索→输入法规名称关键字点击检索即可。其他网站查询方法也同样是先登录网站后，点击政策法规查询后即可。

思　考　题

1. 食品标准与法规文献的特点是什么?
2. 怎样进行我国标准与法规文献的检索?
3. 检索国际标准与法规的途径是什么?

参 考 文 献

1. 李春田主编. 标准化概论（第三版）. 北京：中国人民大学出版社，1995
2. 张建新主编. 食品质量安全技术标准法规应用指南. 北京：科学技术文献出版社，2002
3. 洪生伟编著. 标准化管理（第三版）. 北京：中国计量出版社，1997
4. 葛洪义主编. 法理学. 北京：中国政法大学出版社，1999
5. 林升泉主编. 标准化计量质量基础知识. 北京：中国计量出版社，1996
6. 赵同刚主编. 卫生法. 北京：人民卫生出版社，2001
7. 国家质量监督检验检疫总局法规司. 法规汇编（质量技术监督部分）. 北京：中国标准出版社，2003
8. 张建新. 加强农业标准化工作，不断提高农产品质量，陕西科技报，1999
9. 中华人民共和国国家标准 GB/T 1.1—2000 标准化工作导则 第 1 部分：标准的结构和编写规则. 北京：中国标准出版社，2001
10. 中华人民共和国国家标准 GB/T 1.2—2002 标准化工作导则 第 2 部分：标准中规范性技术要素内容的确定方法. 北京：中国标准出版社，2002
11. 白殿一主编. GB/T 1.1—2000 标准化工作导则 第 1 部分：标准的结构和编写规则实施指南. 北京：中国标准出版社，2001
12. 中华人民共和国国家标准 GB/T 20000.1—2002 标准化工作指南 第 1 部分：标准化和相关活动的通用词汇. 北京：中国标准出版社，2002
13. 中华人民共和国国家标准 GB/T 20000.2—2001 标准化工作指南 第 2 部分：采用国际标准的规则. 北京：中国标准出版社，2001
14. 宿忠民. 我国标准化工作面临的形势与任务. 轻工标准与质量，2002 年第 2 期
15. 王忠敏. 论标准的价值. 中国标准化，2003 年第 9 期
16. 陕西省质量技术监督局编著. 农业标准化理论与实践. 北京：中国计量出版社，2005
17. 曾庆孝，许喜林编著. 食品生产的危害分析与关键控制点（HACCP）原理与应用. 广州：华南理工大学出版社，2000
18. 管正学主编. 保健食品开发生产技术问答. 北京：中国轻工业出版社，2000
19. 中华人民共和国国家标准. 预包装食品标签通则（GB 7718—2004）. 北京：中国标准出版社，2004
20. 潘贤主编. 卫生监督执法全书（上卷）. 北京：中国人民公安出版社，1999
21. 李春田. 标准化在市场经济中的作用. 上海标准化，2003 年第 3～10 期
22. 中华人民共和国国家标准. 质量管理体系标准 GB/T 19000—2000、GB/T 19001—2000、GB/T 19004—2000. 北京：中国标准出版社，2001
23. 蒋鸿章著. 2000 版 ISO 9000 族质量管理体系国际标准应用指南. 北京：国防工业出版社，2001
24. 李虹，王永芬主编. 该说的要说到，说到的一定要做到——ISO 9000 族标准企业员工培训教材. 北京：中国标准出版社，1995
25. 吴永宁主编. 现代食品安全科学. 北京：化学工业出版社，2003
26. 张建新主编. 无公害农产品标准化生产技术概论. 陕西：西北农林科技大学出版社，2002
27. 国家标准化管理委员会编. 农业标准化. 北京：中国计量出版社，2004
28. 李国强主编. 食品、饮品、保健品安全卫生监督管理与检测分析技术标准实务全书. 北京：中国农业科学技术

出版社，2002
29. 张建新，李鑫，张灵光等. 农业标准体系范围与建设思考. 中国标准化，2004年第2期
30. 房建昌主编. 食品安全市场准入制度实施手册. 北京：中科多媒体电子出版社，2003
31. 席兴军、刘文. 国际食品法典标准体系及其发展趋势. 中国标准化，2004年第3期
32. 国家标准化管理委员会、农业部等部委. 全国农业标准2003～2005年发展规划. 北京：中国计量出版社，2003
33. 方明山主编. 商业法律与法规. 北京：中国物资出版社，2003
34. 中国法律出版社编. 食品卫生与安全手册. 北京：中国法制出版社，2003
35. 庄无忌主编. 各国食品和饲料中农药兽药残留限量大全. 北京：中国对外经济贸易出版社，1995
36. 中华人民共和国国家标准. 食品卫生微生物学检验. 北京：中国标准出版社，2004
37. 中华人民共和国国家标准. 食品卫生理化检验方法. 理化检验（一）和理化检验（二）. 北京：中国标准出版社，2004
38. 中华人民共和国国家标准GB/T 19630.1—2005 有机产品 第1部分：生产. 北京：中国标准出版社，2005
39. 中华人民共和国国家标准GB/T19630.2—2005 有机产品 第2部分：加工. 北京：中国标准出版社，2005
40. 中华人民共和国国家标准GB/T19630.3—2005 有机产品 第3部分：标识与销售. 北京：中国标准出版社，2005
41. 中华人民共和国国家标准GB/T19630.4—2005 有机产品 第4部分：管理体系. 北京：中国标准出版社，2005
42. 龙伶俐、薛雅琳. 五项食用植物油产品国家标准颁布实施. 中国油脂，2003，28（8）：5～7
43. 王伟主编. 最新食品卫生国家标准实施手册（上、中、下册）. 长春：吉林科学技术出版社，2004
44. 国家质量监督检验检疫总局质量司、全国质量专业技术人员职业资格考试办公室组织编写. 2003质量专业理论与实务. 北京：中国人事出版社，2003
45. 刘连馥主编. 绿色食品导论. 北京：企业管理出版社，1998
46. 中国轻工业上海设计院. FDA食品法规（2001版）美国联邦管理法规第21篇第1章第70～74、100～199部分. 北京：中国轻工业出版社，2003
47. 马林聪主编. 欧盟食品安全标准及法律、法规专集. 中国标准化（增刊），2003年12月
48. 凌关庭主编. 食品添加剂手册. 北京：化学工业出版社，2003
49. 江汉湖主编. 食品安全性与质量控制. 北京：中国轻工业出版社，2002
50. 徐军玲、洪江龙. 科技文献检索. 上海：复旦大学出版社，2004
51. 邓要武、王星华. 科技信息检索. 北京：北方交通大学出版社，2001
52. 徐庆宁. 信息检索与利用. 上海：华东理工大学出版社，2004
53. 穆安民. 科技文献检索实用教程（第二版）. 重庆：重庆大学出版社，2003
54. 安邦建. 计算机网络信息检索. 北京：北京师范大学出版社，2002